Andreas Pfennig

Thermodynamik der Gemische

Springer-Verlag Berlin Heidelberg GmbH

Andreas Pfennig

Thermodynamik der Gemische

Springer

Professor Dr. ANDREAS PFENNIG
Lehrstuhl für Thermische Verfahrenstechnik
RWTH Aachen
Wüllnerstr. 5
52062 Aachen

www.tvt.rwth-aachen.de

ISBN 978-3-642-62356-1   ISBN 978-3-642-18923-4 (eBook)
DOI 10.1007/978-3-642-18923-4

Bibliografische Information der Deutschen Bibliothek
Die Deutsche Bibliothek verzeichnet diese Publikation in der Deutschen Nationalbibliografie; detaillierte
bibliografische Daten sind im Internet über <http://dnb.ddb.de> aufrufbar

Vorwort

Die ersten Ideen zu diesem Buch entstanden als Antwort auf die Frage, was es mit dem Bezugszustand in der Thermodynamik für eine Bewandtnis hat. Bei einer Vielzahl von thermodynamischen Aufgabenstellungen muss ein Bezugszustand gewählt werden, der einerseits thermodynamisch geeignet ist und mit dem andererseits die Rechnungen einfach bleiben. Für eine Reihe von typischen Aufgaben werden immer die gleichen Bezugszustände verwendet, auch wenn stets darauf verwiesen wird, dass sie prinzipiell auch anders hätten gewählt werden können. Einem Uneingeweihten erschließt es sich nun nicht immer sofort, warum teilweise so künstlich erscheinende Zustände gewählt wurden, wie sie genau definiert sind und wie sie überhaupt hätten anders festgelegt werden können. Schwierigkeiten, die bei Studenten in Bezug auf Thermodynamik regelmäßig auftauchen, sind wohl zumindest zum Teil auch auf diese Unklarheiten zurückzuführen.

Dabei ist dies einfach zu umgehen, indem die Zusammenhänge einmal grundlegend dargestellt werden. So wird einsichtig, warum eine bestimmte Wahl für einen Bezugszustand sinnvoller ist als eine andere. Erkauft wird dies mit zwei langen Gleichungen (Gln. 4.44 und 5.40), die ich in den korrespondierenden Vorlesungen in einer Zeile über zwei nebeneinander liegende Tafeln schreibe. Mit etwas Reflexion über das, was man dort gerade tut, und einer Portion Selbstironie kann dies allen Beteiligten sogar auch Spaß machen. Um diese beiden Gleichungen ranken sich die ersten Kapitel dieses Buches, in denen das Arbeiten mit Zustandsgleichungen und G^E-Modellen beschrieben wird. Der erste Einstieg in die Thermodynamik erfolgt vorher über das noch relativ einfach intuitiv zu verstehende pVT-Verhalten reiner Stoffe.

In jüngerer Zeit zeigt es sich nun, dass Chemie und Verfahrenstechnik immer weiter zusammenrücken. Vom Ingenieur wird zunehmend erwartet, dass er chemische Zusammenhänge versteht. Hier soll dies unterstützt werden, indem das Wechselspiel zwischen molekularen Eigenschaften von Substanzen und deren thermodynamischen Eigenschaften mit einfachen Mitteln verdeutlicht wird. Eine weitere aktuelle Entwicklung, die sicher voranschreiten wird, ist die explizite Einbeziehung von Phasengrenzen in technische Überlegungen. Thermodynamische Grundlagen für die Behandlung von Grenzflächen zwischen Phasen werden daher ebenfalls in diesem Buch gelegt. Abgerundet wird die Thermodynamik der Gemische durch ein Kapitel zu Reaktionen, das neben den Gleichgewichtsbeziehungen auch erste Zusammenhänge zur Reaktionsgeschwindigkeit von Elementarreaktionen vorstellt.

Um Studenten beim Lernen zu unterstützen und Nachschlagenden die Anwendung zu verdeutlichen, sind nach jedem Kapitel typische Beispielaufgaben zusammengestellt, zu denen die Lösungen im Anhang in kurzer Form angegeben sind. Im Anhang sind zudem unter anderem auch alle wesentlichen Gleichungen nochmals in einer Formelsammlung zusammengetragen, die einen schnellen Überblick erlaubt.

Insgesamt sind die Zusammenhänge so beschrieben, dass das Buch zum Selbststudium geeignet ist. Daher sind alle wesentlichen Herleitungen nachvollziehbar angegeben. Lediglich wenige Beziehungen werden aus der Physik übernommen und zu Beginn werden einige Gleichungen aus der Grundlagenthermodynamik vorausgesetzt, z. B. zu den Hauptsätzen der Thermodynamik. Alle übrigen Gleichungen sind weitestgehend unabhängig abgeleitet.

Nach diesen Vorbemerkungen möchte ich hier nun allen denen danken, die Bildideen und Texte ins richtige Format gebracht haben und die mich beim Erstellen des Manuskripts unterstützt haben: Herr Dipl.-Ing. M. Altunok, Herr Dr.-Ing. G. Ehlker, Herr Dr.-Ing M. Hack, Herr Dipl.-Ing. E. Hartmann, Herr cand. ing. R. Jorewitz, Herr Dipl.-Ing. G. Pielen, Frau Dipl.-Ing. F. Reepmeier, Herr Dipl.-Ing. A. Rusch, Herr Dipl.-Ing. M. Steinfels und Frau K. Weinhold-Rusch. Ohne sie wäre dieses Buch nicht so entstanden.

Aachen,
im Frühjahr 2003   *Andreas Pfennig*

Inhaltsverzeichnis

1 Einleitung 1

2 Das pVT-Verhalten reiner Stoffe 3
  2.1 Das System 3
  2.2 Grafische Darstellung des pVT-Verhaltens 5
  2.3 Das ideale Gas 9
  2.4 Die Virialgleichung 13
  2.5 Die Van-der-Waals-Gleichung 16
  2.6 Das Korrespondenzprinzip 17
  2.7 Zusammenfassung 23
  2.8 Aufgaben 24

3 Grundlegende Beziehungen der Gemisch-Thermodynamik . 27
  3.1 Zustandsänderungen im offenen System 27
  3.2 U, A, H und G als Fundamentalgleichungen 30
  3.3 Differentielle Beziehungen zwischen den Zustandsgrößen 31
  3.4 Gleichgewichte zwischen koexistierenden Phasen 34
  3.5 Phasengleichgewichte von reinen Stoffen 37
  3.6 Alternative Formulierungen für das Gleichgewicht 43
  3.7 Stabilität 46
  3.8 Zusammenfassung 50
  3.9 Aufgaben 51

4 Zustandsgleichungen 53
  4.1 Die Fundamentalgleichung $A(T, V, x_i)$ 53
    4.1.1 Reine ideale Gase bei T und V 53
    4.1.2 Reine ideale Gase bei T^0 und p^0 56
    4.1.3 Die Mischung idealer Gase 57
    4.1.4 Die reale Mischung 60
    4.1.5 Die Terme der Fundamentalgleichung $A(T, V, x_i)$ 61
    4.1.6 Das chemische Potential 62

4.1.7   Fugazität und Fugazitätskoeffizient 66
4.1.8   Algorithmen zur Bestimmung ausgewählter
        Phasengleichgewichte 71
4.1.9   Darstellung des Dampf-Flüssigkeits-Gleichgewichtes.... 75
4.2   Modellgleichungen für Gemische 77
4.2.1   Mischungs- und Kombinationsregeln 77
4.2.2   Die Virialgleichung und ihre Modifikationen 80
4.2.3   Kubische Modifikationen der Van-der-Waals-Gleichung . 89
4.2.4   Nicht-kubische Modifikationen der vdW-Gleichung..... 96
4.3   Zum Lösen nicht-kubischer Zustandsgleichungen 104
4.4   Diskussion 109
4.5   Zusammenfassung 110
4.6   Aufgaben..110

5   G^{E}-Modelle 113
5.1   Partielle molare Größen 114
5.2   Die Schritte in Abb. 5.1 118
5.3   Phasengleichgewichte mit $G\left(T, p, x_i\right)$ 122
5.3.1   Dampf-Flüssigkeits-Gleichgewichte mit G^{E} 128
5.3.2   Flüssig-Flüssig-Gleichgewichte 133
5.3.3   Fest-Flüssig-Gleichgewichte 137
5.4   Modellgleichungen zur Beschreibung von G^{E} 141
5.5   Algorithmen zur Berechnung von Phasengleichgewichten......151
5.6   Vergleich zwischen Zustandsgleichungen und G^{E}-Modellen   ...154
5.7   Zusammenfassung 155
5.8   Aufgaben...155

6   Die Messung thermodynamischer Größen 159
6.1   Dampf-Flüssigkeits-Gleichgewichte.....................161
6.2   Konsistenztest 167
6.3   Flüssig-Flüssig-Gleichgewichte 170
6.4   Mischungsenthalpien 172
6.5 pVT-Verhalten 175
6.6   Zusammenfassung 177
6.7   Aufgaben...177

7   Thermodynamisches Verhalten von Gemischen 179
7.1   Darstellung der Phasengleichgewichte von
      Mehrkomponentensystemen 179
7.1.1   Dampf-Flüssigkeits-Gleichgewichte binärer Systeme 179
7.1.2   Kritisches VLE-Verhalten 184
7.1.3   Binäre azeotrope Gemische 188
7.1.4   Flüssig-Flüssig-Gleichgewichte binärer Systeme........192
7.1.5   Heteroazeotrope Gemische.......................194
7.1.6   Dreiecks-Diagramme zur Darstellung ternärer Systeme . 198

7.1.7 Ternäre Flüssig-Flüssig-Gleichgewichte 199
7.2 Makroskopische Auswirkungen molekularer Wechselwirkungen 200
    7.2.1 Molekülgeometrie 202
    7.2.2 Van-der-Waals-Wechselwirkungen 208
    7.2.3 Polare Komponenten 210
    7.2.4 Wasserstoffbrückenbindungen 214
    7.2.5 Ionen 215
    7.2.6 Reinstoffe 216
    7.2.7 Flüssige Mischungen 223
7.3 Polymere 227
    7.3.1 Die ideale Mischung 228
    7.3.2 Die Flory-Huggins-Mischungsentropie 229
    7.3.3 Der osmotische Druck 233
7.4 Elektrolyte 239
    7.4.1 Elektroneutralität und ionengemittelte Größen 239
    7.4.2 Das Debye-Hückel-Modell 241
7.5 Zusammenfassung 247
7.6 Aufgaben 248

8 Phasengrenzen 251
8.1 Grenzflächenspannung 251
8.2 Benetzung 257
8.3 Thermodynamik der Phasengrenze 259
8.4 Elektrostatische Eigenschaften einer Phasengrenze 263
8.5 Wechselwirkung zwischen Phasen und Phasengrenzen 272
8.6 Adsorption an Phasengrenzen 282
8.7 Zusammenfassung 290
8.8 Aufgaben 292

9 Chemische Reaktionen 295
9.1 Das chemische Gleichgewicht 296
9.2 Gibbs'sche Phasenregel 299
9.3 Chemisches Gleichgewicht realer Komponenten 300
    9.3.1 Auswertung mit Zustandsgleichungen 301
    9.3.2 Auswertung mit G^{E}-Modellen 303
9.4 Chemisches Gleichgewicht idealer Gase 305
9.5 p- und T-Abhängigkeit des Gleichgewichts 305
9.6 Gesetz der konstanten Energiesummen 307
9.7 Heterogene Reaktionen 308
9.8 Simultane Reaktionen 309
9.9 Kinetik chemischer Reaktionen 310
9.10 Zusammenfassung 317
9.11 Aufgaben 317

A   Konzentrationsmaße zur Beschreibung der Gemisch-Zusammensetzung 319

B   Differentiale: Grundlagen und Rechenregeln 321

C   Der Euler'sche Satz über homogene Funktionen 325

D   Zusammenhang zwischen $\bar{Z}_i$ und Z 327

E   Lösungen zu den Übungen 329

F   Zusammenstellung der wichtigsten Formeln 351
    F.1 Grundlagen 351
    F.2 Realanteile 353
    F.3 Partiell molare Größen 354
    F.4 Mischungsgrößen 355
    F.5 Exzessgrößen 355
    F.6 Zustandsgleichungen 356
    F.7 Fugazität 359
    F.8 Aktivität 362
    F.9 Elektrolyte 366
    F.10 Phasengleichgewichte 367
    F.11 Chemische Reaktionen 371

Literaturverzeichnis 375

Sachregister 389

1

Einleitung

Die Thermodynamik der Gemische umfasst zwei prinzipiell unterschiedliche Aspekte. Einerseits stellt sie allgemeine Beziehungen zwischen thermodynamischen Größen bereit, z. B. der Temperatur T, dem Druck p, dem Volumen V und den kalorischen Größen eines Systems. Diese Beziehungen sind unabhängig vom speziellen Stoffsystem. Sie bilden insgesamt ein mathematisches Gleichungsgebäude, das etwa seit Mitte des vorletzten Jahrhunderts bekannt ist. Dieses Gebäude ist vorrangig mit den Namen Gibbs, Helmholtz und Maxwell verknüpft (Josiah Willard Gibbs, 1839–1903, Hermann Ludwig Ferdinand Freiherr von Helmholtz, 1821–1894, James Clerk Maxwell, 1831–1879).

Der zweite Aspekt der Thermodynamik von Gemischen umfasst die stoffspezifischen Gleichungen, die so genannten Materialgleichungen. Sie füllen das mathematische Gleichungsgebäude mit Leben. Erst diese Materialgleichungen bringen die Stoffgrößen der betrachteten realen Substanzen und Gemische mit den thermodynamischen Variablen in Beziehung.

Im Gegensatz zu dem grundlegenden mathematischen Gebäude der Gemisch-Thermodynamik werden die Materialgleichungen auch heute noch rege beforscht, eine Vielzahl der stoffspezifischen Zusammenhänge ist bisher nicht exakt beschreibbar. Der Grund hierfür ist, dass zwar eine Reihe von Vorstellungen über die mikroskopischen Vorgänge zwischen den Molekülen vorliegen, die Auswirkung dieser mikroskopischen Effekte auf die makroskopischen Systeme und ihr Verhalten aber noch nicht quantitativ einfach fassbar ist.

Ziel dieses Buches ist, Kenntnisse zu beiden Bereichen zu vermitteln: Einerseits zu den mathematischen Grundgleichungen und andererseits zu den stoffspezifischen Materialgleichungen. Erst wenn beide Bereiche zusammengeführt werden, lassen sich sowohl die Eigenschaften von reinen Stoffen und von Stoffgemischen beschreiben als auch Beziehungen zwischen unterschiedlichen Stoffeigenschaften und abgeleiteten Größen herstellen. So ist es dann beispielsweise möglich, Gleichgewichte zwischen koexistierenden Phasen und von chemischen Reaktionen zu modellieren. Die Thermodynamik der Gemische erlaubt es also, Fragen zu beantworten, wie sie z. B. vom Verfahrensingenieur gestellt werden. Auslegungsmethoden für thermische Trennverfahren setzen beispielsweise in der Regel die Kenntnis von Phasengleichgewichten voraus, während in der chemischen Verfahrenstechnik für Vorhersagen die Lage des chemischen Gleichgewichts wesentlich ist.

Die Erfahrung lehrt nun, dass thermodynamische Zusammenhänge nicht nur in der Verfahrenstechnik von Bedeutung sind. In einer Vielzahl von Ingenieurdisziplinen müssen Stoffdaten oder Modelle für Phasen- und Reaktionsgleichgewichte zur Verfügung stehen, um Prozesse, Verfahren und Produkte optimal zu gestalten: Verbrennungsprozesse in der Energietechnik, in der Kfz- sowie in der Luft- und Raumfahrttechnik, Stoffeigenschaften komplexer Systeme bei der Kunststoffverarbeitung, Stoffeigenschaften und Reaktionen bei der Verhüttung von Erzen, um nur einige Beispiele zu nennen. Die thermodynamischen Grundlagen zu solchen Anwendungen der Thermodynamik der Gemische sollen im Folgenden gelegt werden.

Das pVT-Verhalten reiner Stoffe

Bevor das Gleichungsgebäude der Gemisch-Thermodynamik in Kapitel 3 hergeleitet wird, sollen im Folgenden zunächst möglichst anschaulich die Grundbegriffe und einfache Zusammenhänge vorgestellt werden. Dies geschieht am einfachsten für reine Stoffe. Ziel ist es dabei auch, ein erstes Verständnis für das prinzipielle Verhalten von Stoffen aufzubauen. Dabei wird zum Schluss gezeigt, dass ohne das Gleichungssgebäude komplexe Aussagen, z. B. zu Phasengleichgewichten gar nicht möglich sind.

2.1 Das System

Ein zentraler Begriff der Thermodynamik ist der des Systems. Ein System ist abstrakt definiert durch seine Grenzen, die es von seiner Umgebung trennen. Diese Grenzen müssen nicht starr, sondern können beweglich sein. Ein in der Thermodynamik häufig verwendetes Beispielsystem ist ein Zylinder, der durch einen Kolben abgrenzt wird. Ein solches System ist in Abbildung 2.1 dargestellt.

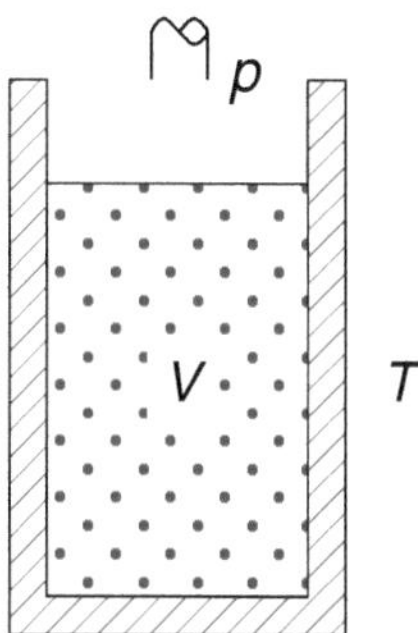

Abb. 2.1. Ein thermodynamisches Beispielsystem

Die Grenzen eines Systems können unterschiedliche Eigenschaften bezüglich Materie- und Wärmedurchlässigkeit aufweisen. Die verschiedenen Möglichkeiten, die üblicherweise unterschieden werden, sind in Tabelle 2.1 aufgeführt.

Tabelle 2.1. Eigenschaften der Systemgrenzen

System	Grenzen
offen	materiedurchlässig
geschlossen	materieundurchlässig
adiabat	wärmeundurchlässig
abgeschlossen, isoliert	wärme- und materieundurchlässig

Außerdem unterscheidet man homogene und heterogene Systeme. In einem homogenen System sind die Eigenschaften unabhängig vom Ort, d. h. sie sind überall im System gleich. Einen homogenen Bereich eines Systems bezeichnet man auch als Phase. In einem heterogenen System liegen zwei oder mehr Phasen gleichzeitig vor. Die Phasen sind durch Phasengrenzen voneinander getrennt, an denen sich die Stoffeigenschaften sprunghaft ändern.

In Abbildung 2.1 sind einige thermodynamische Variablen eingetragen, die das System charakterisieren: der Druck p, die Temperatur T und das Gesamtvolumen des Systems V. Bei konstantem p und T ist das Gesamtvolumen abhängig von der eingeschlossenen Stoffmenge. Wird die Stoffmenge des Systems beispielsweise verdoppelt, so verdoppelt sich auch das Gesamtvolumen. Eine thermodynamische Größe, die diese Eigenschaft aufweist, wird extensive Zustandsgröße genannt. In der Thermodynamik der Gemische verwendet man vorzugsweise so genannte intensive Zustandsgrößen, die auf die Stoffmenge oder die Masse des Systems bezogen sind. Die Aussagen der Thermodynamik werden dadurch unabhängig von der Größe des betrachteten Systems.

Aus thermodynamischer Sicht sind beide Möglichkeiten gleichwertig: der Bezug auf die Stoffmenge und der auf die Masse. In der Gemisch-Thermodynamik wird aber häufig auf die Stoffmenge bezogen. Dies ist vorteilhaft, da dann die Gaskonstante R unabhängig von der betrachteten Substanz ist. Würde dagegen auf die Masse bezogen, so müsste bei der Ermittlung der Gaskonstanten die molare Masse der reinen Komponente M bzw. die mittlere molare Masse des Gemisches berücksichtigt werden.

Die Nomenklatur der unterschiedlichen Größen ist hier und im Folgenden an die Vorschläge der IUPAC (International Union of Pure and Applied Chemistry) angelehnt [71, 92]. Ein großer Buchstabe charakterisiert dabei zunächst die extensiven Größen im Gesamtsystem. In dem Beispiel in Abbildung 2.1 ist dies V. Die spezifische, d.h. auf die Masse des Systems bezogene Größe, wird mit einem kleinen Buchstaben bezeichnet, also z. B.

$$\frac{V}{m} = v \,, \tag{2.1}$$

wobei m die Gesamtmasse des Systems darstellt. Die korrespondierende molare Größe, die auf die Stoffmenge bezogen ist, wird durch den Index m gekennzeichnet. In unserem Beispiel also

$$\frac{V}{n} = V_{\mathrm{m}} \, , \tag{2.2}$$

wobei n die Stoffmenge des Systems ist. Nach den Konventionen der IUPAC kann der Index m aber dann weggelassen werden, wenn aus dem Zusammenhang eindeutig hervorgeht, dass es sich um eine molare Größe handelt und wenn diese Festlegung eindeutig getroffen wird. Von dieser Möglichkeit soll durchgehend Gebrauch gemacht werden: Hier und im Folgenden symbolisiert ein großer Buchstabe, also z. B. V, eine molare Größe. Die zugehörige extensive Größe ergibt sich durch Multiplikation mit der Stoffmenge, also nV!

2.2 Grafische Darstellung des pVT-Verhaltens

In dem in Abbildung 2.1 gezeigten System lassen sich nun p, V und T bei einem gegebenen Gemisch eindeutig einander zuordnen. Eine entsprechende Beziehung wird 'thermische Zustandgleichung' genannt. In Abbildung 2.2 ist das pVT-Verhalten beispielhaft für reines Methan dargestellt [7]. Es ist der Druck als Funktion des molaren Volumens und der Temperatur in einem dreidimensionalen Diagramm gezeigt. Es sind sowohl Linien konstanter Temperatur, Isothermen, als auch Linien konstanten Druckes, Isobaren, eingezeichnet. Die Bereiche, in denen das System heterogen vorliegt, also zwei Phasen miteinander im Gleichgewicht stehen, sind grau unterlegt.

Wie dieses Diagramm zu lesen ist, soll anhand einer isobaren Zustandsänderung erläutert werden, die in Abbildung 2.2 eingezeichnet ist (Punkt A $\rightarrow$ Punkt F). Für einige ausgewählte Punkte sind die Zustände des Systems in Abbildung 2.3 schematisch dargestellt. Ausgegangen werden soll von Punkt A bei dem vorgegebenen Druck, bei hoher Temperatur und einem entsprechend hohen molaren Volumen. In diesem Zustand liegt das System vollständig dampfförmig vor. Wird das System nun isobar abgekühlt, so nimmt das molare Volumen ab, bis der Punkt B auf der Taulinie erreicht ist. Die Bezeichnungen der Linien sind in Abb. 2.2 nicht mit angegeben, um das Diagramm übersichtlich zu gestalten, in Abb. 2.5 sind alle Angaben dazu enthalten. Ab Punkt B beginnt Flüssigkeit auszukondensieren. In dem dann heterogenen System liegen Dampf und Flüssigkeit im Gleichgewicht miteinander vor, wie dies für Punkt C in Abbildung 2.3 verdeutlicht ist. Bei D auf der Siedelinie ist der letzte Dampf kondensiert, das System liegt homogen als Flüssigkeit vor. Auf der Strecke $\overline{\mathrm{BD}}$ im Zweiphasengebiet fallen Isobare und Isotherme zusammen. Wird die Temperatur weiter erniedrigt, so wird bei Punkt E die Erstarrungslinie erreicht, Feststoff fällt aus. Bei F auf der Schmelzlinie ist das gesamte System erstarrt, Methan liegt als Feststoff vor.

Zwei besondere Zustände, die in Abbildung 2.2 zu erkennen sind, sollen hervorgehoben werden. Einerseits ist dies der Tripelpunkt, mit t indiziert, an

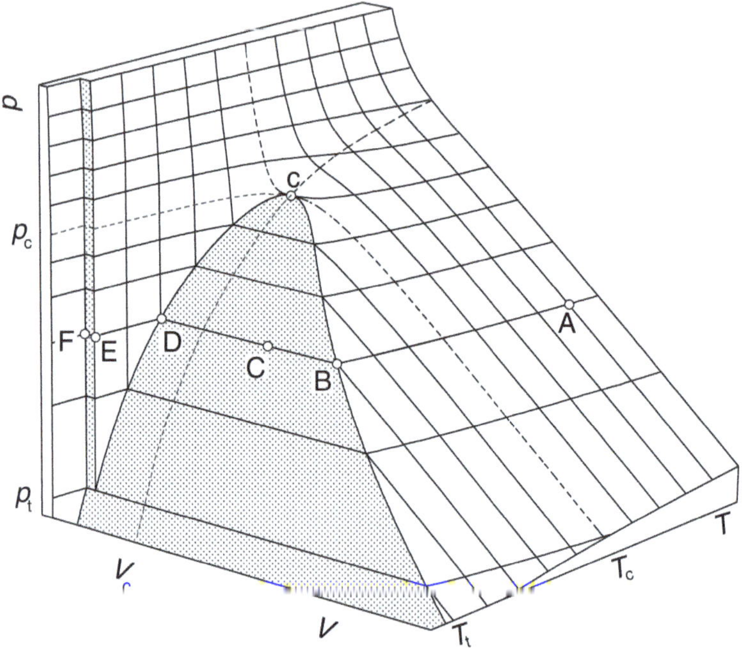

Abb. 2.2. pVT-Fläche eines reinen Stoffes am Beispiel von Methan

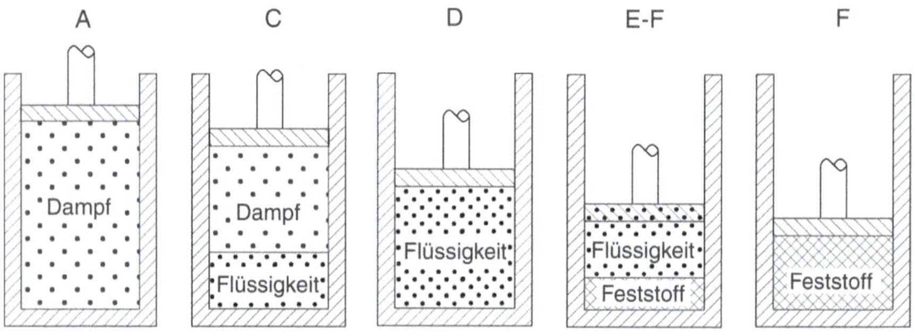

Abb. 2.3. Isobare Zustandsänderung eines reinen Stoffes

dem ein Reinstoff im thermodynamischen Gleichgewicht in den drei Aggregatzuständen Feststoff, Flüssigkeit und Dampf gleichzeitig vorliegt (s. Abb. 2.4).
Da Druck und Temperatur am Tripelpunkt für jeden Reinstoff genau festliegen, wird dieser Zustand zur Kalibrierung beispielsweise von Thermometern
eingesetzt. In der dreidimensionalen pVT-Darstellung wird der Tripelpunkt
zu einer Tripellinie, die die drei Aggregatzustände miteinander verbindet.

Andererseits soll auf den kritischen Punkt näher eingegangen werden, an
dem das Phasengleichgewicht zwischen Dampf und Flüssigkeit verschwindet.
In Abb. 2.2 ist er mit c gekennzeichnet. Dieser ausgezeichnete Zustand wurde

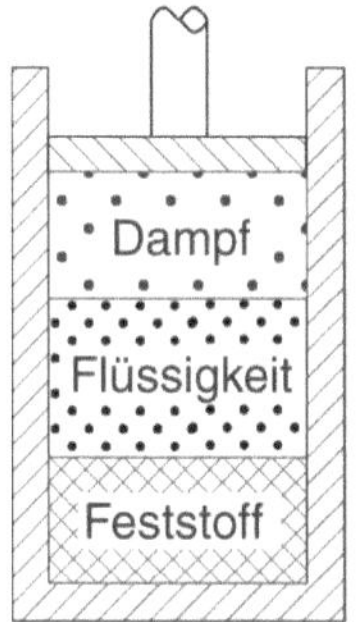

Abb. 2.4. System am Tripelpunkt

bereits 1822 von Cagniard de la Tour entdeckt [31–33]. Cagniard de la Tour fand, dass es oberhalb einer bestimmten Temperatur nicht möglich ist, durch Variation des Druckes eine Grenzfläche zwischen Dampf und Flüssigkeit zu erzeugen. Der Zustand des Systems oberhalb der kritischen Temperatur wird als überkritisch bezeichnet, der Aggregatzustand als fluid. Dies soll ausdrücken, dass das Stoffverhalten nicht eindeutig Flüssigkeit oder Dampf zuzuordnen ist, sondern kontinuierlich zwischen diesen Bereichen liegen kann.

Dieser Cagniard-de-la-Tour'sche Punkt wurde im Folgenden von einer Reihe von Forschern untersucht. Erst 1869 gelang es Thomas Andrews vom Queen's College in Belfast ein allgemeines Verständnis für den Cagniard-de-la-Tour'schen Punkt zu entwickeln. Die Ergebnisse seiner Forschung sind in der Arbeit 'On the continuity of the gaseous and liquid states of matter' zusammengefasst [6]. Thomas Andrews hatte das pVT-Verhalten von CO_2 und Luft umfassend untersucht, und kam zu dem Schluss, dass Dampf und Flüssigkeit lediglich unterschiedliche Formen des gleichen Zustandes der Materie sind. Dies wird verständlich, wenn man bedenkt, dass eine Flüssigkeit durch geeignete schrittweise Variation von Druck und Temperatur auf einem Weg, der oberhalb des kritischen Punktes entlang führt, in den gasförmigen Zustand überführt werden kann, ohne dass bei dem Prozess ein Phasengrenze auftritt. Auf solch einen Prozess bezieht sich auch der Begriff 'Kontinuität' im Titel der Arbeit von Andrews [6]. Andrews erkannte, dass das Auftreten des Cagniard-de-la-Tour'schen Punktes eine allgemeine Eigenschaft aller Substanzen ist und nannte diesen Punkt 'kritischen Punkt'. Das Verschwinden des Dampf-Flüssigkeits-Gleichgewichtes am kritischen Punkt deutete er mit dem Wechselspiel zwischen anziehenden und abstoßenden Anteilen der zwischen den Molekülen wirkenden Kräfte. 1873 gelang es dann van der Waals, dieses Verhalten in eine mathematische Form zu gießen, die auch heute noch prinzipiell in vielen Aspekten Gültigkeit besitzt [190]. Für seine Arbeiten, für die er mit seiner Doktorarbeit 'Die Continuität des gasförmigen und flüssigen Zustandes' den Grundstein legte, erhielt er 1910 den Nobelpreis für Physik.

In Tabelle 2.2 sind die kritischen Größen einiger ausgewählter Reinstoffe zusammengetragen. Die kritischen Größen sind mit c indiziert. Es wird deutlich, dass T_c und V_c mit zunehmender Molekülgröße zunehmen, während p_c etwa im Bereich $2,5$ MPa bis $4,5$ MPa liegt. Ausnahmen von diesen Tendenzen zeigen insbesondere Wasser und andere Komponenten mit Heteroatomen, die sich durch besonders ausgeprägte molekulare Wechselwirkungen auszeichnen (dies wird in Kapitel 7 detaillierter diskutiert).

Tabelle 2.2. Kritische Größen einiger Substanzen

Stoff	Formelzeichen	M [kg/kmol]	T_c [K]	p_c [MPa]	V_c [cm^3/mol]
Methan	CH_4	16,043	190,4	4,60	99,2
Wasser	H_2O	18,015	647,3	22,12	56,7
Stickstoff	N_2	28,013	126,2	3,39	89,8
Ethan	C_2H_6	30,070	305,4	4,88	148,3
Sauerstoff	O_2	31,999	155,8	5,09	79,0
Methanol	CH_3OH	32,042	512,6	8,09	118,0
Argon	Ar	39,948	150,8	4,87	74,9
Kohlendioxid	CO_2	44,010	304,1	7,38	94,0
Propan	C_3H_8	44,094	369,8	4,25	203,0
n-Butan	C_4H_{10}	58,124	425,2	3,80	255,0
Essigsäure	CH_3COOH	60,052	592,7	5,79	171,0
Benzol	C_6H_6	78,114	562,2	4,89	259,0
Schwefeltrioxid	SO_3	80,058	491,0	8,21	127,3
n-Hexan	C_6H_{14}	86,175	507,5	3,01	370,0
n-Octan	C_8H_{18}	114,232	568,8	2,49	492,0
n-Decan	$C_{10}H_{22}$	142,286	617,7	2,12	603,0

Es drängt sich die Frage auf, ob auch das Zweiphasengebiet zwischen Feststoff und Flüssigkeit einen oberen kritischen Endpunkt besitzt. Um diese Frage zu beantworten, führte Bridgman Versuche bei extrem hohen Drücken bis hin zu einigen Tausend MPa durch, für die er 1946 den Nobelpreis für Physik erhielt [25]. In seiner Arbeit 'The Breakdown of Atoms at High Pressures' kommt Bridgman zu dem Schluss, dass es für Materie, wie wir sie kennen, keinen solchen oberen Endpunkt gibt [24]. Aus heutiger Sicht ist dies verständlich: Mit Hilfe von Computersimulationen für Moleküle, die sich wie harte Kugeln (Billardkugeln) verhalten, konnte gezeigt werden, dass ausschließlich ein Phasenübergang fest-fluid beobachtet wird, während kein Übergang zwischen flüssig und gasförmig gefunden wurde. Solange also Molekülen wie harten Kugeln ein Eigenvolumen zugeordnet werden kann, wird das Zweiphasengebiet zwischen Feststoff und Flüssigkeit keinen oberen kritischen Endpunkt aufweisen. Für das Entstehen eines Dampf-Flüssigkeits-Gleichgewichtes sind dagegen die anziehenden Kräfte zwischen den Molekülen mit verantwortlich. Bei steigender Temperatur verlieren die anziehenden Wechselwirkungen gegenüber der zunehmenden kinetischen Energie der Moleküle immer mehr an Einfluss, so dass oberhalb einer bestimmten Temperatur – der kritischen – das Dampf-Flüssigkeits-Gleichgewicht verschwindet.

In der Praxis haben sich zwei Projektionen des in Abbildung 2.2 dargestellten pVT-Diagramms durchgesetzt. Einerseits ist dies die Projektion in die pV-Ebene wie sie in Abbildung 2.5 gezeigt ist. Es sind mehrere Isothermen gezeigt und das Zweiphasengebiet ist wiederum grau unterlegt.

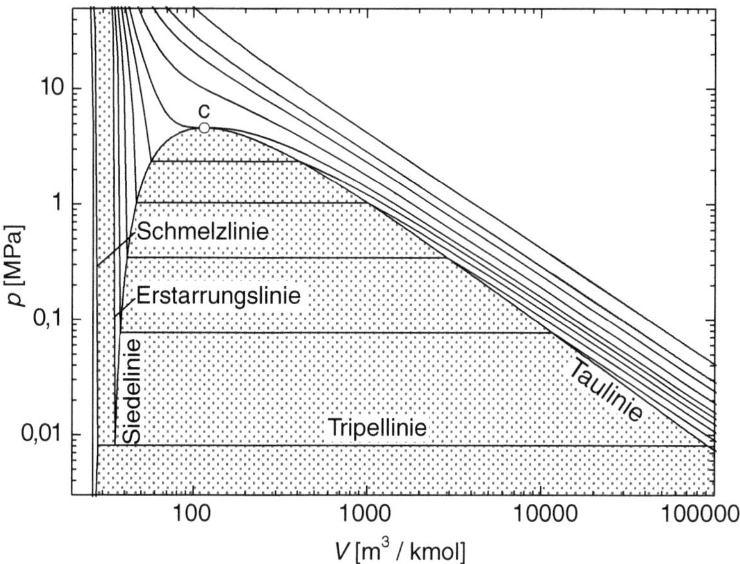

Abb. 2.5. pV-Diagramm eines reinen Stoffes für das Beispiel Methan

Zum anderen wird die Projektion in die pT-Ebene verwendet wie sie in Abbildung 2.6 gezeigt ist. Werden in diesem Diagramm die Linien konstanten molaren Volumens, die Isochoren, weggelassen, so sind nur die Phasengrenzlinien dargestellt. Wegen der Übersichtlichkeit der Darstellung wird dieses Diagramm dann verwendet, wenn komplexe Phasenübergänge in Reinstoffen und Gemischen abgebildet werden sollen. Zum Beispiel können bereits bei reinen Stoffen mehrere Phasenumwandlungen zwischen unterschiedlichen Kristallformen im Feststoff auftreten (s. Abb. 2.7 für die Kristallformen von Wasser).

Für den Ingenieur reicht es nun nicht, das pVT-Verhalten von reinen Stoffen und Gemischen qualitativ zu verstehen. Das Verständnis muss in ein mathematisch formuliertes Modell gegossen werden.

2.3 Das ideale Gas

Die Bemühungen, das pVT-Verhalten zu beschreiben, reichen bis in das 17. Jahrhundert zurück. Sie sind eng mit der Entwicklung einer quantitativen

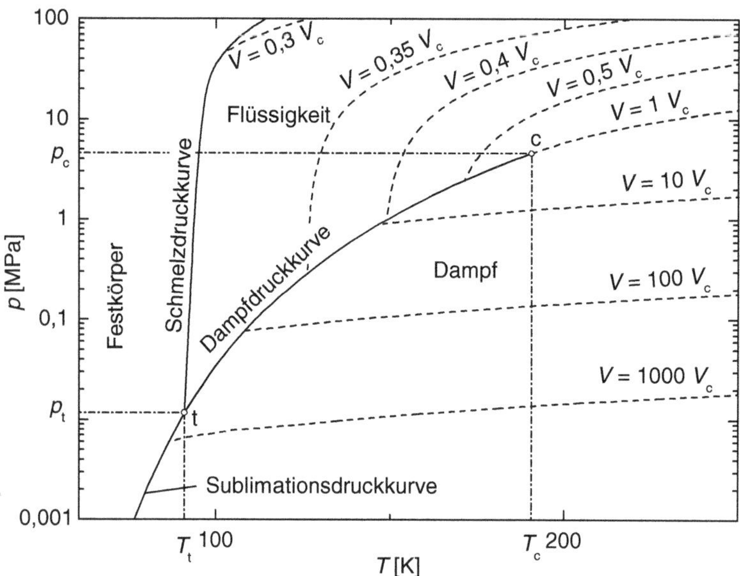

Abb. 2.6. pT-Diagramm eines reinen Stoffes am Beispiel von Methan

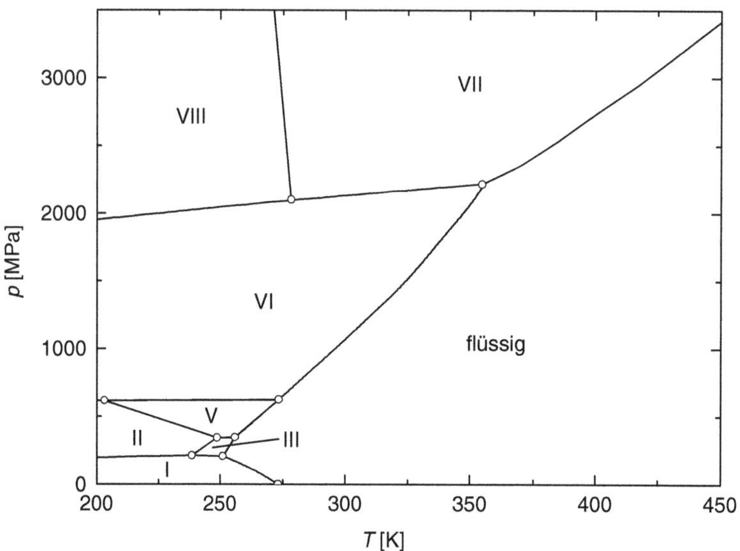

Abb. 2.7. pT-Diagramm von Wasser mit mehreren Eis-Modifikationen

Temperaturskala verknüpft. Erste Temperaturmessungen wurden bereits im frühen 17. Jahrhundert u. a. von Galileo Galilei durchgeführt. Boyle fand 1661, dass für ein reines Gas bei konstanter Temperatur das Produkt pV konstant ist (Boyle-Mariottesches-Gesetz, Robert Boyle, 1627–1691, Edme Mariotte, ca. 1620–1684) [23, 132]. pV ist also lediglich eine Funktion der Temperatur. Diese Funktion hängt dann linear von der Temperatur ab, wenn ein geeignetes Temperaturmaß gewählt wird. Der Temperaturmaßstab wird nun genau so gewählt, dass die Temperaturfunktion von Boyle linear wird. 1802 fand Gay-Lussac, dass die Temperaturfunktion unabhängig von dem betrachteten Gas ist (Joseph Louis Gay-Lussac, 1778–1850) [73]. Er bemerkte außerdem, dass pV gegen den Grenzwert 0 strebt, wenn die Temperatur sich nach einer heutigen Temperaturskala $-273,15°C$ annähert. Nach einem Vorschlag von Thomson, dem späteren Lord Kelvin, legt diese Temperatur den Nullpunkt der nach ihm benannten absoluten Temperaturskala fest (Sir William Thomson, seit 1892 Lord Kelvin of Largs, 1824–1907) [184]. Wird die Temperaturskala, wie eben ausgeführt, geeignet gewählt, so ist pV/T eine Konstante. Diese allgemeine Gaskonstante wurde von Avogadro um 1800 eingeführt, der bereits 1811 die Vermutung aussprach, dass gleiche Volumina idealer Gase bei gleichem p und T die gleiche Zahl von Teilchen enthalten (Lorenzo Romano Amedeo Carlo Avogadro, Graf von Quaregna und Ceretto, 1776–1856) [10]. Sie ist unabhängig vom betrachteten Gas und beträgt nach heutigen Messungen $8,314510\,\mathrm{J/(mol\,K)}$. Die Zahl der Teilchen, auf die sich diese Konstante bezieht – 1 mol – ist heute nach Avogadro benannt:

$$N_{\mathrm{Av}} = 6,0221367 \cdot 10^{23}\,\frac{1}{\mathrm{mol}}\ . \tag{2.3}$$

Die allgemeine Gaskonstante ist andererseits die auf ein Mol bzw. N_{Av} Moleküle bezogene Boltzmannkonstante

$$k = \frac{R}{N_{\mathrm{Av}}} = 1,380658 \cdot 10^{-23}\,\frac{\mathrm{J}}{\mathrm{K}}\ , \tag{2.4}$$

die sich auf ein Molekül bezieht.

Damit lautet die Gleichung, die das so genannte ideale Gas beschreibt:

$$pV = RT\ . \tag{2.5}$$

Wird mit ϱ die molare Dichte z. B. in $\mathrm{mol/m^3}$ bezeichnet, so lässt sich diese thermische Zustandsgleichung auch schreiben als

$$p = \varrho RT\ . \tag{2.6}$$

Mit der allgemeinen Definition

$$\frac{pV}{RT} = \frac{p}{\varrho RT} = Z \tag{2.7}$$

ergibt sich für ein ideales Gas

$$Z = 1\ . \tag{2.8}$$

Z ist der Realgasfaktor, der es erlaubt, das pVT-Verhalten dimensionslos darzustellen. Hier sei noch einmal die enge Beziehung zwischen R und der Wahl der geeigneten Temperaturskala hervorgehoben. Um eine geeignete praktische Temperaturskala festzulegen, die einerseits dem numerischen Wert für R konform ist und andererseits sicherstellt, dass die Idealgasgleichung gültig ist, wurden 17 Fixpunkte festgelegt, mit deren Hilfe Thermometer zwischen $0,65\,\mathrm{K}$ und ca. $2500\,\mathrm{K}$ kalibriert werden können [30]. Die Fixpunkte der zur Zeit gültigen 'International Temperature Scale of 1990' (ITS-90) des International Committee of Weights and Measures sind in Tabelle 2.3 zusammengetragen. Die Fixpunkte sind so gewählt, dass sie gut reproduzierbaren und möglichst eindeutigen thermodynamischen Gleichgewichtszuständen entsprechen. Zwischen den Fixpunkten erfolgt die Interpolation der Temperatur mit festgelegten Messverfahren, die an den Fixpunkten kalibriert werden. In Deutschland wird die ITS-90 von der Physikalisch-Technischen Bundesanstalt (PTB) in Braunschweig dargestellt und weitergegeben.

Tabelle 2.3. Fixpunkte der ITS-90 [30]

T_{90} [K]	ϑ_{90} [°C]	Stoff	Zustandspunkt
3 bis 5	-270,15 bis -268,15	He	Dampfdruck
13,8033	-259,3467	H_2 [1]	Tripelpunkt
$\approx 17,0$	$\approx -256,15$	H_2 [1]	Dampfdruck
$\approx 20,3$	$\approx -252,85$	H_2 [1]	Dampfdruck
24,5561	-248,5939	Ne	Tripelpunkt
54,3584	-218,7916	O_2	Tripelpunkt
83,8058	-189,3442	Ar	Tripelpunkt
234,3156	-38,8344	Hg	Tripelpunkt
273,16	0,01	H_2O	Tripelpunkt
302,9143	29,7646	Ga	Schmelzpunkt [2]
429,7485	156,5985	In	Erstarrungspunkt [2]
505,078	231,928	Sn	Erstarrungspunkt [2]
692,677	419,527	Zn	Erstarrungspunkt [2]
933,473	660,323	Al	Erstarrungspunkt [2]
1234,93	961,78	Ag	Erstarrungspunkt [2]
1337,33	1064,18	Au	Erstarrungspunkt [2]
1357,77	1084,62	Cu	Erstarrungspunkt [2]

[1] H_2 bei Gleichgewichtskonzentration von Ortho- und Para-Form
[2] Schmelz- und Erstarrungstemperatur bei 101325 Pa

Mit der Zustandsgleichung für ideale Gase lassen sich reale Gase nur in einem sehr begrenzten Bereich bei niedrigen Drücken und hohen Temperaturen modellieren. Die Idealgasgleichung beschreibt also lediglich das Grenzverhalten realer Gase bei niedrigen Dichten, das ideale Gas gibt es nicht.

Unterschiedliche Stoffe zeigen bei diesem Grenzzustand verschiedene thermodynamische Eigenschaften, auch wenn der Realgasfaktor stets gegen eins strebt. Beispielsweise hängt die innere Energie eines Gases von den möglichen Schwingungen der Atome im Molekül ab. Auch wenn im Grenzfall verschwindender Dichte Wechselwirkungen zwischen Molekülen vernachlässigbar werden, so bleiben dennoch diese Schwingungen charakteristisch für jeden Stoff. Die innere Energie und genau so die Wärmekapazität verschiedener Stoffe werden daher selbst im Grenzzustand des idealen Gases unterschiedlich sein.

2.4 Die Virialgleichung

Kamerlingh Onnes schlug 1901 [99] eine einfache Reihenentwicklung vor, mit der der Gültigkeitsbereich der Idealgasgleichung deutlich erweitert werden kann:

$$\frac{p}{\varrho RT} = Z = 1 + B_2\varrho + B_3\varrho^2 + \dots . \tag{2.9}$$

Diese Leidenform der Virialgleichung ist eine druckexplizite Zustandsgleichung, d. h. p ist gegeben als Funktion von T und ϱ. B_2 ist der zweite Virialkoeffzient, der die Einheit eines molaren Volumens trägt, B_3 der dritte Virialkoeffizient etc. Für einen vorgegebenen reinen Stoff sind die Virialkoeffizienten ausschließlich Funktionen der Temperatur. Als Grenze für eine genaue Beschreibung des Realgasverhaltens mit der Virialgleichung wird üblicherweise angeben:

$$\varrho < \frac{1}{3}\varrho_c \qquad \text{falls ausschließlich } B_2 \text{ berücksichtigt wird,} \tag{2.10}$$

$$\varrho < \frac{1}{2}\varrho_c \qquad \text{wenn } B_2 \text{ und } B_3 \text{ berücksichtigt werden.} \tag{2.11}$$

Zu B_2 und dessen Temperaturabhängigkeit liegen experimentelle Informationen für eine Vielzahl von Substanzen vor, für B_3 ist die Zahl verfügbarer Daten wesentlich geringer [54]. B_2 kann zudem mit Hilfe von Korrelationen recht genau beschrieben werden, die zum Teil allein auf der Kenntnis der chemischen Struktur einer Komponente basieren [86, 187].

Alternativ zur Reihenentwicklung in ϱ kann Z auch in p entwickelt werden:

$$Z = 1 + B_2'p + B_3'p^2 + \dots . \tag{2.12}$$

Diese Berlinform der Virialgleichung ist eine volumenexplizite Zustandsgleichung, da hier das molare Volumen bei Vorgabe von p und T direkt berechnet werden kann.

Die Koeffizienten der Leidenform der Virialgleichung können in die der Berlinform umgerechnet werden. Wird der sich aus der Leidenform ergebende Druck in die Berlinform eingesetzt, so erhält man

$$Z = 1 +$$
$$+ B_2'(\varrho RT + B_2 \varrho^2 RT + B_3 \varrho^3 RT + \ldots) \tag{2.13}$$
$$+ B_3'(\varrho^2 R^2 T^2 + B_2^2 \varrho^4 R^2 T^2 + B_3^2 \varrho^6 R^2 T^2 + \ldots)$$
$$+ \ldots .$$

Durch Sortieren nach Potenzen von ϱ und Koeffizientenvergleich mit der Leidenform ergibt sich

$$B_2' = \frac{B_2}{RT} \tag{2.14}$$

und

$$B_3' = \frac{B_3 - B_2^2}{R^2 T^2} . \tag{2.15}$$

In der Regel wird die Leidenform der Berlinform vorgezogen, da sich mit ihr bei gleicher Zahl der Terme das Realverhalten von Gasen in einem größeren Zustandsbereich genau beschreiben lässt [61].

Um B_2 zu ermitteln, wird die Beziehung

$$B_2 = \lim_{\varrho \to 0} \frac{Z - 1}{\varrho} \tag{2.16}$$

zugrundegelegt, die sich aus Gl. 2.9 ergibt. Um Gl. 2.16 auswerten zu können, werden Messungen des Wertetripels p, V und T für eine interessierende Substanz vorzugsweise bei niedrigen Drücken durchgeführt. In Abbildung 2.8 ist die Auswertung solcher pVT-Daten gezeigt. Wie man erkennt, ist die ϱ-Abhängigkeit von $(Z - 1)/\varrho$ über weite Dichtebereiche annähernd linear, so dass die Extrapolation auf $\varrho = 0$ mit hoher Zuverlässigkeit erfolgen kann. B_2 ergibt sich dann direkt als Ordinatenabschnitt jeder Isotherme.

Die resultierende Temperaturabhängigkeit von B_2 zeigt einen typischen Verlauf, der in Abbildung 2.9 dargestellt ist. Bemerkenswert ist der Nulldurchgang des zweiten Virialkoeffizienten, bei dem die Temperatur Boyle-Temperatur genannt wird. Aus den in den Gln. 2.10 und 2.11 angegebenen Gültigkeitsbereichen ergibt sich, dass das reale Verhalten eines Gases in der Nähe dieser Temperatur mit guter Genauigkeit bis etwa $1/3\varrho_c$ durch die Idealgasgleichung beschrieben werden kann. Bei höheren Dichten müssen B_3 und ggf. höhere Terme berücksichtigt werden, die bei T_{Boyle} in der Regel nicht null sind.

Ist B_2 bestimmt, so lässt sich B_3 aus pVT-Messungen mit

$$B_3 = \lim_{\varrho \to 0} \frac{Z - (1 + B_2\varrho)}{\varrho^2} \tag{2.17}$$

ermitteln. B_3 entspricht damit auch der Steigung der Isothermen in Abbildung 2.8 bei $\varrho = 0$. Die Gln. 2.10 und 2.11 machen deutlich, dass die Virialgleichung lediglich zur Beschreibung von Substanzen im dampfförmigen Zustand geeignet ist.

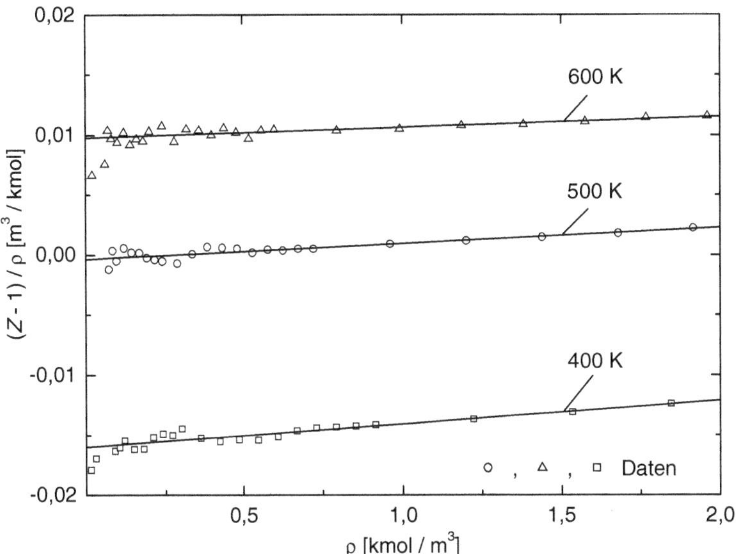

Abb. 2.8. Bestimmung des 2. Virialkoeffizienten für Methan [7]

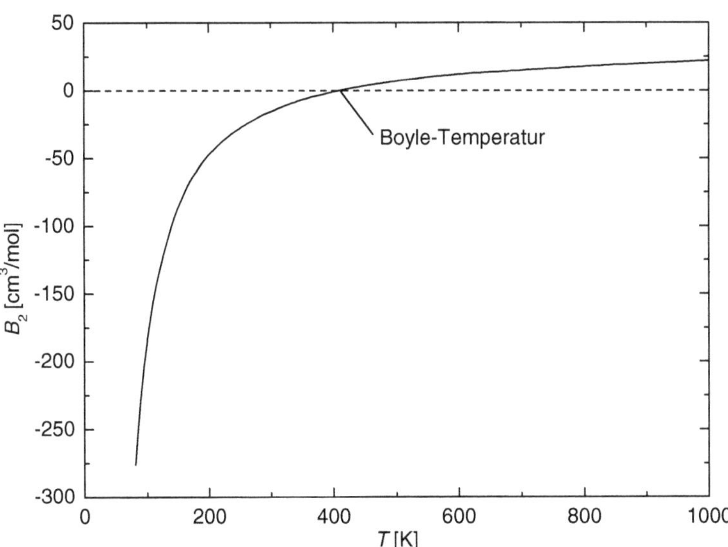

Abb. 2.9. Temperaturabhängigkeit des 2. Virialkoeffizienten von Argon

2.5 Die Van-der-Waals-Gleichung

Eine einfache Zustandsgleichung, die die Modellierung auch von flüssigen Phasen erlaubt, wurde von van der Waals in seiner Dissertation vorgeschlagen [190]:

$$p = \frac{RT}{V - b} - \frac{a}{V^2} \,. \tag{2.18}$$

Die Van-der-Waals-Gleichung (vdW) lässt sich auch wie folgt schreiben:

$$Z = \frac{V}{V - b} - \frac{a}{RTV} \tag{2.19}$$

oder

$$Z = \frac{1}{1 - b\varrho} - \frac{a\varrho}{RT} \,. \tag{2.20}$$

a und b sind Modellparameter, die für jeden Reinstoff ermittelt werden müssen. Bei $V = b$ weist die vdW-Gleichung eine Polstelle auf. b kann daher als molares Eigenvolumen der Moleküle gedeutet werden: Um eine Substanz auf b zu komprimieren sind beliebig hohe Drücke nötig. a wurde von von der Waals eingeführt, um die anziehenden Kräfte zwischen den Molekülen zu berücksichtigen. a/V^2 ist somit ein 'Binnendruck' der durch die attraktiven Wechselwirkungen zwischen den Molekülen hervorgerufen wird.

Die Genauigkeit der vdW-Gleichung entspricht zwar nicht mehr heutigen Anforderungen, dennoch soll diese Zustandsgleichung hier eingehender diskutiert werden, da die prinzipiellen Aspekte von allgemeiner Gültigkeit sind. Die entsprechenden Ergebnisse für eine Reihe von gebräuchlichen Zustandsgleichungen lassen sich ganz analog ermitteln.

In Abbildung 2.10 sind eine Reihe von Isothermen dargestellt, die mit der vdW-Gleichung berechnet wurden. Es fällt auf, dass unterhalb des kritischen Punktes die Isothermen Maxima und Minima aufweisen.

Bei vorgegebener unterkritischer Systemtemperatur erhält man daher in bestimmten Druckbereichen für jeden Druck drei Lösungen für V. Für ein Beispiel sind in Abbildung 2.10 die drei Werte für V mit A, B und C gekennzeichnet. Um die Lösungen zu ermitteln, wird Gl. 2.18 umgeformt:

$$0 = V^3 + V^2\left(-b - \frac{RT}{p}\right) + V\frac{a}{p} - \frac{ab}{p} \,. \tag{2.21}$$

Diese Bestimmungsgleichung ist kubisch, die vdW-Gleichung wird daher als 'kubische' Zustandsgleichung bezeichnet. Die Lösungen von Gl. 2.21 können z. B. mit der Cardanischen Lösungsformel gefunden werden [28]. Das höchste der sich ergebenden V (Punkt C in Abbildung 2.10) korrespondiert zur Dampfphase, das niedrigste V (Punkt A) zur Flüssigkeit. Punkt B in Abbildung 2.10 stellt einen instabilen Zustand dar, der in realen Systemen im Gleichgewicht nicht realisiert werden kann. Bei der Lösung von Gl. 2.21 muss für den allgemeinen Fall berücksichtigt werden, dass weitere physikalisch nicht sinnvolle Lösungen erhalten werden können, wie dies in Abbildung 2.11 für eine Isotherme gezeigt ist.

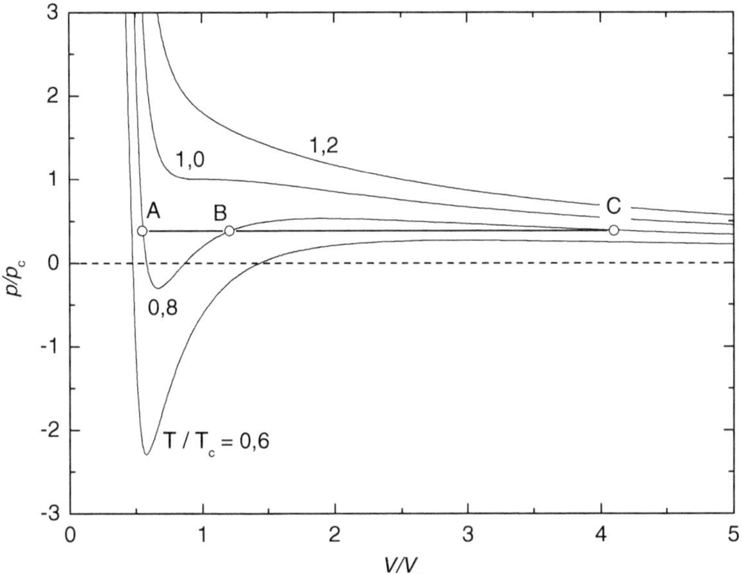

Abb. 2.10. Van-der-Waals-Isothermen

2.6 Das Korrespondenzprinzip

Nachdem das mit der vdW-Gleichung beschriebene pVT-Verhalten skizziert wurde, stellt sich nun die Frage, wie die Parameter a und b ermittelt werden können. Dies kann einerseits durch Anpassung von a und b an experimentelle pVT-Daten z. B. mit Hilfe einer Fehlerquadratminimierung geschehen. Für mathematisch einfache Zustandsgleichungen beschreitet man üblicherweise einen anderen Weg: a und b werden so gewählt, dass die Zustandsgleichung den kritischen Punkt des betrachteten Reinstoffs richtig wiedergibt. Ausgangspunkt dafür ist, dass die kritische Isotherme bei V_c einen Sattelpunkt aufweist (vgl. Abbn. 2.5 und 2.10):

$$\left(\frac{\partial p}{\partial V}\right)_T = 0 \qquad \text{für} \qquad V = V_\mathrm{c} \text{ und } T = T_\mathrm{c} \tag{2.22}$$

und

$$\left(\frac{\partial^2 p}{\partial V^2}\right)_T = 0 \qquad \text{für} \qquad V = V_\mathrm{c} \text{ und } T = T_\mathrm{c}\,. \tag{2.23}$$

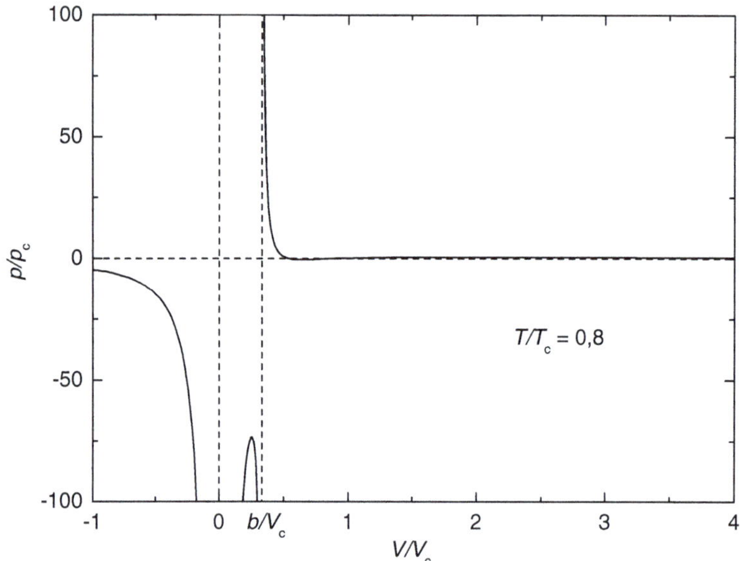

Abb. 2.11. van-der-Waals-Isotherme bei $T/T_c = 0,8$

Die in der Thermodynamik gebräuchliche Symbolik bei partiellen Differentialen ist in Anhang B erläutert. Aus den Gln. 2.22 und 2.23 ergibt sich mit der vdW-Gleichung

$$2\frac{a}{V_c^3} = \frac{RT_c}{(V_c - b)^2} ,\tag{2.24}$$

$$6\frac{a}{V_c^4} = \frac{2RT_c}{(V_c - b)^3} .\tag{2.25}$$

Durch Division dieser Gleichungen und Auflösen erhält man

$$V_c = 3b .\tag{2.26}$$

Einsetzen dieses Ergebnisses in Gl. 2.24 führt zu

$$a = \frac{27RT_c b}{8} .\tag{2.27}$$

Da für viele Stoffe V_c unbekannt ist, während Daten für p_c vorliegen, und p_c auch mit höherer Genauigkeit als V_c bestimmt werden kann, wird nun V_c durch p_c ersetzt. Dazu wird die vdW-Gleichung für den kritischen Punkt geschrieben und dabei a mit Gl. 2.27 ersetzt. Auflösen nach b ergibt:

$$b = \frac{1}{8}\frac{RT_c}{p_c} = 0,125\frac{RT_c}{p_c} .\tag{2.28}$$

Mit den Gln. 2.27 und 2.28 erhält man

$$a = \frac{27}{64}\frac{(RT_c)^2}{p_c} = 0,421875\frac{R^2 T_c^2}{p_c} .\tag{2.29}$$

Die Gln. 2.28 und 2.29 erlauben, die Parameter der vdW-Gleichung aus den kritischen Daten eines reinen Stoffes einfach zu ermitteln. Die kritischen Daten können der Literatur für eine Vielzahl von Komponenten entnommen werden [167, 168, 175]. Mit den Gln. 2.26, 2.28 und 2.29 und Gl. 2.18 am kritischen Punkt gilt zudem

$$Z_c = \frac{3}{8} = 0,375 \ . \tag{2.30}$$

Das heißt, die vdW-Gleichung sagt voraus, dass der Realgasfaktor am kritischen Punkt für alle Reinstoffe den gleichen Wert hat. In Tabelle 2.4 sind die sich für die vdW-Gleichung aus den kritischen Daten ergebenden Parameter für einige Stoffe zusammengestellt. Außerdem sind V_c/b und Z_c mit aufgeführt. Es wird deutlich, dass Gl. 2.26 die Realität nur ungenau beschreibt, bereits van der Waals stellte diesen Mangel fest und versuchte ihn zu beheben. Für die aufgeführten Stoffe ergibt sich

$$Z_c \approx 0,29 \ , \tag{2.31}$$

was erheblich von Gl. 2.30 abweicht. Vergleicht man den Parameter b mit einem typischen Wert des Flüssigkeitsvolumen V^L – hier der Wert im Dampf-Flüssigkeits-Gleichgewicht bei 1 bar – so ist V^L bei allen Substanzen kleiner als b. Dies widerspricht offensichtlich der Deutung von b als molarem Volumen im dichtgepackten Zustand der Moleküle. Andersherum bedeutet dies auch, dass mit der vdW-Gleichung stets ein zu hoher Wert für das molare Flüssigkeitsvolumen berechnet wird.

Tabelle 2.4. Van-der-Waals-Parameter einiger einfacher Stoffe

Stoff	a [J m^3/mol^2]	b [cm^3/mol]	V_c/b [-]	Z_c [-]	V^L [cm^3/mol]
Ar	0,136	32,2	2,33	0,291	29,11
N$_2$	0,137	38,7	2,32	0,290	34,84
CH$_4$	0,230	43,0	2,30	0,288	37,95
C$_3$H$_8$	0,938	90,4	2,24	0,281	75,76

Die besondere Bedeutung des kritischen Punktes für die Beschreibung des thermodynamischen Verhaltens wird deutlich, wenn Druck, molares Volumen und Temperatur auf ihre Werte am kritischen Punkt bezogen werden:

$$p_r = \frac{p}{p_c} \ , \tag{2.32}$$

$$V_r = \frac{V}{V_c} \ , \tag{2.33}$$

$$T_r = \frac{T}{T_c} \ . \tag{2.34}$$

Es ergeben sich die so genannten reduzierten Größen, die mit r indiziert sind. Wird die vdW-Gleichung in reduzierten Variablen geschrieben, so erhält man aus Gl. 2.18

$$p_{\mathrm{r}} = \frac{8\,T_{\mathrm{r}}}{3\,V_{\mathrm{r}} - 1} - \frac{3}{V_{\mathrm{r}}^2} \tag{2.35}$$

bzw.

$$Z = \frac{3V_{\mathrm{r}}}{3V_{\mathrm{r}} - 1} - \frac{9}{8T_{\mathrm{r}}V_{\mathrm{r}}} \; . \tag{2.36}$$

Die Gln. 2.35 und 2.36 enthalten neben den kritischen Daten über die Gln. 2.32 bis 2.34 keine weiteren stoffspezifischen Konstanten.

Losgelöst von der vdW-Gleichung lässt sich dies wie folgt formulieren: Werden die thermodynamischen Variablen für eine Substanz auf ihre Werte am kritischen Punkt bezogen, so ergibt sich für alle Substanzen ein einziger, generalisierter Zusammenhang zwischen den reduzierten Größen. Dies ist das so genannte Korrespondenzprinzip oder das Theorem der übereinstimmenden Zustände. In Abbildung 2.12 ist gezeigt, dass das Korrespondenzprinzip in der hier angegebenen einfachsten Form für das pVT-Verhalten von nahezu kugelförmigen Molekülen ohne besondere Wechselwirkungen mit guter Genauigkeit zutrifft (Ar, CH$_4$, N$_2$), auch wenn es anhand der recht ungenauen Van-der-Waals-Gleichung vorgestellt wurde. Abweichungen treten aber bereits für Alkane mit relativ geringer C-Zahl auf. Sollen diese Einflüsse der Molekülform und der spezifischen Wechselwirkungen berücksichtigt werden, so muss das Korrespondenzprinzip unter Einbeziehung zusätzlicher Parameter erweitert werden (vgl. Abschnitt 4.2.2).

Vergleich von Van-der-Waals-Gleichung und Virialgleichung

Um die Güte der vdW-Gleichung anhand eines anderen Vergleiches zu zeigen, soll die Temperaturabhängigkeit der Virialkoeffizienten betrachtet werden. Aus der vdW-Gleichung ergibt sich durch Reihenentwicklung in ϱ um $\varrho = 0$

$$\frac{B_2 p_{\mathrm{c}}}{RT_{\mathrm{c}}} = 0{,}1250 - \frac{0{,}4219}{T_{\mathrm{r}}} \; , \tag{2.37}$$

sowie

$$\frac{B_3 p_{\mathrm{c}}}{RT_{\mathrm{c}}} = 0{,}1250 \; . \tag{2.38}$$

Bereits Kamerlingh Onnes gibt in seiner Veröffentlichung von 1901 einen generalisierten Ausdruck für die Temperaturabhängigkeit des zweiten Virialkoeffizienten an, der auf experimentellen Daten für B_2 beruht [99]:

$$\frac{B_2 p_{\mathrm{c}}}{RT_{\mathrm{c}}} = 0{,}1366 - \frac{0{,}3024}{T_{\mathrm{r}}} - \frac{0{,}0949}{T_{\mathrm{r}}^2} - \frac{0{,}0913}{T_{\mathrm{r}}^3} \; . \tag{2.39}$$

Pitzer und Curl [152] schlagen eine aktuellere Korrelation vor:

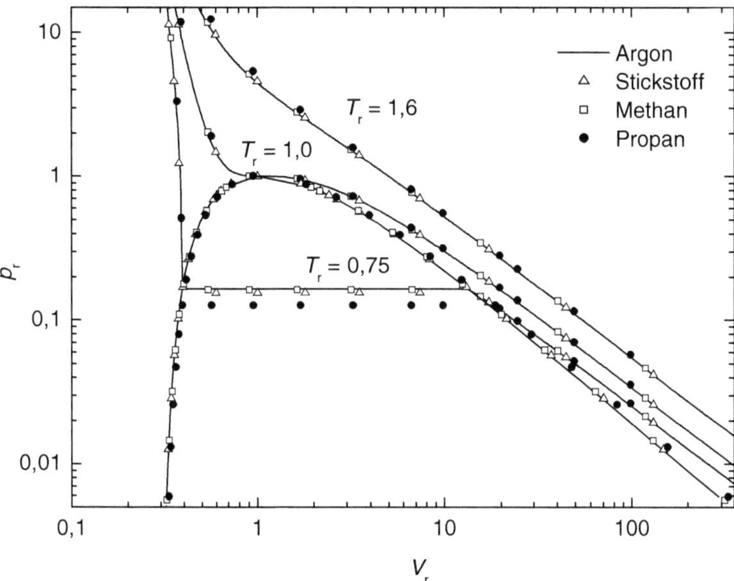

Abb. 2.12. Reduziertes pV-Diagramm ausgewählter Stoffe

$$\frac{B_2 p_\mathrm{c}}{RT_\mathrm{c}} = 0,1445 - \frac{0,3300}{T_\mathrm{r}} - \frac{0,1385}{T_\mathrm{r}^2} - \frac{0,0121}{T_\mathrm{r}^3} \ . \tag{2.40}$$

In Abbildung 2.13 sind diese drei generalisierten Gleichungen untereinander und mit experimentellen Werten für ausgewählte Substanzen verglichen. Einerseits kann offensichtlich nur die Gleichung von Pitzer und Curl das Verhalten der gezeigten Substanzen gut beschreiben. Erstaunlich ist aber die Qualität der Korrelation von Kamerlingh Onnes, dem weder genaue Werte der kritischen Daten noch Computer für die Parameteranpassung zur Verfügung standen. Andererseits zeigt sich auch hier wieder, dass das Korrespondenzprinzip ohne weitere Parameter nur annähernd kugelförmige Moleküle gut beschreiben kann. Bereits n-Hexan weicht in seinem Verhalten deutlich von diesen ab.

In Tab. 2.5 sind die reduzierten Boyle-Temperaturen zusammengetragen, die sich aus den unterschiedlichen Modellen ergeben. Auch hier wird nochmals die Ungenauigkeit der vdW-Gleichung deutlich. Die beiden anderen Korrelationen zeigen, dass $T_\mathrm{Boyle,r}$ bei etwa 2,5 liegt.

Beispiel 2.1 Ermittlung der Grenzen der Virialgleichung.

Mit den in den vorigen Abschnitten abgeleiteten Beziehungen lässt sich nun die Frage nach der Genauigkeit der Virialgleichung, die nach dem zweiten oder dritten Term abgebrochen wurde, quantitativ beantworten. Ausgangspunkt für die Überlegungen kann die vdW-Gleichung sein, die mit der abgebrochenen Virialentwicklung der vdW-Gleichung verglichen wird: Die Differenz der

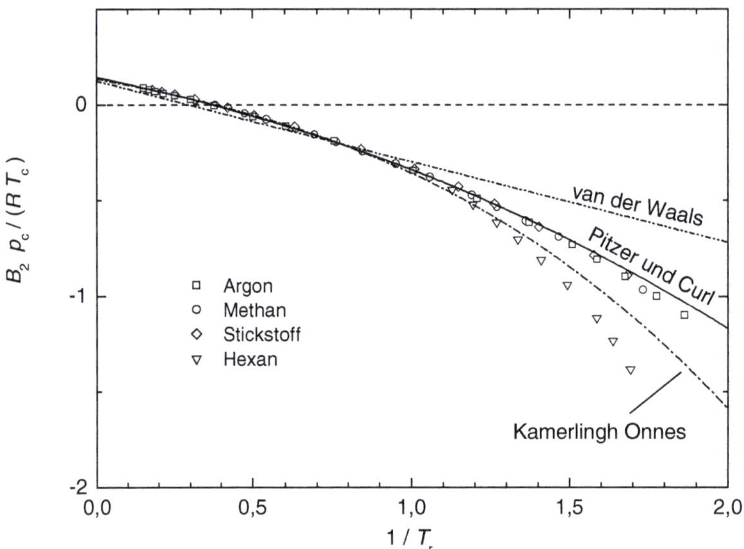

Abb. 2.13. Korrelation der zweiten Virialkoeffizienten

Tabelle 2.5. Vergleich der reduzierten Boyle-Temperaturen nach der Virialentwicklung von van der Waals und Korrelationen von Kamerlingh Onnes sowie Pitzer und Curl

Autor	$T_{\text{Boyle}}/T_{\text{c}}$	$T_{\text{c}}/T_{\text{Boyle}}$
van der Waals [190]	$3,3752$	$0,29628$
Kamerlingh Onnes [99]	$2,5829$	$0,38716$
Pitzer und Curl [152]	$2,6564$	$0,37645$

auf diese Weise ermittelten Realgasfaktoren soll eine vorzugebende Genauigkeitsgrenze ε nicht überschreiten, z. B.:

$$| Z_{\text{vdW}} - Z_{B_2} | < \varepsilon \, . \tag{2.41}$$

Hierbei wird Z_{vdW} mit der vdW-Gleichung berechnet (Gl. 2.36), Z_{B_2} mit der sich aus der vdW-Gleichung ergebenden Virialentwicklung, die hier nach dem zweiten Term abgebrochen wird (Gl. 2.37). Analoges kann für die Virialentwicklung mit den weiteren Termen geschrieben werden. Einsetzen der Gln. 2.9, 2.36 und 2.37 in Gl. 2.41 liefert für die Grenzen

$$9V_{\text{r}}^2 - 3V_{\text{r}} = \pm\frac{1}{\varepsilon} \, . \tag{2.42}$$

Auflösen nach V_{r} ergibt

$$V_{\text{r}} = \frac{1}{6} \pm \sqrt{\frac{1}{36} \pm \frac{1}{9\varepsilon}} \, , \tag{2.43}$$

wobei nur die Auswertung mit $+$ hier sinnvolle Ergebnisse liefert, da anderenfalls für die interessierenden kleinen ε der Term unter der Wurzel negativ und V_r damit komplex würde.

Die maximalen V_r, bis zu denen die Virialgleichung im Vergleich mit der vdW-Gleichung mit der Genauigkeit ε anwendbar ist, sind in Tabelle 2.6 zusammengestellt. Die entsprechenden Werte für die Näherung mit der Idealgasgleichung und der Virialentwicklung bis B_3 für zwei ε sind ebenfalls aufgeführt. Da die Abweichung zwischen Z_vdW und $Z = 1$ temperaturabhängig ist, wurde für $T_\mathrm{r} = 1$ ausgewertet, was wegen der relativ schwachen T_r-Abhängigkeit für typische Anwendungen repräsentative Werte liefert. Man erkennt zum einen, dass sich für eine geforderte Genauigkeit in Z von 0,01 etwa die in den Gln. 2.10 und 2.11 bereits angegebenen Grenzen ergeben. Zudem wird deutlich, dass mit der Berücksichtigung von B_2 ein wesentlicher Fortschritt gegenüber der Idealgasgleichung erzielt wird, die nur bis etwa 1% der kritischen Dichte akzeptable Werte liefert. Dies entspricht der gesättigten Dampfdichte etwa bei $p_\mathrm{r} = 0,02$ (vgl. Abb. 2.12), was bei vielen Stoffen einen Druck zwischen $0,5$ und $1\,\mathrm{bar}$ bedeutet. Wird bei Umgebungsbedingungen mit der Idealgasgleichung gerechnet, beträgt der Fehler also i. d. R. in der Größenordnung von 1% oder etwas darüber.

Tabelle 2.6. Genauigkeit der Virialentwicklung

$Z_\mathrm{vdW} - Z_\mathrm{B}$	$Z = 1$, $T_\mathrm{r} = 1$		B_2		B_3	
	V_r	ϱ_r	V_r	ϱ_r	V_r	ϱ_r
0,01	79,0	0,0127	3,5	0,285	1,67	0,600
0,001	791,5	0,0013	10,7	0,093	3,45	0,290

$\square$

2.7 Zusammenfassung

Für einen reinen Stoff wird das pVT-Verhalten in seinen Grundzügen erläutert, Möglichkeiten der grafischen Darstellung dieser Zusammenhänge werden aufgezeigt. Zur mathematischen Beschreibung werden drei thermische Zustandsgleichungen vorgestellt und diskutiert: Die Idealgasgleichung, die Virialgleichung und die Van-der-Waals-Gleichung. Lediglich die vdW-Gleichung ist in der Lage, Flüssigkeiten prinzipiell sinnvoll zu modellieren, wenn auch mit relativ großen Abweichungen zum Verhalten realer Substanzen. Die Bedeutung des kritischen Punktes wird demonstriert und das Korrespondenzprinzip angesprochen, mit dessen Hilfe generalisierte Gleichungen zur Beschreibung des thermodynamischen Verhaltens zunächst von reinen Stoffen aufgestellt werden können.

Insgesamt wird deutlich, dass es mit diesen Hilfsmitteln im Prinzip möglich ist, das pVT-Verhalten zu modellieren. Aussagen zu Phasengleichgewichten und ihrem Zusammenhang zu dem pVT-Verhalten sind ohne weitere Werkzeuge der Thermodynamik allerdings nicht möglich. Diese grundlegenden Werkzeuge und das in der Einleitung angesprochene mathematische Gebäude der Thermodynamik, aus dem sie sich ergeben, sollen im folgenden Kapitel erarbeitet werden.

2.8 Aufgaben

Übung 2.1. Es soll der Gültigkeitsbereich der Idealgasgleichung und der Virialgleichung für Luft abgeschätzt werden:

a) In welchem Bereich darf der Druck variieren, wenn die Temperatur konstant 20°C beträgt und eine Genauigkeit von 1% mit der Idealgasgleichung erreicht werden soll. Die Virialgleichung soll jeweils bis zum zweiten Virialkoeffizienten unter Verwendung der Pitzer-Curl-Korrelation (Gl. 2.40) ausgewertet werden.
b) In welchem Bereich darf die Temperatur variieren, wenn der Druck konstant 1 bar beträgt und eine Genauigkeit von 1% mit der Idealgasgleichung und der Virialgleichung erreicht werden soll. Die Virialgleichung soll auch hier nur bis zum zweiten Virialkoeffizienten verwendet werden.

Hinweise:

- s. Tabelle 2.6
- Luft besteht in grober Näherung aus reinem Stickstoff.
- Weitere Daten s. Tabelle 2.2

Übung 2.2. Ein Fahrradschlauch soll isotherm mit Luft aufgepumpt werden. Welcher Druck lässt sich maximal mit einer üblichen Fahrradpumpe im Fahrradschlauch aufbauen. Das Ergebnis soll eine Genauigkeit von etwa 1% haben (s. Übung 2.1).

Hinweise:

- Volumen des Fahrradschlauchs: $1,1\,l$
- maximales Volumen in der Pumpe: $200\,ml$
- minimales Volumen in der Pumpe: $20\,ml$
- Umgebungsdruck: $p_{\mathrm{U}} = 1\,bar$
- Lufttemperatur: 20°C

Übung 2.3. $2\,m^3$ Erdgas (Methan) bei Umgebungstemperatur und -druck sollen zum Verkauf in eine $10\,l$-Gasflasche gefüllt werden.

a) Mit der Van-der-Waals-Gleichung soll der sich einstellende Druck in der Gasflasche bei Umgebungstemperatur berechnet werden.

b) Durch ungünstiges Aufstellen wird die gleiche Gasflasche durch Sonnenstrahlen aufgeheizt. Dabei erhöht sich die Temperatur des Inhaltes auf 50°C. Welchen Druck muss die Gasflasche dann aushalten?

c) Die Werte sollen mit den Ergebnissen der Idealgasgleichung verglichen werden.

<u>Hinweise:</u>

- Umgebungstemperatur: 20°C
- Umgebungsdruck: 1 bar
- Weitere Daten s. Tabelle 2.2

3

Grundlegende Beziehungen der Gemisch-Thermodynamik

Hier soll nun das mathematische Gerüst der Gemisch-Thermodynamik hergeleitet werden. Ziel ist es dabei, die wesentlichen Beziehungen zur Verfügung
zu stellen, die zur Modellierung thermodynamischer Größen und Zusammenhänge benötigt werden. Dabei sollen Eigenschaften von Phasengrenzen und
chemische Reaktionen zunächst nicht berücksichtigt werden. Diese werden in
den Kapiteln 8 und 9 behandelt. Die Beziehungen gelten daher im Prinzip
für unendlich ausgedehnte Systeme mit gradientenfreien Phasen. Es sei zudem darauf verwiesen, dass in Anhang A die verschiedensten gebräuchlichen
Konzentrationsmaße zusammengetragen sind, während hier zweckmäßigerweise nur Stoffmengenanteile verwendet werden. Die diesem Kapitel zu Grunde
liegenden Rechenregeln mit Differentialen sind im Anhang B zusammengestellt.

3.1 Zustandsänderungen im offenen System

Ausgangspunkt der Überlegungen ist wieder das System aus Abbildung 2.1,
das in Abbildung 3.1 noch einmal dargestellt ist. Es handele sich zunächst
um ein geschlossenes System, auf das keine äußeren Felder wirken sollen. Der
Zustand des Systems kann nun ausschließlich durch Zufuhr von mechanischer
Energie $\delta(nW)$ durch Verschieben des Kolbens oder durch Zufuhr von Wärme
$\delta(nQ)$ verändert werden. Nach dem ersten Hauptsatz der Thermodynamik ist
die Veränderung der inneren Energie des Systems, nU, wie folgt mit diesen
Beiträgen der äußeren Energiezufuhr verknüpft:

$$\mathrm{d}(nU) = \delta(nW) + \delta(nQ). \tag{3.1}$$

Aus der Thermodynamik der Kreisprozesse (vgl. z. B. [11, 172]) sind die
Beziehungen

$$\delta(nW) = -p\,\mathrm{d}(nV) \tag{3.2}$$

und

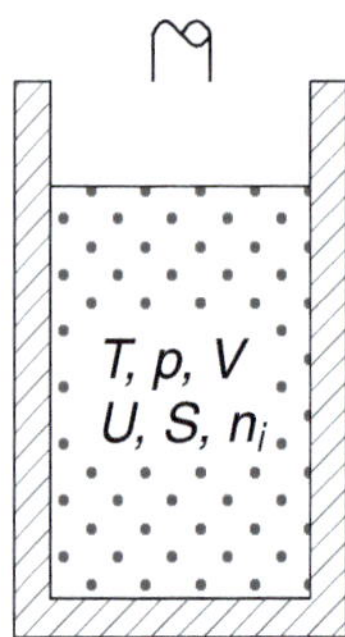

Abb. 3.1. Thermodynamisches System

$$\delta(nQ) = T\,\mathrm{d}(nS) \tag{3.3}$$

bekannt. Somit ergibt sich für $\mathrm{d}(nU)$

$$\mathrm{d}(nU) = -p\,\mathrm{d}(nV) + T\,\mathrm{d}(nS)\;. \tag{3.4}$$

Bei dem geschlossenen System in Abbildung 3.1 sind für die innere Energie also nV und nS die unabhängigen Variablen, mit deren Hilfe das Systemtemverhalten vollständig beschrieben werden kann. Wird nun der Austausch von Materie über die Systemgrenzen zugelassen, damit ein offenes System betrachtet, so treten die Stoffmengen der N Komponenten des Systems als zusätzliche Variablen auf:

$$nU = f(nV, nS, n_1, n_2, n_3, \ldots, n_N)\;. \tag{3.5}$$

wobei

$$n = \sum_{i=1}^{N} n_i\;. \tag{3.6}$$

Das totale Differential von nU ist damit

$$\mathrm{d}(nU) = \left(\frac{\partial(nU)}{\partial(nS)}\right)_{nV,\,n_i} \mathrm{d}(nS) +$$

$$+ \left(\frac{\partial(nU)}{\partial(nV)}\right)_{nS,\,n_i} \mathrm{d}(nV) + \sum_{i=1}^{N} \left(\frac{\partial(nU)}{\partial n_i}\right)_{nS,\,nV,\,n_{j\neq i}} \mathrm{d}n_i\;. \tag{3.7}$$

Zur Nomenklatur der partiellen Differentiale und zu Rechenregeln mit den Differentialausdrücken sei hier nochmals auf den Anhang B verwiesen. Die Richtungsangabe $n_{j\neq i}$ bei dem partiellen Differential besagt, dass alle n_j außer n_i konstant sein sollen, die Veränderung von n_i wird in dem Differential gerade betrachtet. Koeffizientenvergleich mit Gl. 3.4 für geschlossene Systeme liefert

$$\left(\frac{\partial(nU)}{\partial(nS)}\right)_{nV,\,n_i} = T \tag{3.8}$$

und

$$\left(\frac{\partial(nU)}{\partial(nV)}\right)_{nS,\,n_i} = -p \; . \tag{3.9}$$

Da in beiden Gleichungen alle n_i und damit auch n konstant gehalten sein sollen, gilt auch

$$\left(\frac{\partial U}{\partial S}\right)_{V,\,x_i} = T \tag{3.10}$$

und

$$\left(\frac{\partial U}{\partial V}\right)_{S,\,x_i} = -p \; . \tag{3.11}$$

Das letzte partielle Differential in Gl. 3.7 wird als chemisches Potential der Komponente i, μ_i, bezeichnet:

$$\mu_i = \left(\frac{\partial(nU)}{\partial n_i}\right)_{nS,\,nV,\,n_{j\neq i}} . \tag{3.12}$$

Gl. 3.7 wird damit

$$\mathrm{d}(nU) = T\,\mathrm{d}(nS) - p\,\mathrm{d}(nV) + \sum_{i=1}^{N} \mu_i \,\mathrm{d}n_i \tag{3.13}$$

bzw.

$$\mathrm{d}(nU) - T\,\mathrm{d}(nS) + p\,\mathrm{d}(nV) - \sum_{i=1}^{N} \mu_i \,\mathrm{d}n_i = 0 \; . \tag{3.14}$$

Da

$$\mathrm{d}(nZ) = n\,\mathrm{d}Z + Z\,\mathrm{d}n \; , \tag{3.15}$$

wobei Z eine allgemeine Größe ist, gilt auch

$$\left(\mathrm{d}U - T\,\mathrm{d}S + p\,\mathrm{d}V - \sum_{i=1}^{N} \mu_i \,\mathrm{d}x_i\right) n +$$
$$+\left(U - TS + pV - \sum_{i=1}^{N} \mu_i x_i\right) \mathrm{d}n = 0 \; . \tag{3.16}$$

Hier wurde von der Definition des Stoffmengenanteils x_i Gebrauch gemacht, die zusammen mit der Vorstellung anderer Konzentrationsmaße in Anhang A angegeben ist.

Nun sind aber n und $\mathrm{d}n$ unabhängig voneinander, so dass jeder der beiden Klammer-Ausdrücke in Gl. 3.16 separat gleich null sein muss:

$$\mathrm{d}U = T\,\mathrm{d}S - p\,\mathrm{d}V + \sum_{i=1}^{N} \mu_i \,\mathrm{d}x_i \; , \tag{3.17}$$

$$U = TS - pV + \sum_{i=1}^{N} \mu_i x_i \; . \tag{3.18}$$

Gl. 3.17 zeigt, dass der mit Gl. 3.13 ausgedrückte Zusammenhang zwischen Größen des Gesamtsystems auch für molare Größen gültig ist. Dieser Übergang von extensiven auf intensive Größen ist aber nicht so trivial, wie er scheint. Der Übergang von Gl. 3.13 auf Gl. 3.17 bedeutet gleichzeitig eine Verringerung der Zahl der unabhängigen Variablen um eins, da bei Gl. 3.17

$$\sum_{i=1}^{N} x_i = 1 \tag{3.19}$$

stets erfüllt sein muss, während in Gl. 3.13 alle n_i unabhängig voneinander sind.

Gl. 3.18 kann genutzt werden, um weitere Zustandsgrößen zu definieren. Die Zusammenfassung unterschiedlicher Terme von Gl. 3.18 führt zu Größen, die ebenso sinnvoll zur thermodynamischen Beschreibung eines Systems eingesetzt werden können wie die molare innere Energie U:

$$U = U \qquad \text{molare innere Energie} \tag{3.20}$$
$$A = U - TS \qquad \text{molare freie Energie, Helmholtz-Energie} \tag{3.21}$$
$$H = U + pV \qquad \text{molare Enthalpie} \tag{3.22}$$
$$G = U + pV - TS \qquad \text{molare freie Enthalpie, Gibbs-Energie} \tag{3.23}$$
$$\quad = A + pV = H - TS$$

3.2 U, A, H und G als Fundamentalgleichungen

Beispielhaft soll hier das totale Differential der molaren freien Energie A ermittelt werden. Aus Gl. 3.21 ergibt sich

$$dA = dU - T\,dS - S\,dT \ . \tag{3.24}$$

Mit Einsetzen von Gl. 3.18 folgt

$$dA = T\,dS - p\,dV + \sum_{i=1}^{N} \mu_i dx_i - T\,dS - S\,dT \tag{3.25}$$

und damit

$$dA = -S\,dT - p\,dV + \sum_{i=1}^{N} \mu_i\,dx_i \ . \tag{3.26}$$

Entsprechend lässt sich für die molare Enthalpie und die molare freie Enthalpie herleiten:

$$dH = T\,dS + V\,dp + \sum_{i=1}^{N} \mu_i\,dx_i \tag{3.27}$$

bzw.

$$dG = -S\,dT + V\,dp + \sum_{i=1}^{N} \mu_i\,dx_i \,. \tag{3.28}$$

Analoge Beziehungen gelten auch hier für die extensiven Zustandsgrößen nA, nH und nG.

Die mit Gln. 3.17 und 3.26 bis 3.28 bestimmten totalen Differentiale zeigen nun auch an, welche unabhängigen Variablen eine umfassende Beschreibung der jeweiligen Zustandsgröße erlauben. Nur, wenn z. B. U durch die Variablen S, V und x_i vollständig und eindeutig festgelegt ist, kann das totale Differential dU mit Gl. 3.17 angegeben werden. Da Gl. 3.17 gilt, ist U also mit S, V und x_i vollständig beschrieben. Dies bedeutet auch, dass alle anderen Zustandsgrößen durch mathematische Operationen abgeleitet werden können, wenn U vollständig beschrieben, d. h. $U(S, V, x_i)$ gegeben ist. Ein solcher Zusammenhang wird als Fundamentalgleichung der Thermodynamik bezeichnet. Es ergeben sich somit folgende Fundamentalgleichungen:

$$U = U(S, V, x_i) \,, \tag{3.29}$$

$$A = A(T, V, x_i) \,, \tag{3.30}$$

$$H = H(S, p, x_i) \tag{3.31}$$

und

$$G = G(T, p, x_i) \,. \tag{3.32}$$

Betrachtet man die in den Gln. 3.29 bis 3.32 auftretenden unabhängigen Variablen, so sieht man, dass sich die molare Entropie S der direkten Messung entzieht, während alle anderen unabhängigen Variablen prinzipiell direkt bestimmbar sind. Entsprechend sind A und G als Fundamentalgleichungen von besonderer Bedeutung in der Gemisch-Thermodynamik, da sie ausschließlich von unmittelbar bestimmbaren Variablen abhängen.

Um dies noch einmal zu betonen: Die Fundamentalgleichungen der Thermodynamik (Gln. 3.29 bis 3.32) geben eindeutig und vollständig die Abhängigkeit der jeweiligen Zustandsgröße von den thermodynamischen Variablen an. Alle weiteren thermodynamischen Größen können aus jeder Fundamentalgleichung allein durch mathematische Operationen abgeleitet werden. Im folgenden Abschnitt sollen einige dieser mathematischen Operationen hergeleitet werden.

3.3 Differentielle Beziehungen zwischen den Zustandsgrößen

Aus den Gl. 3.17 und 3.26 bis 3.28 lassen sich folgende Beziehungen direkt angeben (vgl. Gl. B.4 in Anhang B):

$$T = \left(\frac{\partial U}{\partial S}\right)_{V,\,x_i} = \left(\frac{\partial H}{\partial S}\right)_{p,\,x_i}, \tag{3.33}$$

$$-p = \left(\frac{\partial U}{\partial V}\right)_{S,\,x_i} = \left(\frac{\partial A}{\partial V}\right)_{T,\,x_i}, \tag{3.34}$$

$$-S = \left(\frac{\partial A}{\partial T}\right)_{V,\,x_i} = \left(\frac{\partial G}{\partial T}\right)_{p,\,x_i}, \tag{3.35}$$

$$V = \left(\frac{\partial H}{\partial p}\right)_{S,\,x_i} = \left(\frac{\partial G}{\partial p}\right)_{T,\,x_i}, \tag{3.36}$$

$$\mu_i = \left(\frac{\partial(nU)}{\partial n_i}\right)_{nS,\,nV,\,n_{j\neq i}} = \left(\frac{\partial(nH)}{\partial n_i}\right)_{nS,\,p,\,n_{j\neq i}}$$

$$= \left(\frac{\partial(nA)}{\partial n_i}\right)_{nV,\,T,\,n_{j\neq i}} = \left(\frac{\partial(nG)}{\partial n_i}\right)_{T,\,p,\,n_{j\neq i}}. \tag{3.37}$$

Der Wert dieser Gleichungen liegt darin, dass sie den Zusammenhang zwischen den kalorischen (U, A, H, G, S, μ_i) und den thermischen Zustandsgrößen (T, p, V) herstellen. Mit Gl. B.9 ergeben sich aus Gln. 3.33 bis 3.37 sofort die so genannten Maxwell-Gleichungen:

$$\left(\frac{\partial T}{\partial V}\right)_{S,\,x_i} = -\left(\frac{\partial p}{\partial S}\right)_{V,\,x_i}, \tag{3.38}$$

$$\left(\frac{\partial T}{\partial p}\right)_{S,\,x_i} = \left(\frac{\partial V}{\partial S}\right)_{p,\,x_i}, \tag{3.39}$$

$$\left(\frac{\partial p}{\partial T}\right)_{V,\,x_i} = \left(\frac{\partial S}{\partial V}\right)_{T,\,x_i} \tag{3.40}$$

und

$$-\left(\frac{\partial S}{\partial p}\right)_{T,\,x_i} = \left(\frac{\partial V}{\partial T}\right)_{p,\,x_i}. \tag{3.41}$$

Um weitere nützliche Beziehungen herzuleiten, geht man von folgender Umformung aus:

$$\left(\frac{\partial \frac{A}{T}}{\partial T}\right)_{V,\,x_i} = \frac{T\left(\frac{\partial A}{\partial T}\right)_{V,\,x_i} - A}{T^2}. \tag{3.42}$$

Mit Gln. 3.35 und 3.21 gilt somit

$$\left(\frac{\partial \frac{A}{T}}{\partial T}\right)_{V,\,x_i} = -\frac{U}{T^2}. \tag{3.43}$$

Analog erhält man

$$\left(\frac{\partial \frac{G}{T}}{\partial T}\right)_{p,\,x_i} = -\frac{H}{T^2}. \tag{3.44}$$

Gln. 3.43 und 3.44 sind die so genannten Gibbs-Helmholtz-Gleichungen. Diese lassen sich mit

$$\left(\frac{\partial \frac{1}{T}}{\partial T}\right) = -\frac{1}{T^2} \tag{3.45}$$

weiter umformen zu

$$U = \left(\frac{\partial \frac{A}{T}}{\partial \frac{1}{T}}\right)_{V,\,x_i} \tag{3.46}$$

und

$$H = \left(\frac{\partial \frac{G}{T}}{\partial \frac{1}{T}}\right)_{p,\,x_i}. \tag{3.47}$$

Beispiel 3.1 Thermodynamische Größen mit $A(T, V, x_i)$.

Um die Bedeutung der Fundamentalgleichungen noch einmal zu verdeutlichen, sind hier einige Beziehungen zusammengestellt, die bereits bekannt sind. Sie können ausgewertet werden, wenn – in diesem Beispiel – die Fundamentalgleichung $A(T, V, x_i)$ bekannt ist:

$$p(T, V, x_i) = -\left(\frac{\partial A(T, V, x_i)}{\partial V}\right)_{T,x_i}, \tag{3.48}$$

$$S(T, V, x_i) = -\left(\frac{\partial A(T, V, x_i)}{\partial T}\right)_{V,x_i}, \tag{3.49}$$

$$U(T, V, x_i) = A(T, V, x_i) + T\,S(T, V, x_i), \tag{3.50}$$

$$H(T, V, x_i) = U(T, V, x_i) + p(T, V, x_i)\,V, \tag{3.51}$$

$$G(T, V, x_i) = H(T, V, x_i) - T\,S(T, V, x_i), \tag{3.52}$$

$$\mu_i(T, V, x_i) = \left(\frac{\partial n A(T, V, x_i)}{\partial n_i}\right)_{nV,T,n_{j\neq i}}. \tag{3.53}$$

Als weitere Größen können nun z. B. auch die molare Wärmekapazität bei konstantem Volumen,

$$C_V(T, V, x_i) = \left(\frac{\partial U(T, V, x_i)}{\partial T}\right)_{V,x_i} \tag{3.54}$$

$$= \left(\frac{\partial U}{\partial S}\right)_{V,x_i} \left(\frac{\partial S}{\partial T}\right)_{V,x_i} = T\left(\frac{\partial S}{\partial T}\right)_{V,x_i} \tag{3.55}$$

und die molare Wärmekapazität bei konstantem Druck,

$$C_p(p, T, x_i) = \left(\frac{\partial H(T, p, x_i)}{\partial T} \right)_{p, x_i} \tag{3.56}$$

$$= \left(\frac{\partial H}{\partial S} \right)_{p, x_i} \left(\frac{\partial S}{\partial T} \right)_{p, x_i} = T \left(\frac{\partial S}{\partial T} \right)_{p, x_i}, \tag{3.57}$$

ermittelt werden. Um C_p zu berechnen, muss als Besonderheit die thermische Zustandsgleichung $p(T, V, x_i)$ (Gl. 3.48) nach $V(T, p, x_i)$ umgekehrt werden. Diese Zusammenstellung verdeutlicht bereits die vielfältigen Möglichkeiten, die das mathematische Gebäude der Gemisch-Thermodynamik eröffnet.

□

Zwei Fragen ergeben sich nun unmittelbar:

- Wie lassen sich Gleichgewichte zwischen koexistierenden Phasen mit Hilfe der Gemisch-Thermodynamik berechnen? Diese Frage wird im folgenden Abschnitt zunächst prinzipiell beantwortet.
- Woher erhält man die Funktion $A(T, V, x_i)$ bzw. alternativ $G(T, p, x_i)$? Dies sind die in der Einleitung angesprochenen Materialgleichungen, die das mathematische Grundgerüst der Gemisch-Thermodynamik mit Leben füllen. Wie diese Fundamentalgleichungen für reale Systeme eingesetzt und ausgewertet werden, wird in den Kapiteln 4 und 5 dargestellt.

3.4 Gleichgewichte zwischen koexistierenden Phasen

Um die Beziehungen zur Beschreibung des thermodynamischen Gleichgewichtes herzuleiten, sei ein abgeschlossenes System betrachtet wie es in Abbildung 3.2 dargestellt ist. Die Stoffmengen n_i aller N Komponenten und das Gesamtvolumen nV seien vorgegeben. Das System kann sich nun in mehrere Phasen aufspalten, die mit α bis π indiziert seien. Welches sind nun die Bedingungen unter denen die koexistierenden Phasen miteinander im Gleichgewicht stehen? Hierzu muss zunächst festgelegt werden, was genau unter dem Begriff Gleichgewicht zu verstehen ist, auch wenn dies intuitiv sofort klar zu sein scheint. Ein abgeschlossenes System befindet sich im Gleichgewicht, wenn sein thermodynamischer Zustand sich zeitlich nicht verändert. Diese einfache Definition berücksichtigt aber nicht, dass Zustände existieren können, die zeitlich unveränderlich sind, bei denen der Übergang zum eigentlichen Gleichgewicht aber gehemmt ist. Um solche Zustände des Systems auszuschließen, muss zusätzlich gefordert werden, dass der Gleichgewichtszustand dann erreicht ist, wenn der Zustand eines Systems sich auch nach einer kurzzeitigen Störung wieder auf ihn einstellt.

Zur thermodynamischen Beschreibung des Gleichgewichtszustandes kann dann vom 2. Hauptsatz der Thermodynamik ausgegangen werden: *In einem isolierten System führt ein beliebiger Prozess dazu, dass die Entropie zunimmt oder gleich bleibt.*

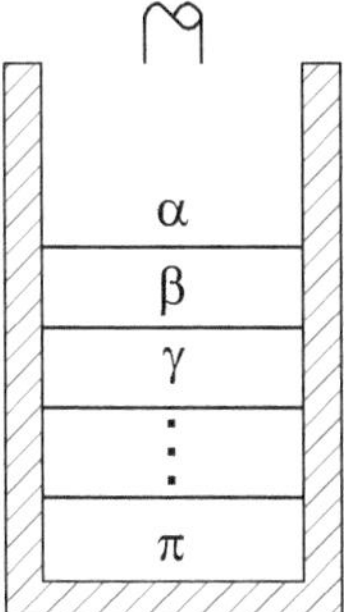

Abb. 3.2. Mehrphasensystem

Handelt es sich um einen Prozess, bei dem die Entropie zunimmt, so ist er irreversibel und kann spontan ablaufen. Bleibt die Entropie bei dem Prozess konstant, so ist der Prozess reversibel.

Ausgehend vom Gleichgewicht ist in einem isolierten System nach der oben angegebenen Definition kein spontan ablaufender Prozess denkbar. Entsprechend muss die Entropie im Gleichgewicht maximal sein. Berücksichtigt man zudem, dass im isolierten System, auf den sich der 2. Hauptsatz bezieht, nU, nV und n_i konstant und festgelegt sind, so lässt sich schreiben:

$$nS(nU, nV, n_i) \overset{!}{=} \text{maximal} . \tag{3.58}$$

Anders ausgedrückt, bedeutet dies

$$\mathrm{d}(nS) = 0 . \tag{3.59}$$

Die Entropie des Gesamtsystems setzt sich nun additiv aus den Entropieanteilen der einzelnen Phasen zusammen:

$$nS = (nS)^\alpha + (nS)^\beta + (nS)^\gamma + \ldots + (nS)^\pi . \tag{3.60}$$

Genauso setzt sich das Gesamtvolumen des Systems, das im Gleichgewicht konstant ist, aus dem Volumen der einzelnen Phasen zusammen:

$$nV = (nV)^\alpha + (nV)^\beta + (nV)^\gamma + \ldots + (nV)^\pi . \tag{3.61}$$

Aus dem ersten Hauptsatz der Thermodynamik folgt außerdem, dass auch die innere Energie des abgeschlossenen Systems konstant sein muss, auch sie lässt sich durch Summation über die einzelnen Phasen erhalten:

$$nU = (nU)^\alpha + (nU)^\beta + (nU)^\gamma + \ldots + (nU)^\pi . \tag{3.62}$$

Wird zudem vorausgesetzt, dass in dem betrachteten System keine Reaktionen stattfinden sollen, so muss auch die Gesamtstoffmenge jeder Komponente konstant sein:

$$n_i = n_i^\alpha + n_i^\beta + n_i^\gamma + \ldots + n_i^\pi \qquad \text{für alle } i = 1, \ldots, N . \tag{3.63}$$

Aus den Gln. 3.59 bis 3.63 ergibt sich für die totalen Differentiale der betrachteten Größen:

$$\mathrm{d}(nS)^\alpha + \mathrm{d}(nS)^\beta + \mathrm{d}(nS)^\gamma + \ldots + \mathrm{d}(nS)^\pi = 0 \,, \tag{3.64}$$

$$\mathrm{d}(nV)^\alpha + \mathrm{d}(nV)^\beta + \mathrm{d}(nV)^\gamma + \ldots + \mathrm{d}(nV)^\pi = 0 \,, \tag{3.65}$$

$$\mathrm{d}(nU)^\alpha + \mathrm{d}(nU)^\beta + \mathrm{d}(nU)^\gamma + \ldots + \mathrm{d}(nU)^\pi = 0 \tag{3.66}$$

und

$$\mathrm{d}n_i^\alpha + \mathrm{d}n_i^\beta + \mathrm{d}n_i^\gamma + \ldots + \mathrm{d}n_i^\pi = 0 \,. \tag{3.67}$$

Mit Gl. 3.13 für das totale Differential der inneren Energie einer Phase ergibt sich:

$$\mathrm{d}(nS)^\alpha = \frac{1}{T^\alpha}\,\mathrm{d}(nU)^\alpha + \frac{p^\alpha}{T^\alpha}\,\mathrm{d}(nV)^\alpha - \frac{1}{T^\alpha}\sum_{i=1}^{N}\mu_i^\alpha\,\mathrm{d}n_i^\alpha$$

$$\vdots \tag{3.68}$$

$$\mathrm{d}(nS)^\pi = \frac{1}{T^\pi}\,\mathrm{d}(nU)^\pi + \frac{p^\pi}{T^\pi}\,\mathrm{d}(nV)^\pi - \frac{1}{T^\pi}\sum_{i=1}^{N}\mu_i^\pi\,\mathrm{d}n_i^\pi \,.$$

Einsetzen in Gl. 3.64 liefert:

$$
\begin{aligned}
\mathrm{d}(nS) = {} & \frac{1}{T^\alpha}\,\mathrm{d}(nU)^\alpha + \frac{1}{T^\beta}\,\mathrm{d}(nU)^\beta + \ldots + \frac{1}{T^\pi}\,\mathrm{d}(nU)^\pi + \\
& + \frac{p^\alpha}{T^\alpha}\,\mathrm{d}(nV)^\alpha + \frac{p^\beta}{T^\beta}\,\mathrm{d}(nV)^\beta + \ldots + \frac{p^\pi}{T^\pi}\,\mathrm{d}(nV)^\pi - \\
& - \frac{1}{T^\alpha}\sum_{i=1}^{N}\mu_i^\alpha\,\mathrm{d}n_i^\alpha - \frac{1}{T^\beta}\sum_{i=1}^{N}\mu_i^\beta\,\mathrm{d}n_i^\beta - \ldots - \frac{1}{T^\pi}\sum_{i=1}^{N}\mu_i^\pi\,\mathrm{d}n_i^\pi \\
= {} & 0 \,.
\end{aligned}
\tag{3.69}
$$

Werden nun $\mathrm{d}(nU)^\alpha$, $\mathrm{d}(nV)^\alpha$ und $\mathrm{d}(n_i)^\alpha$ mit Hilfe der Gln. 3.65 bis 3.67 ersetzt, ergibt sich:

$$
\begin{aligned}
0 = {} & \left(\frac{1}{T^\beta} - \frac{1}{T^\alpha}\right)\mathrm{d}(nU)^\beta + \ldots + \left(\frac{1}{T^\pi} - \frac{1}{T^\alpha}\right)\mathrm{d}(nU)^\pi + \\
& + \left(\frac{p^\beta}{T^\beta} - \frac{p^\alpha}{T^\alpha}\right)\mathrm{d}(nV)^\beta + \ldots + \left(\frac{p^\pi}{T^\pi} - \frac{p^\alpha}{T^\alpha}\right)\mathrm{d}(nV)^\pi - \\
& - \sum_{i=1}^{N}\left(\frac{\mu_i^\beta}{T^\beta} - \frac{\mu_i^\alpha}{T^\alpha}\right)\mathrm{d}n_i^\beta - \ldots - \sum_{i=1}^{N}\left(\frac{\mu_i^\pi}{T^\pi} - \frac{\mu_i^\alpha}{T^\alpha}\right)\mathrm{d}n_i^\pi \,.
\end{aligned}
\tag{3.70}
$$

Da in Gleichung 3.70 alle infinitesimalen Verschiebungen unabhängig voneinander sein müssen, gilt im Gleichgewicht

$$T^\alpha = T^\beta = T^\gamma = \ldots = T^\pi \,, \tag{3.71}$$

$$p^\alpha = p^\beta = p^\gamma = \ldots = p^\pi \tag{3.72}$$

und

$$\mu_i^\alpha = \mu_i^\beta = \mu_i^\gamma = \ldots = \mu_i^\pi \qquad \text{für alle } i = 1, \ldots, N \,. \tag{3.73}$$

Die Temperatur, der Druck und das chemische Potential jeder Komponente müssen also im Gleichgewichtszustand in allen Phasen gleich sein. Hier wird auch plausibel, warum μ_i als chemisches Potential bezeichnet wird. Gleichung 3.71 fordert, dass zwischen im Gleichgewicht stehenden Phasen das thermische Potential verschwinden soll. Gleichung 3.72 fordert Analoges für das mechanische Potential. In Gleichung 3.73 ist dies entsprechend für das stoffliche oder chemische Potential ausgedrückt. Gleichung 3.73 macht auch deutlich, warum die Einführung des chemischen Potentials in den vorigen Abschnitten sinnvoll war: μ_i ist wie T und p eine zentrale Variable zur Beschreibung des thermodynamischen Gleichgewichtes.

Mit den Gln. 3.71 bis 3.73 kann nun der Gleichgewichtszustand des in Abb. 3.2 gezeigten Systems ermittelt werden. Dazu ist in Tabelle 3.1 die Zahl der sich ergebenden Gleichgewichtsbedingungen der Zahl der gesuchten Unbekannten gegenübergestellt. Bei der Bestimmung der Zahl der unbekannten Stoffmengenanteile in den Phasen ist zu berücksichtigen, dass wegen

$$\sum_{i=1}^{N} x_i = 1 \tag{3.74}$$

in jeder Phase nur $N - 1$ Stoffmengenanteile unbekannt sind. Allgemein gilt nun

$$\text{Freiheitsgrade } F = \text{Zahl der Unbekannten} - \text{Zahl der Gleichungen} \tag{3.75}$$

oder mit den Ergebnissen der Tabelle 3.1

$$F = N + 2 - \pi \, . \tag{3.76}$$

Dies ist die Gibbs'sche Phasenregel, die angibt, wie viele Variablen bei Festlegung der Zahl der Komponenten und der Zahl der Phasen eines Systems noch frei variiert werden können. In Abbildung 3.3 ist dies für einen Reinstoff demonstriert. Im einphasigen Bereich ergibt sich $F = 2$, d. h. zwei Variablen können variiert werden. In diesem Beispiel sind die beiden freien Variablen p und T. Auf der Dampfdruckkurve ist das System stets zweiphasig, es folgt $F = 1$. Der Dampfdruck ist eine Funktion der Temperatur, d. h. es können nur entweder der Dampfdruck oder die Temperatur variiert werden, auf der Dampfdruckkurve liegt die jeweils andere Größe dann fest. Am Tripelpunkt liegen drei Phasen im Gleichgewicht miteinander vor, $F = 0$. p_t und T_t sind für jeden reinen Stoff Konstanten. Eine Variation von T oder p unter Beibehaltung dreier koexistierender Phasen ist nicht möglich.

3.5 Phasengleichgewichte von reinen Stoffen

Die Gleichgewichtsbedingungen können nun auf unterschiedliche Phasengleichgewichte angewendet werden. Hier soll zunächst das Dampf-Flüssigkeits-Gleichgewicht (VLE, vapor-liquid equilibrium) betrachtet werden. Mit Gleichung 3.73 ergibt sich

Tabelle 3.1. Zahl der Bestimmungsgleichungen und Anzahl der Unbekannten beim thermodynamischen Gleichgewicht

Gleichungen		Unbekannte	
Typ	Anzahl	Typ	Anzahl
$T^\alpha = T^\beta$	$\pi - 1$	T^α	π
$p^\alpha = p^\beta$	$\pi - 1$	p^α	π
$\mu_i^\alpha = \mu_i^\beta$	$(\pi - 1)N$	x_i^α	$\pi(N-1)$

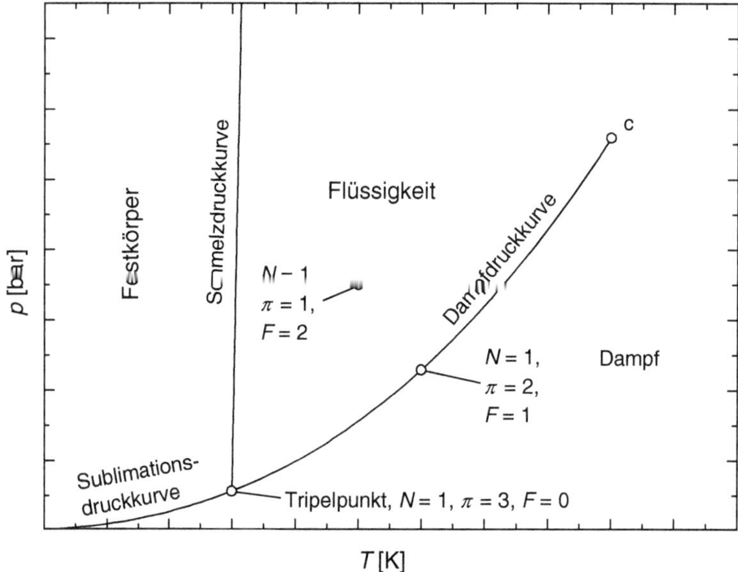

Abb. 3.3. Gibbs'sche Phasenregel im pT-Diagramm eines Reinstoffs

$$\mu_i^{\mathrm{V}} = \mu_i^{\mathrm{L}}\,, \tag{3.77}$$

wobei mit V der Dampf (vapor) und mit L die Flüssigkeit (liquid) indiziert ist. Für einen reinen Stoff gilt nun

$$\mu_i = \left(\frac{\partial nG}{\partial n_i}\right)_{T,\,p,\,n_{j\neq i}} = G\,, \tag{3.78}$$

d. h. das chemische Potential einer reinen Komponente ist gleich seiner molaren freien Enthalpie. Gl. 3.77 lässt sich damit auch schreiben als

$$G^{\mathrm{V}} = G^{\mathrm{L}}\,. \tag{3.79}$$

Mit Gl. 3.23 folgt daraus

$$A^{\mathrm{V}} + p^{\mathrm{s}}\,V^{\mathrm{V}} = A^{\mathrm{L}} + p^{\mathrm{s}}\,V^{\mathrm{L}}\,. \tag{3.80}$$

Mit p^{s} ist dabei der Dampfdruck (auch Sättigungsdruck genannt) der betrachteten reinen Komponente bezeichnet.

Berücksichtigt man mit Gl. 3.34 außerdem

$$A = -\int p\,\mathrm{d}V \qquad \text{für} \qquad T, n_i = \text{konst.}\,, \tag{3.81}$$

so folgt

$$\int\limits_{V^{\mathrm{L}}}^{V^{\mathrm{V}}} p\,\mathrm{d}V = p^{\mathrm{s}}(V^{\mathrm{V}} - V^{\mathrm{L}})\,. \tag{3.82}$$

Die Bedeutung von Gl. 3.82 ist in Abbildung 3.4 verdeutlicht. Es ist eine Van-der-Waals-Isotherme im pV-Diagramm dargestellt. Der Dampfdruck p^{s} und die Volumen der flüssigen und der dampfförmigen Phase, V^{L} und V^{V}, sind eingezeichnet. Das Integral auf der linken Seite von Gl. 3.82 entspricht dabei der \\\\\\\\-schraffierten Fläche, der Term auf der rechten Seite der //////-schraffierten. Das sich ergebende Maxwell'sche Kriterium lässt sich also wie folgt formulieren:

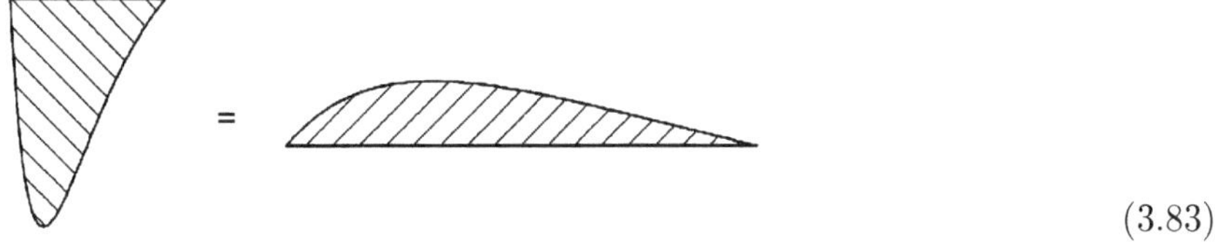

$$\tag{3.83}$$

Stehen bei einem Reinstoff Dampf und Flüssigkeit miteinander im Gleichgewicht, so müssen die von der Isothermen begrenzten Flächen, die zwischen V^{L} und V^{V} oberhalb und unterhalb des Sättigungsdampfdrucks liegen, gleich groß sein. Das Maxwell'sche Kriterium ermöglicht es also, das Dampf-Flüssigkeits-Gleichgewicht eines Reinstoffs für eine Temperatur zu ermitteln, wenn die zugehörige Isotherme im pV-Diagramm bekannt ist. Es macht eindrucksvoll deutlich, dass mit den in diesem Kapitel hergeleiteten thermodynamischen Beziehungen der Zusammenhang zwischen dem pVT-Verhalten eines Systems und den Gleichgewichtsbedingungen hergestellt ist.

Gl. 3.79 gilt nun auch für zwei beliebige Phasen α und β eines Reinstoffes:

$$G^{\alpha} = G^{\beta}\,, \tag{3.84}$$

d. h. auch

$$\mathrm{d}G^{\alpha} = \mathrm{d}G^{\beta} \tag{3.85}$$

und mit Gl. 3.28 für einen reinen Stoff unter Beachtung von Gl. 3.71 und 3.72

$$-S^{\alpha}\,\mathrm{d}T + V^{\alpha}\,\mathrm{d}p = -S^{\beta}\,\mathrm{d}T + V^{\beta}\,\mathrm{d}p\,. \tag{3.86}$$

Werden die Differentiale auf eine Seite gebracht, erhält man

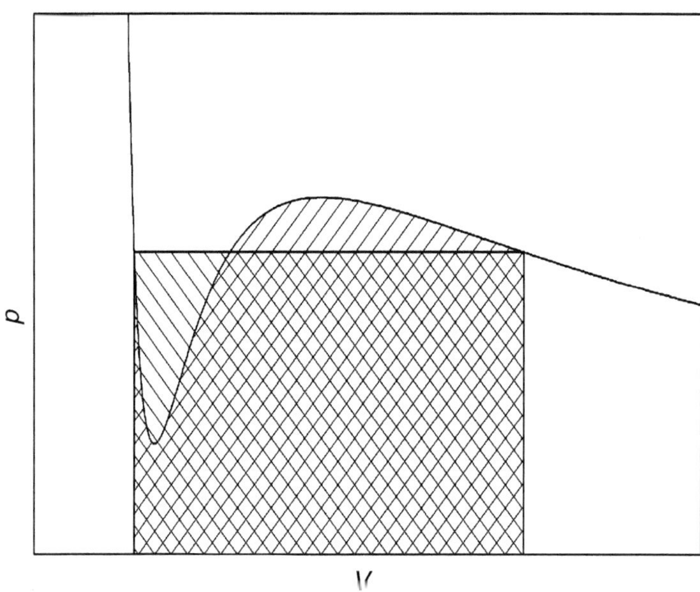

Abb. 3.4. Zur graphischen Darstellung des Maxwell'schen Kriteriums

$$\frac{\mathrm{d}p}{\mathrm{d}T} = \frac{S^\alpha - S^\beta}{V^\alpha - V^\beta} \; . \tag{3.87}$$

Mit Gl. 3.23 ergibt sich aber aus Gl. 3.84:

$$H^\alpha - T\,S^\alpha = H^\beta - T\,S^\beta \; . \tag{3.88}$$

Wird die Differenz einer allgemeinen Größe Z zwischen zwei Phasen α und β definiert als ΔZ,

$$\Delta Z = Z^\alpha - Z^\beta \; , \tag{3.89}$$

so ergibt sich,

$$T\Delta S = \Delta H \; . \tag{3.90}$$

Mit Einsetzen in Gl. 3.87 erhält man die Clapeyron'sche Gleichung

$$\frac{\mathrm{d}p}{\mathrm{d}T} = \frac{\Delta H}{T\Delta V} \; . \tag{3.91}$$

Die Gln. 3.90 und 3.91 gelten dabei allgemein für beliebige Phasenumwandlungen eines Reinstoffs. Wird für das Dampf-Flüssigkeits-Gleichgewicht die Differenz einer Größe zwischen Dampf und Flüssigkeit mit einem tief gestellten V (Verdampfung, vaporization) indiziert, so lässt sich Gl. 3.91 schreiben als

$$\frac{\mathrm{d}p^{\mathrm{s}}}{\mathrm{d}T} = \frac{\Delta H_{\mathrm{V}}}{T\Delta V_{\mathrm{V}}} \; . \tag{3.92}$$

Bei einer Temperatur die deutlich unterhalb der kritischen Temperatur liegt, ist das molare Volumen des Dampfes sehr viel größer als das molare Volumen der Flüssigkeit:

$$V^{\mathrm{V}} \gg V^{\mathrm{L}} \, . \tag{3.93}$$

Damit ergibt sich

$$\Delta V_{\mathrm{V}} = V^{\mathrm{V}} - V^{\mathrm{L}} \approx V^{\mathrm{V}} \, . \tag{3.94}$$

Mit dieser Näherung erhält man

$$\frac{\mathrm{d}p^{\mathrm{s}}}{\mathrm{d}T} \approx \frac{\Delta H_{\mathrm{V}}}{T V^{\mathrm{V}}} \, . \tag{3.95}$$

Wird weiterhin angenommen, dass das thermodynamische Verhalten des Dampfes sich durch das des idealen Gases annähern lässt, so gilt

$$V^{\mathrm{V}} \approx \frac{RT}{p^{\mathrm{s}}} \, . \tag{3.96}$$

Eingesetzt in Gleichung 3.95 bedeutet dies

$$\frac{\mathrm{d}p^{\mathrm{s}}}{p^{\mathrm{s}}} \approx \frac{\Delta H_{\mathrm{V}}}{R} \frac{\mathrm{d}T}{T^2} \tag{3.97}$$

bzw.

$$\mathrm{d}\ln p^{\mathrm{s}} \approx -\frac{\Delta H_{\mathrm{V}}}{R} \, \mathrm{d}\frac{1}{T} \, . \tag{3.98}$$

Dies ist die Clausius-Clapeyron'sche Gleichung. In Abbildung 3.5 ist entsprechend der Clausius-Clapeyron'schen Gleichung der Logarithmus des Druckes gegen die inverse Temperatur aufgetragen. Für alle gezeigten Substanzen ergibt sich ein in guter Näherung linearer Verlauf. Dies bedeutet aber nicht, dass die Verdampfungsenthalpie ΔH_{V} unabhängig von T ist, denn am kritischen Punkt verschwindet die Verdampfungsenthalpie. Wird Gl. 3.92 ohne Näherungen umgeformt, so ergibt sich

$$\mathrm{d}\ln p^{\mathrm{s}} = -\frac{\Delta H_{\mathrm{V}}}{R} \frac{RT}{\Delta V_{\mathrm{V}} p^{\mathrm{s}}} \, \mathrm{d}\frac{1}{T} \, . \tag{3.99}$$

Der lineare Zusammenhang in Abbildung 3.5 bedeutet also, dass der Faktor vor dem Differential in Gl. 3.99 temperaturunabhängig ist. Das heißt

$$\frac{\Delta H_{\mathrm{V}}}{R} \sim \frac{\Delta V_{\mathrm{V}} p^{\mathrm{s}}}{RT} \, , \tag{3.100}$$

was in guter Näherung zutrifft, wie Abbildung 3.6 zeigt. Gl. 3.100 ist offensichtlich auch in der Nähe des kritischen Punktes noch gut erfüllt.

Das Ergebnis, dass $\ln p^{\mathrm{s}}$ linear von $1/T$ abhängt, kann nun genutzt werden, um den Dampfdruckverlauf zu beschreiben:

$$\ln p^{\mathrm{s}} = A - \frac{B}{T} \, , \tag{3.101}$$

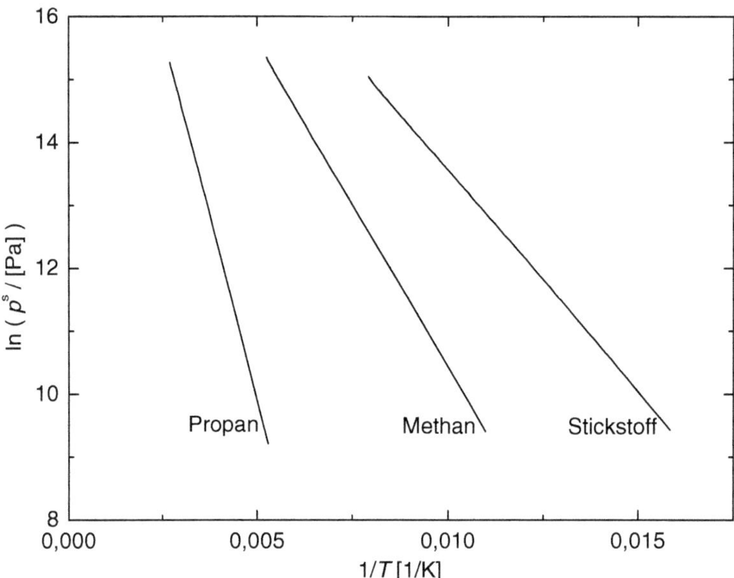

Abb. 3.5. Temperaturabhängigkeit des Reinstoffdampfdruckes

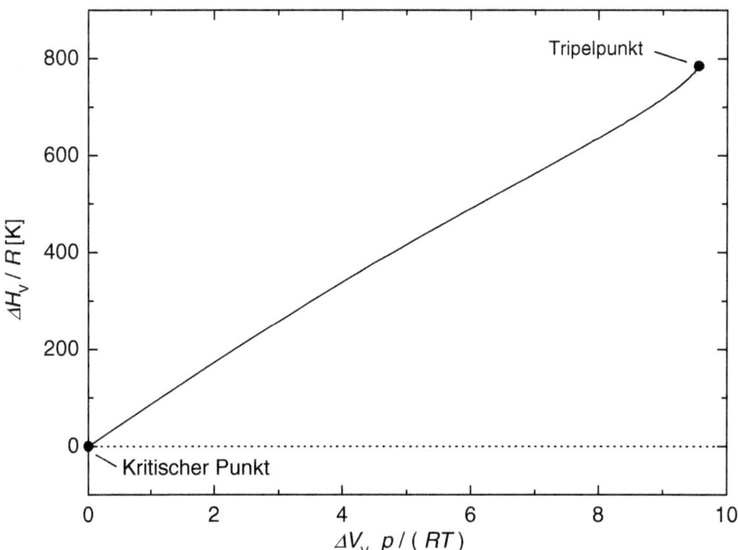

Abb. 3.6. Temperaturabhängigkeit der Verdampfungsenthalpie am Beispiel von Argon

wobei die stoffspezifischen Parameter A und B für jede Substanz aus experimentellen Daten ermittelt werden müssen. Soll der Dampfdruck einer reiner Komponente über einen großen Temperaturbereich beschrieben werden, so erweist sich Gl. 3.101 oft als zu ungenau. Man greift daher in der Regel auf die Antoine-Gleichung zurück:

$$\ln \frac{p^{\mathrm{s}}}{[\mathrm{bar}]} = A - \frac{B}{T+C} \, ,\tag{3.102}$$

die um eine dritte stoffabhängige Konstante C erweitert ist. Angaben zu den Stoffkonstanten A, B und C findet man in einer Vielzahl von Datensammlungen [22, 167, 168]. Möchte man diese Konstanten aus der Literatur verwenden, so müssen die Einheiten beachtet werden, in denen p^{s} und T einzusetzen sind. Außerdem ist zu beachten, dass Gl. 3.102 oft mit dem Logarithmus zur Basis 10 geschrieben wird. Gegebenenfalls sind die Stoffkonstanten entsprechend umzurechnen. In der Literatur findet sich zudem eine Vielzahl alternativer Dampfdruckgleichungen, die praktisch alle unterschiedliche Erweiterungen des Zusammenhangs in Gl. 3.101 darstellen

3.6 Alternative Formulierungen für das Gleichgewicht

Für spätere Überlegungen ist es zweckmäßig, das Gleichgewicht nicht nur bzgl. der schwer zu fassenden Entropie zu formulieren, sondern auch mit Hilfe der in den Gln. 3.20 bis 3.23 eingeführten Größen, die ja alle in entsprechender Formulierung Fundamentalgleichungen darstellen.

Ausgangspunkt der Überlegungen ist ein System in dem V und n_i konstant sind. Im Gleichgewicht ist dann S maximal, wenn U, V und n_i konstant sind. Für dieses System soll nun überlegt werden, was geschieht, wenn ausgehend vom Gleichgewicht ein Prozess im System stattfindet, bei dem S, V und n_i konstant sind. Der Prozess bestehe aus zwei Schritten. Im ersten Schritt sei U konstant. Dann muss die Entropie abnehmen, da das Gleichgewicht zwangsweise verlassen wird. Im zweiten Prozessschritt muss nun wieder Entropie zugeführt werden, da S ja insgesamt konstant bleiben soll. Dies kann nur durch Wärmezufuhr geschehen. Damit folgt mit Gl. 3.3

$$\mathrm{d}S = \frac{\delta Q}{T}\tag{3.103}$$

und mit Gl. 3.4

$$\mathrm{d}U = T\,\mathrm{d}S - p\,\mathrm{d}V \, .\tag{3.104}$$

Da bei dem Prozess auch V konstant sein sollte, ist $\mathrm{d}V$ null:

$$\mathrm{d}U = T\,\mathrm{d}S \, .\tag{3.105}$$

Der betrachtete Gesamtprozess bei konstantem V und n_i, der vom Gleichgewicht weg führt, bewirkt also eine Zunahme der inneren Energie U, da $\mathrm{d}S$ ja positiv sein muss, um die Entropiereduktion des ersten Teilschritts zu kompensieren. Andersherum muss also $nU(S, V, n_i)$ bzw. $U(S, V, x_i)$ im Gleichgewicht minimal (gewesen) sein.

Lässt sich diese Bedingung nun auch auf die anderen fundamentalen Größen übertragen?

Dazu sei das in Abb. 3.7 gezeigte Gesamtsystem betrachtet. Das System, für das die Bedingungen abgeleitet werden sollen, ist der zentrale Bereich, der nach links durch einen reibungsfreien wärme- und stoffundurchlässigen Kolben mit einem unendlich gedachten isobaren Reservoir R_p gekoppelt ist. Dieser Kolben kann also reversibel verschoben werden, d. h. für einen ablaufenden Prozess ergibt sich $\Delta(nS)_{R_\mathrm{p}} = 0$. Nach rechts ist das zentrale System über eine stoffundurchlässige feste Wärmebrücke mit einem unendlich gedachten isothermen Reservoir R_T verbunden. Prozesse an dieser Wärmebrücke können keine Volumenveränderung am System bewirken, $\Delta(nV)_{R_\mathrm{T}} = 0$. Das Gesamtsystem, das aus dem Zentralsystem und den beiden Reservoirs besteht, soll sich im Gleichgewicht befinden, wobei S_ges, V_ges und $n_{\mathrm{ges},i}$ konstant sind.

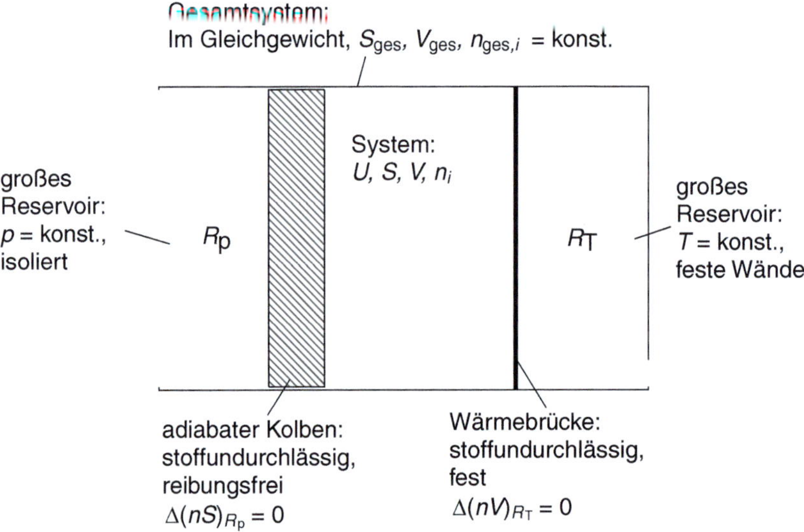

Abb. 3.7. Fiktives System in Kontakt mit einem Druck- und einem Wärmereservoir

Da $U(S, V, x_i)$ im Gleichgewicht minimal ist, kann jeder Prozess, der in diesem Gesamtsystem vom Gleichgewichtszustand ausgeht, nur heißen, dass

$$\Delta(nU)_\mathrm{ges} = \Delta(nU)_{R_\mathrm{p}} + \Delta(nU) + \Delta(nU)_{R_\mathrm{T}} > 0 \,, \tag{3.106}$$

wobei Δ die Veränderung durch einen ablaufenden Prozess bedeutet. Das Gesamtsystem setzt sich nun aus den drei Teilsystemen zusammen, wobei der

Kolben ausschließlich eine Verschiebung des Volumens so bewirken kann, dass das Volumen des Gesamtsystems erhalten bleibt, d. h.

$$\Delta(nV)_{\text{ges}} = \Delta(nV)_{R_{\text{p}}} + \Delta(nV) + \Delta(nV)_{R_{\text{T}}} = 0 \,, \tag{3.107}$$

bzw. da $\Delta(nV)_{R_{\text{T}}} = 0$:

$$\Delta(nV)_{R_{\text{p}}} + \Delta(nV) = 0 \,. \tag{3.108}$$

Analoges gilt bezüglich der Wärmebrücke zwischen dem zentralen System und R_{T}, hier kann nur Wärme bei konstanter Temperatur transportiert werden, so dass

$$\Delta(nS)_{\text{ges}} = \Delta(nS)_{R_{\text{p}}} + \Delta(nS) + \Delta(nS)_{R_{\text{T}}} = 0 \,, \tag{3.109}$$

bzw. da $\Delta(nS)_{R_{\text{p}}} = 0$, auch

$$\Delta(nS) + \Delta(nS)_{R_{\text{T}}} = 0 \,. \tag{3.110}$$

Es sei nun ein Prozess betrachtet, der zwischen dem zentralen System und R_{p} abläuft. Dieser Prozess muss isobar ablaufen, da das Reservoir R_{p} ja unendlich ausgedehnt gedacht ist. Für die Änderung der inneren Energie von R_{p} bei diesem Prozess gilt also mit Gl. 3.17

$$\Delta(nU)_{R_{\text{p}}} = -p\Delta(nV)_{R_{\text{p}}} \tag{3.111}$$

bzw. mit Gl. 3.108

$$\Delta(nU)_{R_{\text{p}}} = p\Delta(nV) \,. \tag{3.112}$$

In Gl. 3.106 eingesetzt ergibt sich

$$\Delta(nU)_{\text{ges}} = p\Delta(nV) + \Delta(nU) > 0 \,, \tag{3.113}$$

d. h.

$$\Delta(nH) > 0 \qquad \text{bei} \qquad S, p, n_i = \text{konst.} \tag{3.114}$$

Bei dem betrachteten Prozess, der vom Gleichgewichtszustand weg führt, muss also die Enthalpie zunehmen. Andersherum ausgedrückt ist im Gleichgewicht $H(S, p, x_i)$ minimal.

In einem zweiten Prozess finde ein Wärmeaustausch über die Wärmebrücke statt, wobei wegen der Unendlichkeit des Reservoirs $T = \text{konst.}$ gilt. Für die innere Energie des Reservoirs bedeutet dies

$$\Delta(nU)_{R_{\text{T}}} = T\Delta(nS)_{R_{\text{T}}} \,. \tag{3.115}$$

Mit Gl. 3.110 wird dies zu

$$\Delta(nU)_{R_{\text{T}}} = -T\Delta(nS) \,, \tag{3.116}$$

was wieder in Gl. 3.106 eingesetzt werden kann:

$$\Delta(nU)_{\text{ges}} = \Delta(nU) - T\Delta(nS) > 0 \,, \tag{3.117}$$

und damit

$$\Delta(nA) > 0 \qquad \text{bei} \qquad T, V, n_i = \text{konst.} \tag{3.118}$$

Im Gleichgewicht ist $A(T, V, x_i)$ minimal.

Bei einem dritten Prozess sollen nun an beiden Grenzen des zentralen Systems Änderungen gleichzeitig stattfinden, wobei wegen der Reservoire $T = $ konst. und $p = $ konst. gilt. Aus Gl. 3.106 erhält man für diesen Prozess

$$\Delta(nU)_{\text{ges}} = -p\Delta(nV)_{R_\text{p}} + \Delta(nU) + T\Delta(nS)_{R_\text{T}} > 0 \,, \tag{3.119}$$

wobei Einsetzen der Bilanzen aus Gl. 3.108 und 3.110 zu

$$p\Delta(nV) + \Delta(nU) - T\Delta(nS) > 0 \tag{3.120}$$

führt, was sich auch schreiben lässt als

$$\Delta(nG) > 0 \qquad \text{bei} \qquad T, p, n_i = \text{konst.} \tag{3.121}$$

$G(T, p, x_i)$ ist im Gleichgewicht minimal.

Damit sind alle Beziehungen gefunden, die es erlauben, aus den thermodynamischen Fundamentalgleichungen Gleichgewichtszustände zu ermitteln.

3.7 Stabilität

Mit Gl. 3.58 bzw. im letzten Abschnitt sind formale Bedingungen für das Gleichgewicht angegeben. Allgemein unterscheidet man nun aber verschiedene 'Gleichgewichts'-Zustände eines Systems, die in Abb. 3.8 anhand einer Kugel auf einer Fläche mechanisch gedeutet sind. Das stabile Gleichgewicht entspricht dabei dem Zustand, der im oben dargestellten strengen Sinn dem thermodynamischen Gleichgewicht entspricht. Metastabile Zustände sind lediglich gegenüber kleinen Störungen stabil, instabil dagegen bezüglich größerer Systemveränderungen. Ein Beispiel ist die überhitzte Flüssigkeit, die im Wasserglas in der Mikrowelle entstehen kann. Für sich allein gelassen verändert sich der Systemzustand nicht. Eine größere Störung, die alleine durch ein Anstoßen ausgelöst sein kann, führt dazu, dass sich das System spontan dem eigentlichen, stabilen Gleichgewicht annähert: Das Wasser im Glas siedet heftig in Form eines Siedeverzugs. Metastabile oder gehemmte Gleichgewichte lassen sich bzgl. aller Phasenübergänge erzeugen.

Im instabilen Zustand führt eine beliebig kleine Fluktuation, z. B. alleine auf Grund der molekularen Beweglichkeit zum spontanen Verändern des Zustandes. Solche Gleichgewichtszustände können daher nicht realisiert werden.

Dieses mechanische Bild kann nun auch in thermodynamischen Variablen ausgedrückt werden. Dazu sei wieder ein System betrachtet, das in Teilsysteme unterteilt ist. Dies ist in Abb. 3.9 für die beiden Teilsysteme I und II gezeigt, die wieder durch einen reibungsfreien Kolben miteinander verbunden sind. Der Zustand, d. h. die intensiven Größen seien in beiden Teilsystemen identisch, die Trennung also lediglich eine gedankliche Unterteilung eines eigentlich homogenen Systems. Für das Gesamtsystem gelte:

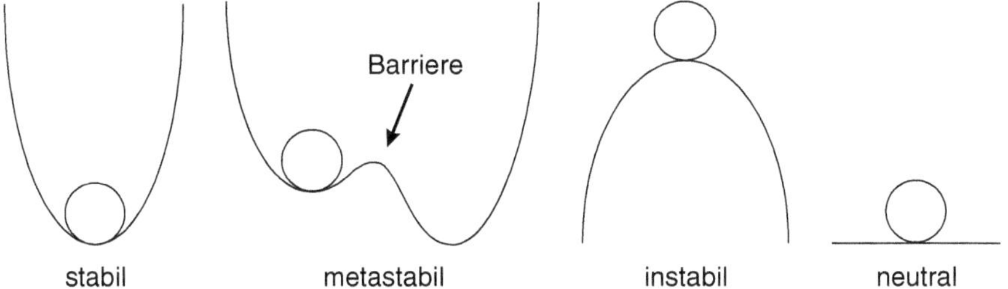

Abb. 3.8. Klassifikation des Gleichgewichtszustandes

$$n_{\mathrm{ges}}V_{\mathrm{ges}} = n^{\mathrm{I}}V^{\mathrm{I}} + n^{\mathrm{II}}V^{\mathrm{II}} = \text{konst.} \,, \qquad (3.122)$$

$$T = T^{\mathrm{I}} = T^{\mathrm{II}} = \text{konst.} \,, \qquad (3.123)$$

sowie

$$n_i^{\mathrm{I}} = \text{konst.} \,, n_i^{\mathrm{II}} = \text{konst.} \qquad (3.124)$$

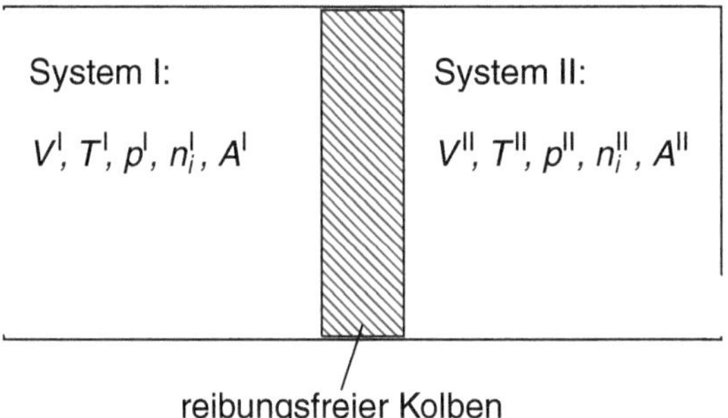

Abb. 3.9. System zur Ableitung von Stabilitätskriterien

Die freie Energie des Gesamtsystems,

$$n_{\mathrm{ges}}A_{\mathrm{ges}} = n^{\mathrm{I}}A^{\mathrm{I}} + n^{\mathrm{II}}A^{\mathrm{II}} = \text{konst.} \,, \qquad (3.125)$$

kann nun in einer Taylor-Reihe in $\mathrm{d}(n^{\mathrm{I}}V^{\mathrm{I}}) = -\mathrm{d}(n^{\mathrm{II}}V^{\mathrm{II}})$ um den Gleichgewichtszustand entwickelt werden, der mit 0 indiziert sei:

$$
\begin{aligned}
n_{\mathrm{ges}}A_{\mathrm{ges}} = {}& (n^{\mathrm{I}}A^{\mathrm{I}})^0 + (n^{\mathrm{II}}A^{\mathrm{II}})^0 + \\
& + \left[\left(\frac{\partial(n^{\mathrm{I}}A^{\mathrm{I}})}{\partial(n^{\mathrm{I}}V^{\mathrm{I}})} \right) - \left(\frac{\partial(n^{\mathrm{II}}A^{\mathrm{II}})}{\partial(n^{\mathrm{II}}V^{\mathrm{II}})} \right) \right]^0 \mathrm{d}(n^{\mathrm{I}}V^{\mathrm{I}}) + \\
& + \frac{1}{2} \left[\frac{\partial^2(n^{\mathrm{I}}A^{\mathrm{I}})}{\partial(n^{\mathrm{I}}V^{\mathrm{I}})^2} + \frac{\partial^2(n^{\mathrm{II}}A^{\mathrm{II}})}{\partial(n^{\mathrm{II}}V^{\mathrm{II}})^2} \right]^0 \mathrm{d}(n^{\mathrm{I}}V^{\mathrm{I}})^2 + \dots
\end{aligned}
\qquad (3.126)
$$

Da die Stoffmengen nach Gl. 3.124 konstant sein sollen, lässt sich mit Gl. 3.48 auch schreiben:

$$n_{\text{ges}}A_{\text{ges}} = (n_{\text{ges}}A_{\text{ges}})^0 + (p^{\text{I}} - p^{\text{II}})\mathrm{d}(n^{\text{I}}V^{\text{I}}) +$$

$$+ \frac{1}{2}\left[\left(\frac{\partial^2 A^{\text{I}}}{\partial V^{\text{I},2}}\right)_{T,x_i^{\text{I}}} + \left(\frac{\partial^2 A^{\text{II}}}{\partial V^{\text{II},2}}\right)_{T,x_i^{\text{II}}}\right]^0 \mathrm{d}(n^{\text{I}}V^{\text{I}})^2 + \ldots \qquad (3.127)$$

Im Gleichgewicht ist nun einerseits

$$p^{\text{I}} = p^{\text{II}} \qquad (3.128)$$

und andererseits $n_{\text{ges}}A_{\text{ges}}(T,V,n_i)$ minimal. Um dies sicherzustellen, muss

$$\left[\left(\frac{\partial^2 A^{\text{I}}}{\partial V^{\text{I},2}}\right)_{T,x_i^{\text{I}}} + \left(\frac{\partial^2 A^{\text{II}}}{\partial V^{\text{II},2}}\right)_{T,x_i^{\text{II}}}\right]^0 > 0 \qquad (3.129)$$

gelten, nur so nimmt $n_{\text{ges}}A_{\text{ges}}$ bei der Entfernung aus dem Gleichgewicht um $\mathrm{d}n^{\text{I}}V^{\text{I}}$ zu. Da die intensiven Größen in beiden Teilsystemen gleich sein sollten, bedeutet dies auch

$$\left(\frac{\partial^2 A}{\partial V^2}\right)^0_{T,x_i} > 0 \,. \qquad (3.130)$$

bzw. mit Gl. 3.48

$$\left(\frac{\partial p}{\partial V}\right)^0_{T,x_i} < 0 \qquad (3.131)$$

als eine notwendige Bedingung für die Stabilität des thermodynamischen Gleichgewichtes.

Aus analogen Betrachtungen an Systemen mit anders gearteten Grenzen zwischen Teilsystemen lassen sich weitere notwendige Stabilitätsbedingungen herleiten. Hier sind einige Beziehungen zusammengestellt:

- mechanische Stabilität:

$$\left(\frac{\partial p}{\partial V}\right)_{T,n_i} < 0 \,, \qquad (3.132)$$

- thermische Stabilität:

$$\left(\frac{\partial T}{\partial S}\right)_{V,n_i} > 0 \,, \qquad (3.133)$$

  was auch $C_V > 0$ entspricht, sowie
- stoffliche Stabilität

$$\left(\frac{\partial \mu_i}{\partial n_i}\right)_{T,p,n_{j\neq i}} > 0 \,. \qquad (3.134)$$

Eine noch weiter gehende Diskussion zu Stabilitätsbedingungen findet sich z. B. bei Modell und Reid [140].

Als Beispiel soll die Bedingung für mechanische Stabilität nun anhand von Abb. 3.10 veranschaulicht werden. Gezeigt ist dort eine unterkritische

Isotherme für einen Reinstoff, die mit einem geeigneten Modell (vgl. Kapitel 4) berechnet wurde. Die mechanische Stabilitätsbedingung in Gl. 3.131 sagt nun aus, dass nur solche Zustände realisierbar sind, für die der Druck mit zunehmenden Volumen abnimmt. Diese notwendige Bedingung entspricht auch dem Verhalten, das man intuitiv von realen Stoffen erwarten würde. Im pV-Diagramm sind dies der Bereich links vom Minimum und rechts vom Maximum. Der Bereich zwischen den Extremwerten ist also nicht realisierbar und damit instabil. Dies ist alternativ sofort klar, wenn die Verhältnisse im AV-Diagramm betrachtet werden. Ein System im Zustand A, der instabil ist, wird durch lokale Fluktuationen Bereiche aufweisen, die etwas von A abweichen. Übertrieben dargestellt mögen dies die Zustände B und C sein. Ist der AV-Verlauf nun konvex von oben, was nach Gl. 3.130 Instabilität bedeutet, so liegt die Mischung aus den Teilsystemen B und C unterhalb von A, da sich der Mischungszustand auf der Geraden $\overline{BC}$ befinden muss. Durch die Fluktuation wird damit ein System erzeugt, dessen freie Energie niedriger als die beim homogenen Zustand A ist. Durch die Fluktuation nähert sich das System also dem Gleichgewicht an, für das A minimal sein muss. Die Fluktuation wird daher verstärkt, das System A zerfällt spontan in zwei Phasen. Liegt der Ausgangszustand dagegen im metastabilen Bereich des AV-Verlaufs, der konvex von unten ist, so führen analoge Fluktuationen, die nicht zu groß sind, zur Zunahme der freien Energie, d. h. führen vom Gleichgewicht weg. Erst beim Auftreten einer größeren Störung kommt es dann zum Phasenzerfall. Der Zustand minimaler freier Energie ist im gesamten zweiphasigen Bereich immer dann gegeben, wenn das Gesamtsystem aus den Phasen D und E besteht, so dass sein Zustand auf der Geraden $\overline{DE}$ liegt. Grafisch sind diese Zustände durch die Berührungspunkte der Doppeltangente an den AV-Verlauf bestimmt. Sie entsprechen direkt den im pV-Verlauf eingezeichneten Sättigungswerten.

Es fällt bei der gezeigten pV-Isotherme auf, dass sie einen negativen Teil aufweist, der metastabil und damit prinzipiell experimentell erreichbar ist. Um diesen Bereich zu untersuchen, wurden in mehreren Arbeiten Experimente mit einer Zentrifuge durchgeführt, in der ein wie in Abb. 3.11 abgebildetes gebogenes Glasrohr schnell rotiert [26, 27, 49, 51]. Die Rotationsachse war genau vertikal ausgerichtet, das Röhrchen war sehr sorgfältig mit glatten Innenflächen hergestellt und mit Flüssigkeit gefüllt. Beobachtet wurde das rotierende Röhrchen mit Hilfe eines Stroboskops, das mit der Zentrifugendrehzahl angesteuert wurde, so dass das Röhrchen zu stehen schien. Bei dieser Rotation wird an der Flüssigkeitssäule mit einer wirksamen Höhe Δh (vgl. Abb. 3.11) gezogen. Negativer Druck ist also als Zugspannung zu interpretieren, die im metastabilen Zustand von einer Flüssigkeit aufgenommen werden kann. Erst oberhalb einer bestimmten Drehzahl riss bei den Versuchen die Flüssigkeitssäule in dem Glasrohr. Der korrespondierende maximale negative Druck in dem Röhrchen, der bei der Rotationsachse auftritt, entspricht dann bei einem idealen Experiment dem Minimum der pV-Isotherme.

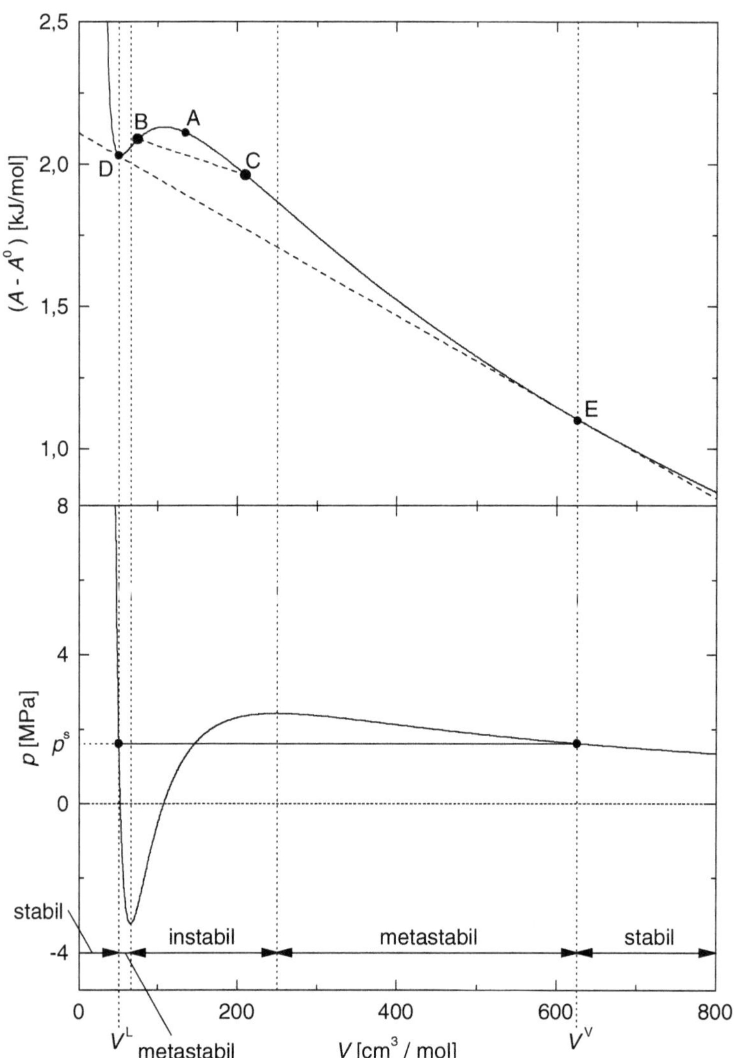

Abb. 3.10. Stabilitätsbedingung hinsichtlich Druck und freier Energie

3.8 Zusammenfassung

In Kapitel 3 sind grundlegende Beziehungen zwischen thermodynamischen Größen hergeleitet, einige weitere – weniger häufig verwendete – sind in der Formelsammlung (Anhang F) zusätzlich enthalten. Die Bedeutung der Fundamentalgleichungen $U(S,V,x_i)$, $H(S,p,x_i)$, $A(T,V,x_i)$ und $G(T,p,x_i)$ wird hervorgehoben und am Beispiel der freien Energie verdeutlicht. Aufbauend ergeben sich Bedingungsgleichungen für das thermodynamische Gleichgewicht, deren Anwendung anhand einiger Überlegungen zu Phasengleichgewichten bei

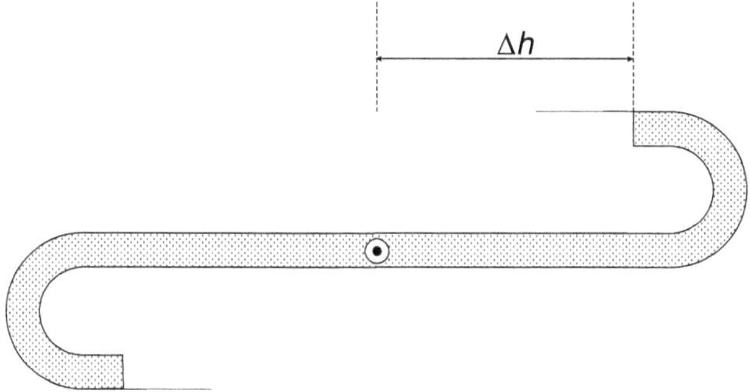

Abb. 3.11. Apparatur zur Erzeugung negativer Drücke

reinen Stoffen gezeigt wird. Zudem werden Stabilitätskriterien für ein System hergeleitet.

Damit steht ein Grundgerüst mathematischer Gleichungen zur Verfügung, das prinzipiell unterschiedlichste Berechnungen erlaubt (vgl. Kap. 1). Um dieses Gleichungsgerüst auf reale Systeme anwenden zu können, soll in den nächsten Kapiteln gezeigt werden, wie mit A und G als Fundamentalgleichungen reales Verhalten beschrieben werden kann.

3.9 Aufgaben

Übung 3.1. Mit Hilfe der Maxwell'schen Beziehungen (Gln. 3.38 bis 3.41) soll gezeigt werden, dass für ein reales Gas folgender Zusammenhang zwischen C_p und C_V besteht:

$$C_\mathrm{p} - C_\mathrm{V} = T\,\frac{V\alpha^2}{\chi} \tag{3.135}$$

Der isobare Ausdehnungskoeffizienten α und die isotherme Kompressibilität χ sind dabei wie folgt definiert:

$$\alpha = \frac{1}{V}\left(\frac{\partial V}{\partial T}\right)_p \tag{3.136}$$

$$\chi = -\frac{1}{V}\left(\frac{\partial V}{\partial p}\right)_T \tag{3.137}$$

Anschließend soll zusätzlich für ein ideales Gas gezeigt werden, dass

$$C_\mathrm{p} - C_\mathrm{V} = R \tag{3.138}$$

gilt.

Übung 3.2. Es sollen die unterschiedlichen Zustände von Ethanol betrachtet werden.

a) Wie viele Freiheitsgrade hat ein System aus 10 l Ethanol, das dampfförmig und flüssig vorliegt?
b) Wie viele Freiheitsgrade hat Ethanol an seinem Tripelpunkt?
c) Dem System aus a) werden ein paar kleine Würfel aus gefrorenem Ethanol hinzugefügt. Es liegen also zu diesem Zeitpunkt – wie bei b) – alle drei möglichen Phasen vor. Warum handelt es sich hierbei nicht um einen Tripelpunkt?
d) In einem einphasigen flüssigen System mit Wasser und Ethanol wird ein Salz zugegeben. Wie groß ist die Zahl der Freiheitsgrade, wenn sich das Salz vollständig löst?
e) Wie groß ist die Zahl der Freiheitsgrade im Vergleich zu d), wenn sich das Salz nicht vollständig löst (Löslichkeitsgrenze)?

Übung 3.3. In einem geschlossenen Schnellkochtopf mit $1,9\,\text{bar}$ Innendruck befinden sich ausschließlich $500\,\text{g}$ Wasser, von dem die Hälfte dampfförmig vorliegt. Ein eingebautes Druckventil öffnet sich, sobald der Druck über $1,9\,\text{bar}$ steigt. Der Kochtopf soll nun langsam und immer weiter erhitzt werden, wobei sich näherungsweise zu jeder Zeit das jeweilige Gleichgewicht einstellt.

a) Wann öffnet sich während des Erhitzens das Druckventil und wie sieht der zeitliche Temperaturverlauf qualitativ aus?
b) Wie viel Energie wird benötigt, bis das Wasser gerade vollständig einphasig ist? Dabei sollen die Voraussetzungen gelten, dass sich Wasserdampf wie ein ideales Gas verhält und dass das molare Volumen der Flüssigphase gegenüber dem der Dampfphase vernachlässigbar ist.
c) Wie ändert sich das Ergebnis zu b), wenn zur Berechnung experimentelle Daten der Dichte von Dampf und Flüssigkeit herangezogen werden.

Hinweise:

- Antoine-Gleichung für Wasser im Temperaturbereich $323\,\text{K}$ bis $393\,\text{K}$:

$$\ln\left(\frac{p^{\text{s}}}{p^0}\right) = A - \frac{B}{C + T/\text{K}}$$

$$A = 16{,}37249; \quad B = 3869{,}7; \quad C = -43{,}932; \quad p^0 = 1\,\text{kPa}$$

- Experimentelle Dichte-Daten von Wasser bei $1,9\,\text{bar}$ im Siedezustand:

$$\varrho^{\text{V}} = 1{,}09\,\text{kg/m}^3; \quad \varrho^{\text{L}} = 943{,}66\,\text{kg/m}^3$$

- Weitere Daten s. Tabelle 2.2.

4

Zustandsgleichungen

In den letzten Abschnitten wurde die Frage nach den Bedingungen für das thermodynamische Gleichgewicht zwischen koexistierenden Phasen beantwortet (vgl. Kapitel 3.4 bis 3.6). Es bleibt nun zu klären, wie für ein reales Gemisch die Funktionen $A(T, V, x_i)$ bzw. $G(T, p, x_i)$ beschrieben werden können, die dann die Auswertung der Gleichgewichtsbedingungen erlauben. Dieses Kapitel ist den Zustandsgleichungen gewidmet, die zu Ausdrücken für die Fundamentalgleichung der freien Energie $A(T, V, x_i)$ führen (vgl. Gl. 3.30), in Kapitel 5 wird dann darauf eingegangen, wie $G(T, p, x_i)$ modelliert werden kann.

In der Literatur wird oft zwischen thermischen Zustandsgleichungen (auch EOS, equation of state), die üblicherweise den Druck als Funktion der unabhängigen Variablen beschreiben, und kalorischen Zustandsgleichungen unterschieden, die Modelle für die Enthalpie oder die innere Energie darstellen. Wie die Gln. 3.48, 3.50 sowie 3.51 zeigen, ergeben sich beide aus der Fundamentalgleichung $A(T, V, x_i)$. im Folgenden soll daher hergeleitet werden, wie $A(T, V, x_i)$ von Gemischen modelliert und für thermodynamische Berechnungen genutzt werden kann.

4.1 Die Fundamentalgleichung $A(T, V, x_i)$

Die Fundamentalgleichung $A(T, V, x_i)$ von Gemischen soll hier schrittweise aus einzelnen Anteilen aufgebaut werden. Den Ausgangspunkt bilden die Komponenten als ideales Gas. Anschließend werden die Terme berücksichtigt, die die Vermischung der Komponenten beschreiben. Als letzter Schritt erfolgt der Übergang zum Realverhalten der Mischung.

4.1.1 Reine ideale Gase bei T und V

Gl. 3.57 lautet für ein reines ideales Gas j:

$$C_{V,j}^{\mathrm{iG}} = \left(\frac{\partial U_j^{\mathrm{iG}}}{\partial T} \right)_V . \tag{4.1}$$

Hier ist mit 'iG' das ideale Gas indiziert. Für den Reinstoff ist der Index 'x_i' zur Angabe der Richtung der partiellen Ableitung irrelevant. Durch Integration erhält man

$$U_j^{\mathrm{iG}}(T) = \int_{T^0}^{T} C_{V,j}^{\mathrm{iG}}(T')\mathrm{d}T' + U_j^{\mathrm{iG}}(T^0) , \tag{4.2}$$

wobei T^0 eine Bezugstemperatur darstellt, die prinzipiell frei gewählt werden kann, dann aber für die Berechnungen festgelegt ist. Eine häufig getroffene Wahl ist

$$T^0 = 298,15\,\mathrm{K} . \tag{4.3}$$

Der Apostroph bei T' unterscheidet die Integrationsvariable von der oberen Grenze des Integrals.

Die innere Energie eines idealen Gases rührt lediglich von den inneren Freiheitsgraden der Teilchen her (z. B. Atomschwingungen im Molekül), die temperaturabhängig, aber unabhängig vom Volumen des Systems sind, da die Teilchen eines idealen Gases nicht untereinander wechselwirken. Daher sind sowohl $C_{p,j}^{\mathrm{iG}}$ auch $C_{V,i}^{\mathrm{iG}}$ keine Funktion des Volumens.

Die rechte Seite von Gl. 4.2 soll nun modifiziert werden. Mit Gl. 3.22 und der thermischen Zustandsgleichung eines idealen Gases (Gl. 2.5) folgt

$$H_j^{\mathrm{iG}} = U_j^{\mathrm{iG}} + RT . \tag{4.4}$$

Berücksichtigt man außerdem Gl. 3.138, die in Aufgabe 3.1 hergeleitet wurde,

$$C_{V,j}^{\mathrm{iG}} = C_{p,j}^{\mathrm{iG}} - R , \tag{4.5}$$

so lässt sich Gl. 4.2 umformen zu

$$U_j^{\mathrm{iG}}(T) = \int_{T^0}^{T} C_{p,j}^{\mathrm{iG}}(T')\mathrm{d}T' - RT + H_j^{\mathrm{iG}}(T^0) . \tag{4.6}$$

$H_j^{\mathrm{iG}}(T^0)$ ist dabei die molare Enthalpie der Komponente bei T^0 und $C_{p,j}^{\mathrm{iG}}$ die temperaturabhängige molare isobare Wärmekapazität dieser Komponente. Beide Größen sind unter Bedingungen zu bestimmen, bei denen der betrachtete reine Stoff sich wie ein ideales Gas verhält, dann sind H_j^{iG} und $C_{p,j}^{\mathrm{iG}}$ wiederum auf Grund der fehlenden molekularen Wechselwirkungen druckunabhängig.

Um die freie Energie eines reinen idealen Gases mit Gl. 3.21 angeben zu können, bleibt nun die Aufgabe, die Entropie $S_j(T, V)$ zu ermitteln. Dazu soll von Gl. 3.17 ausgegangen werden, die für ein reines ideales Gas zu

$$T\mathrm{d}S_j^{\mathrm{iG}} = \mathrm{d}U_j^{\mathrm{iG}} + p^{\mathrm{iG}}\mathrm{d}V \tag{4.7}$$

umgestellt werden kann. Für $\mathrm{d}S_j^{\mathrm{iG}}$ ergibt sich daraus mit Gl. 3.55

$$\mathrm{d}S_j^{\mathrm{iG}} = \frac{1}{T}C_{V,j}^{\mathrm{iG}}(T)\mathrm{d}T + \frac{R}{V}\mathrm{d}V \; , \tag{4.8}$$

wobei einerseits Gl. 2.5 und andererseits wieder berücksichtigt ist, dass U_j^{iG} ausschließlich eine Funktion der Temperatur ist.

Der erste Term auf der rechten Seite von Gl. 4.8 ist nun nach dem zuvor Gesagten ausschließlich eine Funktion der Temperatur, während der zweite Term offensichtlich nur von V abhängt. Wird also der Übergang von einem Bezugszustand, der durch T^0 und V^0 charakterisiert ist, zu dem Zustand bei T und V betrachtet, so ergibt sich

$$S_j^{\mathrm{iG}}(T,V) = \int\limits_{T^0}^{T} \frac{1}{T'}C_{V,j}^{\mathrm{iG}}(T')\mathrm{d}T' + \int\limits_{V^0}^{V} \frac{R}{V'}\mathrm{d}V' + S_j^{\mathrm{iG}}(T^0,V^0) \; . \tag{4.9}$$

Auch V^0 ist – wie bereits T^0 – zunächst beliebig wählbar, dann aber als Bezugswert festgelegt. $S_j^{\mathrm{iG}}(T^0,V^0)$ ist die molare Entropie des Systems im gewählten Bezugszustand. Werden auch hier die Gln. 2.5 und 4.5 berücksichtigt, folgt

$$S_j^{\mathrm{iG}}(T,V) = \int\limits_{T^0}^{T} \frac{C_{p,j}^{\mathrm{iG}}(T')}{T'}\mathrm{d}T' - R\ln\frac{T}{V} + R\ln\frac{T^0}{V^0} + S_j^{\mathrm{iG}}(T^0,V^0) \; . \tag{4.10}$$

Wird nun statt des Bezugsvolumens V^0 ein Bezugsdruck p^0 gewählt, für den

$$RT^0 = p^0V^0 \tag{4.11}$$

gilt, so lässt sich abschließend auch schreiben:

$$S_j^{\mathrm{iG}}(T,V) = \int\limits_{T^0}^{T} \frac{C_{p,j}^{\mathrm{iG}}(T')}{T'}\mathrm{d}T' - R\ln\frac{RT}{p^0V} + S_j^{\mathrm{iG}}(T^0,p^0) \; . \tag{4.12}$$

Häufig wird

$$p^0 = 1\,\mathrm{atm} = 101,325\,\mathrm{kPa} \tag{4.13}$$

gewählt. Mit Gl. 3.21 lässt sich nun das gesuchte $A_j^{\mathrm{iG}}(T,V)$ angeben:

$$A_j^{\mathrm{iG}}(T,V) = \int\limits_{T^0}^{T} C_{p,j}^{\mathrm{iG}}(T')\mathrm{d}T' - T\int\limits_{T^0}^{T} \frac{C_{p,j}^{\mathrm{iG}}(T')}{T'}\mathrm{d}T' - RT +$$

$$+RT\ln\frac{p}{p^0} - RT\ln Z + H_j^{\mathrm{iG}}(T^0) - TS_j^{\mathrm{iG}}(T^0,p^0) \; . \tag{4.14}$$

Gl. 4.14 zeigt, dass A_j^{iG} nicht absolut angegeben werden kann. Lediglich die Änderung von A^{iG} zwischen einem Bezugszustand und dem Zustand des betrachteten Systems lässt sich quantifizieren. Diese Aussage gilt für alle kalorischen Größen; sie können stets nur in Bezug auf einen geeignet gewählten

Bezugszustand angegeben werden. Dieser Bezugszustand, der durch T^0 und p^0 festgelegt ist, wird durch $H_j^{\mathrm{iG}}(T^0)$ und $S_j^{\mathrm{iG}}(T^0, p^0)$ charakterisiert. Wird T^0 oder p^0 verändert, so müssen entsprechende Änderungen in $H_j^{\mathrm{iG}}(T^0)$ und $S_j^{\mathrm{iG}}(T^0, p^0)$ z. B. mit Gln. 4.6 und 4.12 berücksichtigt werden.

4.1.2 Reine ideale Gase bei T^0 und p^0

Die Größen $H_j^{\mathrm{iG}}(T^0)$ und $S_j^{\mathrm{iG}}(T^0, p^0)$ eines reinen idealen Gases können nun weiter zurückgeführt werden auf die entsprechenden Größen von chemischen Elementen. Hierzu sei die Bildung der betrachteten Komponente J als ideales Gas bei T^0 und p^0 aus den M Elementen E_k betrachtet:

$$\nu_{j,1}E_1 + \nu_{j,2}E_2 + \ldots + \nu_{j,M}E_M \to J \; . \tag{4.15}$$

Die $\nu_{j,k}$ sind hier die stöchiometrischen Koeffizienten der Bildungsreaktion bezogen auf 1 mol J. Die Elemente liegen vor der Reaktion in einem beliebigen aber festgelegten Zustand vor, üblicherweise dem stabilsten Zustand bei T^0 und p^0. Für die Reaktion Gl. 4.15 können dann die Standardbildungsgrößen – gekennzeichnet durch ein Δ_f (f für formation) – definiert werden:

$$\Delta_\mathrm{f} H_j^{\mathrm{iG}}(T^0) = H_j^{\mathrm{iG}}(T^0) + \sum_{k=1}^{M} \nu_{j,k} H_k^*(T^0) \tag{4.16}$$

und

$$\Delta_\mathrm{f} S_j^{\mathrm{iG}}(T^0, p^0) = S_j^{\mathrm{iG}}(T^0, p^0) + \sum_{k=1}^{M} \nu_{j,k} S_k^*(T^0, p^0) \; . \tag{4.17}$$

Hier ist berücksichtigt, dass konventionsgemäß die $\nu_{j,k}$ auf der linken Seite von Gl. 4.15 negativ sind. Der Stern indiziert die thermodynamische Größe für ein Element. $\Delta_\mathrm{f} H^{\mathrm{iG}}(T^0)$ und $\Delta_\mathrm{f} S^{\mathrm{iG}}(T^0, p^0)$ beschreiben also die Enthalpie- und Entropieänderung bei der Bildung der Komponente j als ideales Gas bei T^0 und p^0 aus den Elementen bei einem festgelegten Bezugszustand, z. B. dem stabilsten Aggregatzustand. Durch Umstellen der Gln. 4.16 und 4.17 ergeben sich die gesuchten Ausdrücke für $H_j^{\mathrm{iG}}(T^0)$ und $S_j^{\mathrm{iG}}(T^0, p^0)$:

$$H_j^{\mathrm{iG}}(T^0) = \Delta_\mathrm{f} H_j^{\mathrm{iG}}(T^0) - \sum_{k=1}^{M} \nu_{j,k} H_k^*(T^0) \; , \tag{4.18}$$

$$S_j^{\mathrm{iG}}(T^0, p^0) = \Delta_\mathrm{f} S_j^{\mathrm{iG}}(T^0, p^0) - \sum_{k=1}^{M} \nu_{j,k} S_k^*(T^0, p^0) \; . \tag{4.19}$$

Während bei Gl. 4.14 der Bezug die betrachtete Komponente j in einem festgelegten Zustand ist, kann mit Hilfe der Gln. 4.18 und 4.19 der Bezugspunkt auf eine tiefere Ebene verschoben werden: die chemischen Elemente. Für den Ingenieur ist dies die unterste relevante Ebene. Würden bei technischen Prozessen Elementarteilchen eingesetzt, so würde zweckmäßigerweise auf diese bezogen. Es sei aber darauf hingewiesen, dass die Komponenten j in Gl. 4.15 durchaus Fragmente von Elementen sein können, z. B. Radikale. Soll doch auf einen noch grundlegenderen Zustand bezogen werden, kann dies prinzipiell analog zu dem hier beschriebenen Vorgehen erfolgen.

4.1.3 Die Mischung idealer Gase

Die freie Energie eines reinen idealen Gases bei T und V kann mit den Gln. 4.14, 4.18 und 4.19 beschrieben werden. Wie gelingt der Übergang zur Mischung idealer Gase? Werden ideale Gase gemischt, so gilt nach wie vor, dass die Moleküle der Gase nicht miteinander wechselwirken. Das heißt jede Komponente verhält sich so, als ob sie alleine das zur Verfügung gestellte Volumen ausfüllen würde. Dies ist das Gesetz von Dalton. In eine Gleichung gegossen lässt sich diese Aussage schreiben als:

$$
p_j^{\mathrm{iG}} = x_j \frac{RT}{V} \, , \tag{4.20}
$$

wobei p_j^{iG} der Partialdruck der Komponente j ist.

Allgemein und nicht nur für ideale Gase gilt für den Partialdruck p_i

$$
p_i = x_i p \tag{4.21}
$$

und damit

$$
p = \sum_{i=1}^{N} p_i \, . \tag{4.22}
$$

Um die Änderung zunächst der Entropie beim Mischen idealer Gase zu ermitteln, sei auf Abbildung 4.1 verwiesen. Dort sind die einzelnen Stadien eines gedachten Mischungsvorganges skizziert.

Ausgegangen wird von dem Zustand A, in dem von jeder Komponente j eine gleiche Stoffmenge $n_j = n$ bei T und einem molaren Volumen V vorliegen soll. Die molare Entropie *jedes dieser Systeme* im Zustand A beträgt nach Gl. 4.12

$$
S_{\mathrm{A}} = S_j^{\mathrm{iG}}(T, V) = \int_{T^0}^{T} \frac{C_{p,j}^{\mathrm{iG}}(T')}{T'} \mathrm{d}T' - R \ln \frac{RT}{p^0 V} + S_j^{\mathrm{iG}}(T^0, p^0) \, . \tag{4.23}
$$

In Zustand B sind die noch unvermischten Komponenten in den Systemen gezeigt, wobei jeweils nur die Stoffmenge $x_j n$ jeder Komponente j dargestellt ist. Das molare Volumen und damit der Druck sind konstant gehalten. Das Gesamtvolumen jedes Systems beträgt entsprechend $x_j n V$. Die molare Entropie der Summe der Systeme beträgt

$$
S_{\mathrm{B}} = \sum_{j=1}^{N} x_j S_j^{\mathrm{iG}}(T, V) \tag{4.24}
$$

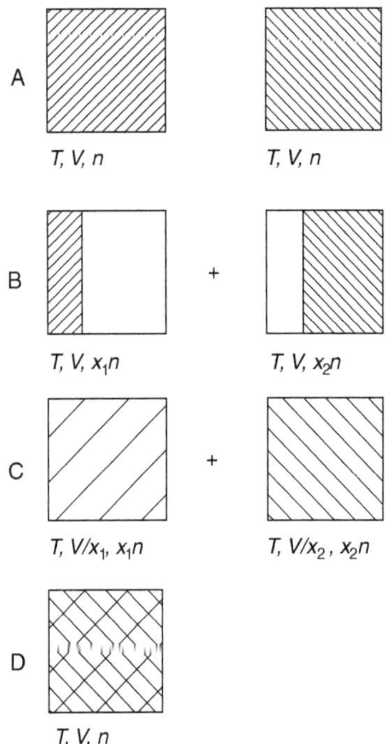

Abb. 4.1. Entropieeffekt bei der Mischung idealer Gase

bzw. mit Gl. 4.23

$$S_\mathrm{B} = \sum_{j=1}^{N} x_j \int_{T^0}^{T} \frac{C_{p,j}^{\mathrm{iG}}(T')}{T'}\mathrm{d}T' - \sum_{j=1}^{N} x_j R \ln \frac{RT}{p^0 V} + \sum_{j=1}^{N} x_j S_j^{\mathrm{iG}}(T^0, p^0) \; . \quad (4.25)$$

Zum Erreichen von Zustand C wird das Gesamtvolumen der Systeme auf nV erhöht. Gleichzeitig steigt das molare Volumen jeder Komponente auf V/x_j. Damit ergibt sich für die molare Entropie der Summe der Komponenten

$$S_\mathrm{C} = \sum_{j=1}^{N} x_j \int_{T^0}^{T} \frac{C_{p,j}^{\mathrm{iG}}(T')}{T'}\mathrm{d}T' - \sum_{j=1}^{N} x_j R \ln \frac{x_j RT}{p^0 V} +$$

$$+ \sum_{j=1}^{N} x_j S_j^{\mathrm{iG}}(T^0, p^0) \; . \quad (4.26)$$

Dieser Ausdruck unterscheidet sich lediglich im molaren Volumen von Gl. 4.25, das in der zweiten Summe eingesetzt wird.

Zustand D wird nun dadurch erreicht, dass die Einzelsysteme aus Zustand C überlagert werden. Die Entropie des Systems im Zustand D ist die des Gemisches idealer Gase bei T, V und x_j:

$$S_\mathrm{D} = S^\mathrm{iG}(T, V, x_j)\,. \tag{4.27}$$

Nach dem Gesetz von Dalton ist Zustand D äquivalent zu Zustand C:

$$S_\mathrm{D} = S_\mathrm{C}\,. \tag{4.28}$$

Der Mischungsvorgang ist nun charakterisiert durch die Differenz der Entropie zwischen dem Zustand nach dem Mischen und dem vor dem Mischen,

$$S^\mathrm{iG}(T, V, x_j) - \sum_{j=1}^{N} x_j S^\mathrm{iG}(T, V) = S_\mathrm{D} - S_\mathrm{B}\,. \tag{4.29}$$

Mit den zuvor abgeleiteten Ausdrücken für die einzelnen Terme ergibt sich

$$S^\mathrm{iG}(T, V, x_j) - \sum_{j=1}^{N} x_j S_j^\mathrm{iG}(T, V) =$$

$$\sum_{j=1}^{N} x_j \int_{T^0}^{T} \frac{C_{p,j}^\mathrm{iG}(T')}{T'}\mathrm{d}T' - \sum_{j=1}^{N} x_j R \ln \frac{x_j R T}{V p^0} + \sum_{j=1}^{N} x_j S_j^\mathrm{iG}(T^0, p^0) -$$

$$- \sum_{j=1}^{N} x_j \int_{T^0}^{T} \frac{C_{p,j}^\mathrm{iG}(T')}{T'}\mathrm{d}T' + \sum_{j=1}^{N} x_j R \ln \frac{R T}{V p^0} - \sum_{j=1}^{N} x_j S_j^\mathrm{iG}(T^0, p^0)\,. \tag{4.30}$$

Durch Vereinfachung folgt

$$S^\mathrm{iG}(T, V, x_j) - \sum_{j=1}^{N} x_j S_j^\mathrm{iG}(T, V) = -R \sum_{j=1}^{N} x_j \ln x_j\,. \tag{4.31}$$

Diese Gleichung, die die Entropieänderung beim idealen Mischungsvorgang wiedergibt, ist von fundamentaler Bedeutung nicht nur für ideale Gase und wird daher im Folgenden noch öfter auftauchen. In Abbildung 4.2 ist Gl. 4.31 für ein Zweistoffsystem grafisch dargestellt. Da alle x_j zwischen null und eins liegen, ist

$$\ln x_j \leq 0 \tag{4.32}$$

und daher

$$S^\mathrm{iG}(T, V, x_j) - \sum_{j=1}^{N} x_j S_j^\mathrm{iG}(T, V) \geq 0\,. \tag{4.33}$$

Diese positive Entropieerzeugung (vgl. Abbildung 4.2) ist die Triebkraft jedes Vermischungsvorganges. Sie ist verantwortlich dafür, dass das Abtrennen von einzelnen Komponenten aus Gemischen bei technischen Prozessen nur durch zum Teil erheblichen Energieeinsatz möglich ist. Die Entropiezunahme lässt sich durch Vergleich von Gl. 4.25 und Gl. 4.26 damit deuten, dass den Molekülen jeder Komponente nach der Mischung ein größeres Volumen zur

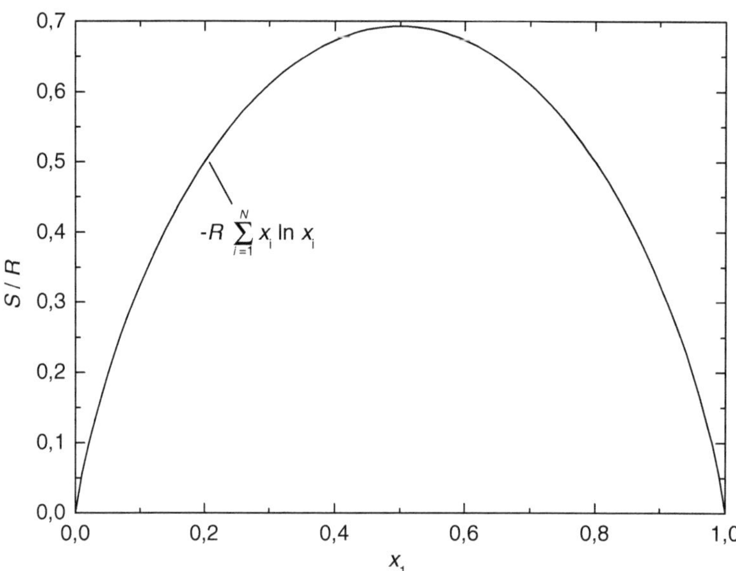

Abb. 4.2. Entropieerzeugung bei idealem Mischungsvorgang

Verfügung steht. Dies rührt letztendlich daher, dass das molare Volumen der einzelnen Komponenten vor dem Mischen gleich dem der <u>Gesamt</u>mischung nach dem Mischungsvorgang ist.

Die Änderung der molaren inneren Energie beim Mischen idealer Gase ist null,

$$U^{\mathrm{iG}}(T, V, x_j) - \sum_{j=1}^{N} x_j U_j^{\mathrm{iG}}(T, V) = 0 \,, \tag{4.34}$$

da die Teilchen der idealen Gase sowohl vor als auch nach dem Mischen nicht miteinander wechselwirken. Die inneren Freiheitsgrade der Teilchen einer Komponente werden durch die Anwesenheit anderer Komponenten im idealen Gas nicht beeinflusst. Einsetzen der Gln. 4.31 und 4.34 in Gl. 3.21 liefert

$$A^{\mathrm{iG}}(T, V, x_j) - \sum_{j=1}^{N} x_j A_j^{\mathrm{iG}}(T, V) = RT \sum_{j=1}^{N} x_j \ln x_j \,. \tag{4.35}$$

Damit kann die freie Energie einer Mischung idealer Gase bei T, V und x_j beschrieben werden.

4.1.4 Die reale Mischung

Der letzte fehlende Puzzlestein ist nun der Übergang von der Mischung idealer Gase zu realen Mischungen realer Komponenten. Hierzu wird von folgender Beziehung ausgegangen (vgl. Gl. 3.34):

$$p(T,V,x_j) - p^{\mathrm{iG}}(T,V,x_j) =$$
$$-\left(\frac{\partial(A(T,V,x_j) - A^{\mathrm{iG}}(T,V,x_j))}{\partial V}\right)_{T,x_j} . \tag{4.36}$$

Integriert liefert dies

$$A(T,V,x_j) - A^{\mathrm{iG}}(T,V,x_j) = -\int\limits_{\infty}^{V} \left(p(T,V,x_j) - p^{\mathrm{iG}}(T,V,x_j)\right)\,\mathrm{d}V'$$
$$\text{für}\quad T,x_i = \text{konst.} \tag{4.37}$$

Geht $V \to \infty$, so nähert sich das Verhalten der realen Mischung dem der Mischung der idealen Gase an, d. h. $p \to p^{\mathrm{iG}}$ und $A \to A^{\mathrm{iG}}$. Durch die Wahl dieser unteren Integrationsgrenze ist in Gl. 4.37 also die Integrationskonstante bestimmt.

Beispiel 4.1 $A - A^{\mathrm{iG}}$ für die Van-der-Waals-Gleichung.

Um die Anwendung von Gl. 4.37 zu verdeutlichen, sei sie beispielhaft für die Van-der-Waals-Gleichung ausgewertet. Mit Gl. 2.18 ergibt sich

$$p - p^{\mathrm{iG}} = \frac{RTb}{(V-b)V} - \frac{a}{V^2} . \tag{4.38}$$

Für die Ermittlung der freien Energie muss über V integriert werden:

$$A - A^{\mathrm{iG}} = -\int\limits_{\infty}^{V} \left[\frac{RTb}{(V'-b)V'} - \frac{a}{V'^2}\right]\mathrm{d}V' , \tag{4.39}$$

$$A - A^{\mathrm{iG}} = \left[-RT\ln\frac{V'-b}{V'} - \frac{a}{V'}\right]_{V'=\infty}^{V'=V} \tag{4.40}$$

und schließlich

$$A - A^{\mathrm{iG}} = -RT\ln\frac{V-b}{V} - \frac{a}{V} . \tag{4.41}$$

$\square$

4.1.5 Die Terme der Fundamentalgleichung $A\,(T,V,x_i)$

In den letzten Abschnitten wurden die Terme der Fundamentalgleichung $A\,(T,V,x_i)$ stufenweise hergeleitet. Zusammenfügen dieser Terme ergibt:

$$A(T,V,x_j) = -\int\limits_{\infty}^{V} (p - p^{\mathrm{iG}})\mathrm{d}V' + RT\sum_{j=1}^{N} x_j \ln x_j +$$
$$+RT\ln\frac{p}{p^0} - RT\ln Z - RT +$$

$$+ \sum_{j=1}^{N} x_j \left[\int_{T^0}^{T} C_{p,j}^{\mathrm{iG}} \, \mathrm{d}T' - T \int_{T^0}^{T} \frac{C_{p,j}^{\mathrm{iG}}}{T'} \, \mathrm{d}T' + \right. \tag{4.42}$$

$$+ \Delta_{\mathrm{f}} H_j^{\mathrm{iG}}(T^0) - T \Delta_{\mathrm{f}} S_j^{\mathrm{iG}}(T^0, p^0) +$$

$$\left. + \sum_{k=1}^{M_j} \nu_{j,k} \left(H_k^*(T^0) - T S_k^*(T^0, p^0) \right) \right]$$

Übersichtlich sind die Terme in Abb. 4.3 noch einmal mit einer Charakterisierung der einzelnen Stufen zusammengestellt. Zu dieser Darstellung ist anzumerken, die in der Abb. 4.3 angegebenen Terme nicht die freie Energie der jeweiligen Stufe darstellen, sondern den Beitrag, den die jeweilige Stufe zur freien Energie der realen Mischung bei T und p liefert. Deutlich wird dies z. B. bei dem Bildungsterm. Die freie Bildungsenergie bei T^0 und p^0 ist $\Delta_{\mathrm{f}} H_j^{\mathrm{iG}}(T^0) - T^0 \Delta_{\mathrm{f}} S_j^{\mathrm{iG}}(T^0, p^0)$. Die Temperatur T in Abb. 4.3 vor dem Entropieterm zeigt nun klar, dass der Term den entsprechenden Beitrag der Entropie bei T und nicht bei T^0 darstellt. Die separaten Terme für innere Energie und Entropie beziehen sich also auf den jeweils angegebene Zustand, die Verknüpfung zur freien Energie bezieht dagegen stets die Systemtemperatur T mit ein.

In Abb. 4.3 wird auch wieder deutlich, dass es nicht möglich ist, einen absoluten Wert für die freie Energie anzugeben. Stets muss – bei allen kalorischen Größen – auf einen Referenzzustand bezogen werden.

Um die Terme der Fundamentalgleichung $A(T, V, x_i)$ zu bestimmen, muss also einerseits eine thermische Zustandsgleichung bekannt sein. Die übrigen Terme ergeben sich entweder aus den Vorgaben einer Berechnung – p, V, T, x_i – oder sind für eine Vielzahl von Komponenten verfügbar. Hierzu sei zur Ermittlung der C_p^{iG}-Funktion und der Standardbildungsgrößen auf die Janaf-Tabellen [180], die Zusammenstellung von Barin und Knacke [12] und die Tabellen in [167, 168] bzw. entsprechende Stoffdatenbanken verwiesen. Für einige ausgewählte Stoffe sind die Angaben in Tabelle 4.1 zusammengetragen.

4.1.6 Das chemische Potential

Eine Bedingung für das thermodynamische Gleichgewicht ist die Gleichheit der chemischen Potentiale jeder Komponente in allen koexistierenden Phasen. Daher soll zunächst das chemische Potential aus der freien Energie ermittelt werden. Anschließend wird gezeigt, wie üblicherweise bei der Berechnung von Phasengleichgewichten mit Zustandsgleichungen vorgegangen wird. Hier und in den folgenden Abschnitten wird davon ausgegangen, dass keine chemischen Reaktionen in den betrachteten Gemischen ablaufen. Dies ist eine häufig zutreffende Annahme. Die Behandlung chemischer Reaktionen erfolgt in Kapitel 9.

Nach Gl. 3.37 gilt

Tabelle 4.1. C_p^{iG}-Funktionen und Standardbildungsgrößen bei $T^0 = 298,15\,\mathrm{K}$ und $p^0 = 1,013\,\mathrm{bar}$ einiger ausgewählter Substanzen [167]

Stoff	$A^{1)}$ [−]	$B^{1)}$ [−]	$C^{1)}$ [−]	$D^{1)}$ [−]	$\Delta_\mathrm{f} H^0$ [kJ/mol]	$\Delta_\mathrm{f} S^0$ [J/(mol K)]
Methan	19,25	$5,213 \cdot 10^{-2}$	$1,197 \cdot 10^{-5}$	$-1,132 \cdot 10^{-8}$	-74,90	-81,60
Wasser	32,24	$1,924 \cdot 10^{-3}$	$1,055 \cdot 10^{-5}$	$-3,596 \cdot 10^{-9}$	-242,0	-44,27
Stickstoff	31,15	$-1,357 \cdot 10^{-2}$	$2,680 \cdot 10^{-5}$	$-1,168 \cdot 10^{-8}$	0,0	0,0
Ethan	5,409	$1,781 \cdot 10^{-1}$	$-6,938 \cdot 10^{-5}$	$8,713 \cdot 10^{-9}$	-84,74	-173,70
Sauerstoff	28,11	$-3,680 \cdot 10^{-6}$	$1,746 \cdot 10^{-5}$	$-1,065 \cdot 10^{-8}$	0,0	0,0
Methanol	21,15	$7,092 \cdot 10^{-2}$	$2,587 \cdot 10^{-5}$	$-2,852 \cdot 10^{-8}$	-201,3	-129,80
Argon	20,80	−	−	−	0,0	0,0
Kohlendioxid	19,80	$7,344 \cdot 10^{-2}$	$-5,602 \cdot 10^{-5}$	$1,715 \cdot 10^{-8}$	-393,8	2,729
Propan	-4,224	$3,063 \cdot 10^{-1}$	$-1,586 \cdot 10^{-4}$	$3,215 \cdot 10^{-8}$	-103,9	-269,70
n-Butan	9,487	$3,313 \cdot 10^{-1}$	$-1,108 \cdot 10^{-4}$	$-2,822 \cdot 10^{-9}$	-126,2	-369,27
Essigsäure	4,840	$2,549 \cdot 10^{-1}$	$-1,753 \cdot 10^{-4}$	$4,949 \cdot 10^{-8}$	-435,1	-195,20
Schwefeltrioxid	23,85	$6,699 \cdot 10^{-2}$	$-4,961 \cdot 10^{-5}$	$1,328 \cdot 10^{-8}$	-297,1	11,07
Hexan	-4,413	$5,820 \cdot 10^{-1}$	$-3,119 \cdot 10^{-4}$	$6,494 \cdot 10^{-8}$	-167,3	-560,56

$$^{1)}:\quad \frac{C_p^{\mathrm{iG}}}{\mathrm{J/(mol\,K)}} = A + B\frac{T}{\mathrm{K}} + C\left(\frac{T}{\mathrm{K}}\right)^2 + D\left(\frac{T}{\mathrm{K}}\right)^3$$

reale Mischung bei T und V

$$\uparrow \quad -\int_{\infty}^{V}(p - p^{\mathrm{iG}})\mathrm{d}V' \text{ mit thermischer Zustandsgleichung}$$

Gemisch idealer Gase bei T und V

$$\uparrow \quad RT\sum_{j=1}^{N} x_j \ln x_j$$

reine Komponenten als ideale Gase bei T und V

$$\uparrow \quad \int_{T^0}^{T} C_{p,j}^{\mathrm{iG}}\mathrm{d}T' - T\int_{T^0}^{T} \frac{C_{p,j}^{\mathrm{iG}}}{T'}\mathrm{d}T' - RT + RT\ln\frac{p}{p^0} - RT\ln Z$$

reine Komponenten als ideale Gase bei T^0 und p^0

$$\uparrow \quad \Delta_{\mathrm{f}}H_j^{\mathrm{iG}}(T^0) - T\Delta_{\mathrm{f}}S_j^{\mathrm{iG}}(T^0,p^0)$$

Elemente im definierten stabilen Zustand bei T^0 und p^0 mit
$$H_k^*(T^0) \text{ und } S_k^*(T^0,p^0)$$

Abb. 4.3. Entwicklung der freien Energie

$$\mu_i = \left(\frac{\partial n A(T,V,x_j)}{\partial n_i}\right)_{T,nV,n_{j\neq i}}. \tag{4.43}$$

Wird der in Gl. 4.42 angegebene Ausdruck für $A(T,V,x_j)$ in Gl. 4.43 eingesetzt, so ergibt sich der in Gl. 4.44 auf Seite 65 dargestellte Zusammenhang, bei dem die Herkunft der Terme noch einmal angegeben ist.

Die Kunst des Ingenieurs besteht nun darin, den Bezugszustand für eine behandelte Fragestellung so zu wählen, dass der Aufwand zur Lösung der Fragestellung minimal wird. Zum Beispiel wird man auf die reinen Komponenten als ideale Gase bei T^0 und p^0 beziehen, statt auf die Elemente, wenn Reaktionen ausgeschlossen werden können. Der geeignete Bezugszustand hängt also wesentlich vom untersuchten Vorgang ab. Daraus resultiert eine Fülle von sinnvollen Bezugszuständen, die leicht verwirrend sein können.

Ein Bezugszustand wird sinnvoll so gewählt, dass möglichst viele Terme bei dem betrachteten Prozess konstant sind und daher ihre Veränderung nicht berücksichtigt werden muss. Der in Gl. 4.44 zugrunde gelegte Bezugszustand sind die Elemente bei T^0 und p^0 in einem festgelegten Aggregatzustand. In Gl. 4.44 ist nun auch angegeben, welche Terme unter den jeweils angegebenen Bedingungen konstant sind und daher bei Prozessen, die diese Bedingungen erfüllen, nicht berücksichtigt werden müssen.

An dieser Gleichung, die für alle Berechnungen zum thermodynamischen Gleichgewicht relevant ist, soll nun die geeignete Festlegung eines Bezugszu-

konstant für: ideale Gase   Reinstoff   isotherm

Herkunft: Zustandsgleichung   ideale Mischung   ideale Gase

$$\mu_i(T,V,x_j) = \underbrace{\left(\frac{\partial n\left(A - A^{\mathrm{iG}}\right)}{\partial n_i}\right)_{T,nV,n_{j\neq i}}}_{\text{Zustandsgleichung}} + \underbrace{RT\ln x_i}_{\substack{\text{ideale}\\ \text{Mischung}}} + \underbrace{RT\ln\frac{p}{p^0} - RT\ln Z + \int\limits_{T^0}^{T} C_{p,j}^{\mathrm{iG}}\mathrm{d}T' - T\int\limits_{T^0}^{T}\frac{C_{p,j}^{\mathrm{iG}}}{T'}\mathrm{d}T' +}_{\text{ideale Gase}}$$

$$+ \underbrace{\Delta_{\mathrm{f}}H_j^{\mathrm{iG}}(T^0) - T\Delta_{\mathrm{f}}S_j^{\mathrm{iG}}(T^0,p^0)}_{\text{Bildung}} + \underbrace{\sum_{k=1}^{M_j}\nu_{j,k}\left(H_k^*(T^0) - TS_k^*(T^0,p^0)\right)}_{\text{Elemente}}$$

Herkunft: Bildung   Elemente

konstant für: isotherm

keine Reaktion

immer, daher üblicherweise zu null gesetzt

$$(4.44)$$

standes erläutert werden. Zum Beispiel kann bei der Berechnung von Phasengleichgewichten davon ausgegangen werden, dass auch Gl. 3.71 erfüllt ist, d. h. die Temperatur in allen Phasen die gleiche ist. Daher erweist es sich als zweckmäßig, alle Terme, die ausschließlich eine Funktion der Temperatur sind, in $\mu_i^0(T)$ zusammenzufassen. Dies führt zu

$$\mu_i(T, V, n_i) - \mu_i^0(T) = \left(\frac{\partial n(A - A^{\mathrm{iG}})}{\partial n_i} \right)_{T, nV, n_{j \neq i}} +$$
$$+ RT \ln x_i + RT \ln \frac{p}{p^0} - RT \ln Z \ . \tag{4.45}$$

Sollen aber beispielsweise Enthalpien der Ströme in einer Destillationskolonne ermittelt werden, die für eine entsprechende Enthalpiebilanz benötigt werden, so sind die temperaturabhängigen Terme mit zu berücksichtigen, da die Destillation nicht isotherm abläuft. Solange es sich nicht um eine Reaktivdestillation handelt, können aber die Terme unberücksichtigt bleiben, die nur beim Auftreten von Reaktionen auszuwerten sind.

4.1.7 Fugazität und Fugazitätskoeffizient

Um Gl. 4.45 handhabbarer zu gestalten, ist es sinnvoll, als Hilfsgrößen die Fugazität und den Fugazitätskoeffizienten einzuführen. Zunächst sei hierzu das chemische Potential eines idealen Gases betrachtet, das sich aus Gl. 4.45 ergibt:

$$\left(\mu_i - \mu_i^0 \right)^{\mathrm{iG}} = RT \ln x_i + RT \ln \frac{p}{p^0} \ . \tag{4.46}$$

Die Terme lassen sich nun zusammenfassen:

$$\left(\mu_i - \mu_i^0 \right)^{\mathrm{iG}} = RT \ln \frac{p_i}{p^0} \ , \tag{4.47}$$

wobei der Partialdruck p_i nach Gl. 4.21 definiert ist. Als Analogon zum Partialdruck bei Mischungen idealer Gase führte Lewis die Fugazität f_i einer Komponente i zur Beschreibung realer Mischungen ein [121]:

$$\mu_i - \mu_i^0 = RT \ln \frac{f_i}{f_i^0} \ . \tag{4.48}$$

Der Fugazitätskoeffizient φ_i wird als Korrekturfaktor definiert, der die Abweichung vom Verhalten idealer Gase beschreibt:

$$f_i = \varphi_i x_i p \ . \tag{4.49}$$

Der Vergleich der Gln. 4.48 und 4.49 mit 4.45 liefert einen Ausdruck für φ_i:

$$\ln \varphi_i = \left(\frac{\partial n \frac{A - A^{\mathrm{iG}}}{RT}}{\partial n_i} \right)_{T, nV, n_{j \neq i}} - \ln Z \ . \tag{4.50}$$

Ausschließlich in diesen Ausdruck gehen Informationen ein, die das Realverhalten einer Mischung mit Hilfe einer Zustandsgleichung berücksichtigen. Es sei betont, dass der Zustand, auf den sich μ_i^0 und f_i^0 beziehen, prinzipiell frei gewählt werden kann. Er kann aber für μ_i^0 und f_i^0 nur simultan verändert werden; beide sind über diesen Bezugszustand gekoppelt.

Beim Rechnen mit Zustandsgleichungen wird üblicherweise die reine Komponente als ideales Gas bei T und V des betrachteten Systems als Bezug gewählt. Dann gilt:

$$f_i^0 = p^0 \ . \tag{4.51}$$

Wird ein System betrachtet, in dem mehrere Phasen miteinander im Gleichgewicht stehen, ist dieser Referenzzustand für jede Komponente in allen Phasen gleich. Die Bedingung für das stoffliche Gleichgewicht, Gl. 3.73, lässt sich dann schreiben als:

$$\mu_i^\alpha - \mu_i^{0\alpha} = \mu_i^\beta - \mu_i^{0\beta} \ . \tag{4.52}$$

Wobei wegen Gl. 3.71

$$\mu_i^{0\alpha} = \mu_i^{0\beta} \tag{4.53}$$

gilt. Mit Gl. 4.48 folgt dann

$$f_i^\alpha = f_i^\beta \tag{4.54}$$

als neue Gleichgewichtsbedingung, die bei Berechnungen mit Zustandsgleichungen ausgewertet wird. Wird Gl. 4.49 in 4.54 eingesetzt,

$$x_i^\alpha p \varphi_i^\alpha = x_i^\beta p \varphi_i^\beta \ , \tag{4.55}$$

so ergibt sich mit der Bedingung für das mechanische Gleichgewicht (Gl. 3.72)

$$\frac{x_i^\alpha}{x_i^\beta} = \frac{\varphi_i^\beta}{\varphi_i^\alpha} \ . \tag{4.56}$$

Der Quotient der Stoffmengenanteile wird dabei häufig als Verteilungskoeffizient K_i der Komponente i definiert:

$$\frac{x_i^\alpha}{x_i^\beta} = K_i \ . \tag{4.57}$$

K_i gibt an, wie sich die Komponente i zwischen den Phasen α und β verteilt. K_i ist hier in Stoffmengenanteilen geschrieben. Falls dies sinnvoll erscheint, kann K_i aber genauso in anderen Konzentrationsmaßen angegeben werden, die ggf. leichter zugänglich sind (vgl. Anhang A). Entsprechende Umrechnungen sind dann zu berücksichtigen.

Die Gln. 4.48 und 4.54 erlauben eine anschauliche Deutung der Fugazität: f_i^α quantifiziert die Tendenz der Komponente i, der Phase α 'entfliehen' zu wollen. Aus dieser Deutung resultiert auch der Name Fugazität (fugere (lat.) – fliehen, flüchten). Die Gleichgewichtsbedingung Gl. 4.54 besagt also, dass im Gleichgewicht zwischen mehreren Phasen die Tendenz aus dieser zu entfliehen für jede Komponente in allen Phasen die gleiche ist; dies ist auch intuitiv sofort einsichtig.

Es stellt sich nun die Frage, wozu es überhaupt nötig ist, die Fugazität und den Fugazitätskoeffizienten einzuführen. Könnte das Gleichgewicht nicht genauso direkt mit Hilfe von Gl. 4.45 beschrieben werden? Prinzipiell ist dies sicher möglich, führt aber zu rechentechnischen Problemen. x_i liegt zwischen null und eins und kann dabei beliebig klein sein. Für kleine x_i nimmt $\ln x_i$ große negative Werte an und weist eine große Steigung auf. Bei der Berechnung von Phasengleichgewichten kann solches Verhalten problematisch sein. Wird dagegen Gl. 4.54 ausgewertet, stellt sich dieses Problem nicht, f_i liegt in der Größenordnung des Partialdruckes. Darüber hinaus erweist sich die Einführung des Fugazitätskoeffizienten als zweckmäßig, da sich Dampfphasen in ihrem Verhalten oft nur wenig von dem idealer Gase unterscheiden.

$$\varphi_i = 1 \tag{4.58}$$

stellt dann eine gute und besonders einfache Näherung dar.

Beispiel 4.2 Fugazitätskoeffizient mit der Zustandsgleichung von van der Waals.

Die Anwendung der in den vorigen Abschnitten hergeleiteten Beziehungen soll nun anhand der Van-der-Waals-Zustandsgleichung verdeutlicht werden. Zunächst soll dazu der Fugazitätskoeffizient der Komponente i ermittelt werden. Mit Gl. 4.41 aus Beispiel 4.1 gilt

$$n\frac{A - A^{\mathrm{iG}}}{RT} = -n\ln\frac{nV - nb}{nV} - \frac{n^2 a}{nVRT} \ . \tag{4.59}$$

Soll diese Gleichung auch für Mischungen gelten, müssen a und b in geeigneter Weise von den Stoffmengenanteilen der Komponenten abhängen. Diese Mischungsregeln werden für die Van-der-Waals-Gleichung üblicherweise wie folgt gewählt:

$$b = \sum_{i=1}^{N} x_i b_i \tag{4.60}$$

und

$$a = \sum_{i=1}^{N}\sum_{j=1}^{N} x_i x_j a_{i,j} \ . \tag{4.61}$$

Für den Eigenvolumen-Parameter wird eine lineare Mischungsregel für den Energieparameter eine quadratische verwendet. Wie $a_{i,j}$ von den a_i der reinen Stoffe abhängt, geben die so genannten Kombinationsregeln an:

$$a_{i,i} = a_i \tag{4.62}$$

und

$$a_{i,j} = \sqrt{a_i a_j} \ . \tag{4.63}$$

Mit Hilfe von Gln. 4.60 bis 4.63 können also geeignete 'gemischte' Parameter angegeben werden. Die Gln. 2.18 und 4.41 bzw. Gl. 4.59 sind mit diesen so genannten Ein-Fluid-Mischungsregeln dann so auszuwerten wie für einen reinen Stoff. Dies ist ein besonders einfaches Vorgehen.

Mit diesen Mischungs- und Kombinationsregeln kann nun für die Van-der-Waals-Gleichung (Gl. 4.59) mit Gl. 4.50 der Fugazitätskoeffizient ermittelt werden:

$$\ln \varphi_i = \ln \frac{V}{V-b} + \frac{b_i}{V-b} - \frac{2}{RTV} \sum_{j=1}^{N} x_j a_{i,j} - \ln Z \ . \tag{4.64}$$

Der Realgasfaktor ist hier der Übersichtlichkeit wegen nicht substituiert, er ergibt sich z. B. mit Gl. 2.19.

Eine Schwierigkeit bei der Herleitung von Gl. 4.64 ist die Ableitung

$$\left(\frac{\partial n^2 a}{\partial n_i} \right)_{T,nV,n_{j \neq i}} = \left(\frac{\partial \sum_{i=1}^{N} \sum_{j=1}^{N} n_i n_j a_{i,j}}{\partial n_i} \right)_{T,nV,n_{j \neq i}} \ . \tag{4.65}$$

Um zu überschauen, wie diese Ableitung zu bilden ist, sind hier die Summanden der Doppelsumme einzeln ausgeschrieben:

$$\sum_{i=1}^{N} \sum_{j=1}^{N} n_i n_j a_{i,j} =$$

$$
\begin{array}{cccccc}
& n_1 n_1 a_{1,1} & + \ldots + & \boxed{n_1 n_i a_{1,i}} & + \ldots + & n_1 n_N a_{1,N} & + \\
& \vdots & & & & & \\
+ & \boxed{n_i n_1 a_{i,1}} & + \ldots + & \boxed{n_i n_i a_{i,i}} & + \ldots + & \boxed{n_i n_N a_{i,N}} & + \\
& \vdots & & & & & \\
+ & n_N n_1 a_{N,1} & + \ldots + & \boxed{n_N n_i a_{N,i}} & + \ldots + & n_N n_N a_{N,N} & .
\end{array}
\tag{4.66}
$$

Hierbei sind die Terme, die n_i enthalten, in Kästen hervorgehoben, der Term mit n_i^2 ist zusätzlich grau unterlegt. Alle übrigen Terme werden bei der Ableitung null, da sie kein n_i enthalten. Für die Ableitung ergibt sich damit:

$$\left(\frac{\partial n^2 a}{\partial n_i} \right)_{T,nV,n_{j \neq i}} = \underbrace{\sum_{\substack{j=1 \\ j \neq i}}^{N} n_j a_{j,i}}_{\substack{\text{senk-} \\ \text{rechter} \\ \text{Kasten}}} + \underbrace{\sum_{\substack{j=1 \\ j \neq i}}^{N} n_j a_{i,j}}_{\substack{\text{waage-} \\ \text{rechter} \\ \text{Kasten}}} + \underbrace{2 n_i a_{i,i}}_{\substack{\text{grauer} \\ \text{Kasten}}} \ . \tag{4.67}$$

Die Summationen enthalten alle Terme außer $n_i a_{i,i}$. Dieser fehlende Term wird aber aus dem schraffierten Kasten zweimal erhalten. Nach Gl. 4.63 ist zudem

$$a_{i,j} = a_{j,i} \; . \tag{4.68}$$

Damit folgt für die Ableitung:

$$\left(\frac{\partial n^2 a}{\partial n_i} \right)_{T,nV,n_{j \neq i}} = 2 \sum_{j=1}^{N} n_j a_{j,i} \; . \tag{4.69}$$

$\square$

Basierend auf Gl. 4.64 können mit Gl. 4.54 oder Gl. 4.56 und Gl. 4.49 Phasengleichgewichte berechnet werden. Mit der Van-der-Waals-Gleichung soll dies beispielhaft für das Dampf-Flüssigkeits-Gleichgewicht von reinem Argon geschehen. Für 130 K sind dazu in Abb. 4.4 der Druck und die Fugazität des Argons gegen das molare Volumen aufgetragen. Um das Dampf-Flüssigkeits-Gleichgewicht zu bestimmen, sind in diesem Diagramm die molaren Volumen der dampfförmigen und der flüssigen Phase so zu ermitteln, dass sowohl p als auch f bei beiden V gleich sind. Dieser Gleichgewichtszustand ist in Abb. 4.4 mit eingetragen. An ihm sind T, p und f in beiden Phasen gleich, wie es die thermodynamischen Gleichgewichtsbedingungen erfordern.

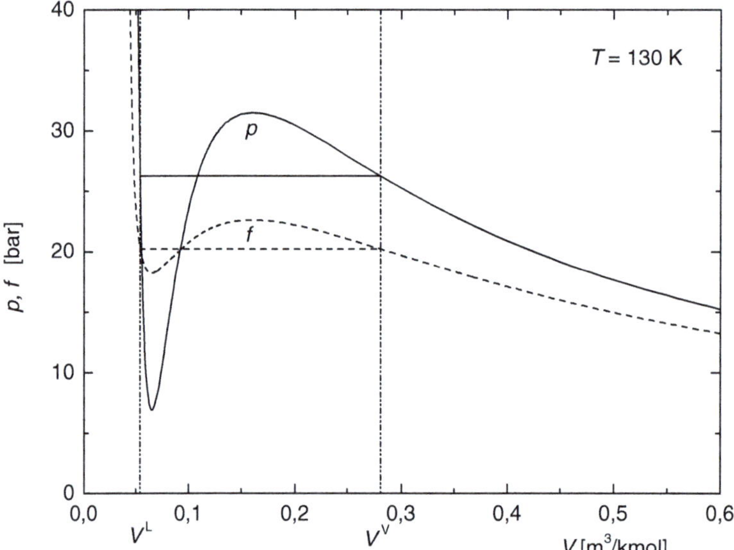

Abb. 4.4. pfV-Diagramm für Argon

Deutlicher werden die Verhältnisse in einem fp-Diagramm, wie es in Abb. 4.5 wieder für Argon bei 130 K dargestellt ist. Am Schnittpunkt der Kurvenäste für die flüssige und die dampfförmige Phase sind die Gleichgewichtsbedingungen erfüllt, die molaren Volumen der koexistierenden Phasen müssen für den so ermittelten Gleichgewichtsdruck aus der Zustandsgleichung bestimmt werden.

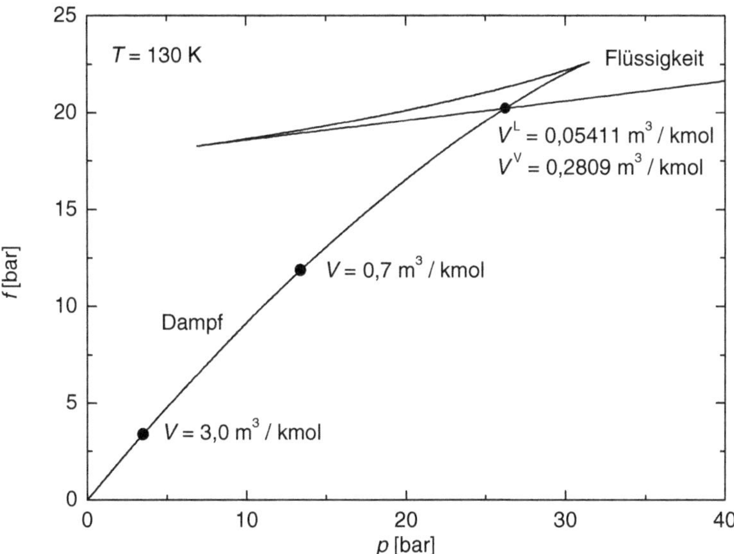

Abb. 4.5. pf-Diagramm für Argon

4.1.8 Algorithmen zur Bestimmung ausgewählter Phasengleichgewichte

Zur Simulation technischer Trennverfahren müssen die in den Abbn. 4.4 und 4.5 gezeigten Zusammenhänge zur Anwendung in Computerprogrammen in eine algorithmische Form gegossen werden.

In Abb. 4.6 ist dies für die Bestimmung des Reinstoffdampfdruckes basierend auf Zustandsgleichungen gezeigt. In einem ersten Schritt muss die Zustandsgleichung mit ihren Parametern so vorgegeben sein, dass das Verhalten der interessierenden Substanz mit angemessener Genauigkeit beschrieben wird. Durch die Festlegung der Temperatur wird eine betrachtete Isotherme ausgewählt. Im zweiten Schritt wird ein Startwert für den Dampfdruck p^{s} ermittelt, dies kann zum Beispiel durch eine grobe Näherung der Dampfdruckkurve mit Hilfe der kritischen Daten T_{c} und p_{c} und der Siedetemperatur bei Umgebungsdruck geschehen. Die Berechnung des Dampf-Flüssigkeits-Gleichgewichtes erfolgt nach diesen Schritten iterativ.

Zunächst werden für den aktuellen Wert von p^{s} bei dem gewählten T die zugehörigen Dichten auf dem Dampf- und dem Flüssigkeitsast der Isotherme

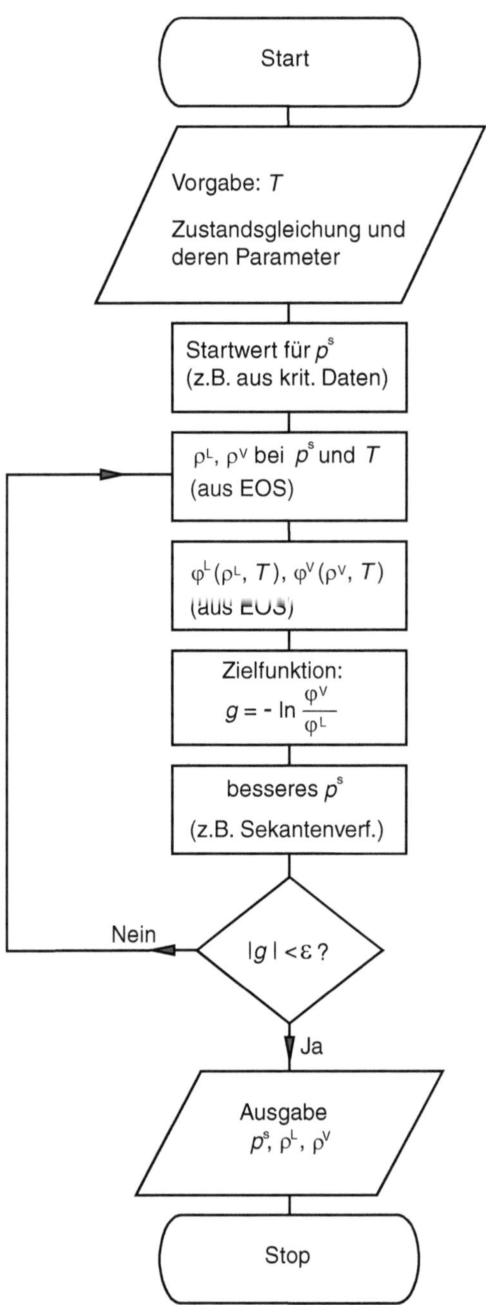

Abb. 4.6. Berechnung des Reinstoffdampfdruckes mit einer Zustandsgleichung

mit Hilfe der Zustandsgleichung gesucht, ϱ^V und ϱ^L. Hierbei ist zu prüfen, ob überhaupt zwei Lösungen bei T existieren, d. h. ob T nicht überkritisch ist oder der aktuelle Wert von p^s ober- oder unterhalb des Zweiphasen-Loops liegt. Mit diesen Dichten und der Temperatur können, wie in Beispiel 4.2 gezeigt, die Fugazitätskoeffizienten bei ϱ^L und ϱ^V berechnet werden. Anschließend wird die Zielfunktion g für das aktuelle p^s bestimmt, hier $\ln(\varphi^V/\varphi^L)$. g ist im Gleichgewicht null, da für einen reinen Stoff φ_i in beiden Phasen gleich sein muss, wie Gl. 4.56 zeigt ($x_i = 1$ gilt in beiden Phasen). Basierend auf der Zielfunktion wird ein verbesserter Wert für p^s ermittelt. Dies kann beispielsweise mit einem schrittweitenbegrenzten Sekantenverfahren erfolgen [185]. Die Iteration endet mit der Konvergenzabfrage bezüglich der Zielfunktion. Ist Konvergenz erreicht, sind p^s, ϱ^L und ϱ^V bekannt und können ausgegeben werden.

Da in der Praxis bei technischen Prozessen fast immer Gemische auftreten, deren Phasengleichgewichte beschrieben werden sollen, ist in Abb. 4.7 ein einfacher Algorithmus erster Ordnung zur Berechnung des Dampf-Flüssigkeits-Gleichgewichtes von Mischungen dargestellt. Bei Gemischen können unterschiedliche Größen vorgegeben werden. Einige Kombinationsmöglichkeiten sind in Tab. 4.2 zusammengetragen. Hier wird mit x_i der Stoffmengenanteil in der flüssigen Phase bezeichnet und mit y_i der in der Dampfphase. z_i bezeichnet eine globale Systemzusammensetzung, die im Gleichgewicht ggf. zu einem heterogenen System führt. Das heißt der Vorgang, der mit einer Flash-Berechnung abgebildet wird, ist, dass in ein System die Komponenten entsprechend ihrer globalen Konzentrationen z_i eingebracht werden. Nach Einstellen von T und p wird festgestellt, welche Konzentrationen in den dann koexistierenden Phasen vorliegen. Eine Größe, die sich bei diesem Vorgang zusätzlich einstellt, ist das Phasenverhältnis α,

$$\alpha = \frac{\text{Stoffmenge Dampf}}{\text{Stoffmenge des Gesamtsystems}} \,. \tag{4.70}$$

Tabelle 4.2. Verschiedene Möglichkeiten der Gleichgewichtsberechnung mehrkomponentiger Systeme

vorgegeben	gesucht	Bezeichnung
T, x_i	p, y_i	Siededruck
T, y_i	p, x_i	Taudruck
p, x_i	T, y_i	Siedetemperatur
p, y_i	T, x_i	Tautemperatur
T, p, z_i	x_i, y_i, α	isobarer, isothermer Flash

In Abb.4.7 ist ein Algorithmus zur Bestimmung des Siededruckes dargestellt. Auch hier muss die Zustandsgleichung mit ihren Parametern so gewählt sein, dass sie das Verhalten des betrachteten Stoffsystems mit angemessener Genauigkeit beschreibt. Entsprechend der Aufgabenstellung 'Siededruck' (vgl.

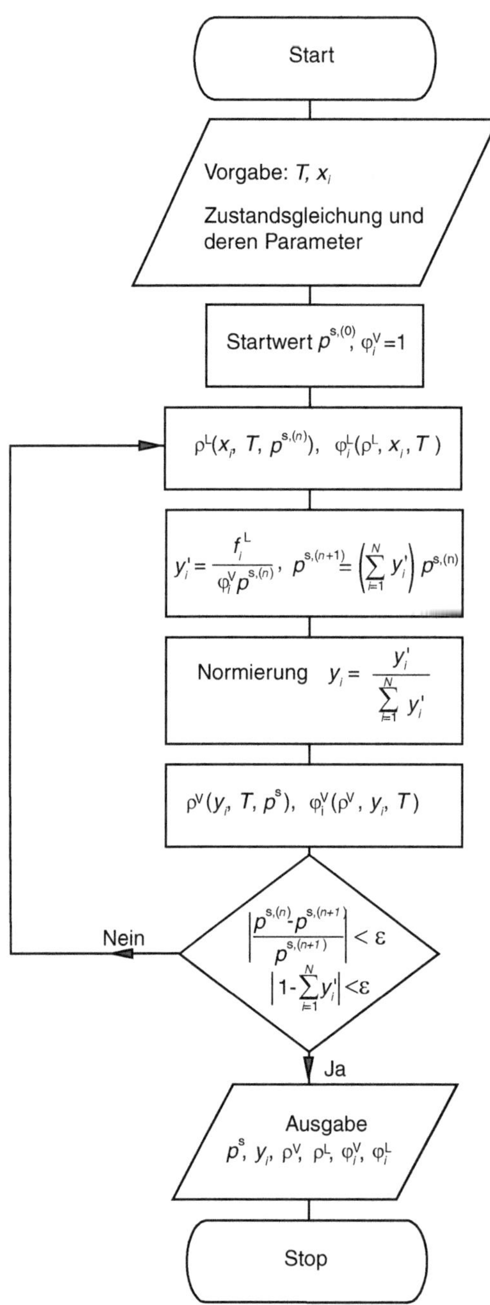

Abb. 4.7. Berechnung des Dampfdrucks einer Mischung mit einer Zustandsgleichung

Tab. 4.2) werden T und die Stoffmengenanteile in der Flüssigphase, x_i, vorgegeben. Anschließend werden Startwerte für den Siededruck und die Fugazitätskoeffizienten in der Dampfphase ermittelt. Die Fugazitätskoeffizienten werden zweckmäßigerweise zunächst zu eins gesetzt, d. h. als Startwert wird ein idealer Dampf angenommen. Eine grobe Näherung für den Dampfdruck ergibt z. B.

$$p^{\mathrm{s},(0)} = \sum_{i=1}^{N} x_i p_i^{\mathrm{s}}(T) \, , \tag{4.71}$$

wobei für Komponenten, die bei T überkritisch sind, eine geeignete Extrapolation der Reinstoff-Dampfdruckkurve zu Grunde gelegt werden muss.

Die Berechnung des Phasengleichgewichtes erfolgt auch hier iterativ. Zunächst werden die Flüssigkeitsdichte und die zugehörigen Fugazitätskoeffizienten ermittelt. Neue Werte für y_i und den Siededruck ergeben sich aus der Gleichgewichtsbedingung Gl. 4.54 und Gl. 4.49. Die y_i müssen dabei normiert werden, da die Bedingung

$$\sum_{i=1}^{N} y_i = 1 \tag{4.72}$$

nicht erfüllt ist, solange die Lösung nicht gefunden ist. Mit dem neuen Druck können die Flüssigkeitsdichte und die korrespondierenden Fugazitätskoeffizienten ermittelt werden. Als letzter Schritt der Iteration erfolgt wieder die Konvergenzabfrage, hier wird nicht nur die Konvergenz in p^{s} sondern auch die in y_i überprüft. Ist Konvergenz erreicht, so ist das Siededruck-Problem gelöst, die thermodynamischen Größen, die das Gleichgewicht charakterisieren, können ausgegeben werden.

Die hier dargestellten einfachen Verfahren können lediglich einen ersten Eindruck vom prinzipiellen Ablauf einer Gleichgewichts-Berechnung geben. In der Praxis können eine Reihe von numerischen und prinzipiellen Problemen auftreten, die korrekt behandelt werden müssen. So erweist es sich zum Beispiel in der Nähe des kritischen Punktes unter bestimmten Umständen als schwierig, zu entscheiden, ob das System bei den vorgegebenen Bedingungen bereits zweiphasig oder noch homogen ist. Für den reibungslosen Ablauf übergeordneter Programmteile ist es oft wichtig, hier sicher entscheiden zu können. Eine Reihe von Algorithmen, auch für andere Fragestellungen (vgl. Tab. 4.2), sind bei Topliss vorgestellt [185].

4.1.9 Darstellung des Dampf-Flüssigkeits-Gleichgewichtes

Für binäre Systeme, d. h. Zweistoffgemische, können Dampf-Flüssigkeits-Gleichgewichte in einfacher Form grafisch dargestellt werden. In Abb. 4.8 ist dies in einem pxy-Diagramm geschehen. Aufgetragen ist der Druck als Funktion von x_1 bzw. y_1. Die Komponenten werden konventionsgemäß nach steigender Siedetemperatur nummeriert, d. h. umgekehrt ausgedrückt, Komponente 1 weist den höchsten Reinstoffdampfdruck auf. $p(x_1)$ stellt die so genannte Siedelinie, $p(y_1)$ die Taulinie dar. Die Temperatur ist für die gezeigten Kurven konstant.

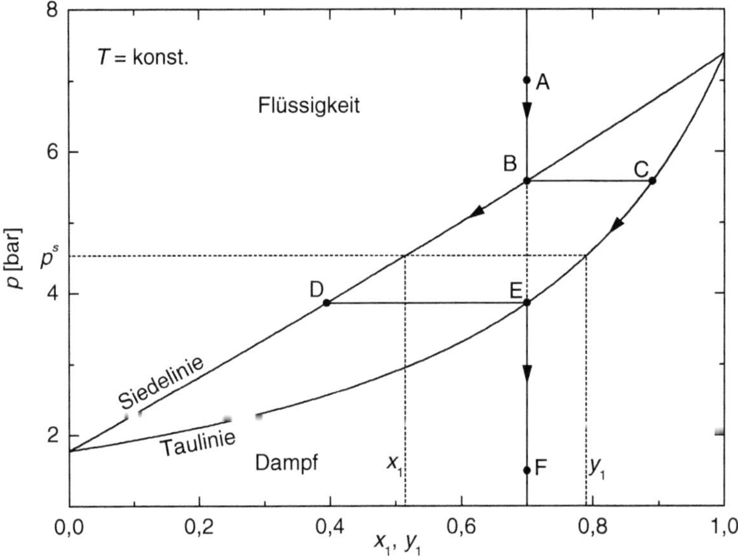

Abb. 4.8. pxy-Diagramm

Wie ist Abb. 4.8 zu lesen? Nehmen wir dazu an, es sei ein System gegeben, in dem Komponente 1 mit $z_1 = 0,7$ bei T vorliege, der Druck betrage zunächst 7 bar (Punkt A). Das Gemisch ist flüssig. Von diesem Zustand aus wird der Druck langsam gesenkt. Bei etwa 5,5 bar (B) wird die Siedelinie erreicht. Wie der Name es bereits andeutet: Die Flüssigkeit beginnt zu sieden. Die erste Dampfblase weist eine Konzentration auf, die durch den gleichen Druck wie in der flüssigen Phase gekennzeichnet ist (mechanisches Gleichgewicht) und auf der Taulinie liegt (C). Die Verbindungslinie zwischen den Punkten B und C, die mit den Zuständen der koexistierenden Phasen korrespondieren, liegt auf einer Horizontalen. Die horizontale Verbindungslinie wird Konode genannt (connodare (lat.) – verbinden). Die Konzentration an Leichtsieder (Komponente 1) des ersten entstehenden Dampfes ist höher als die der Flüssigkeit, wie dies für Systeme ohne spezifische Wechselwirkungen auch intuitiv zu erwarten ist. Durch das Sieden wird die Flüssigkeit also an Komponente 1 abgereichert. Entsprechend sinkt x_1 entlang der Siedelinie, wenn p weiter abgesenkt wird. Auch y_1 sinkt dabei, da immer mehr von Komponente 2 verdampft. Die Dampfzusammensetzung verschiebt sich entlang der Taulinie. Erreicht y_1 bei etwa 3,5 bar den Ausgangsstoffmengenanteil von 0,7 (E), so verdampft gerade der letzte Tropfen Flüssigkeit (D). Bei noch niedrigeren Drücken ist das System einphasig dampfförmig mit $y_1 = 0,7$ (z. B. F). Wird dieser Prozess ausgehend von niedrigen Drücken in umgekehrter Richtung durchlaufen, so tritt beim Erreichen der Taulinie die erste Flüssigkeit auf (tauen = kondensieren).

4.2 Modellgleichungen für Gemische

Die bisher in diesem Kapitel gezeigten Beziehungen erlauben die Modellierung des thermodynamischen Verhaltens von Gemischen, wenn $A - A^{\mathrm{iG}}$ als Funktion von T, V und x_i bekannt ist. Alternativ kann auch $p(T, V, x_i)$ gegeben sein, eine Integration wie in Beispiel 4.1 liefert dann das gewünschte $A - A^{\mathrm{iG}}$.

In der Literatur findet sich eine Vielzahl von Modellgleichungen, mit denen $p(T, V, x_i)$ beschrieben werden kann. Einige gebräuchliche Modelle sollen hier vorgestellt und ihre Eigenschaften diskutiert werden. Ein Überblick findet sich beispielsweise bei Reid et al. [167, 168] oder umfassender bei Dohrn [50]. Einen Eindruck davon, mit welcher Dynamik in den 70er und 80er Jahren des letzten Jahrhunderts Zustandsgleichungen entwickelt wurden, erhält man bei Chao und Robinson [36, 37]

Bevor auf die Zustandsgleichungen eingegangen wird, sollen zunächst unterschiedliche prinzipielle Möglichkeiten aufgezeigt werden, die Konzentrationsabhängigkeit von Gemischeigenschaften zu erfassen.

4.2.1 Mischungs- und Kombinationsregeln

Anhand eines Zweistoffsystems sollen die molekularen Vorstellungen verdeutlicht werden, die bei thermodynamischen Modellierungen zur Beschreibung des Konzentrationseinflusses zu Grunde gelegt werden. Die Moleküle der betrachteten Komponenten seien durch eine unterschiedliche Färbung gekennzeichnet:

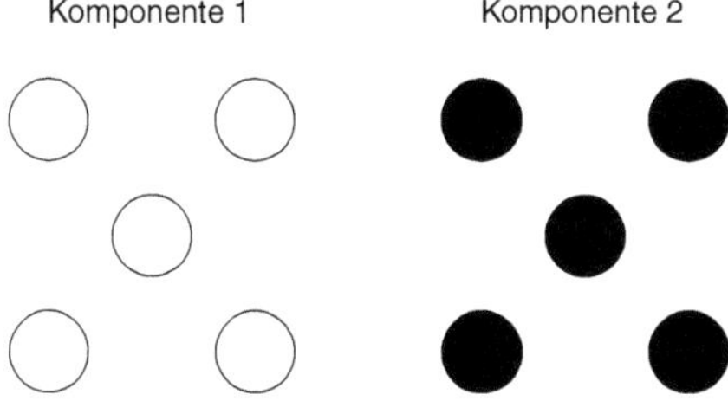

Ein-Fluid-Theorie

Eine einfache Möglichkeit Mischungen zu modellieren ist, eine hypothetisch 'gemischte' Komponente einzuführen, deren Eigenschaften von denen der reinen Komponenten und der Konzentration abhängen. In dem verwendeten Bild entspricht dies grau gefärbten Molekülen, wobei die Tönung so von der Konzentration abhängt, dass für $x_i \to 1$ die gemischte Komponente die Eigenschaften der reinen Komponente i aufweist:

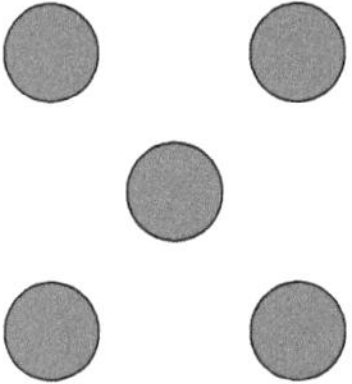

Bei dieser so genannten Ein-Fluid-Theorie wird die gemischte Komponente anschließend als Reinstoff behandelt, dessen Eigenschaften sich mit der Konzentration der betrachteten Mischung ändern.

Diese beim Rechnen mit Zustandsgleichungen gebräuchlichste Modellvorstellung wird umgesetzt, indem mit Hilfe von Mischungsregeln die Modellparameter der gemischten Komponente basierend auf den Parametern der reinen Stoffe berechnet werden. Im Beispiel 4.2 ist dies bereits für die Van-der-Waals-Gleichung gezeigt worden. Man unterscheidet dabei im wesentlichen zwischen linearen und quadratischen Mischungsregeln, hier z. B. für die Parameter a und b der Van-der-Waals-Gleichung:

$$b = \sum_{i=1}^{N} x_i b_i \tag{4.73}$$

bzw.

$$a = \sum_{j=1}^{N} \sum_{i=1}^{N} x_i x_j a_{i,j} \, . \tag{4.74}$$

b_i bzw. $a_{i,i}$ entsprechen den Reinstoffwerten der Komponente i, wie eine Grenzwertbetrachtung für $x_i \to 1$ zeigt. Bei der quadratischen Mischungsregel (Gl. 4.74) wird $a_{i,j}$ für $i \neq j$ mit Hilfe einer so genannten Kombinationsregel bestimmt, wenn es nicht direkt als anpassbarer Parameter aufgefasst wird. Ist $a_{i,j}$ das arithmetische Mittel von $a_{i,i}$ und $a_{j,j}$, so vereinfacht sich Gl. 4.74 zu einer linearen Mischungsregel wie Gl. 4.73. Daher wird für $a_{i,j}$ häufig eine geometrische Mittelung verwendet:

$$a_{i,j} = \sqrt{a_{i,i} a_{j,j}} \, , \tag{4.75}$$

die für den Energie-Parameter a auch aus Betrachtungen zur molekularen Wechselwirkung nahe gelegt wird. Gegebenenfalls kann ein anpassbarer binärer Parameter $k_{i,j}$ berücksichtigt werden, wenn eine Flexibilität zur Beschreibung von Gemischen in das Modell integriert werden soll:

$$a_{i,j} = \sqrt{a_{i,i} a_{j,j}} \, (1 - k_{i,j}) \, . \tag{4.76}$$

Der Wert von $k_{i,j}$ ist eine kleine Zahl; $k_{i,j}$ stellt lediglich eine Korrektur zur geometrischen Mittelung dar.

Zwei-Fluid-Theorie

Bei der Zwei-Fluid-Theorie werden nicht gemischte Parameter ermittelt, sondern eine thermodynamische Größe wird direkt aus einzelnen Anteilen aufsummiert, die den Beiträgen der einzelnen Komponenten in der Mischung entsprechen. Grafisch lässt sich dies durch die folgende Konfiguration charakterisieren:

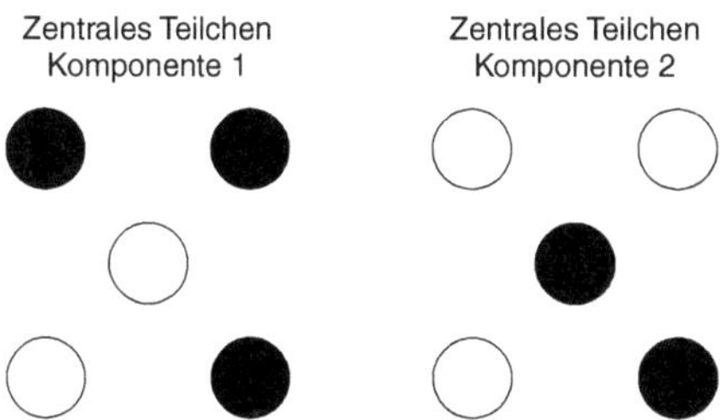

Jeder Komponente der Mischung wird ein Beitrag M_i zur betrachteten thermodynamischen Größe M in Abhängigkeit von der nächsten Umgebung der Teilchen zugeordnet. Aus diesen Beiträgen M_i ergibt sich M nach

$$M = \sum_{i=1}^{N} x_i M_i(x_j) \; . \tag{4.77}$$

M_i ist dabei dem Bild entsprechend von der molekularen Umgebung der Komponenten in der Mischung und damit von der Zusammensetzung abhängig. $M_i(x_i \to 1)$ muss wieder dem Reinstoffwert entsprechen.

Drei-Fluid-Theorie

Werden die Beiträge zu M nicht den Teilchen sondern den Wechselwirkungen zwischen ihnen zugeordnet, bezeichnet man dies als Drei-Fluid-Theorie. Für ein binäres System sei die Vorstellung wieder grafisch veranschaulicht:

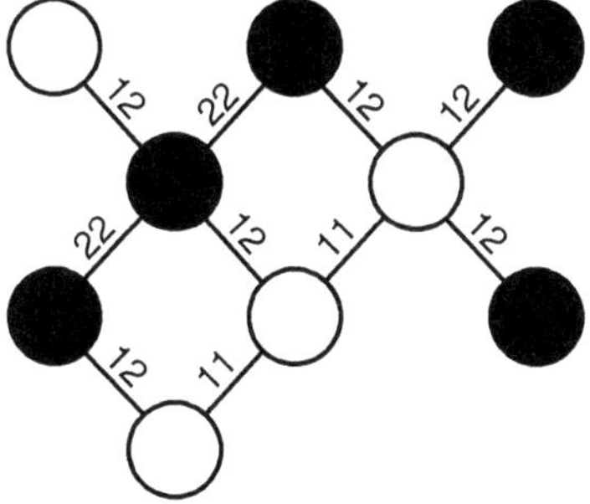

Da sowohl die Häufigkeit, ein Teilchen i in der Mischung anzutreffen, als auch die Wahrscheinlichkeit, dass dieses mit einem Teilchen j wechselwirkt, proportional zum jeweiligen Stoffmengenanteil ist, kann M mit

$$M = \sum_{i=1}^{N} \sum_{j=1}^{N} x_i x_j M_{i,j} \tag{4.78}$$

berechnet werden. $M_{i,j}$ bezieht sich auf die i-j-Wechselwirkung. $M_{i,i}$ charakterisiert also einen Reinstoff, während $M_{i,j}$ mit einem hypothetischen Reinstoff korrespondiert, dessen Teilchen ausschließlich mit der i-j-Wechselwirkung interagieren. Da in erster Näherung davon ausgegangen werden kann, dass eine Wechselwirkung zwischen zwei Teilchen unabhängig von den übrigen Teilchen einer Mischung ist, sind die $M_{i,j}$ unabhängig von der Gemischzusammensetzung.

4.2.2 Die Virialgleichung und ihre Modifikationen

Die Virialgleichung für reine Stoffe wurde bereits in Kapitel 2.4 als einfachste Erweiterung der Idealgasgleichung vorgestellt. In Kapitel 2.6 zeigte sich, dass die Virialgleichung nur bei relativ geringen Dichten sinnvoll eingesetzt werden kann, so dass mit ihr lediglich dampfförmige Phasen beschrieben werden können. Es sei hier auch noch einmal betont, dass experimentelle Werte für den dritten Virialkoeffizienten B_3 nur für wenige Substanzen bekannt sind und Informationen zu B_4 und höheren Virialkoeffizienten praktisch nicht vorliegen. Mit Hilfe der statistischen Thermodynamik lässt sich dem Virialkoeffizienten B_i eine klare Bedeutung zuordnen. B_2 resultiert aus der Wechselwirkung zweier Teilchen während in B_3 die simultanen Wechselwirkungen zwischen drei Teilchen eingehen. Aus der statistischen Thermodynamik ergeben sich auch die Mischungsregeln für die Virialkoeffizienten:

$$B_2 = \sum_{i=1}^{N} \sum_{j=1}^{N} x_i x_j B_{2,i,j} \tag{4.79}$$

bzw.

$$B_3 = \sum_{i=1}^{N} \sum_{j=1}^{N} \sum_{k=1}^{N} x_i x_j x_k B_{3,i,j,k} \; . \tag{4.80}$$

Die Virialkoeffizienten $B_{2,i,i}$ und $B_{3,i,i,i}$ entsprechen denen der reinen Komponente i während die Kreuzvirialkoeffizienten $B_{2,i,j}$ und $B_{3,i,j,k}$ mit gemischten Indizes i, j und k zunächst prinzipiell unabhängig von den Reinstoffwerten sind. Es zeigt sich lediglich, dass z. B. $B_{2,i,j}$ aus der Wechselwirkung zwischen einem Teilchen der Komponente i und einem der Komponente j resultiert. Diese i-j-Wechselwirkung lässt sich nicht auf das Verhalten der Teilchen in den reinen Komponenten zurückführen. Alle Kombinationsregeln für die Kreuzvirialkoeffizienten weisen also empirischen Charakter auf.

Die Virialgleichung gibt das thermodynamische Verhalten von Gemischen bei geringen Dichten richtig wieder, sie ist aber insbesondere nicht in der Lage den steilen Druckanstieg bei hohen Dichten zu beschreiben. Eine weitere Schwierigkeit ist, dass alle Virialkoeffizienten von der Temperatur abhängen.

Die BWR-Gleichung

Um diese Mängel zu beheben, schlugen Benedict, Webb und Rubin 1940 [15, 16] die nach ihren Initialen benannte BWR-Zustandsgleichung vor:

$$Z = 1 + \left(B_0 - \frac{A_0}{RT} - \frac{C_0}{RT^3} \right) \varrho +$$
$$+ \left(b - \frac{a}{RT} \right) \varrho^2 +$$
$$+ \frac{a\alpha}{RT} \varrho^5 + \tag{4.81}$$
$$+ \frac{c(1 + \gamma \varrho^2)}{RT^3} \varrho^2 e^{-\gamma \varrho^2} \ .$$

Die Gruppierung der Terme zeigt, dass die BWR-Gleichung eine um einen Exponentialterm erweiterte Reihenentwicklung in ϱ darstellt. Insbesondere der ϱ^5-Term ergänzt die Virialentwicklung um einen Ausdruck, der für einen ausreichend steilen Druckanstieg bei Flüssigkeitsdichten sorgt. Gleichzeitig wurde eine Näherung für die Temperaturabhängigkeit der Virialkoeffizienten in die BWR-Gleichung integriert.

Die Anteile der einzelnen Terme der BWR-Gleichung am Realgasfaktor sind exemplarisch in Abb. 4.9 gezeigt.

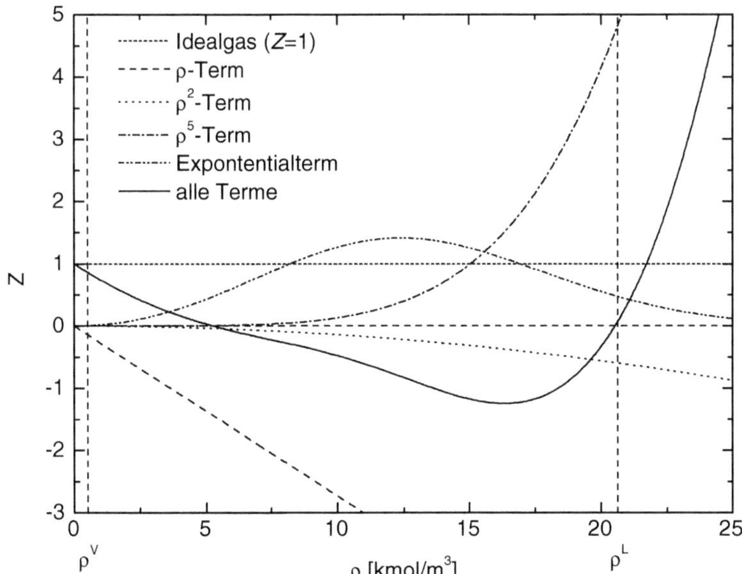

Abb. 4.9. Realgasfaktor und alle Summanden der BWR-Gleichung am Beispiel von Methan bei 135 K

Diese flexible Erweiterung der Virialgleichung wird mit der hohen Zahl von Reinstoffparametern erkauft. Es müssen nicht nur acht Parameter (A_0, B_0, C_0, a, b, c, α, γ) an experimentelle Reinstoffdaten angepasst werden, für Mischungen ist auch für jeden Parameter eine Mischungsregel zu definieren. Folgende einfache empirische Gleichung wurde zur Ermittlung der Parameter des Gemisches χ_{m} aus den Reinstoffparametern χ_i angegeben:

$$\chi_{\mathrm{m}} = \left(\sum_{i=1}^{N} x_i \chi_i^{1/r} \right)^r . \tag{4.82}$$

Die unterschiedlichen Exponenten r dieser Gleichung ergeben sich zum großen Teil aus den theoretisch begründeten Beziehungen für die Virialkoeffizienten in Gln. 4.79 und 4.80 und sind in Tab. 4.3 für alle Parameter aufgeführt.

Tabelle 4.3. Parameter r zur Bestimmung der Gemischparameter der BWR-Gleichung

χ_i	A_0	B_0	C_0	a	b	c	α	γ
r	2	1	2	0	0	0	3	3

Die Reinstoffparameter der BWR-Gleichung wurden bisher nur für eine relativ kleine Zahl von Substanzen bestimmt (s. z. B. [167, 168]), Tabelle 4.4 zeigt sie für einige ausgewählte Komponenten. Da die BWR-Gleichung das Stoffverhalten auf Grund ihrer Flexibilität recht gut wiedergeben kann, wird sie für Systeme verwendet, für die eine genügende Zahl von Messdaten zur Parameteranpassung vorliegen. Dies sind z. B. alle Komponenten der Luft sowie Alkane kürzerer Kettenlänge. Entsprechend wird die BWR-Gleichung bei der Luftzerlegung oder zur Modellierung von Erdgas benutzt.

Es wurden eine Reihe von Varianten der BWR-Gleichung und der Mischungsregeln vorgeschlagen. Auf eine dieser Modifikationen soll näher eingegangen werden, da bei ihr basierend auf dem erweiterten Korrespondenzprinzip die Modellgleichung generalisiert angegeben wird. Zunächst soll daher das erweiterte Korrespondenzprinzip vorgestellt werden, dass nicht nur für Zustandsgleichungen relevant ist.

Das erweiterte Korrespondenzprinzip

Bereits die Abbn. 2.12 und 2.13 verdeutlichen, dass das Korrespondenzprinzip nicht allgemein gültig ist, wenn alleine auf den kritischen Punkt bezogen wird. Wird eine generalisierte Gleichung z. B. für kugelförmige Teilchen angegeben, so weicht das Verhalten von Komponenten, deren Moleküle nicht annähernd kugelförmig sind, deutlich von dem durch die Gleichung beschriebenen ab. Offensichtlich spielt also die Abweichung der Moleküle von der Kugelform eine entscheidende Rolle bei der thermodynamischen Modellierung. Pitzer et

Tabelle 4.4. Reinstoffparameter der BWR-Gleichung für einige Substanzen

	A_0 $(m^3/kmol)^2\,Pa$	B_0 $m^3/kmol$	C_0 $(m^3/kmol)^2\,K^2\,Pa$
Ar	83432,73	$0,2228260 \cdot 10^{-01}$	$0,1331537 \cdot 10^{10}$
CH_4	182277,6	$0,4546250 \cdot 10^{-01}$	$0,3226006 \cdot 10^{10}$
N_2	106760,3	$0,4074260 \cdot 10^{-01}$	$0,8165782 \cdot 10^{09}$
O_2	96345,08	$0,3532850 \cdot 10^{-07}$	$0,3307612 \cdot 10^{10}$
CO_2	277379,8	$0,4991091 \cdot 10^{-01}$	$0,1404080 \cdot 10^{11}$

	a $(m^3/kmol)^3\,Pa$	b $(m^3/kmol)^2$	c $(m^3/kmol)^3\,K^2\,Pa$
Ar	2921,787	$0,2152890 \cdot 10^{-02}$	$0,8088204 \cdot 10^{08}$
CH_4	4409,664	$0,2520330 \cdot 10^{-02}$	$0,3635338 \cdot 10^{09}$
N_2	2543,460	$0,2327700 \cdot 10^{-02}$	$0,7380614 \cdot 10^{08}$
O_2	16484,56	$0,3588347 \cdot 10^{-02}$	$0,1299734 \cdot 10^{10}$
CO_2	13863,44	$0,4124070 \cdot 10^{-02}$	$0,1511650 \cdot 10^{10}$

	α $(m^3/kmol)^3$	γ $(m^3/kmol)^2$
Ar	$0,3558895 \cdot 10^{-04}$	$0,2338271 \cdot 10^{-02}$
CH_4	$0,3300000 \cdot 10^{-03}$	$0,1050000 \cdot 10^{-01}$
N_2	$0,1272000 \cdot 10^{-03}$	$0,5300000 \cdot 10^{-02}$
O_2	$-0,3927059 \cdot 10^{+01}$	$0,3010000 \cdot 10^{-01}$
CO_2	$0,8466750 \cdot 10^{-04}$	$0,5393795 \cdot 10^{-02}$

al. formulierten daher 1955 ein erweitertes Korrespondenzprinzip [152, 153]. Es basiert auf den in Abb. 4.10 dargestellten generalisierten Dampfdruckkurven. Pitzer und Curl erkannten, dass Substanzen aus kugelförmigen Teilchen bei einer reduzierten Temperatur von 0,7 praktisch exakt einen reduzierten Dampfdruck von 0,1 aufweisen. Je stärker die Teilchen elongiert sind, desto niedriger ist p_r^s. Sie definierten daher den azentrischen Faktor ω, der auch als Pitzer-Faktor bezeichnet wird, wie folgt:

$$\omega = -\log p_r^s(T_r = 0,7) - 1 \,. \tag{4.83}$$

Für Edelgase und andere Komponenten, deren Moleküle nur wenig von der Kugelform abweichen (CH_4, CF_4, $C(CH_3)_4$, N_2), gilt in guter Näherung $\omega \approx 0$. Je größer die Abweichung von der Kugelform ist, desto größer ist ω. Da der Dampfdruck einer reinen Komponente nicht nur von der Molekülform beeinflusst wird, berücksichtigt der azentrische Faktor aber auch andere Effekte z. B. wenn die Moleküle polare Wechselwirkungen eingehen oder gar Wasserstoffbrücken ausbilden (vgl. Kapitel 7).

Das erweiterte Korrespondenzprinzip besagt nun, dass das thermodynamische Verhalten einer reinen Komponente in reduzierten Variablen generalisiert

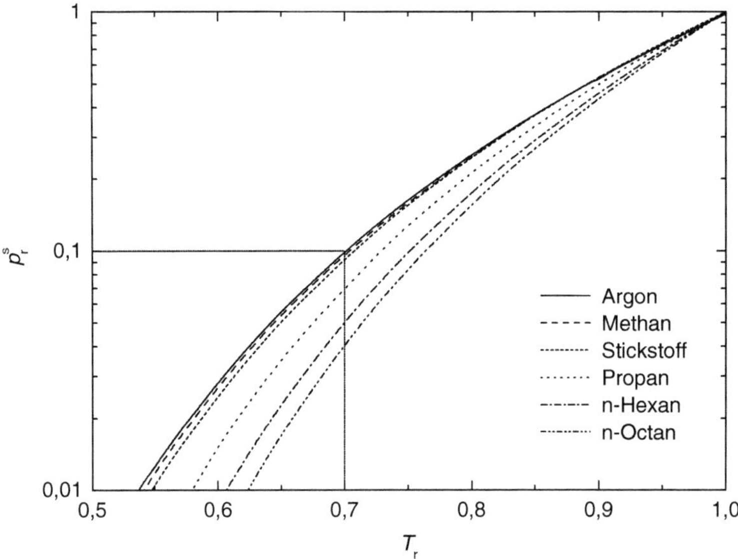

Abb. 4.10. Generalisierte Dampfdruckkurven

beschrieben werden kann, wenn weitere dimensionslose Kenngrößen berücksichtigt werden, wie z. B. der azentrische Faktor. Eine beliebige thermodynamische Größe Z lässt sich dann z. B. unter Verwendung von ω durch

$$Z = Z^{(0)} + \omega Z^{(1)} \tag{4.84}$$

beschreiben, wobei $Z^{(0)}$ den Beitrag eines Referenzfluids mit kugelförmigen Teilchen bezeichnet und $Z^{(1)}$ den zu ω proportionalen Anteil, der der Abweichung von der Kugelform zuzuordnen ist. Es wurden aber auch andere Kenngrößen vorgeschlagen, z. B. die Steigung der reduzierten Dampfdruckkurve am kritischen Punkt, der so genannte Riedel-Parameter α. Diese Parameter sind in der Regel aber aufwändiger zu bestimmen als ω. Für einige ausgewählte Substanzen ist ω in Tab. 4.5 aufgeführt. Ausführliche Zusammenstellungen der kritischen Daten und von ω für eine Fülle von Substanzen finden sich z. B. in Reid et al. [167, 168].

Beispiel 4.3 Der zweite Virialkoeffizient in generalisierter Darstellung.

Ein einfaches Beispiel für eine generalisierte Darstellung nach dem erweiterten Korrespondenzprinzip ist die Korrelation der zweiten Virialkoeffizienten nicht zu stark polarer Komponenten von Tsonopoulos [187–189]:

$$\frac{B_2 p_{\mathrm{c}}}{RT_{\mathrm{c}}} = B_2^{(0)}(T_{\mathrm{r}}) + \omega B_2^{(1)}(T_{\mathrm{r}}) \tag{4.85}$$

mit

Tabelle 4.5. Azentrischer Faktor einiger Substanzen aus [167]

Name	Summen-formel	ω [-]
Methan	CH_4	0,011
Stickstoff	N_2	0,039
Ethan	C_2H_6	0,099
Sauerstoff	O_2	0,025
Methanol	CH_3OH	0,556
Argon	Ar	0,001
Kohlendioxid	CO_2	0,239
Aceton	C_3H_6O	0,304
Tetrachlorkohlenstoff	CCl_4	0,193

$$B_2^{(0)}(T_r) = 0,1445 - \frac{0,330}{T_r} - \frac{0,1385}{T_r^2} - \frac{0,0121}{T_r^3} - \frac{0,000607}{T_r^8} \tag{4.86}$$

und

$$B_2^{(1)}(T_r) = 0,0637 + \frac{0,331}{T_r^2} - \frac{0,423}{T_r^3} - \frac{0,008}{T_r^8} \ . \tag{4.87}$$

$\square$

Beispiel 4.4 Eine generalisierte Dampfdruckkurve.

In Abb. 3.5 wurde gezeigt, dass der Logarithmus des Dampfdruckes in erster Näherung linear von $1/T$ abhängt:

$$\log p_r^s = A + \frac{B}{T_r} \ . \tag{4.88}$$

Mit Gl. 4.83 können die Koeffizienten A und B dieser generalisierten Korrelation bestimmt werden. Es gilt nach Gl. 4.83:

$$T_r = 0,7 : \qquad -(1 + \omega) = A + \frac{B}{0,7} \ . \tag{4.89}$$

Außerdem soll Gl. 4.88 den kritischen Punkt korrekt einschließen:

$$T_r = 1 : \qquad 0 = A + B \ . \tag{4.90}$$

Aus den Gln. 4.89 und 4.90 können die Koeffizienten zu

$$A = \frac{7}{3}(1 + \omega) \tag{4.91}$$

$$B = -\frac{7}{3}(1 + \omega) \tag{4.92}$$

ermittelt und in Gl. 4.88 eingesetzt werden:

$$\log p_r^s = \frac{7}{3}(1 + \omega)(1 - \frac{1}{T_r}) \ . \tag{4.93}$$

Dies ist eine sehr einfache Korrelation, die in Abb. 4.11 mit einer komplexeren Gleichung verglichen ist, die Lee und Kesler 1975 [114] wie folgt angaben:

$$\ln p_\mathrm{r}^\mathrm{s} = p_\mathrm{r}^{(0)} + \omega p_\mathrm{r}^{(1)} \tag{4.94}$$

mit

$$p_\mathrm{r}^{(0)}(T_\mathrm{r}) = 5,92714 - \frac{6,09648}{T_\mathrm{r}} - 1,28862\ln T_\mathrm{r} + 0,169347 T_\mathrm{r}^6 \tag{4.95}$$

und

$$p_\mathrm{r}^{(1)}(T_\mathrm{r}) = 15,2518 - \frac{15,6875}{T_\mathrm{r}} - 13,4721\ln T_\mathrm{r} + 0,43577 T_\mathrm{r}^6 \; . \tag{4.96}$$

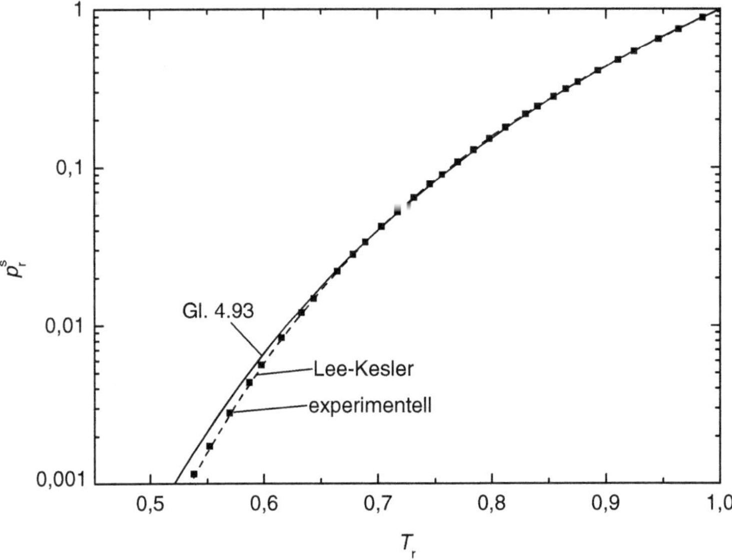

Abb. 4.11. Vergleich der Dampfdruckkorrelationen nach Gl. 4.93 sowie von Lee und Kesler mit experimentellen Daten für n-Octan

Insbesondere für niedrige Drücke sind die Abweichungen zwischen Gl. 4.93 und Gl. 4.94 zu erkennen. Gl. 4.93 ist also nicht für quantitative Aussagen geeignet, kann aber wegen der numerischen Einfachheit z. B. zweckmäßig zur Ermittlung eines Startwertes für den Reinstoffdampfdruck verwendet werden, beispielsweise in den in Abbn. 4.6 und 4.7 gezeigten Algorithmen. Dabei ist es oft wichtig, dass der Dampfdruck in der Nähe des kritischen Punktes richtig beschrieben wird, denn kleine Fehler in p^s führen dort zum Verfehlen des Zweiphasen-Loops (vgl. Abb. 2.10). Gewisse Abweichungen in $\ln p^\mathrm{s}$ bei niedrigen Temperaturen, die absolut in p^s dann immer noch sehr gering sind, führen dagegen kaum zu einer merklichen Verschlechterung des numerischen Verhaltens.   □

Die Lee-Kesler-Gleichung

Um die BWR-Gleichung für eine Vielzahl von Substanzen ohne aufwändige Parameteranpassungen anwenden zu können, entwickelten Lee und Kesler [114] eine Methode, die das erweiterte Korrespondenzprinzip auf diese Zustandsgleichung überträgt. Ihre Korrelation basiert auf den Eigenschaften eines einfachen Fluides mit $\omega^{(0)} = 0$ und eines Referenz-Fluides, für das sie n-Octan mit

$$\omega^{(\mathrm{R})} = 0,3978 \tag{4.97}$$

wählten, bei gegebenem T und p. Um den Realgasfaktor einer Komponente zu bestimmen, von der T_c, p_c und ω bekannt sind, geht man nach folgendem Rezept vor:

- Berechne p_r und T_r nach Gln. 2.32 und 2.34.
- Ermittle für das einfache Fluid $V_\mathrm{r}^{(0)}$,

$$V_\mathrm{r}^{(0)} = \frac{p_\mathrm{c} V^{(0)}}{RT_\mathrm{c}} \, , \tag{4.98}$$

durch Lösen folgender modifizierter BWR-Gleichung:

$$\frac{p_\mathrm{r} V_\mathrm{r}^{(0)}}{T_\mathrm{r}} = 1 + \frac{B_2}{V_\mathrm{r}^{(0)}} + \frac{B_3}{(V_\mathrm{r}^{(0)})^2} + \frac{B_6}{(V_\mathrm{r}^{(0)})^5} +$$
$$+ \frac{c_4}{T_\mathrm{r}^3 (V_\mathrm{r}^{(0)})^2} \left[\beta + \frac{\gamma}{\left(V_\mathrm{r}^{(0)}\right)^2} \right] e^{-\frac{\gamma}{\left(V_\mathrm{r}^{(0)}\right)^2}} \tag{4.99}$$

mit

$$B_2 = b_1 - \frac{b_2}{T_\mathrm{r}} - \frac{b_3}{T_\mathrm{r}^2} - \frac{b_4}{T_\mathrm{r}^3} \, , \tag{4.100}$$

$$B_3 = c_1 - \frac{c_2}{T_\mathrm{r}} + \frac{c_3}{T_\mathrm{r}^2} \tag{4.101}$$

und

$$B_6 = d_1 + \frac{d_2}{T_\mathrm{r}} \, , \tag{4.102}$$

wobei die Konstanten in Tab. 4.6 aufgeführt sind.
- $Z^{(0)}$ ist dann

$$Z^{(0)} = \frac{p_\mathrm{r} V_\mathrm{r}^{(0)}}{T_\mathrm{r}} \, . \tag{4.103}$$

- Löse Gl. 4.99 mit den Konstanten für das Referenz-Fluid (vgl. Tab. 4.6), dieses Mal für $V_\mathrm{r}^{(\mathrm{R})}$ anstelle von $V_\mathrm{r}^{(0)}$

Tabelle 4.6. Konstanten der Lee-Kesler-Gleichung

Konstante	einfaches Fluid	n-Octan
b_1	0,1181193	0,2026579
b_2	0,265728	0,331511
b_3	0,154790	0,027655
b_4	0,030323	0,203488
c_1	0,0236744	0,0313385
c_2	0,0186984	0,0503618
c_3	0,0	0,016901
c_4	0,042724	0,041577
d_1	$0,155488 \cdot 10^{-04}$	$0,48736 \cdot 10^{-04}$
d_2	$0,623689 \cdot 10^{-04}$	$0,0740336 \cdot 10^{-04}$
β	0,65392	1,226
γ	0,060167	0,03754

- $Z^{(\mathrm{R})}$ ergibt sich aus

$$Z^{(\mathrm{R})} = \frac{p_\mathrm{r} V_1^{(\mathrm{R})}}{T_\mathrm{r}} \,. \tag{1.101}$$

- Den Realgasfaktor für das betrachtete Fluid errechnet man dann mit

$$Z = Z^{(0)} + \left(\frac{\omega}{\omega^{(\mathrm{R})}}\right)\left(Z^{(\mathrm{R})} - Z^{(0)}\right), \tag{4.105}$$

hier ist $\omega^{(\mathrm{R})}$ durch Gl. 4.97 gegeben.

Gl. 4.105 stellt eine Interpolation zwischen $Z^{(0)}$ und $Z^{(\mathrm{R})}$ dar, wie

$$Z = \begin{cases} Z^{(0)} & \text{für} & \omega = \omega^{(0)} = 0 \\ Z^{(\mathrm{R})} & \text{für} & \omega = \omega^{(\mathrm{R})} \end{cases} \tag{4.106}$$

zeigt, was sich sofort aus diesem Ansatz ergibt. Es ist daher zu erwarten, dass mit dem Lee-Kesler-Modell (abgekürzt als LK-Modell) Komponenten beschrieben werden können, deren Molekülgröße nicht wesentlich über die von n-Octan hinausgeht und die höchstens einen schwach polaren Charakter aufweisen. Es ist nicht zu erwarten, dass Extrapolationen wesentlich über eine Molekülgröße von n-Octan hinaus oder zu stärker polaren Substanzen möglich sind. Um das thermodynamische Verhalten von Mischungen mit dem LK-Modell vorherzusagen, wurden folgende Mischungsregeln vorgeschlagen:

$$\omega_\mathrm{M} = \sum_{i=1}^{N} x_i \omega_i \,, \tag{4.107}$$

$$T_{\mathrm{c,M}} = \frac{1}{V_{\mathrm{c},i}} \sum_{i=1}^{N} \sum_{j=1}^{N} x_i x_j \left(\frac{V_{\mathrm{c},i}^{1/3} + V_{\mathrm{c},j}^{1/3}}{2}\right)^3 \sqrt{T_{\mathrm{c},i} T_{\mathrm{c},j}} \tag{4.108}$$

mit

$$V_{c,M} = \sum_{i=1}^{N} \sum_{j=1}^{N} x_i x_j \left(\frac{V_{c,i}^{1/3} + V_{c,j}^{1/3}}{2} \right)^3 \tag{4.109}$$

und

$$V_{c,i} = \frac{(0,2905 - 0,085\omega_i)RT_{c,i}}{p_{c,i}} , \tag{4.110}$$

sowie

$$p_{c,M} = \frac{(0,2905 - 0,085\omega_M)RT_{c,M}}{V_{c,M}} . \tag{4.111}$$

Mit M sind hier die für die Mischung gemittelten Größen indiziert, die gemäß der Ein-Fluid-Theorie für die Reinstoffparameter in die LK-Modellgleichungen einzusetzen sind.

4.2.3 Kubische Modifikationen der Van-der-Waals-Gleichung

Die Darstellungen im vorigen Abschnitt haben eines gezeigt: Die auf der Virialgleichung basierenden Zustandsgleichungen sind relativ komplex und aufwändig zu handhaben. Es zeigt sich, dass wesentlich einfachere Modell-Gleichungen erhalten werden können, wenn von der Van-der-Waals-Gleichung ausgegangen wird. Die Van-der-Waals-Gleichung wurde bereits ausführlich im Kapitel 2.5 und für Mischungen in Beispiel 4.2 diskutiert. Sie sei hier noch einmal wiederholt:

$$p = \underbrace{\frac{RT}{V-b}}_{\substack{\text{Abstoßung} \\ \text{repulsion}}} - \underbrace{\frac{a}{V^2}}_{\substack{\text{Anziehung} \\ \text{attraction}}} . \tag{4.112}$$

Es ist dabei die Deutung der Terme unter der Gleichung angegeben. Während der erste Term das Eigenvolumen b der Moleküle berücksichtigt, d. h. deren abstoßende Eigenschaften, wurde der zweite Term als Binnendruck gedeutet, der auf die anziehenden Kräfte zwischen den Molekülen zurückzuführen ist. Beide Terme können modifiziert werden, wobei bei den gebräuchlichsten kubischen Modifikationen stets der zweite Term verändert wurde. Die Modifikationen sollten nun möglichst folgende Forderungen erfüllen:

- Die auch konzeptionell klare Aufteilung in einen 'attraktiven' und einen 'repulsiven' Term sollte erhalten bleiben.
- Die Gleichung sollte nach wie vor kubisch sein, um schnelle und eindeutige Rechnungen zu ermöglichen.
- Es sollte möglich sein, die Modellparameter aus T_c, p_c und ω zu ermitteln, um die Gleichung für die Fülle von Substanzen, für die diese Stoffkonstanten bekannt sind, einfach anwenden zu können.

Einige gebräuchliche Gleichungen werden nun im Folgenden gezeigt. Zunächst sollen die sehr verbreiteten kubischen Modifikationen vorgestellt und diskutiert werden, der nächste Abschnitt ist dann den nicht-kubischen gewidmet. Für die Leser, die sich vertieft mit Zustandsgleichungen auseinander setzen wollen oder müssen, sei das Buch von Dohrn [50] empfohlen, das sich trotz des allgemeinen Titels ausschließlich mit Zustandsgleichungen beschäftigt. Kubische Zustandsgleichungen wurden z. B. von Abbott und Martin ausführlich diskutiert [1, 133].

Die Redlich-Kwong-Gleichung

Ein entscheidender Fortschritt bei der Entwicklung einfacher Zustandsgleichungen gelang erst 1949 Redlich und Kwong [164]. Ihre RK-Zustandsgleichung lautet

$$p = \frac{RT}{V-b} - \frac{a}{T^{0,5}V(V+b)} \, , \tag{4.113}$$

wobei die Parameter aus den kritischen Daten ermittelt werden können, wie dies in Abschnitt 2.6 beispielhaft für die vdW-Gleichung gezeigt wurde:

$$a = \frac{1}{9(2^{1/3}-1)} \frac{R^2 T_c^{2,5}}{p_c} = 0,4275 \frac{R^2 T_c^{2,5}}{p_c} \tag{4.114}$$

und

$$b = \frac{2^{1/3}-1}{3} \frac{RT_c}{p_c} = 0,08664 \frac{RT_c}{p_c} \, . \tag{4.115}$$

Alternativ können die Parameter von Zustandsgleichungen natürlich auch an experimentelle Daten zum pVT-Verhalten, zu Phasengleichgewichten und zu anderen thermodynamischen Größen angepasst werden.

Für die RK-Gleichung ergibt sich

$$Z_c = \frac{1}{3} \, , \tag{4.116}$$

was deutlich näher am experimentellen Wert von etwa 0,29 liegt als bei der vdW-Gleichung mit 0,375.

Die wesentlichen Veränderungen der RK-Gleichung gegenüber der vdW-Gleichung sind die Einführung einer Temperaturabhängigkeit im 'attraktiven' Term und eine leichte Modifikation seiner Volumenabhängigkeit, die besonders bei niedrigen Volumen von Bedeutung ist.

Die Soave-Redlich-Kwong-Gleichung

In der Folge wurden mehrere Funktionen für $a(T)$ vorgeschlagen, von denen die von Soave vorgeschlagene weite Verbreitung gefunden hat. Die Soave-Modifikation der RK-Gleichung (1972) (abgekürzt als SRK oder RKS) hat folgende Form [176]:

$$p = \frac{RT}{V - b} - \frac{a(T)}{V(V + b)} \tag{4.117}$$

mit

$$a(T) = a_\mathrm{c}\alpha(T) \,, \tag{4.118}$$

$$\alpha(T) = \left[1 + m(1 - \sqrt{T_\mathrm{r}})\right]^2 \tag{4.119}$$

und

$$m = 0,480 + 1,574\omega - 0,176\omega^2 \,. \tag{4.120}$$

Für a_c ergibt sich aus den Bedingungen des kritischen Punktes

$$a_\mathrm{c} = \frac{1}{9(2^{1/3} - 1)} \frac{R^2 T_\mathrm{c}^2}{p_\mathrm{c}} \,, \tag{4.121}$$

während b mit Gl. 4.115 ermittelt werden kann. Auch für die SRK-Gleichung gilt Gl. 4.116. Soave führte die Funktion $\alpha(T)$ ein, um den Verteilungskoeffizienten in Gemischen besser modellieren zu können. Der noch immer deutlich von 0,29 abweichende Wert von Z_c (wie bei RK, Gl. 4.116) zeigt aber bereits, dass das pVT-Verhalten zumindest in der Nähe des kritischen Punktes nur ungenau beschrieben wird.

Die Peng-Robinson-Gleichung

Um Z_c, d. h. auch V_c, besser mit der Zustandsgleichung vorherzusagen, muss die Volumenabhängigkeit mindestens eines Terms modifiziert werden. Peng und Robinson (1976) schlugen folgende Abwandlung der SRK-Gleichung vor, bei der der kubische Charakter erhalten bleibt (PR-Gleichung) [148]:

$$p = \frac{RT}{V - b} - \frac{a(T)}{V^2 + 2bV - b^2} \,, \tag{4.122}$$

wobei $a(T)$ prinzipiell genauso wie bei der SRK-Gleichung formuliert ist:

$$a(T) = a_\mathrm{c}\alpha(T) \tag{4.123}$$

mit

$$\alpha(T) = \left[1 + m(1 - \sqrt{T_\mathrm{r}})\right]^2 \tag{4.124}$$

und

$$m = 0,37464 + 1,54226\omega - 0,26992\omega^2 \,. \tag{4.125}$$

Die Parameter der PR-Gleichung lassen sich mit

$$a_\mathrm{c} = 0,45724 \frac{R^2 T_\mathrm{c}^2}{p_\mathrm{c}} \tag{4.126}$$

und

$$b = 0,077796 \frac{RT_c}{p_c} \tag{4.127}$$

bestimmen, für den kritischen Punkt ergibt sich

$$Z_c = 0,3074 . \tag{4.128}$$

Damit ist Z_c nochmals näher an den experimentellen Wert von 0,29 für annähernd kugelförmige Moleküle gerückt.

Vergleich der kubischen Zustandsgleichungen

Es stellt sich nun die Frage, welches das 'beste' kubische, von der Van-der-Waals-Gleichung abgeleitete Modell ist (vgl. auch [1, 50, 133]). Um dies herauszufinden, sind in den Abbn. 4.12 und 4.13 die Modellgleichungen für Argon bei der kritischen Temperatur und bei 120 K miteinander verglichen.

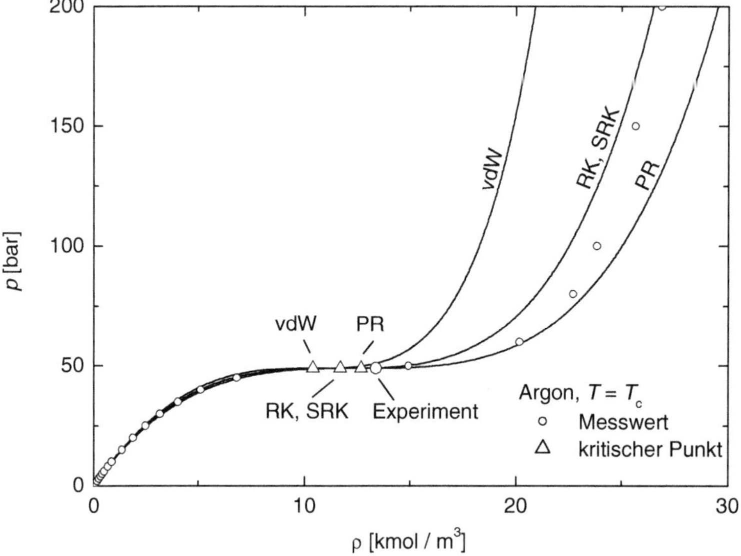

Abb. 4.12. Kritische Isotherme für Argon berechnet mit verschiedenen Zustandsgleichungen

Zunächst erkennt man, dass die Van-der-Waals-Gleichung das thermodynamische Verhalten bereits eines so einfachen Stoffes wie Argon nur sehr mangelhaft beschreiben kann. Dies war ja bereits das Ergebnis der Diskussionen in Kapitel 2. Das pVT-Verhalten bei niedrigen Dichten wird von allen Gleichungen gut beschrieben. Bei höheren Dichten zeigt die PR-Gleichung Vorteile insbesondere in der Nähe der kritischen Temperatur, was nach Gl. 4.128 auch zu erwarten war. Bei niedrigen Temperaturen wird der Dampfdruck zwar von

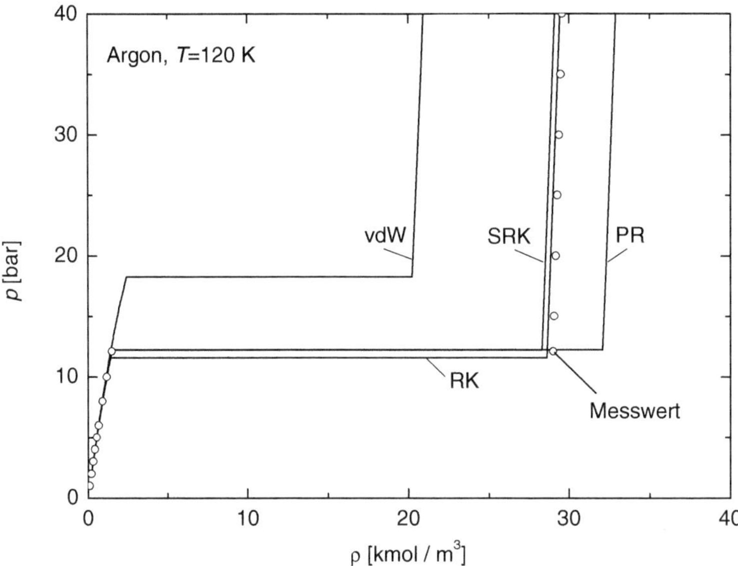

Abb. 4.13. 120 K-Isotherme für Argon berechnet mit verschiedenen Zustandsgleichungen

der PR-Gleichung genauso gut wiedergegeben wie mit der SRK-Gleichung, die SRK-Gleichung beschreibt bei diesen Temperaturen aber die Siededichte deutlich besser. Auf der kritischen Isotherme fällt die RK-Gleichung mit der SRK-Gleichung zusammen. Bei niedrigen Temperaturen wird der Dampfdruck besser mit der SRK-, die Siededichte besser mit der RK-Gleichung modelliert.

Der Vergleich zeigt nun auch, dass es nur bedingt wirkungsvoll ist, wenn der kritische Punkt genau beschrieben wird mit $Z_c \approx 0,29$ für kugelförmige Moleküle. Entweder wird Z_c begrenzt falsch wiedergegeben oder es treten Abweichungen in anderen Zustandsbereichen auf. Grund hierfür ist letztendlich das spezifische Verhalten in der Nähe des kritischen Punktes, das nichtanalytisch ist. Das heißt, es kann keine einfache analytische Gleichung geben, die das nahe-kritische Verhalten korrekt beschreibt. Insbesondere sehen alle Gleichgewichtskurven i. d. R. im kritischen Bereich flacher aus, als es analytische Gleichungen vorhersagen. Dies ist für Wasser in Abb. 4.14 gezeigt. Dieses Verhalten ist nun aber nicht nur für Dampf-Flüssigkeits-Gleichgewichte typisch, sondern betrifft alle Phasengleichgewichte, die kritische Endpunkte aufweisen. Ursache für diesen allgemeinen Charakter ist die so genannte Universalität des kritischen Verhaltens, die auf universelle Skalierungsansätze zurückgeführt werden kann. Erst wenn in der Nähe des kritischen Punktes solche Ansätze explizit einem analytischen Modell überlagert werden, gelingt auch in diesem Bereich eine bessere Beschreibung. Gebräuchliche Zustandsgleichungen werden also stets in einer durchaus erheblichen Umgebung vom kritischen Punkt, die mehrere $0,1 T_c$ auch oberhalb von T_c umfasst, Abwei chungen aufweisen. Wenn dieser Bereich für Berechnungen relevant ist, muss die Genauigkeit der Modelle sorgfältig geprüft und ggf. mit den angesprochenen komplexeren Modellierungen behoben werden. Fortschritte in der Interpretation und Modellierung dieses Verhaltens sind insbesondere Levelt Senges und Wilson zu verdanken, der 1982 den Nobelpreis in Physik für seine Renormierungs-Gruppen-Methode erhielt, die kritisches Verhalten beschreiben kann [118–120, 199–202].

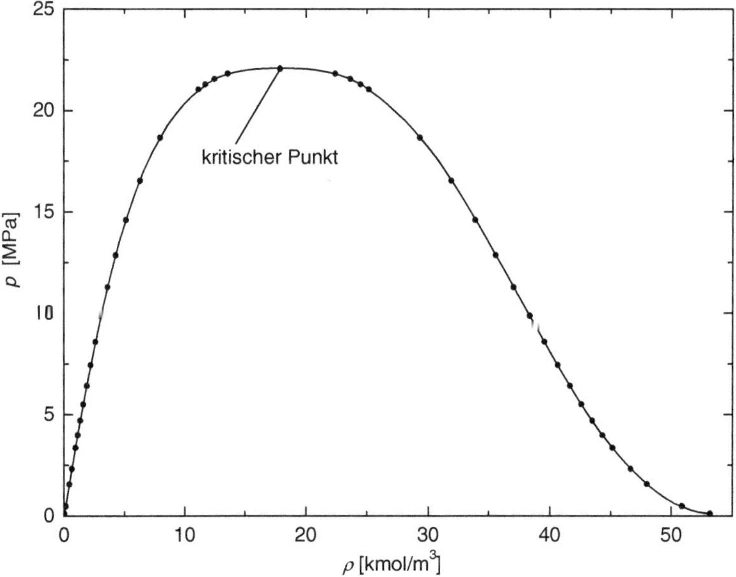

Abb. 4.14. Dampf-Flüssigkeits-Gleichgewicht von Wasser [78]

Der in den Abbn. 4.12 und 4.13 gezeigte einfache Vergleich zeigt nun bereits, dass es <u>die</u> beste kubische Zustandsgleichung nicht gibt. Jedes der aufgeführten Modelle hat in unterschiedlichen Bereichen seine Stärken und Schwächen. Dieser Vergleich stützt sich dabei lediglich auf das pVT-Verhalten bei zwei Temperaturen und ein Dampf-Flüssigkeits-Gleichgewicht. Der Vergleich wird beliebig komplex, wenn weitere z. B. kalorische Größen mit betrachtet werden. Die Wahl der jeweiligen Zustandsgleichung wird also davon abhängen, welche Größe in welchem Zustandsbereich modelliert werden soll. Dabei sollte betont werden, dass für diesen Vergleich die Modellparameter allein aus T_c, p_c und ω ermittelt wurden. Um eine Zustandsgleichung mit den experimentellen Informationen zu einem betrachteten System besser in Übereinstimmung zu bringen, besteht also immer noch die Möglichkeit, die Modellparameter an die interessierenden Größen in einem ausgewählten ϱ-T-Bereich anzupassen.

Die Beschreibung von Mischungen mit kubischen Zustandsgleichungen

Auf die Beschreibung von Mischungen wurde bereits in Abschnitt 4.2.1 eingegangen. Der Vollständigkeit halber seien hier die üblicherweise bei den aufgeführten kubischen Zustandsgleichungen verwendeten Ein-Fluid-Mischungs- und Kombinationsregeln noch einmal angegeben:

$$a = \sum_{i=1}^{N} \sum_{j=1}^{N} x_i x_j a_{i,j} \tag{4.129}$$

mit

$$a_{i,j} = \sqrt{a_i a_j}\,(1 - k_{i,j}) \tag{4.130}$$

und

$$b = \sum_{i=1}^{N} x_i b_i \;, \tag{4.131}$$

wobei die einfach indizierten Parameter die Werte des jeweiligen Reinstoffes darstellen. $k_{i,j}$ ist ein binärer Parameter. Abb. 4.15 zeigt, dass bereits sehr kleine Werte von $k_{i,j}$ die Siedelinse eines beispielhaften binären Systems sehr deutlich verschieben können und damit, wie wirkungsvoll $k_{i,j}$ eingesetzt werden kann.

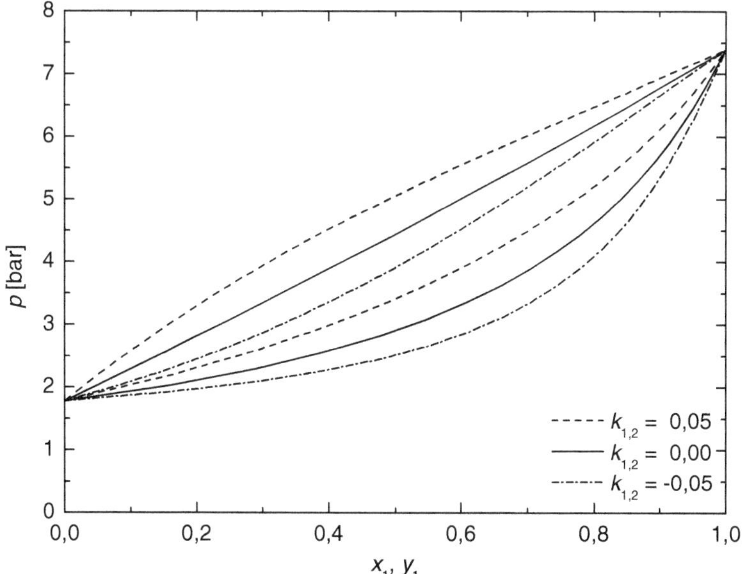

Abb. 4.15. Einfluss des Parameters $k_{i,j}$ auf ein Dampf-Flüssigkeits-Gleichgewicht

Anstelle von Gl. 4.131 kann auch eine quadratische Mischungsregel formuliert werden, die die Einführung eines zweiten binären Parameters erlaubt:

$$b = \sum_{i=1}^{N} \sum_{j=1}^{N} x_i x_j b_{i,j} \tag{4.132}$$

mit

$$b_{i,j} = \frac{b_i + b_j}{2} \left(1 - l_{i,j}\right) \tag{4.133}$$

oder alternativ

$$b_{i,j}^{1/3} = \frac{(b_i^{1/3} + b_j^{1/3})}{2} \left(1 - l_{i,j}\right) . \tag{4.134}$$

Gl. 4.134 ergibt sich, wenn man bedenkt, dass das molare Eigenvolumen einer reinen Komponente proportional zu $(r_i + r_i)^3$ ist (vgl. Abb. 4.16), wobei r_i dem Molekülradius entspricht und damit gleichzeitig dem halben Kollisionsabstand. In Abb. 4.16 sind die Moleküle kugelförmig dargestellt, r_i kann bei nicht-kugelförmigen Molekülen als ein geeignet über alle gegenseitigen Orientierungen gemittelter Wert aufgefasst werden. Für die i-j-Wechselwirkung ist es nun sinnvoll, den Kollisionsabstand wie in Abb. 4.16 gezeigt, aus r_i additiv zusammenzusetzen, so dass das molare Eigenvolumen des hypothetischen i-j-Teilchens proportional zu $(r_i + r_j)^3$ ist. Daraus ergibt sich direkt Gl. 4.134.

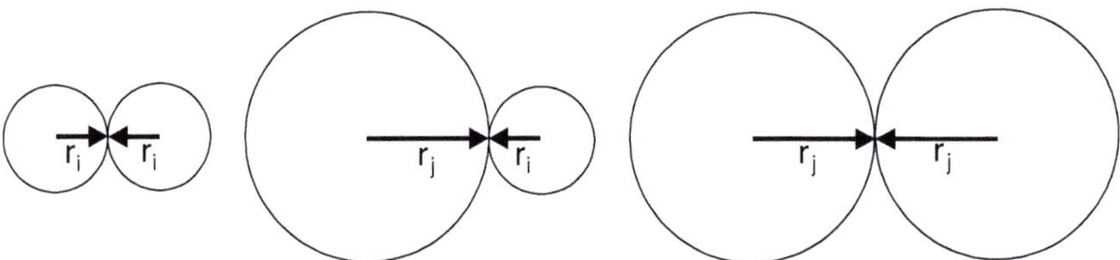

Abb. 4.16. Molekülradien und Kollisionsabstände

4.2.4 Nicht-kubische Modifikationen der vdW-Gleichung

Ausgangspunkt für die Entwicklung einer Klasse von nicht-kubischen Zustandsgleichungen ist die Erkenntnis, dass der 'repulsive' Term der vdW-Gleichung (vgl. Gl. 4.112) das thermodynamische Verhalten der einfachsten Teilchen, die sich ausschließlich abstoßen, nur mangelhaft beschreibt. Diese einfachsten Modellteilchen, die untereinander nur abstoßende Wechselwirkungen ausüben, sind harte Kugeln, die man sich wie ideale Billardkugeln vorstellen kann. Daher soll zunächst das thermodynamische Verhalten harter Kugeln beschrieben werden, bevor auf der Hartkugel-Zustandsgleichung aufbauende Modelle diskutiert werden.

Die Zustandsgleichung für harte Kugeln

Wegen der Bedeutung harter Kugeln als einfachste Modellteilchen wurde ihr Verhalten vielfach untersucht. Einerseits geschah dies mit Computersimulationen, andererseits mit Hilfe theoretischer Überlegungen. So wurde z. B. die Virialgleichung für harte Kugeln bestimmt [106, 165, 166]:

$$Z = 1 + 4\eta + 10\eta^2 + 18,3648\eta^3 + 28,229(\pm 0,013)\eta^4 +$$
$$+ 39,5(\pm 0,4)\eta^5 + 56,5(\pm 1,6)\eta^6 + \ldots, \tag{4.135}$$

wobei die dimensionslose Dichte η

$$\eta = \frac{\pi\sqrt{2}}{6}\frac{\varrho}{\varrho_0} = 0,74048\frac{\varrho}{\varrho_0} \tag{4.136}$$

eingeführt wird, um einen ganzzahligen zweiten und dritten Virialkoeffizienten zu erhalten. Hier ist ϱ_0 die maximale Dichte im hexagonal oder kubisch dichtgepackten Kristallgitter:

$$\varrho_0 = \frac{\sqrt{2}}{N_{\mathrm{Av}}\sigma^3} . \tag{4.137}$$

σ ist der Durchmesser der harten Kugeln. Die Avogadro-Zahl N_{Av} wurde bereits in Kapitel 2.3 eingeführt. In Gl. 4.135 sind alle Virialkoeffizienten bis zum vierten exakt bekannt. Die höheren Koeffizienten wurden mit Hilfe von Näherungen ermittelt, die resultierende Genauigkeit der Virialkoeffizienten ist in Klammern angegeben.

Carnahan und Starling [34] fanden, dass sich die auf ganzzahlige Werte gerundeten Virialkoeffizienten der Virialreihe

$$Z = 1 + 4\eta + 10\eta^2 + 18\eta^3 + 28\eta^4 + 40\eta^5 + \ldots, \tag{4.138}$$

regelmäßig verhalten, so dass sie als unendliche Reihe in einen einfachen Ausdruck zusammenfasst werden kann:

$$Z = \frac{1 + \eta + \eta^2 - \eta^3}{(1 - \eta)^3} . \tag{4.139}$$

Später wurde erkannt, dass sich die gleiche Form auch unter gewissen Annahmen aus der statistischen Thermodynamik ergibt und damit wohlbegründet ist. Um diese CS-Zustandsgleichung für harte Kugeln mit dem 'repulsiven' Term der vdW-Gleichung vergleichen zu können, muss der vdW-Parameter b mit ϱ_0 verknüpft werden. Dies kann durch Gleichsetzen der ersten Terme der Virialentwicklung geschehen, die für den 'repulsiven' Term der vdW-Gleichung folgende Form hat:

$$Z = 1 + b\varrho + b^2\varrho^2 + b^3\varrho^3 . \tag{4.140}$$

Der Vergleich mit Gl. 4.135 liefert die gesuchten Beziehungen

$$b\varrho = 4\eta \tag{4.141}$$

bzw.

$$b = \frac{4\pi\sqrt{2}}{6}\frac{1}{\varrho_0} = 4N_{\mathrm{Av}}\frac{\pi}{6}\sigma^3 \; . \tag{4.142}$$

Der 'repulsive' Term der vdW-Gleichung lässt sich also auch schreiben als

$$Z = \frac{1}{1 - 4\eta} \; , \tag{4.143}$$

wobei ein Vergleich mit Gl. 4.139 zeigt, dass die Polstelle für $Z \to \infty$ bei einem völlig anderen ϱ erfolgt als bei der genaueren Carnahan-Starling-Gleichung.

Den Vergleich zwischen der CS-Gleichung, dem 'repulsiven' Term des vdW-Modells und Computerexperimenten verschiedener Autoren zeigt Abb. 4.17. Wie zu erwarten, beschreibt die CS-Gleichung den Realgasfaktor harter Kugeln im gesamten Fluidbereich mit guter Genauigkeit, während der vdW-Term ein völlig falsches Verhalten aufweist. Lediglich bei sehr niedrigen Dichten stimmen beide Modelle überein, die zweiten Virialkoeffizienten wurden ja gleichgesetzt.

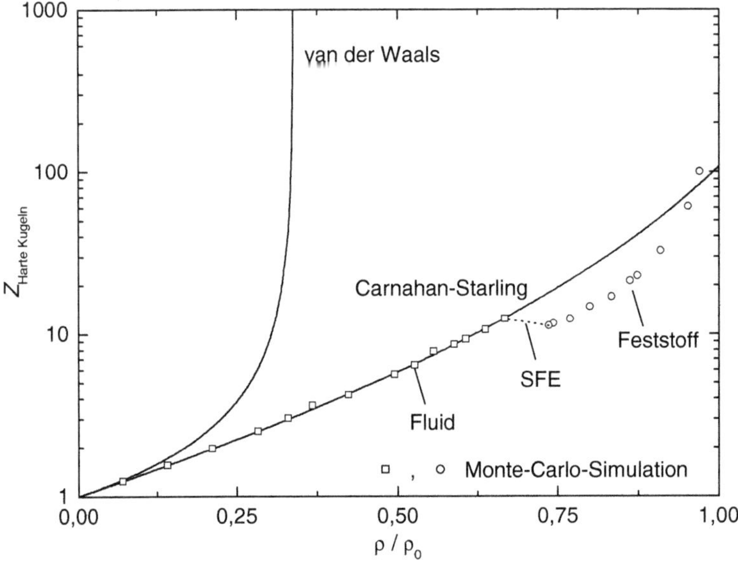

Abb. 4.17. Vergleich von vdW- und CS-Modell mit Computersimulationen für harte Kugeln nach [4, 14, 204] im Fluid- und Feststoffbereich mit Fest-Fluid-Gleichgewicht (SFE)

An dieser Stelle sei nochmals auf die Diskussion in Abschnitt 2.2 zum kritischen Punkt hingewiesen. Man erkennt, dass im gesamten fluiden Bereich Z harter Kugeln anders als für reale Stoffe mit einer einzigen Kurve dargestellt werden kann. Der kritische Endpunkt der Dampfdruckkurve kann daher nur auf attraktive Wechselwirkungen zurückzuführen sein. Selbst harte Kugeln weisen keinen Phasenwechsel zwischen Dampf und Flüssigkeit auf, dagegen einen Phasenübergang zwischen Fluid und Feststoff. Dies legt nahe, dass kein kritischer Endpunkt der Schmelzdruckkurve existiert.

Die Perturbed-Hard-Chain-Zustandsgleichung

Wird nun in Gl. 4.112 der 'repulsive' Term durch die theoretisch besser begründete CS-Gleichung ersetzt,

$$Z = \frac{1 + \eta + \eta^2 - \eta^3}{(1 - \eta)^3} + Z^{\mathrm{attr}} \,, \tag{4.144}$$

so ist zu hoffen, dass reale Substanzen auch insgesamt besser beschrieben werden können. Gl. 4.144 hat nun noch den Nachteil, dass das Bezugsfluid aus kugelförmigen Teilchen besteht, den harten Kugeln. Es muss also zunächst eine Möglichkeit geschaffen werden, zu berücksichtigen, dass reale Moleküle meistens nicht kugelförmig sind. Beret und Prausnitz taten dies bei der Ableitung ihrer Perturbed-Hard-Chain-Gleichung (PHC), indem sie einen Prigogine-Parameter c einführten [17]:

$$Z = 1 + c \left(\frac{4\eta - 2\eta^2}{(1 - \eta)^3} + Z^{\mathrm{attr}} \right) \,. \tag{4.145}$$

Dabei ist berücksichtigt, dass für $\varrho \to 0$ nach wie vor $Z \to 1$ gehen muss. c soll die Freiheitsgrade beschreiben, die ein nicht-kugelförmiges Teilchen zusätzlich zu denen eines kugelförmigen aufweist. Für kugelförmige Moleküle ist daher

$$c = 1 \,, \tag{4.146}$$

womit Gl. 4.145 in Gl. 4.144 übergeht. Es wird bei der Herleitung angenommen, dass die zusätzlichen Freiheitsgrade ($c > 1$) die gleiche Dichteabhängigkeit aufweisen wie die Freiheitsgrade kugelförmiger Teilchen. Daher kann c einfach als Vorfaktor geschrieben werden. Es bleibt nun noch, Z^{attr} festzulegen. Hier griffen Beret und Prausnitz auf eine Reihenentwicklung zurück, die von Alder et al. mit Hilfe von Computersimulationen zu Teilchen mit einfachen, kugelsymmetrischen Wechselwirkungen (Kastenpotential) entwickelt wurde:

$$Z^{\mathrm{attr}} = \sum_{i=1}^{4} \sum_{j=1}^{9} j D_{i,j} \left(\frac{T^*}{T} \right)^i \left(\frac{\varrho}{\varrho^*} \right)^j \,. \tag{4.147}$$

Die Koeffizienten $D_{i,j}$ sind in Tabelle 4.7 zusammengestellt. T^* und ϱ^* sind eine Bezugstemperatur und eine Bezugsdichte, beides, wie c, Parameter der PHC-Gleichung.

Die Einführung einer Bezugsdichte ϱ^* wird nötig, da für reale Substanzen kein 'Kugeldurchmesser' anzugeben ist. Somit muss zur Bestimmung der dimensionslosen Dichte $\eta = \varrho/\varrho^*$ eine charakterisierende Bezugsgröße ϱ^* gewählt werden.

Die Parameter des PHC-Modelles können wegen der Komplexität der Gleichungen nun nicht mehr mit einfachen Beziehungen aus T_c, p_c und ω ermittelt

Tabelle 4.7. Koeffizienten der PHC-Gleichung

$D_{i,j}$	$i=1$	$i=2$	$i=3$	$i=4$
$j=1$	$-7{,}0346$	$-3{,}3015580$	$-1{,}1868777$	$-0{,}51739049$
$j=2$	$-7{,}2736$	$-0{,}98155782$	$7{,}2447507$	$2{,}5259812$
$j=3$	$-1{,}2520$	$220{,}22115$	$-17{,}432407$	$-4{,}1246808$
$j=4$	$6{,}0825$	$-1912{,}1478$	$19{,}666211$	$2{,}3434564$
$j=5$	$6{,}8$	$8641{,}3158$	$-8{,}5145188$	$-$
$j=6$	$1{,}7$	$-22911{,}464$	$-$	$-$
$j=7$	$-$	$35388{,}809$	$-$	$-$
$j=8$	$-$	$-29353{,}643$	$-$	$-$
$j=9$	$-$	$10090{,}478$	$-$	$-$

werden, sondern müssen immer an geeignete experimentelle Daten angepasst werden, üblicherweise mindestens an Dampfdrücke und Siededichten. Diese Anpassungen sind relativ aufwändig, da die PHC-Gleichung offensichtlich keine kubische Zustandsgleichung ist und die Dichte bei vorgegebenem T und p iterativ ermittelt werden muss.

Zur Beschreibung von Mischungen können beispielsweise folgende Mischungsregeln angewendet werden:

$$c_{\mathrm{M}} = \sum_{i=1}^{N} x_i c_i \, , \tag{4.148}$$

$$V_{\mathrm{M}}^* = \sum_{i=1}^{N} x_i V_i^* \tag{4.149}$$

und

$$T_{\mathrm{M}}^* = \sum_{i=1}^{N} \sum_{j=1}^{N} x_i x_j T_{i,j}^* \tag{4.150}$$

mit

$$T_{i,j}^* = \sqrt{T_i^* T_j^*}\,(1 - k_{i,j}) \tag{4.151}$$

Die BACK und die SAFT-Gleichung

Mit der PHC-Gleichung kann das Verhalten realer Substanzen nicht immer zufriedenstellend korreliert werden. Chen und Kreglewski vermuteten, dass der Grund hierfür darin zu suchen ist, dass zur Ermittlung der $D_{i,j}$ eine künstliche Funktion, das Kastenpotential, bei der Modellierung der Wechselwirkungen zugrundegelegt wurde [40]. Sie passten daher die Koeffizienten an das thermodynamische Verhalten ausgewählter realer Substanzen neu an und nahmen weitere kleine Modifikationen vor. Es zeigte sich jedoch, dass diese

BACK-Gleichung (benannt nach den an den Termen der Gleichung beteiligten Autoren: Boublik, Alder, Chen und Kreglewski) zwar die angepassten und ihnen verwandte Substanzen besser beschreiben kann als das PHC-Modell, dass die Schwächen bei anderen Komponenten aber mindestens ebenso deutlich sind.

Eine weitere Modifikation, die in diese Klasse von Zustandsgleichungen gehört, ist die SAFT-Gleichung. Sie ist aktuell sehr erfolgreich, ist aber noch zu jung, so dass noch kein abschließendes Urteil möglich ist. Zur Zeit werden auf Konferenzen stets neue Modifikationen der SAFT-Gleichung vorgestellt, genauso, wie es etwa in den 70er und Anfang der 80er Jahre des letzten Jahrhunderts mit kubischen Modifikationen der vdW-Gleichung der Fall war. Daher soll hier nur die ursprüngliche SAFT-Gleichung von Huang und Radosz [93, 94] vorgestellt werden.

Bei der SAFT-Gleichung (Statistical Associating Fluid Theory) wird die freie Energie aus vier Beiträgen aufgebaut :

$$A - A^{\mathrm{iG}} = A^{\mathrm{hs}} + A^{\mathrm{chain}} + A^{\mathrm{disp}} + A^{\mathrm{assoc}} \, , \tag{4.152}$$

wobei A^{hs} den bereits bekannten Hartkugelterm darstellt. Es wird angenommen, dass die Abweichung der Moleküle von der Kugelform dadurch zum Ausdruck gebracht werden kann, dass ein Molekül aus m_i Segmenten aufgebaut ist, die sich wie Kugeln verhalten, aber zu einer Kette verknüpft sind. Diese Verkettung wird durch A^{chain} beschrieben. A^{disp} modelliert die Van-der-Waals-Wechselwirkungen zwischen den Molekülen (vgl. Kapitel 7.2.2). Stark gerichtete Wechselwirkungen, die zur Assoziation führen, dem kurzzeitigen Zusammenlagern von Molekülen in der Mischung zu Komplexen, schlagen sich in A^{assoc} nieder.

A^{hs} wird in einer Erweiterung des CS-Terms für Mischungen von Mansoori et al. verwendet [130]:

$$\frac{A^{\mathrm{hs}}}{RT} = \frac{6}{\pi \varrho} \left(\frac{\zeta_2^3 + 3\zeta_1\zeta_2\zeta_3 - 3\zeta_1\zeta_2\zeta_3^2}{\zeta_3 \left(1 - \zeta_3\right)^2} - \left(\zeta_0 - \frac{\zeta_2^3}{\zeta_3^2} \right) \ln \left(1 - \zeta_3\right) \right) \tag{4.153}$$

mit

$$\zeta_k = \frac{\pi N_{\mathrm{Av}}}{6} \varrho \sum_i x_i m_i d_{i,i}^k \qquad \text{für} \quad k = 0 \ldots 3 \, , \tag{4.154}$$

wobei $d_{i,j}$ der temperaturabhängige Segmentdurchmesser ist, der sich aus

$$d_{i,j} = \sigma_{i,j} \left[1 - C \exp \left(\frac{-3u_{i,j}^0}{RT} \right) \right] \tag{4.155}$$

mit

$$C = 0,12 \tag{4.156}$$

ergibt, wobei

$$\sigma_{i,j} = \frac{\sigma_i + \sigma_j}{2} \tag{4.157}$$

der korrespondierende Hartkugeldurchmesser ist, σ_i der Hartkugeldurchmesser des Reinstoffs i, $u_{i,j}$ die Dispersions-Wechselwirkungsenergie zwischen Komponente i und j und zur einfachen Handhabung sowohl für $d_{i,j}$ als auch für $\sigma_{i,j}$ entsprechende molare Volumen definiert werden:

$$v_i^0 = \frac{\pi N_{\mathrm{Av}}}{6\tau} d_i^3 \,,$$ (4.158)

$$v_i^{00} = \frac{\pi N_{\mathrm{Av}}}{6\tau} \sigma_i^3$$ (4.159)

mit

$$\tau = \frac{\pi\sqrt{2}}{2} = 0{,}74048 \,.$$ (4.160)

Der Anteil der Kettenbildung wird mit

$$\frac{A^{\mathrm{chain}}}{RT} = \sum_{i=1}^{N} x_i(1 - m_i)\ln g_{i,j}$$ (4.161)

beschrieben, wobei $g_{i,j}$ ein Maß für die Kontaktwahrscheinlichkeit der harten Kugeln ist und konsistent zu A^{hs} mit

$$g_{i,j} = \frac{1}{1 - \zeta_3} + \frac{3 d_{i,i} d_{j,j}}{d_{i,i} + d_{j,j}} \frac{\zeta_2}{(1 - \zeta_3)^2} + 2 \left[\frac{d_{i,i} d_{j,j}}{d_{i,i} + d_{j,j}} \right]^2 \frac{\zeta_2^2}{(1 - \zeta_3)^3}$$ (4.162)

beschrieben wird. Die freie Dispersionsenergie wird zu

$$\frac{A^{\mathrm{disp}}}{RT} = m \sum_i \sum_j D_{i,j} \left(\frac{u}{RT} \right)^i (\varrho m v^0)^j$$ (4.163)

gesetzt, wobei die Koeffizienten $D_{i,j}$ verwendet werden, die von Chen und Kreglewski für die BACK-Gleichung ermittelt wurden und die in Tab. 4.8 zusammengestellt sind.

Tabelle 4.8. $D_{i,j}$-Parameter der SAFT-Zustandsgleichung nach [40]

$D_{i,j}$	$i = 1$	$i = 2$	$i = 3$	$i = 4$
$j = 1$	$-8{,}8043$	$2{,}9396$	$-2{,}8225$	$0{,}3400$
$j = 2$	$4{,}1646270$	$-6{,}0865383$	$4{,}7600148$	$-3{,}1875014$
$j = 3$	$-48{,}203555$	$40{,}137956$	$11{,}257177$	$12{,}231796$
$j = 4$	$140{,}43620$	$-76{,}230797$	$-66{,}382743$	$-12{,}110681$
$j = 5$	$-195{,}23339$	$-133{,}70055$	$69{,}248785$	$-$
$j = 6$	$113{,}51500$	$860{,}25349$	$-$	$-$
$j = 7$	$-$	$-15335{,}3224$	$-$	$-$
$j = 8$	$-$	$1221{,}4261$	$-$	$-$
$j = 9$	$-$	$-409{,}10539$	$-$	$-$

Die folgenden Mischungsregeln werden für u und m verwendet:

$$\frac{u}{RT} = \sum_{i=1}^{N} \sum_{j=1}^{N} \varphi_i \varphi_j \frac{u_{i,j}}{RT} \tag{4.164}$$

mit

$$u_{i,j} = \sqrt{u_{i,i} u_{j,j}} (1 - k_{i,j}) \, , \tag{4.165}$$

$$m = \sum_{i=1}^{N} \sum_{j=1}^{N} x_i x_j m_{i,j} \tag{4.166}$$

mit

$$m_{i,j} = \frac{m_i + m_j}{2} \, . \tag{4.167}$$

φ_i ist der Volumenanteil der Komponente i in der Mischung:

$$\varphi_i = \frac{x_i m_i v_i^0}{\sum\limits_{j=1}^{N} x_j m_j v_j^0} \, . \tag{4.168}$$

Nicht-assoziierende Komponenten können alleine mit diesen ersten drei Termen in Gl. 4.152 und den entsprechenden Reinstoffparametern v_i^0, m_i und u_i^0 beschrieben werden. Für einige ausgewählte Substanzen sind die Parameter in Tab. 4.9 zusammengetragen. Für Mischungen nicht-assoziierender Komponenten muss $k_{i,j}$ als binärer Parameter an Gemischdaten angepasst werden. Thermodynamische Daten von Mischungen mit mehr als zwei Komponenten können dann ohne weitere Anpassung vorausberechnet werden. Binärer Parameter ist dann alleine $k_{i,j}$.

Falls Assoziation auftritt, müssen die stark wechselwirkenden Oberflächenabschnitte (Sites) für die jeweilige Wechselwirkung definiert werden. A^{assoc} wird dann wie folgt ausgewertet:

$$\frac{A^{\text{assoc}}}{RT} = \sum_{i=1}^{N} \left[\sum_{A_i} \left(\ln x^{A_i} - \frac{x^{A_i}}{2} \right) + \frac{1}{2} M_i \right] \, , \tag{4.169}$$

wobei x^{A_i} den Stoffmengenanteil einer assoziierenden Komponente beschreibt, die im Assoziations-Gleichgewicht nicht assoziiert ist:

$$x^{A_i} = \left[1 + N_{\text{Av}} \sum_i \sum_{B_j} x_j \varrho x^{B_j} \Delta^{A_i B_j} \right]^{-1} \tag{4.170}$$

mit

$$\Delta^{A_i B_j} = g_{i,j} \left[\exp\left(\frac{\varepsilon^{A_i B_j}}{RT} \right) - 1 \right] \sigma_{i,j}^3 \kappa^{A_i B_j} \, . \tag{4.171}$$

Für assoziierende Komponenten müssen also als weitere Parameter die Assoziationsenergie ε^{AB} und das Assoziationsvolumen κ^{AB} an Daten angepasst

Tabelle 4.9. Parameter der SAFT-Zustandsgleichung für einige nicht-assoziierende Komponenten nach [93]

Stoff	v^{00} [$10^{-6}\,\mathrm{m^3/mol}$]	m [$-$]	u^0/k [K]
Methan	21,576	1,0	190,29
Stickstoff	19,457	1,0	123,53
Ethan	14,460	1,941	191,44
Argon	16,290	1,0	150,86
Kohlendioxid	13,578	1,417	216,08
Propan	13,457	2,696	193,03

Tabelle 4.10. Parameter der SAFT-Zustandsgleichung für einige assoziierende Komponenten nach [93]

Stoff	v^{00} [$\mathrm{cm^3/mol}$]	m [$-$]	u^0/k [K]	$\varepsilon^{A_iA_i}/k$ [K]	$\kappa^{A_iA_i}$ [$-$]
Ammoniak	10,0	1,503	283,18	893	$3,270\cdot10^{-2}$
Wasser	10,0	1,170	528,17	1809	$1,593\cdot10^{-2}$
Methanol	12,0	1,776	216,13	2714	$4,856\cdot10^{-2}$
Ethanol	12,0	2,457	213,48	2759	$2,920\cdot10^{-2}$
1-Propanol	12,0	3,240	225,68	2619	$1,968\cdot10^{-2}$

werden. Für einige Reinstoffe sind wieder die Parameter in Tab. 4.10 aufgeführt.

Die Berücksichtigung der Assoziation stellt einen deutlichen Fortschritt dar, dem aber die dadurch bedingte erhöhte Kompliziertheit des Ansatzes gegenüber steht, denn bevor die SAFT-Gleichung für ein konkretes Gemisch angewendet werden kann, müssen zunächst die Sites und die Art ihrer Wechselwirkung festgelegt werden.

Die in Tab. 4.10 gezeigten Komponenten zeigen bereits in den Reinstoffen Assoziation, die dann als Selbstassoziation bezeichnet wird. In Gemischen kann die Assoziation mit Gemischpartnern hinzutreten, die so genannte Kreuzassoziation. Dies verkompliziert die Zustandsgleichung in ihrer Struktur weiter, da manche Komponenten als Reinstoffe nicht assoziieren, in der Mischung aber Kreuzassoziate bilden können (vgl. Kapitel 7).

Auf dieser Gleichung aufbauend erfolgen heute konsequent Erweiterungen, die eine Anwendung z. B. auf Polymere erlauben [38, 39, 79, 107, 206].

4.3 Zum Lösen nicht-kubischer Zustandsgleichungen

Bei Rechnungen mit Zustandsgleichungen muss vielfach die Dichte bei vorgegebenem T und p und festgelegter Phase ermittelt werden (vgl. Abbn. 2.10,

4.6, 4.7). Es muss dabei auch eindeutig entschieden werden können, ob diese Aufgabe überhaupt gelöst werden kann. So ist es z. B. möglich, dass der Druck viel zu hoch gewählt ist, um überhaupt eine Dampfphasendichte berechnen zu können, obwohl ein Zweiphasen-Loop beim gegebenen T existiert. Bei kubischen Zustandsgleichungen sind diese Fragestellungen unproblematisch, da mit Hilfe der Cardanischen Lösungsformel drei Lösungen direkt berechnet werden können und gleichzeitig überprüft werden kann, ob alle Lösungen reell sind. Nicht- kubische Gleichungen erfordern ein aufwändigeres Verfahren, insbesondere in der Nähe des kritischen Punktes, da dort das Maximum und das Minimum des Zweiphasen-Loops sehr nahe beieinander liegen. Hier soll daher ein von Topliss [185] vorgeschlagener mehrstufiger Algorithmus beschrieben werden, der einerseits schnell und andererseits sehr sicher ist.

Zunächst sei Abb. 4.18 betrachtet. Im obersten Teil der Abbildung sind drei Isothermen dargestellt, von denen eine deutlich oberhalb T_{Boyle} (III), eine unterhalb T_{c} (I) und die dritte zwischen diesen Grenztemperaturen (II) liegt. Entsprechend weist Isotherme III keinen Wendepunkt auf, während bei Isotherme I der Zweiphasen-Loop voll ausgebildet ist. In das Bild ist auch ϱ_{max} eingezeichnet, die Dichte, bei der $p \to \infty$. ϱ_{max} dient zur Skalierung der ϱ-Achse, da für eine nicht-kubische Zustandsgleichung zunächst völlig unbekannt ist, in welchem Bereich ϱ überhaupt sinnvoll variiert werden kann. ϱ_{max} ergibt sich in der Regel auf einfache Weise aus der mathematischen Form der Gleichung (Polstelle). In Abb. 4.18b sind die zu den drei Isothermen gehörenden Ableitungen des Druckes nach der Dichte aufgetragen. Bei $\varrho = 0$ treffen sich die Isotherme bei RT, da dort ja das Idealgasgesetz gelten muss, was auch von allen gebräuchlichen Zustandsgleichungen richtig berücksichtigt wird. Bei Isotherme III steigt $\partial p/\partial \varrho$ stetig mit zunehmender Dichte, Isotherme II durchläuft ein Minimum, aber nur Isotherme I schneidet die ϱ-Achse. Die Nulldurchgänge von Kurve I entsprechen den Extremwerten des Zweiphasen-Loop in Abb. 4.18a. Abb. 4.18c zeigt schließlich $\partial^2 p/\partial \varrho^2$ für die drei Isothermen. Die Kurven sind recht unspektakulär, schneiden allerdings die ϱ-Achse an unterschiedlichen Stellen, entsprechend der unterschiedlichen Lage der Minima in Abb. 4.18b und der der Wendepunkte in Abb. 4.18a.

Der Algorithmus von Topliss zur Ermittlung der Dichte ist nun so stufenweise aufgebaut, dass in jeder Stufe nur eine Nullstelle einer monotonen Funktion in einem festgelegten ϱ-Bereich gesucht werden muss. Da die Funktionen in der Regel recht gutmütig sind, sind die Nullstellen mit geeigneten numerischen Verfahren leicht aufzufinden. Hierbei ist die Begrenzung des jeweils untersuchten ϱ-Bereichs eine wesentliche Hilfe. Der Topliss'sche Algorithmus ist in Abb. 4.19 in einer einfachsten Version dargestellt. In der Regel müssen die Nullstellen in den ersten beiden Stufen nicht mit voller Genauigkeit gesucht werden, dies erfordert aber eine wesentlich aufwändigere Logik, die in Topliss [185] detailliert dargestellt ist. Der Algorithmus beginnt mit der Vorgabe von T, p, ϱ_{max} und der gewünschten Phase. Er ist hier so dargestellt, dass die gewünschte Phase nur bei einer Isotherme vom Typ I (vgl. Abb. 4.18) berücksichtigt wird. Wenn der Anwender dies wünscht, kann das

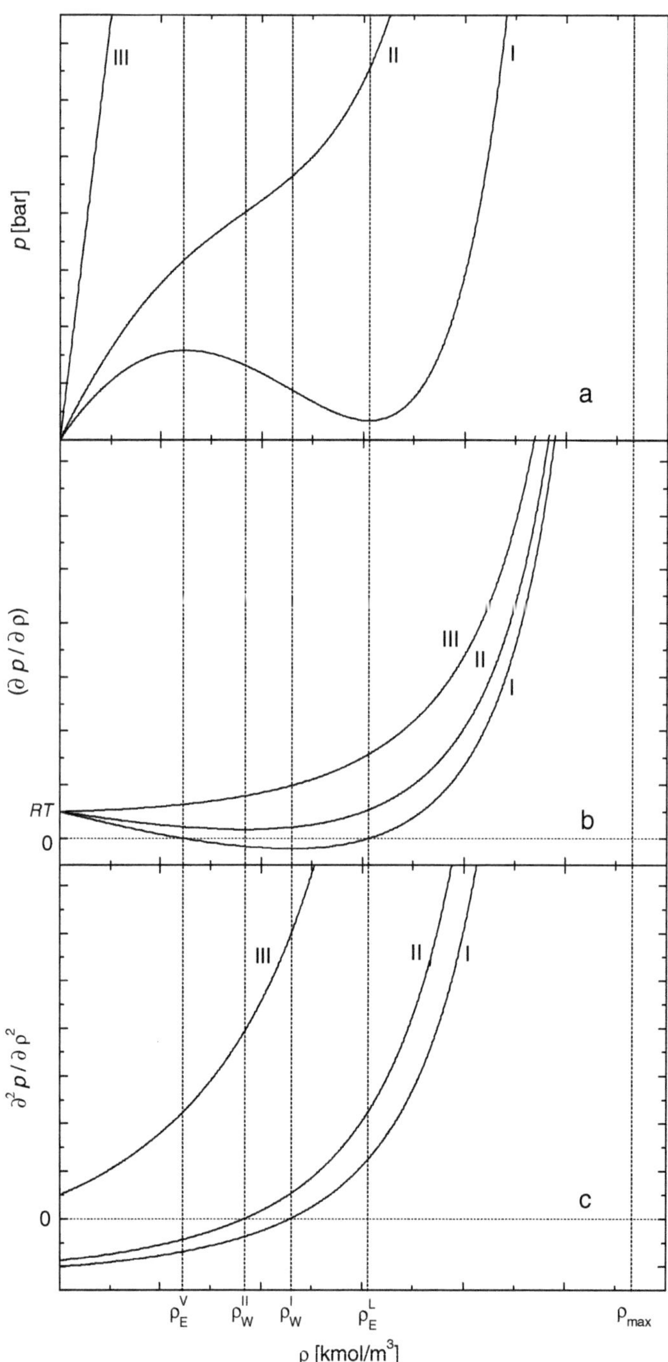

Abb. 4.18. Zur Lösung nicht-kubischer Zustandsgleichungen nach Topliss [185]

Verhalten des Algorithmus hier durch Flags geeignet gesteuert werden. Auf die Darstellung einer entsprechenden Logik wurde hier aber verzichtet, um Abb. 4.19 übersichtlich zu gestalten.

Zunächst wird in Stufe I geprüft, ob die vorgegebene Isotherme zwischen den Grenzen $\varrho_u = 0$ und $\varrho_o = \varrho_{max}$ einen Wendepunkt aufweist. Dies ist der Fall, wenn $\partial^2 p/\partial\varrho^2$ bei $\varrho = 0$ negativ ist (vgl. Abb. 4.18). Existiert keine Nullstelle von $\partial^2 p/\partial\varrho^2$, so ist die vorgesehene Isotherme vom Typ III. Sie weist damit nur eine Lösung für das gegebene p zwischen $\varrho_u = 0$ und $\varrho_o = \varrho_{max}$ auf, es kann direkt in die dritte Stufe gesprungen werden. Da der gesuchte Zustand überkritisch ist, sollte dies in einer separaten Ausgabe angegeben werden. Ist $\partial^2 p/\partial\varrho^2$ bei $\varrho = 0$ negativ, so wird die Nullstelle zwischen $\varrho_u = 0$ und $\varrho_o = \varrho_{max}$ gesucht, sie liegt bei ϱ_w, der Dichte des Wendepunkts in Abb. 4.18a.

In Stufe 2 wird zunächst geprüft, ob $\partial p/\partial\varrho$ bei ϱ_w negativ ist. Ist dies nicht der Fall, so liegt eine Isotherme vom Typ II vor (vgl. Abb. 4.18). Auch sie weist genau eine Lösung für das gegebene p zwischen $\varrho_u = 0$ und $\varrho_o = \varrho_{max}$ auf, so dass unter Verweis auf einen überkritischen Zustand wieder direkt in die dritte Stufe gesprungen werden kann. Andernfalls ist die Isotherme vom Typ I und es muss nun entschieden werden, ob eine Dampf- oder eine Flüssigkeitsdichte gesucht werden soll. Hier soll als Beispiel der Fall einer Flüssigkeitsdichte erläutert werden, für die Dampfdichte sind die geänderten Grenzen dann mit Abb. 4.18 direkt einsichtig. Die gesuchte Flüssigkeitsdichte muss nun offensichtlich zwischen $\varrho_u = \varrho_w$ und $\varrho_o = \varrho_{max}$ liegen, kann in diesem Intervall aber im Bereich des Zweiphasen-Loops noch doppeldeutig sein. Daher wird nun die Nullstelle von $\partial p/\partial\varrho$ in den gesetzten Grenzen gesucht, die eine eindeutige Lösung besitzt (vgl. Abb. 4.18b) und die gleichzeitig die gesuchte Flüssigkeitsdichte eindeutig einschränkt. Diese Nullstelle entspricht der Dichte ϱ_E^L des Extremwertes in Abb. 4.18a.

In Stufe 3 wird im ersten Schritt geprüft, ob der vorgegebene Druck p über dem Druck bei ϱ_E^L liegt, dem Minimum des Zweiphasen-Loops. Ist dies nicht der Fall, kann bei p keine Flüssigkeitsdichte gefunden werden, es erfolgt hier eine Angabe des Fehlers und der Sprung zum Ende der Routine. Andernfalls werden die Grenzen neu gesetzt. Die gesuchte Flüssigkeitsdichte muss nun zwischen ϱ_E^L und $\varrho_0 = \varrho_{max}$ liegen. Im letzten Schritt der dritten Stufe wird dann ϱ bestimmt, für das es im gesetzten Intervall nur eine Lösung gibt. Abschließend wird ϱ ausgegeben.

Der angegebene Algorithmus geht allerdings von einem relativ glatten Kurvenverlauf der $p\varrho$-Isotherme aus. Zustandsgleichungen, die insbesondere bei tiefen Temperaturen mehrere Extremwerte im Bereich des Zweiphasen-Loop aufweisen, führen zu Problemen. Besonders bei den Reihenentwicklungen z. B. der PHC-Gleichung ist zudem bei hohen Dichten damit zu rechnen, dass eine Isotherme mehrere Extremwerte durchläuft, bevor die Polstelle erreicht ist. Diese Schwierigkeit, die nur bei in der Regel praktisch irrelevanten Drücken auftritt, kann dadurch umgangen werden, dass entweder im Algorithmus auf ϱ_{max} entsprechend vorsichtig zugeschritten wird oder dass ϱ_{max} bei Modellen,

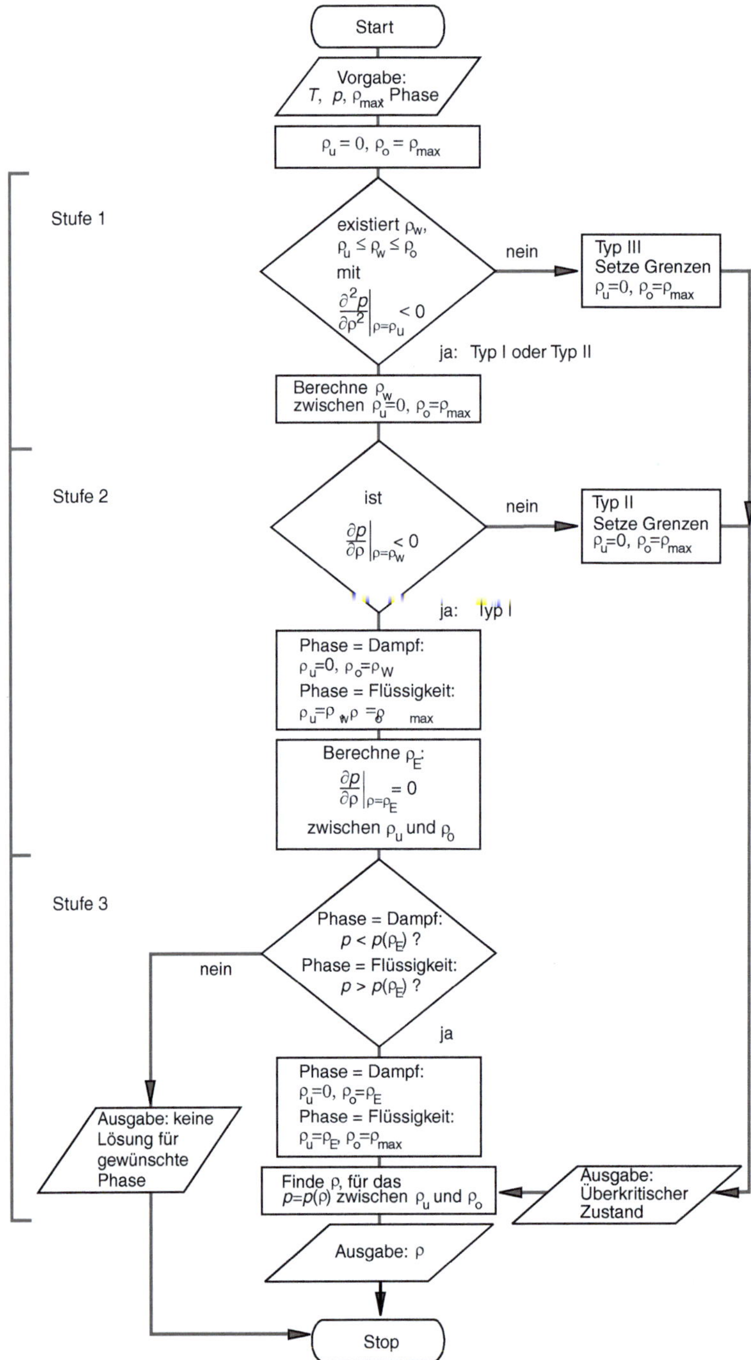

Abb. 4.19. Algorithmus zur Lösung nicht-kubischer Zustandsgleichungen [185]

bei denen dieses auftreten kann, von vorneherein etwas niedriger angegeben wird.

4.4 Diskussion

Kapitel 4 zeigt, dass und wie mit Hilfe von Zustandsgleichungen sowohl dampfförmige als auch flüssige Phasen mit einer phasenübergreifenden Modellgleichung thermodynamisch beschrieben werden können. Dieser Vorteil, der Berechnungen mit Zustandsgleichungen sehr angenehm macht, führt aber auch zu Schwierigkeiten. Die Zustandsgleichung muss nämlich, wie Gl. 4.42 und wie Abb. 4.3 zeigen, die Brücke zwischen einer Mischung idealer Gase und dem realen Gemisch im betrachteten System schlagen. Bei niedrigen Dichten gelingt dies relativ unproblematisch, aber für die Beschreibung von Flüssigkeiten ist zu bedenken, dass die Zustandsgleichung zwei Effekte gleichzeitig gut wiedergeben muss:

- Reinstoff-Effekte:
  Die Zustandsgleichung muss das thermodynamische Verhalten der flüssigen reinen Komponenten korrelieren. Daran werden die Reinstoff-Parameter angepasst, allerdings ergeben sich hier bereits erste Abweichungen zwischen Modell und Realität; das Modell ist eine Näherung. Besonders der Phasenwechsel vom idealen Gas zur realen Flüssigkeit stellt dabei einen schwierigen Schritt dar.
- Mischungs-Effekte:
  Durch die bei Zustandsgleichungen übliche Anwendung der Ein-Fluid-Theorie muss mit relativ einfachen und in der Regel empirischen Mischungs- und Kombinationsregeln zudem der Übergang von den reinen Komponenten zur Mischung erfolgen. Dies ist offensichtlich unbefriedigend, da die Wechselwirkung zwischen unterschiedlichen Molekülen ja prinzipiell völlig unabhängig von den Wechselwirkungen in den Reinstoffen ist. Auch eine kleine Zahl anpassbarer Parameter kann dabei keine wirkliche Abhilfe schaffen.

Es zeigt sich, dass trotz dieser Schwierigkeiten Zustandsgleichungen in der Lage sind, besonders solche Gemische, die keine ausgeprägt spezifischen Wechselwirkungen aufweisen, gut zu beschreiben. Für einen Vergleich der Vor- und Nachteile mit der anderen, im Folgenden dargestellten Methode zur Modellierung des thermodynamischen Gemischverhaltens sei auf Abschnitt 5.6 verwiesen.

Es stellt sich nun die Frage, ob eine Möglichkeit besteht, die Reinstoff-Effekte, d. h. den Übergang vom idealen Gas zur realen reinen Flüssigkeit zu trennen von den Mischungseffekten, d. h. dem Übergang von der realen reinen Flüssigkeit zur realen flüssigen Mischung. Es zeigt sich, dass diese Trennung mit G^{E}-Modellen gelingt, deren Grundlagen und Anwendungen in Kapitel 5 vorgestellt werden.

4.5 Zusammenfassung

In Kapitel 4 werden zunächst die Grundlagen für die Anwendung von Zustandsgleichungen zur Beschreibung des thermodynamischen Gemischverhaltens entwickelt. Dazu wird eine Gleichung hergeleitet, die die freie Energie einer Mischung über die der idealen Gase auf die Entropie und Enthalpie der Elemente in einem festgelegten Standardzustand bezieht. Anhand dieses Ausdrucks wird insbesondere die Bedeutung von unterschiedlichen Referenzzuständen bei der Behandlung unterschiedlicher Fragestellungen diskutiert. $A(T, V, x_i)$ stellt dabei eine Fundamentalgleichung der Thermodynamik dar, aus der alle übrigen thermodynamischen Größen abgeleitet werden können. Anschließend werden die Fugazität und der Fugazitätskoeffizient eingeführt. Es wird gezeigt, wie mit diesen Größen Phasengleichgewichte berechnet werden können. Eine Auswahl von Zustandsgleichungen, die entweder historisch oder praktisch von Bedeutung sind, wird vorgestellt und diskutiert. Einige Algorithmen zur Berechnung von Phasengleichgewichten und zur Umkehrung nicht-kubischer, druckexpliziter Zustandsgleichungen werden erläutert. Insgesamt lässt sich feststellen, dass Zustandsgleichungen eine elegante Möglichkeit darstellen, um sowohl dampfförmige als auch flüssige Mischungen mit phasenübergreifenden Modellen umfassend zu beschreiben. Diese Beschreibung ist prinzipiell auch für nahe-kritische und überkritische Zustände möglich.

4.6 Aufgaben

Übung 4.1. Eine handelsübliche 50 l-Stahlflasche ist mit reinem Sauerstoff gefüllt. Bei einer Temperatur von 20°C beträgt der Flaschendruck 150 bar.

a) Welche Masse Sauerstoff ist in der Flasche enthalten? Verwendet werden soll die Virialgleichung bis zum zweiten Virialkoeffizienten mit der Pitzer-Curl-Korrelation.

b) Ist der Flascheninhalt in diesem Zustand homogen oder heterogen?

c) Entsteht eine große Abweichung in der berechneten Masse, wenn die Sauerstoffmoleküle fälschlicherweise als kugelförmige Teilchen angenommen werden?

d) Auf welche Temperatur muss Sauerstoff abgekühlt werden, damit er bei Umgebungsdruck (1,013 bar) flüssig wird? Dabei soll die Temperatur mit der generalisierten Dampfdruckkurve (s. Gln. 4.89 bis 4.93) abgeschätzt werden.

Hinweise:

- Weitere Daten s. Tabn. 2.2 und 4.5

Übung 4.2. Im Tank eines mit Flüssiggas betriebenen PKW befinden sich 30 kg Treibstoff. Der Tank hat ein Innenvolumen von 80 l. Der Treibstoff ist eine Mischung aus Propan(1) und Butan(2) und besteht nach Herstellerangaben zu 70 Massen-% aus Butan (Sommermischung).

a) Wenn der Tank samt seines Inhaltes die Umgebungstemperatur von 15°C annimmt, liegt ein zweiphasiges Gemisch vor. Zur Beschreibung des pVT-Verhaltens der Mischung soll die Redlich-Kwong-Zustandsgleichung unter Verwendung des Korrespondenzprinzips benutzt werden. Wie hoch ist der Druck im Tank?

b) Dem Behälter wird nun so lange Wärme zugeführt, bis eine homogene Phase vorliegt. Welchen Aggregatzustand besitzt diese Phase?

c) Wie sieht der Vorgang in b) qualitativ in einem pV-Diagramm aus?

<u>Hinweise:</u>

- Molare Dampfdichte der Mischung bei 15°C: $\varrho^{\mathrm{v}} = 0,17955\,\mathrm{kmol/m^3}$
- Weitere Daten s. Tab. 2.2

Übung 4.3. Der Verbrauch an Erdgas wird üblicherweise volumetrisch bestimmt und dann durch Umrechnungen über den Heizwert in kWh abgerechnet. Wie unterscheiden sich diese Umrechnungen wenn 1 l Erdgas in der Pipeline einer Überlandleitung bei 20°C und 80 bar betrachtet werden und zur Berechnung

a) die Van-der-Waals-Zustandsgleichung,

b) die Soave-Redlich-Kwong-Zustandsgleichung,

c) die Peng-Robinson-Zustandsgleichung

verwendet wird.

Erdgas soll hierbei näherungsweise aus Methan(1) mit einem Stoffmengenanteil von $0,1$ und Ethan (2) bestehen.

<u>Hinweise:</u>

- Heizwert des Erdgases: $H_{\mathrm{u}} = 10,4\,\mathrm{kWh/kg}$
- Weitere Daten s. Tab. 2.2

5

G^{E}-Modelle

Nach der Diskussion der Möglichkeiten und der Grenzen der Anwendung von Zustandsgleichungen, die das letzte Kapitel abschloss, stellt sich die Frage, wie eine Alternative zur Beschreibung des Gemischverhaltens basierend auf einer Fundamentalgleichung gestaltet sein kann. Für eine häufig eingesetzte Alternative sind in Abb. 5.1 analog zu Abb. 4.3 die einzelnen Stufen angegeben, in denen die freie Enthalpie einer Mischung bei p und T aufgebaut werden kann. In Abb. 5.1 sieht man, dass hier bereits auf unteren Stufen bis Stufe 2 der Übergang von den Elementen und vom idealen Gas zur flüssigen realen Phase erfolgt, dies aber für die reinen Komponenten. Durch diese Wahl kann letztendlich die Beschreibung des Mischvorganges aus den flüssigen reinen Komponenten (Stufe 3 $\rightarrow$ Stufe 5) von der Modellierung des Dampf-Flüssigkeits-Gleichgewichtes der Reinstoffe (Stufe 0 $\rightarrow$ Stufe 2) getrennt werden.

Stufe 5:	reale flüssige Mischung bei T, p, x_i
Stufe 4:	ideale Mischung realer Flüssigkeiten bei T, p, x_i
Stufe 3:	reine reale Flüssigkeit bei T, p
Stufe 2:	reine reale Flüssigkeit bei T, p_i^{s}
Stufe 1:	reiner realer Dampf bei T, p_i^{s}
Stufe 0:	Elemente bei T^0, p^0

Abb. 5.1. Schritte bei der Modellierung der freien Enthalpie $G\left(T, p, x_i\right)$ als fundamentaler Größe

In den folgenden Abschnitten sollen daher die Verbindungen zwischen den einzelnen Stufen in Abb. 5.1 geschaffen werden. Dies soll für das chemische Potential einer Komponente geschehen. Um die Ableitungen zu vereinfachen, werden vorher die partiellen molaren Größen eingeführt, die in der Gemisch-Thermodynamik häufig verwendet werden. Nach der Beschreibung der Schritte in Abb. 5.1 wird gezeigt, wie mit der so gewonnenen Fundamentalgleichung $G(T, p, x_i)$ verschiedene Gleichgewichte berechnet werden können, bevor einige Ansätze zur Modellierung des Gemischverhaltens vorgestellt werden. Zum Schluss wird dieser Weg zur Beschreibung thermodynamischer Größen mit dem in Kapitel 4 dargelegten, der auf dem Einsatz von Zustandsgleichungen beruht, anhand der Vor- und Nachteile beider Methoden verglichen.

5.1 Partielle molare Größen

Eine extensive Zustandsgröße $f(T, p, n_i)$ eines Systems

$$f(T, p, n_i) = nZ(T, p, x_i) \tag{5.1}$$

ist nach der Definition einer solchen Größe (vgl. Abschnitt 2.1) proportional zur Stoffmenge des betrachteten Systems:

$$f(T, p, \lambda n_i) = \lambda f(T, p, n_i) \,, \tag{5.2}$$

Dass diese Beziehung in molarer Schreibweise trivial aussieht,

$$(\lambda n)Z = \lambda(nZ) \,, \tag{5.3}$$

macht deutlich, wie sinnvoll die Einführung molarer Größen in der Gemisch-Thermodynamik ist. In der Mathematik heißt eine Funktion, für die

$$f(a, b, \lambda x, \lambda y) = \lambda^h f(a, b, x, y) \tag{5.4}$$

gilt, homogen vom Grade h; nach Gl. 5.2 sind extensive Zustandsgrößen also homogene Funktionen ersten Grades. Nach dem Euler'schen Satz gilt nun für eine Funktion, die Gl. 5.4 erfüllt,

$$x\frac{\partial f}{\partial x} + y\frac{\partial f}{\partial y} = hf \,, \tag{5.5}$$

oder angewendet auf extensive Zustandsgrößen:

$$\sum_{i=1}^{N} n_i \left(\frac{\partial f(T, p, n_i)}{\partial n_i} \right)_{T, p, n_{j \neq i}} = f(T, p, n_i) \,. \tag{5.6}$$

Dieser Zusammenhang wird auch in Anhang C hergeleitet. Werden in Gl. 5.6 die molaren Größen nach Gl. 5.1 wieder zurücksubstituiert, ergibt sich

$$\sum_{i=1}^{N} x_i \left(\frac{\partial nZ(T, p, x_i)}{\partial n_i} \right)_{T, p, n_{j \neq i}} = Z(T, p, x_i). \tag{5.7}$$

Um Gl. 5.7, eine in der Gemisch-Thermodynamik häufig verwendete Beziehung, zu vereinfachen, werden so genannte partielle molare Größen $\bar{Z}_i$ eingeführt,

$$\bar{Z}_i(T,p,x_i) = \left(\frac{\partial n Z\,(T,p,x_i)}{\partial n_i} \right)_{T,p,n_{j\neq i}} , \tag{5.8}$$

mit denen sich Gl. 5.7 als

$$\sum_{i=1}^{N} x_i \bar{Z}_i = Z \tag{5.9}$$

ausdrücken lässt. Eine Betrachtung von Gl. 5.8 zeigt, dass partielle molare Größen intensive Zustandsgrößen sind. Es sollte betont werden, dass $\bar{Z}_i$ von T, p und x_i abhängt:

$$\bar{Z}_i = \bar{Z}_i(T,p,x_i) . \tag{5.10}$$

Um die zunächst mit Gl. 5.8 rein formal eingeführten partiellen molaren Größen anschaulicher verstehen zu können, soll hier eine grafische Deutung der $\bar{Z}_i$ angegeben werden. Im Anhang D wird der folgende Zusammenhang hergeleitet:

$$\bar{Z}_i = Z - \sum_{\substack{j=1 \\ j\neq i}}^{N} x_j \left(\frac{\partial Z}{\partial x_j} \right)_{T,p,x_{k\neq i,j}} . \tag{5.11}$$

Für ein binäres System vereinfacht sich dies zu

$$\bar{Z}_1 = Z - x_2 \left(\frac{\partial Z}{\partial x_2} \right)_{T,p} \tag{5.12}$$

und

$$\bar{Z}_2 = Z - x_1 \left(\frac{\partial Z}{\partial x_1} \right)_{T,p} . \tag{5.13}$$

Unter Berücksichtigung von

$$x_1 + x_2 = 1 \tag{5.14}$$

bzw.

$$\mathrm{d}x_1 = -\mathrm{d}x_2 \tag{5.15}$$

folgen schließlich

$$\bar{Z}_1 = Z + (1 - x_1) \left(\frac{\partial Z}{\partial x_1} \right)_{T,p} \tag{5.16}$$

und

$$\bar{Z}_2 = Z - x_1 \left(\frac{\partial Z}{\partial x_1} \right)_{T,p} . \tag{5.17}$$

In Abb. 5.2 ist dargestellt, wie sich diese Ausdrücke grafisch verstehen lassen. Dargestellt ist die molare Größe Z eines binären Systems, die in der gezeigten Weise isotherm und isobar vom Stoffmengenanteil x_1 abhängt. Wird für eine betrachtete Konzentration x_1^* die Tangente an $Z(x_1)$ angelegt, so erhält man nach den Gln. 5.16 und 5.17 die partiellen molaren Größen $\bar{Z}_1(x_1^*)$ und $\bar{Z}_2(x_1^*)$ als Ordinatenabschnitte bei $x_1 = 1$ und $x_1 = 0$ ($x_2 = 1$). Hier wird auch deutlich, dass die $\bar{Z}_i$ selber von der Konzentration abhängen, da die Tangentensteigung sich konzentrationsabhängig ändert.

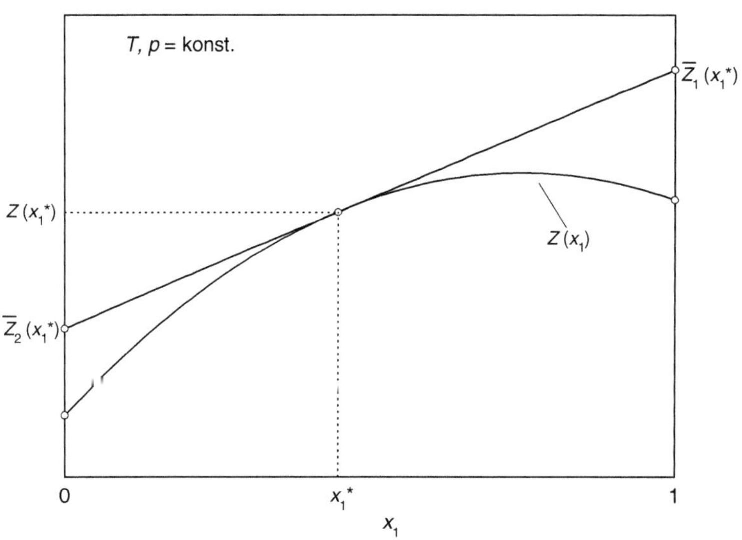

Abb. 5.2. Grafische Deutung partieller molarer Größen

Die Grenzwerte für $x_1 = 0$ und $x_1 = 1$ sind gesondert in Abb. 5.3 eingezeichnet. Die partiellen molaren Größen für den Reinstoff (indiziert mit '0') entsprechen den molaren Größen des Reinstoffs:

$$Z_i = \bar{Z}_i^0 \ . \tag{5.18}$$

Andererseits werden die partiellen molaren Größen für eine Komponente i, die in unendlicher Verdünnung vorliegt, als $\bar{Z}_i^\infty$ bezeichnet.

Die in den Abb. 5.2 und 5.3 dargestellten Zusammenhänge lassen sich mit Gl. 5.11 auch auf Mischungen aus N Komponenten übertragen. Die Funktion $Z(x_i)$ bei konstantem T und p wird dann eine ($N-1$)-dimensionale Fläche im N-dimensionalen Raum. Die Schnittpunkte der ($N-1$)-dimensionalen Tangentialebene an $Z(x_i)$ mit den Ordinaten bei $x_j = 1$ ergeben die korrespondierenden $\bar{Z}_j$. Bei dieser Konstruktion ist zu beachten, dass $\bar{Z}_i^\infty$ von der Komponente (Lösungsmittel) abhängt, in der Komponente i unendlich verdünnt vorliegt. Für mehr als drei Komponenten lässt sich diese Konstruktion aber nur mit Schwierigkeiten vorstellen.

Wie sehen nun die Beziehungen zwischen verschiedenen partiellen molaren Größen aus? Um dies zu zeigen, sei folgender Zusammenhang betrachtet (vgl. Gl. 3.23):

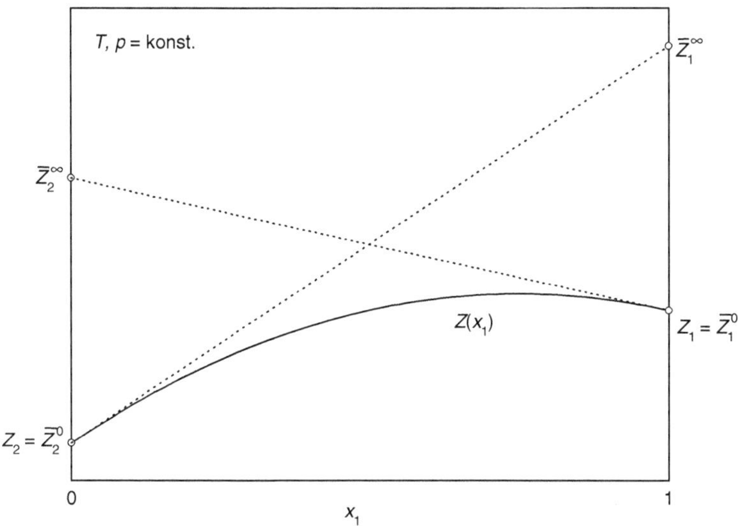

Abb. 5.3. Partielle molare Größen bei unendlicher Verdünnung

$$G = H - TS \; . \tag{5.19}$$

Die partielle molare freie Enthalpie der Komponente i,

$$\bar{G}_i = \left(\frac{\partial nG}{\partial n_i} \right)_{T,p,n_{j \neq i}} \tag{5.20}$$

ist damit

$$\bar{G}_i = \left(\frac{\partial nH}{\partial n_i} \right)_{T,p,n_{j \neq i}} - \left(\frac{\partial TnS}{\partial n_i} \right)_{T,p,n_{j \neq i}} \; . \tag{5.21}$$

Dies ist aber gleich bedeutend mit

$$\bar{G}_i = \bar{H}_i - T\bar{S}_i \; . \tag{5.22}$$

Die Beziehungen zwischen molaren Größen lassen sich also auf partielle molare Größen übertragen. Bei dieser Übertragung ist aber dann Vorsicht geboten, wenn das chemische Potential beteiligt ist, das selber eine partielle molare Größe darstellt:

$$\mu_i = \left(\frac{\partial nG}{\partial n_i} \right)_{T,p,n_{j \neq i}} \; , \tag{5.23}$$

$$\mu_i = \bar{G}_i \; . \tag{5.24}$$

Auch wenn μ_i nach Gl. 3.37 aus einer Reihe von kalorischen Größen gebildet werden kann, so ist es partielle molare Größe nur der freien Enthalpie, da bei den übrigen Differentialen in Gl. 3.37 die Richtung der Ableitung nicht mit der von Gl. 5.8 übereinstimmt. Es gilt also nach Gl. 5.9

$$G = \sum_{i=1}^{N} x_i \bar{G}_i \tag{5.25}$$

bzw.

$$G = \sum_{i=1}^{N} x_i \mu_i \ . \tag{5.26}$$

Diese Gleichung ist ganz wesentlich für das Rechnen mit der Fundamentalgleichung $G(T, p, x_i)$. Gl. 5.26 erlaubt es beispielsweise, $G(T, p, x_i)$ anzugeben, wenn im Folgenden aus praktischen Gründen die Schritte in Abb. 5.1 mit den entsprechenden Termen für $\mu_i(T, p, x_i)$ ausgedrückt werden.

5.2 Die Schritte in Abb. 5.1

Unter Verwendung partieller molarer Größen können die Stufen der Abb. 5.1 ohne großen Aufwand verbunden werden. Auf Stufe 0 liegen die Elemente bei T^0 und p^0 vor, wie bereits in Abb. 4.3 mit H_k^* und S_k^*. Zu Stufe 1 soll zum reinen realen Dampf der Komponente i bei T und dem zugehörigen Reinstoffdampfdruck p_i^{s} übergegangen werden. Hier können die Gln. 4.44 und 4.50 eingesetzt werden:

$$\mu_{i,\text{Stufe}\,1} - \mu_{i,\text{Stufe}\,0} = RT \ln \varphi_i^0(T, p_i^{\mathrm{s}}) + RT \ln \frac{p_i^{\mathrm{s}}}{p^0} + \int\limits_{T^0}^{T} C_{p,i}^{\mathrm{iG}} \mathrm{d}T' -$$

$$- T \int\limits_{T^0}^{T} \frac{C_{p,i}^{\mathrm{iG}}}{T'} \mathrm{d}T' + \Delta_{\mathrm{f}} H(T^0) - T \Delta_{\mathrm{f}} S(T^0, p^0) \ , \tag{5.27}$$

wobei für den Fugazitätskoeffizienten '0' wieder den Reinstoff indiziert.

Dampf und Flüssigkeit einer reinen Komponente befinden sich bei p_i^{s} miteinander im Gleichgewicht, damit ist nach Gl. 3.73

$$\mu_{i,\text{Stufe}\,2} - \mu_{i,\text{Stufe}\,1} = 0 \ . \tag{5.28}$$

Der Schritt zu Stufe 3, d. h. die Kompression der Flüssigkeit von p_i^{s} nach p, kann dann mit

$$\mu_{i,\text{Stufe}\,3} - \mu_{i,\text{Stufe}\,2} = \int\limits_{p_i^{\mathrm{s}}}^{p} \left(\frac{\partial \mu_i}{\partial p'} \right)_T \mathrm{d}p' \tag{5.29}$$

beschrieben werden. Aus Gl. 5.18 und 5.24 ergibt sich schließlich

$$\mu_{i,\text{Stufe}\,3} - \mu_{i,\text{Stufe}\,2} = \int\limits_{p_i^{\mathrm{s}}}^{p} \left(\frac{\partial G_i}{\partial p'} \right)_T \mathrm{d}p' \tag{5.30}$$

bzw. mit Gl. 3.36 für partielle molare Größen eines Reinstoffes (vgl. Gl. 5.18)

$$\mu_{i,\text{Stufe}\,3} - \mu_{i,\text{Stufe}\,2} = \int\limits_{p_i^{\text{s}}}^{p} V_i(p',T)\,\mathrm{d}p' \; . \tag{5.31}$$

Um diese Beziehung auswerten zu können, muss also das molare Volumen V_i der reinen flüssigen Komponente i bei T zwischen p_i^{s} und p als Funktion des Druckes bekannt sein.

Um zu Stufe 4 zu gelangen, der idealen Mischung realer flüssiger Komponenten bei T und p, muss zunächst geklärt werden, was unter einer idealen Mischung zu verstehen ist. Nach Lewis und Randall [121] gilt für eine ideale Mischung

$$f_i^{\text{iM}} = x_i f_i^0 \; , \tag{5.32}$$

wobei mit f_i^0 die Fugazität der reinen Komponente i in einem Standardzustand bei T und p bezeichnet ist und 'iM' die ideale Mischung indiziert. Zweckmäßigerweise wird als Standardzustand (indiziert mit 0) die reine flüssige Komponente bei T und p gewählt. Dann ergibt sich mit Gl. 4.48

$$\mu_{i,\text{Stufe}\,4} - \mu_{i,\text{Stufe}\,3} = RT \ln f_i^{\text{iM}} - RT \ln f_i^0 \; . \tag{5.33}$$

Einsetzen von Gl. 5.32 führt dann zu der einfachen Beziehung

$$\mu_{i,\text{Stufe}\,4} - \mu_{i,\text{Stufe}\,3} = RT \ln x_i \; , \tag{5.34}$$

die bereits von der Mischung idealer Gase her bekannt ist (vgl. Gln. 4.31 und 4.44). Auch beim Mischen von idealen Flüssigkeiten kommt es also zu einer Entropiezunahme, die darauf zurückzuführen ist, dass den einzelnen Komponenten in der Mischung mehr Volumen zur Verfügung steht als im Reinstoff bei gleichen T und p. Der letzte Schritt von Stufe 4 nach Stufe 5 enthält nun alle Informationen, die bisher nicht berücksichtigt wurden. Sie werden zunächst rein formal in dem so genannten Exzessanteil des chemischen Potentials zusammengefasst, der mit 'E' indiziert ist:

$$\mu_{i,\text{Stufe}\,5} - \mu_{i,\text{Stufe}\,4} = \mu_i(T,p,x_i) - \mu_i^{\text{iM}}(T,p,x_i) = \mu_i^{\text{E}}(T,p,x_i) \; . \tag{5.35}$$

Allgemein ist der Exzessanteil Z^{E} einer thermodynamischen Größe Z definiert als

$$Z^{\text{E}} = Z(T,p,x_i) - Z^{\text{iM}}(T,p,x_i) \; . \tag{5.36}$$

Die Exzessgröße gibt also an, wie sich die thermodynamische Größe der betrachteten realen Mischung von der einer idealen Mischung unterscheidet. Daraus folgt sofort, dass alle Exzessgrößen einer idealen Mischung null sind. Außerdem definiert man den Mischungsanteil Z^{M} einer thermodynamischen Größe als

$$Z^{\text{M}} = Z(T,p,x_i) - \sum_{i=1}^{N} x_i Z_i^0(T,p) \; . \tag{5.37}$$

Während also bei einer Exzessgröße die Referenz die ideale Mischung ist, wird bei Mischungsgrößen auf die reinen Komponenten bezogen. Für die ideale Mischung gilt mit Gl. 5.34

$$G^{\mathrm{iM}} = \sum_{i=1}^{N} x_i G_i^0(T,p) + RT \sum_{i=1}^{N} x_i \ln x_i \; . \tag{5.38}$$

Zur Veranschaulichung der Zusammenhänge zwischen Reinstoff-, Exzess- und Mischungsgrößen sind diese in Abb. 5.4 für die Freie Enthalpie aufgetragen. Es wird in Abb. 5.4 sofort anschaulich deutlich, dass als eine wesentliche Eigenschaft Mischungs- und Exzessgrößen für reine Komponenten stets null sind.

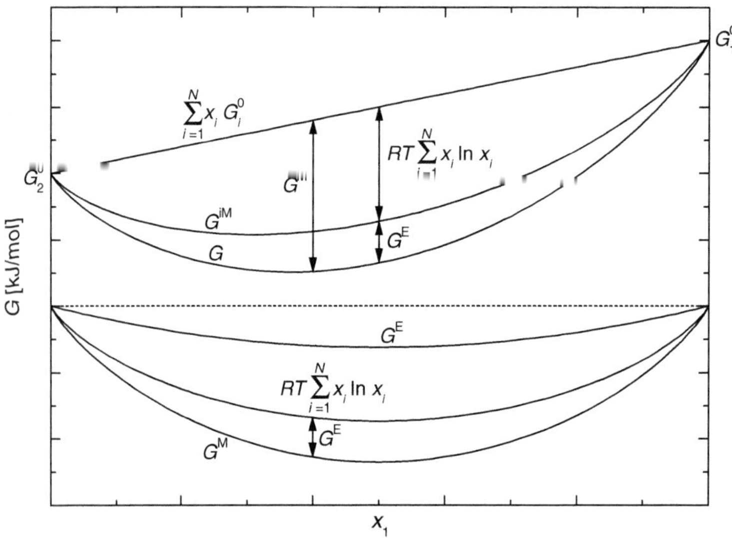

Abb. 5.4. Zusammenhang zwischen Reinstoff-, Exzess- und Mischungsgrößen am Beispiel der Freien Enthalpie

Anhand von Abb. 5.4 kann man auch wieder erkennen – analog zur Begründung für die Einführung von φ_i in Kapitel 4.1.6 für Zustandsgleichungen – warum es sinnvoll ist, Exzessgrößen zu definieren. Auf Grund des $\ln x_i$-Terms in der freien Enthalpie ist die Steigung der Kurven für G, G^{iM}, G^{M} und $RT \sum x_i \ln x_i$ an den Rändern $\pm\infty$. Mit Abb. 5.3 bzw. Gl. 5.23 folgt daraus, dass die korrespondierenden μ_i einer unendlich verdünnten Komponente ebenfalls über alle Grenzen wachen. Dieses Verhalten ist zur Berechnung von Phasengleichgewichten recht ungeeignet. Wird die freie Enthalpie mit dem $\ln x_i$-Term, der die Ursache hierfür darstellt, subtrahiert, resultiert die freie Exzessenthalpie, deren Steigung an den Rändern in Abb. 5.4 offensichtlich endlich ist. Diese Funktion lässt sich dann mit entsprechenden G^{E}-Modellen numerisch handhabbar beschreiben und zu Phasengleichgewichtsberechnungen auswerten.

In Abb. 5.5 sind die einzelnen Terme nochmals entsprechend Abbn. 5.1 und 4.3 übersichtlich zusammengestellt. In Gl. 5.40 ist zudem einerseits den Termen ihre Herkunft zugeordnet, andererseits ist angegeben, welche Terme unter den jeweils angegebenen Bedingungen für Gleichgewichtsberechnungen entfallen können und daher zweckmäßigerweise als Bezug gewählt werden. Dies gilt zumindest, solange ausschließlich mit dieser Gleichung das Gleichgewicht beschrieben werden kann. Dabei ist zu berücksichtigen, dass Gl. 5.40 ausschließlich die flüssige Phase beschreibt, wie z. B. aus Abb. 5.5 sofort ersichtlich ist. Soll also ein Dampf-Flüssigkeits-Gleichgewicht beschrieben werden, ist für die Dampfphase Gl. 4.44 zu wählen. Wenn damit die chemischen Potentiale beider Phasen bezogen auf einen gleichen Referenzzustand angeschrieben sind, wird auch dann sofort offensichtlich, welche Terme entfallen (vgl. nächster Abschnitt).

Auch hier sei wieder darauf hingewiesen, dass die Terme der jeweiligen Stufe den Beitrag zum chemischen Potential des Systems bei T und p darstellen, nicht das chemische Potential der jeweiligen Stufe. Nur dadurch, dass der Übergang von Dampf zur Flüssigkeit bei $p_i^s(T)$ betrachtet wird, wird der entsprechende Beitrag null. Bei einer allgemeinen Temperatur T^* stünde dort der Term $\Delta H_{\mathrm{V},i} - T^* \Delta S_{\mathrm{V},i}$ bzw. mit Gl. 3.90, $\Delta H_{\mathrm{V},i} - \dfrac{T^*}{T}\Delta H_{\mathrm{V},i}$, was nur für $T^* = T$ null wird.

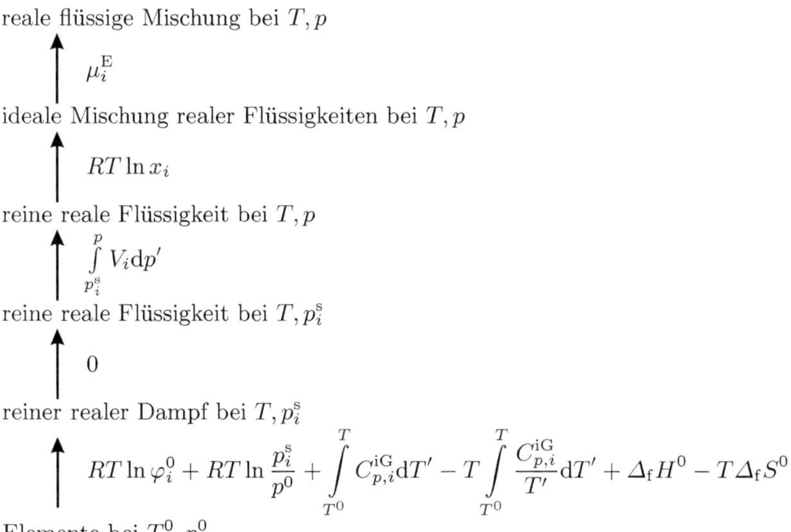

Abb. 5.5. Schritte bei der Modellierung der freien Enthalpie $G(T, p, x_i)$ als fundamentale Größe, formuliert für das chemische Potential

Die Fundamentalgleichung $G(T,p,x_i)$ kann dann aus den zusammengetragenen Termen mit Gln. 5.26 und 5.40 ausgedrückt werden:

$$G(T,p,x_j) = G^{\mathrm{E}}(T,p,x_j) + \sum_{j=1}^{N} \left(RT \ln x_j + \int_{p_j^{\mathrm{s}}(T)}^{p} V_j(T,p')\mathrm{d}p' + \right.$$

$$+ RT \ln \varphi_j^0(T,p_j^{\mathrm{s}}(T)) + RT \ln \frac{p_j^{\mathrm{s}}(T)}{p^0} +$$

$$+ \int_{T^0}^{T} C_{p,j}^{\mathrm{iG}}(T)\mathrm{d}T' - T \int_{T^0}^{T} \frac{C_{p,j}(T)^{\mathrm{iG}}}{T'}\mathrm{d}T' + \tag{5.39}$$

$$+ \Delta_{\mathrm{f}}H_j^{\mathrm{iG}}(T^0) - T\Delta_{\mathrm{f}}S_j^{\mathrm{iG}}(T^0,p^0) +$$

$$\left. + \sum_{k=1}^{M_j} \nu_{k,j}\left(H_k^*(T^0) - TS_k^*(T^0,p^0)\right) \right) \ .$$

Der Referenzzustand ist dabei der gleiche wie in Gl. 4.44 für die Fundamentalgleichung $A(T,V,x_i)$, die den Rechnungen mit Zustandsgleichungen zu Grunde liegt. Da auch $G(T,p,x_i)$ eine Fundamentalgleichung der Thermodynamik ist, können auch aus Gl. 5.39 alle übrigen thermodynamischen Größen ermittelt werden. Gl. 5.39 ist damit bezüglich der Aussagefähigkeit völlig äquivalent zu Gl. 4.42. Dabei ist aber nochmals betont, dass Gl. 5.39 ausschließlich das Verhalten einer flüssigen Mischung beschreibt.

5.3 Berechnung von Phasengleichgewichten mit der Fundamentalgleichung $G(T,p,x_i)$

Um bei den Phasengleichgewichtsbedingungen zu einfachen Ausdrücken zu gelangen, werden zunächst zwei Hilfsgrößen eingeführt. Die Aktivität a_i der Komponente i ist der Quotient aus der Fugazität f_i und der Fugazität in einem geeignet gewählten Standardzustand f_i^0, wobei der Zusammenhang zwischen chemischem Potential und Fugazität durch Gleichung 4.48 gegeben ist:

$$a_i = \frac{f_i}{f_i^0} \ . \tag{5.41}$$

Prinzipiell kann der Standardzustand, indiziert mit '0', frei festgelegt werden. Eine sinnvolle Wahl ist z. B. die reine, flüssige Komponente i bei T und p. Dadurch wird, wieder auf Abb. 5.1 bzw. auf Abb. 5.5 bezogen,

$$\mu_i(T,p,x_i) - \mu_i^0 = \mu_{i,\mathrm{Stufe5}} - \mu_{i,\mathrm{Stufe3}} = RT \ln a_i \ . \tag{5.42}$$

Wird ein anderer Standardzustand als bei dieser so genannten symmetrischen Normierung festgelegt (vgl. nächster Unterabschnitt auf Seite 124), so muss dies in f_i^0 und μ_i^0 simultan berücksichtigt werden. Mit Gl. 5.40 gilt aber auch

konstant: ideale Mischung — Rein-stoff — isotherm

Herkunft: Exzess-größe — ideale Mischung — Kompression der Flüssigkeit — reines reales Gas bei p_i^{s}

$$\bar{G}_i(T,p,x_i) = \mu_i(T,p,x_i) = \mu_i^{\mathrm{E}}(T,p,x_i) + RT\ln x_i + \int\limits_{p_i^{\mathrm{s}}(T)}^{p} V_i(T,p')\mathrm{d}p' + RT\ln\varphi_i^0(T,p_i^{\mathrm{s}}(T)) + RT\ln\frac{p_i^{\mathrm{s}}(T)}{p^0} +$$

$$+ \int\limits_{T^0}^{T} C_{p,j}^{\mathrm{iG}}(T')\mathrm{d}T' - T\int\limits_{T^0}^{T}\frac{C_{p,j}^{\mathrm{iG}}(T')}{T'}\mathrm{d}T' + \Delta_{\mathrm{f}}H_j^{\mathrm{iG}}(T^0) - T\Delta_{\mathrm{f}}S_j^{\mathrm{iG}}(T^0,p^0) + \sum_{k=1}^{M_j}\nu_{j,k}\left(H_k^*(T^0) - TS_k^*(T^0,p^0)\right)$$

Herkunft: idealesGas — Bildung — Elemente

konstant: isotherm — keine Reaktion — immer, daher üblicherweise zu null gesetzt

$$(5.40)$$

$$\mu_i(T, p, x_i) - \mu_i^0 = \mu_i^E + RT \ln x_i \ , \tag{5.43}$$

was die Definition des Aktivitätskoeffizienten γ_i der Komponente i nahe legt:

$$a_i = \gamma_i x_i \ . \tag{5.44}$$

Durch diese Definition wird

$$\mu_i^E = RT \ln \gamma_i \tag{5.45}$$

und

$$\mu_i^M = RT \ln a_i = RT \ln \gamma_i x_i \tag{5.46}$$

bzw.

$$G^E = RT \sum_{i=1}^{N} x_i \ln \gamma_i \tag{5.47}$$

und

$$G^M = RT \sum_{i=1}^{N} x_i \ln a_i \ . \tag{5.48}$$

$RT \ln \gamma_i$ ist die partielle molare freie Exzessenthalpie, $RT \ln a_i$ die partielle molare freie Mischungsenthalpie. Für eine ideale Mischung ist

$$\gamma_i^{iM} = 1 \ , \tag{5.49}$$

da μ_i^E dann null sein muss.

Die Aktivität ist bei der angegebenen Wahl des Standardzustandes also ein korrigierter Stoffmengenanteil, der Aktivitätskoeffizient der Korrekturfaktor. Alle Nicht-Idealitäten des Mischens der reinen flüssigen Komponenten werden also mit γ_i berücksichtigt, das mit geeigneten Modellen beschrieben werden muss. Ähnlich ist ja die Bedeutung des Fugazitätskoeffizienten φ_i, der die Abweichung vom Idealgas-Verhalten beschreibt. Während φ_i aber lediglich für den dampfförmigen Zustand in der Nähe von eins liegt und bereits für reine Flüssigkeiten deutlich von diesem Wert abweicht, ist für ideale flüssige Mischungen

$$\gamma_i(x_i = 1) = 1 \ , \tag{5.50}$$

wie Gln. 5.41 und 5.44 bei dem gewählten Standardzustand der reinen flüssigen Komponente bei T und p ergeben. Dies zeigt, dass die Trennung der Beschreibung der Mischungseffekte von der der Reinstoffeffekte gelungen ist, was in Abschnitt 4.4 als Ziel formuliert wurde.

Unsymmetrische Normierung

An dieser Stelle kann nun auch recht einfach gezeigt werden, wie eine andere Wahl für den Bezugszustand bei der Definition von a_i (Gl. 5.41) gewählt werden kann. Dies ist dann sinnvoll, wenn eine der Komponenten einer flüssigen

Mischung nicht als flüssiger Reinstoff bei T und p vorliegt. Als Reinstoff kann die Komponente z.B. als überkritisches Gas oder als Feststoff vorliegen. In beiden Fällen ist in Abbn. 5.1 und 5.5 der Weg über die reine reale Flüssigkeit bei T und p nicht sinnvoll. Hier sei aber gleich angemerkt, dass für leicht überkritische Komponenten die Dampfdruckgleichung üblicherweise extrapoliert und so der Bezug auf einen hypothetisch flüssigen Reinstoff möglich wird.

Im allgemeinen Fall muss ein anderer Bezugszustand gewählt werden. Um dies zu veranschaulichen, ist in Abb. 5.6 der G^{E}-Verlauf einer entsprechenden Mischung angegeben. Komponente 1 liege als Reinstoff bei T und p nicht flüssig vor, wobei der nicht zugängliche Bereich in Abb. 5.6 gestrichelt eingezeichnet ist. Bei der üblichen Wahl des Bezugszustandes, der so genannten symmetrischen Normierung, ist $G^{\mathrm{E}}(x_i \to 1) = 0$, da ja gerade auf die Reinstoffwerte bezogen war. Für eine allgemeine Konzentration x_1^* sind nun entsprechend Abb. 5.2 die partiellen molaren G^{E}-Werte als Ordinatenabschnitte der Tangente in x_1^* eingetragen, die nach Gl. 5.47 genau $RT \ln \gamma_i$ entsprechen.

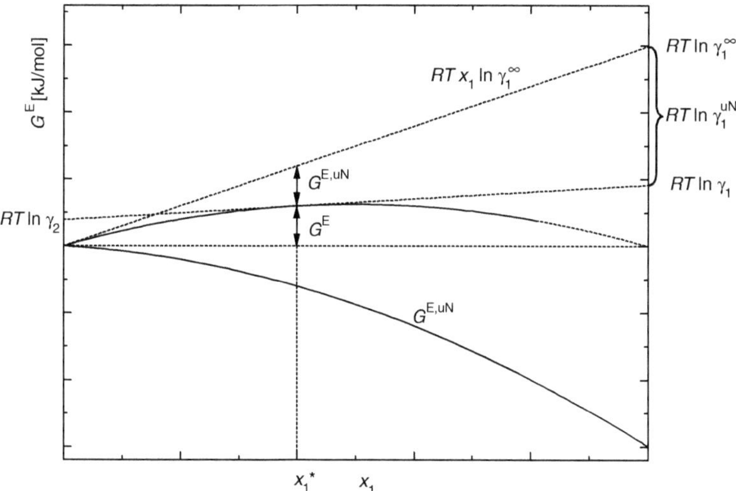

Abb. 5.6. $G^{\mathrm{E}}(x)$-Verläufe bei symmetrischer und unsymmetrischer Normierung

Ist nun Komponente 1 als Reinstoff bei T und p nicht zugänglich, kann alternativ auf den Wert bezogen werden, der sich als Ordinatenabschnitt der Tangente für $x_1 \to 0$ ergibt. Dies ist genau $RT \ln \gamma^\infty$. Die entsprechend eingetragenen Werte für diese unsymmetrische Normierung sind mit 'uN' indiziert. $G^{\mathrm{E,uN}}$ ergibt sich aus

$$G^{\mathrm{E,uN}} = G^{\mathrm{E}} - x_1 RT \ln \gamma_1^\infty \tag{5.51}$$

und entsprechend mit der Definition partieller molarer Größen (Gl. 5.8)

$$RT \ln \gamma_1^{\mathrm{uN}} = RT \ln \gamma_1 - RT \ln \gamma_1^{\infty} \tag{5.52}$$

bzw.

$$\gamma_1^{\mathrm{uN}} = \frac{\gamma_1}{\gamma_1^{\infty}} \, . \tag{5.53}$$

γ_2 ist von dieser Umnormierung nicht betroffen. Die Bezugszustände der beiden Komponenten unterscheiden sich damit, was auch die Bezeichnung 'unsymmetrische Normierung' ausdrückt. Gleichung 5.52 zeigt, dass die unsymmetrische Normierung lediglich zu einer Verschiebung um $\ln \gamma_1^{\infty}$ führt. Diese Verschiebung führt dazu, dass statt

$$\gamma_1(x_1 \to 1) = 1 \tag{5.54}$$

nun

$$\gamma_1^{\mathrm{uN}}(x_1 \to 0) = 1 \tag{5.55}$$

wird (vgl. Abb. 5.7). Die $RT \ln \gamma_i^{\mathrm{uN}}$ ergeben sich dabei grafisch ebenfalls aus den Ordinatenabschnitten der Tangenten an den $G^{\mathrm{E,uN}}$-Verlauf, was der Übersichtlichkeit halber in Abb. 5.6 nicht mit eingezeichnet ist.

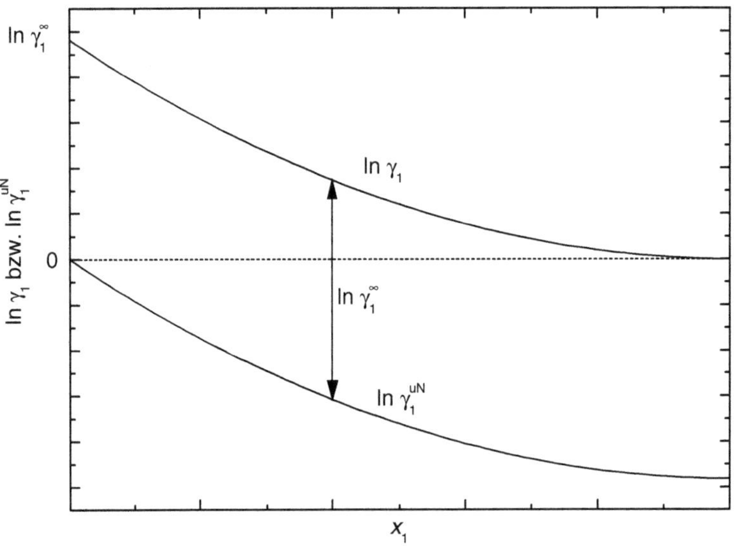

Abb. 5.7. Verläufe der γ bei unterschiedlicher Normierung

Es stellt sich die Frage, welchen Vorteil diese unsymmetrische Normierung bewirkt. Wird das thermodynamische Verhalten mit einem G^{E}-Modell beschrieben, das i. d. R. den gesamten Konzentrationsbereich abdeckt, so kann für das G^{E}-Modell mit Gln. 5.51 bis 5.53 zwischen den verschiedenen Normierungen umgerechnet werden. Der Vorteil wird dann sichtbar, wenn z. B.

das Dampf-Flüssigkeits-Gleichgewicht beschrieben werden soll. Hierzu ist in Abb. 5.8 die Stufenabfolge aus Abb. 5.5 um die Stufe der unendlich verdünnten Komponente ergänzt worden. In einem nächsten Schritt werden nun alle Terme in der so genannten Henry-Konstante $H_{i,j}$ zusammengefasst, die auf Grund des nicht vorhandenen flüssigen Reinstoffs nicht ermittelt werden können:

$$RT \ln H_{i,j}(T) = RT \ln \gamma_i^{\infty} +$$

$$+ \int\limits_{p_i^{s}(T)}^{p} V_i(T)\mathrm{d}p' + RT \ln \varphi_i^0(p_i^{s}(T)) + RT \ln p_i^{s} \qquad (5.56)$$

bzw.

$$H_{i,j} = \gamma_i^{\infty} F_{\mathrm{P},i}\varphi_i^0 p_i^{s} , \qquad (5.57)$$

wobei der Index j das Lösungsmittel angibt, da von diesem γ_i^{∞} und damit $H_{i,j}$ abhängen. Außer von den betrachteten Komponenten i und j hängt $H_{i,j}$ nur von T ab, wie Gl. 5.56 zeigt. Damit lässt sich das chemische Potential für eine Komponente in unsymmetrischer Normierung wie folgt schreiben:

$$\mu_i = RT \ln \gamma_i^{\mathrm{uN}} + RT \ln x_i + RT \ln \frac{H_{i,j}}{p^0} +$$

$$+ \int\limits_{T^0}^{T} C_{p,j}^{\mathrm{iG}}(T')\mathrm{d}T' - T \int\limits_{T^0}^{T} \frac{C_{p,j}^{\mathrm{iG}}(T')}{T'}\mathrm{d}T' + \Delta_{\mathrm{f}} H_j^{\mathrm{iG}}(T^0, p^0) - \qquad (5.58)$$

$$- T\Delta_{\mathrm{f}} S_j^{\mathrm{iG}}(T^0, p^0) + \sum_{k=1}^{M_j} \nu_{j,k}\left(H_k^*(T^0, p^0) - TS_k^*(T^0, p^0)\right) .$$

Wird dann das chemische Potential der Gasphase wieder mit Gl. 4.44 beschrieben, so ergibt sich für das Dampf-Flüssigkeits-Gleichgewicht mit Gl. 3.77 nach Wegstreichen aller Terme, die auf beiden Seiten der Gleichung identisch sind und nach Entlogarithmieren

$$\gamma_i^{\mathrm{uN}} x_i H_{i,j} = \varphi_i y_i p . \qquad (5.59)$$

Als Vereinfachung für die Löslichkeit von Gasen in Flüssigkeiten wird nun üblicherweise davon ausgegangen, dass der Dampf sich ideal verhält ($\varphi_i = 1$). Ist zudem die Löslichkeit nicht zu hoch, was für die meisten Anwendungen rein physikalischer Löslichkeit zutrifft, so ist $\gamma_i^{\mathrm{uN}} = 1$, da x_i gegen null geht. Mit diesen Vereinfachungen resultiert das Henry'sche Gesetz:

$$x_i H_{i,j} = p_i . \qquad (5.60)$$

Die vereinfachenden Annahmen sind für $x_i \rightarrow 0$ i. d. R. gut erfüllt und entsprechen im Prinzip denen des Raoult'schen Gesetzes.

Damit ist es durch Einführung der unsymmetrischen Normierung gelungen, für Komponenten, die als Reinstoff bei T und p nicht flüssig vorliegen,

reale flüssige Mischung bei T, p

$\uparrow \quad \mu_i^{\mathrm{E,uN}}$

reale flüssige Mischung bei bei unendlicher Verdünnung von i und T, p

$\uparrow \quad RT\ln\gamma_i^\infty$

ideale Mischung realer Flüssigkeiten bei T, p

$\uparrow \quad RT\ln x_i$

reine reale Flüssigkeit bei T, p

$\uparrow \quad \int\limits_{p_i^{\mathrm{s}}}^{p} V_i\,\mathrm{d}p'$

reine reale Flüssigkeit bei T, p_i^{s}

$\uparrow \quad 0$

reiner realer Dampf bei T, p_i^{s}

$\uparrow \quad RT\ln\varphi_i^0 + RT\ln\dfrac{p_i^{\mathrm{s}}}{\eta^0} + \int\limits_{T^0}^{T} C_{p,i}^{\mathrm{iG}}\,\mathrm{d}T' - T\int\limits_{T^0}^{T}\dfrac{C_{p,i}^{\mathrm{iG}}}{T'}\,\mathrm{d}T' + \Delta_{\mathrm{f}}H^0 - T\Delta_{\mathrm{f}}S^0$

Elemente bei T^0, p^0

Abb. 5.8. Schritte bei der Modellierung des chemischen Potentials $\mu_i(T, p, x_i)$ für eine Komponente i, die nicht als flüssiger Reinstoff i bei T und p vorliegt, mit unsymmetrischer Normierung

für die also z. B. p_i^{s} nicht ermittelt werden kann, eine Alternative zu bieten. Statt p_i^{s} kann für diese Komponenten $H_{i,j}(T)$ ermittelt werden aus

$$H_{i,j} = \lim_{x_i\to 0}\frac{\varphi_i y_i p}{x_i}\,, \tag{5.61}$$

was aus Gln. 5.54 und 5.59 sofort folgt. Nachteilig bei der unsymmetrischen Normierung ist, dass $H_{i,j}$ auch vom Lösungsmittel und ggf. dessen Zusammensetzung abhängt. Aus diesem Grund wird die symmetrische Normierung bevorzugt, wo immer sie angewendet werden kann.

5.3.1 Dampf-Flüssigkeits-Gleichgewichte mit G^{E}

Um nun Dampf-Flüssigkeits-Gleichgewichte mit Gl. 5.39 bzw. Gl. 5.40 zu bestimmen, müssen die chemischen Potentiale von Dampf und Flüssigkeit wieder gleichgesetzt werden:

$$\mu_i^{\mathrm{L}} = \mu_i^{\mathrm{V}}\,. \tag{5.62}$$

Wird Gl. 5.40 für μ_i^{L} unter Berücksichtigung von Gl. 5.45 und Gl. 4.44 für μ_i^{V} unter Berücksichtigung von Gl. 4.49 eingesetzt, so ergibt sich

$$RT \ln \gamma_i(T, p^\mathrm{s}, x_i) + \int\limits_{p_i^\mathrm{s}(T)}^{p^\mathrm{s}} V_i(T, p)\mathrm{d}p + RT \ln \varphi_i^0(T, p_i^\mathrm{s}(T)) +$$

$$+RT \ln x_i + RT \ln \frac{p_i^\mathrm{s}}{p^0} = \tag{5.63}$$

$$RT \ln \varphi_i(T, p^\mathrm{s}, y_i) + RT \ln y_i + RT \ln \frac{p^\mathrm{s}}{p^0} \, ,$$

wobei alle Terme gekürzt wurden, die wegen

$$T^\mathrm{L} = T^\mathrm{V} \tag{5.64}$$

gleich sind. p^s bezeichnet den Dampfdruck der Mischung, während p_i^s sich wie φ_i^0 auf den Reinstoff bezieht. Die Bedingung für das Dampf-Flüssigkeits-Gleichgewicht lässt sich damit wie folgt beschreiben:

$$\gamma_i(T, p^\mathrm{s}, x_i) \exp\left[\int\limits_{p_i^\mathrm{s}(T)}^{p^\mathrm{s}} \frac{V_i(T, p)}{RT}\mathrm{d}p\right] \varphi_i^0(T, p_i^\mathrm{s}(T))\, x_i\, p_i^\mathrm{s}(T) =$$

$$= \varphi_i(T, p^\mathrm{s}, y_i)\, y_i\, p^\mathrm{s} \, . \tag{5.65}$$

Die einzelnen Größen dieser Gleichung müssen nun mit einer Reihe von Modellen beschrieben werden, die hier kurz diskutiert werden und in Tab. 5.1 übersichtlich zusammengestellt sind.

Tabelle 5.1. Berechnungsmöglichkeiten für die Größen in Gl. 4.57 zur Bestimmung von VLE mit G^E-Modellen

γ_i	mit Gl. 5.66 aus einem G^E-Modell
V_i	Dichte-Daten für den flüssigen Reinstoff oder $F_{\mathrm{P},i} = 1$ (vgl. Gl. 5.67)
φ_i^0	Zustandsgleichung für den Reinstoff-Dampf, z. B. Virialgleichung (vgl. Anhang F.7.2) oder $\varphi_i^0 = 1$
p_i^s	Dampfdruckgleichung für den Reinstoff, z. B. Antoine-Gleichung
φ_i	Zustandsgleichung für den Mischungs-Dampf, z. B. Virialgleichung (vgl. Anhang F.7.3) oder $\varphi_i = 1$

- γ_i ergibt sich mit

$$RT \ln \gamma_i = \left(\frac{\partial n G^\mathrm{E}}{\partial n_i}\right)_{T, p, n_{j \neq i}} \tag{5.66}$$

aus einem Modellansatz für G^E. In Abschnitt 5.4 werden hierzu einige gebräuchliche Vorschläge vorgestellt und diskutiert. Da sich diese Modelle nur auf den flüssigen Zustand beziehen, wird üblicherweise die Abhängigkeit vom Druck vernachlässigt. Diese Vereinfachung, die eine gute Näherung darstellt, ist es eigentlich, die das Rechnen mit G^{E}-Modellen so relativ einfach macht, da eine Variable im Modell unberücksichtigt bleiben kann. Im Gegensatz dazu musste bei Zustandsgleichungen die dementsprechende ϱ-Abhängigkeit stets explizit ausgewertet werden. Die daraus in den Berechnungen resultierende innerste Iterationsschleife entfällt beim Arbeiten mit G^{E}-Modellen.

- Der Exponentialterm in Gl. 5.65 wird als Poynting-Faktor $F_{\mathrm{P},i}$ bezeichnet,

$$F_{\mathrm{P},i} = \exp\left[\int_{p_i^{\mathrm{s}}(T)}^{p^{\mathrm{s}}} \frac{V_i(T,p)}{RT}\,\mathrm{d}p\right] , \tag{5.67}$$

er beschreibt den Effekt der Kompression der reinen flüssigen Komponenten von p_i^{s} auf p^{s}. Mit $F_{\mathrm{P},i}$ lässt sich die Bedingung für das Dampf-Flüssigkeits-Gleichgewicht in einer leichter merkbaren Form formulieren:

$$\gamma_i\,F_{\mathrm{P},i}\,\varphi_i^0\,x_i\,p_i^{\mathrm{s}} = \varphi_i\,y_i\,p^{\mathrm{s}} . \tag{5.68}$$

Da in der Regel angenommen werden kann, dass die Flüssigkeiten unter den betrachteten Bedingungen in guter Näherung inkompressibel sind, vereinfacht sich Gl. 5.67 zu

$$F_{\mathrm{P},i} \approx \exp\frac{V_i(p^{\mathrm{s}} - p_i^{\mathrm{s}})}{RT} . \tag{5.69}$$

Dieser Ausdruck lässt sich leicht mit Hilfe von Dichtedaten für die reinen Flüssigkeiten auswerten. Die Größenordnung von $F_{\mathrm{P},i}$ sei anhand eines einfachen Beispiels aufgezeigt. Werden Bedingungen gewählt, die für viele Anwendungen typisch sind, z. B.

$$V_i = 100\,\frac{\mathrm{cm}^3}{\mathrm{mol}} , \tag{5.70}$$

$$p^{\mathrm{s}} - p_i^{\mathrm{s}} = 0,1\,\mathrm{MPa} \tag{5.71}$$

und

$$T = 300\,\mathrm{K} , \tag{5.72}$$

so ergibt sich

$$F_{\mathrm{P},i} = 1,004 . \tag{5.73}$$

D. h. in vielen Fällen kann von

$$F_{\mathrm{P},i} \approx 1 \tag{5.74}$$

ausgegangen werden.

- $\varphi_i^0\,(T, p_i^{\mathrm{s}}(T))$ kann mit einer Zustandsgleichung bestimmt werden, die die dampfförmigen reinen Komponenten gut beschreiben kann. In der Mehrzahl der üblicherweise untersuchten Probleme genügt es völlig, wenn φ_i^0

mit der nach dem B_2-Term abgebrochenen Virialgleichung modelliert wird (vgl. Anhang F.7.2). Ist p_i^s nicht zu hoch (etwa 1 bar, abhängig von der geforderten Genauigkeit), so ist oft die Annahme des Idealgas-Verhaltens für den Dampf gerechtfertigt:

$$\varphi_i^0 = 1 \; . \tag{5.75}$$

- $p_i^\mathrm{s}(T)$ ergibt sich aus einer Dampfdruckgleichung für die reinen Stoffe. Häufig werden die Antoine-Gleichung (Gl. 3.102) oder ähnliche Korrelationen verwendet. Prinzipiell kann p_i^s aber auch mit jeder Zustandsgleichung berechnet werden, die geeignet erscheint.

- $\varphi_i\left(T, p^\mathrm{s}, y_i\right)$ kann wie φ_i^0 mit einer geeigneten Zustandsgleichung beschrieben werden, die hier allerdings für die Mischung im Dampf auszuwerten ist. Eine übliche Wahl ist wieder die Virialgleichung (vgl. Anhang F.7.3) bzw. in vielen Fällen

$$\varphi_i = 1 \; . \tag{5.76}$$

Die übrigen Größen T, p^s, x_i und y_i ergeben sich entweder aus den Vorgaben oder aus dem Lösen der Gleichgewichtsbedingungen, wie dies bereits in Tab. 4.2 dargestellt ist.

Das Rechnen mit G^E-Modellen bedeutet nach diesen Überlegungen (vgl. Tab. 5.1) also die Auswertung einer ganzen Reihe von Modellgleichungen. Dies ist ein Verlust an Einfachheit und innerer Konsistenz gegenüber dem Arbeiten mit Zustandsgleichungen. Der große Vorteil der γ-φ-Methode, wie die Methode basierend auf Gl. 5.65 auch genannt wird, besteht aber gerade in der Trennung der Größen, die das Dampf-Flüssigkeits-Gleichgewicht beeinflussen, wie dies bereits diskutiert wurde. An Gl. 5.65 sieht man nochmals, dass p_i^s und γ_i nicht mit demselben Modell beschrieben werden, wie dies bei Gleichgewichtsrechnungen mit Zustandsgleichungen der Fall war. So kann bei der γ-φ-Methode für jede Größe in Gl. 5.65 ein optimal geeignetes Modell gewählt werden.

Ein Nachteil der γ-φ-Methode ist allerdings, dass die reinen Komponenten bei T unterkritisch sein müssen, da anderenfalls p_i^s nicht existiert. Bei einzelnen überkritischen Komponenten behilft man sich jedoch oft damit, dass die Dampfdruckkurve extrapoliert wird, damit auf einen hypothetisch flüssigen Reinstoff als Standardzustand bezogen werden kann. Eine andere Alternative ist die unsymmetrische Normierung bzw. die Verwendung von Henry-Koeffizienten, wie dies auf S. 124ff. vorgestellt ist. Die Mischung darf aber nicht insgesamt überkritisch sein, da dann die Schritte des in Abb. 5.1 dargestellten Vorgehens nicht mehr zutreffen.

Vereinfachungen der Dampf-Flüssigkeits-Gleichgewichtsbeziehung

Werden die angegebenen Vereinfachungen maximal ausgeschöpft, so ergibt sich zur Beschreibung des Dampf-Flüssigkeits-Gleichgewichtes

$$\gamma_i\, x_i\, p_i^{\mathrm{s}} = y_i\, p^{\mathrm{s}} \; . \tag{5.77}$$

Angenommen wurde hierfür, dass die Dampfphasen der Reinstoffe und der Mischung sich wie ideale Gase verhalten bzw. die Nichtidealitäten im Dampf für Reinstoffe und Mischung identisch sind ($\varphi_i = \varphi_i^0$) und der Poynting-Faktor eins ist. Dies ist für nicht zu hohe Drücke eine oft verwendete gute Näherung für alle Komponenten. Wird zudem angenommen, dass sich die flüssige Mischung wie eine ideale verhält, so folgt das Raoult'sche Gesetz:

$$x_i\, p_i^{\mathrm{s}} = y_i\, p^{\mathrm{s}} \; , \tag{5.78}$$

was wegen $\sum\limits_{i=1}^{N} y_i = 1$ sofort auch

$$p^{\mathrm{s}} = \sum_{i=1}^{N} x_i\, p_i^{\mathrm{s}} \tag{5.79}$$

impliziert.

Diese Näherung kann die Realität in der Regel nur sehr ungenau beschreiben. Lediglich bei Mischungen von Komponenten aus etwa gleich großen Molekülen ohne spezifische Wechselwirkungen kann sie sinnvoll eingesetzt werden. Das Raoult'sche Gesetz wird aber oft verwendet, um zu ersten Abschätzungen für das Dampf-Flüssigkeits-Gleichgewicht zu gelangen, z. B. zur Startwertfindung bei numerischen Algorithmen.

Das Raoult'sche Gesetz für binäre Gemische

Aus dem Raoult'schen Gesetz erhält man für den Verteilungskoeffizienten der Komponente i (ideale Mischung, idealer Dampf, $F_{\mathrm{P},i} = 1$)

$$K_i = \frac{y_i}{x_i} = \frac{p_i^{\mathrm{s}}}{p^{\mathrm{s}}} \; . \tag{5.80}$$

Definiert man nun allgemein die relative Flüchtigkeit $\alpha_{i,j}$ als Quotienten der Verteilungskoeffizienten von Komponente i und j,

$$\alpha_{i,j} = \frac{K_i}{K_j} \; , \tag{5.81}$$

so erhält man im Spezialfall idealer Verhältnisse

$$\alpha_{i,j} = \frac{p_i^{\mathrm{s}}}{p_j^{\mathrm{s}}} \; . \tag{5.82}$$

Die relative Flüchtigkeit ist unter den getroffenen Annahmen also gleich dem Quotienten der entsprechenden Reinstoffdampfdrücke. Für ein Zweistoffsystem (binäres System) ergibt sich dann mit

$$p^{\mathrm{s}} = x_1\, p_1^{\mathrm{s}} + x_2\, p_2^{\mathrm{s}} \tag{5.83}$$

folgender Zusammenhang zwischen Dampfzusammensetzung und der Zusammensetzung der Flüssigkeit:

$$y_1 = \frac{\alpha_{1,2} x_1}{\alpha_{1,2} x_1 + 1 - x_1} \, . \tag{5.84}$$

Diese Beziehungen lassen sich nun grafisch darstellen, wie dies in den Abbn. 5.9 und 5.10 geschehen ist. In Abb. 5.9 ist das bereits in Abb. 4.8 vorgestellte pxy-Diagramm gezeigt für $\alpha_{1,2} = 3,5$. Es sind sowohl die Partialdrücke $y_i p^s$ beider Komponenten als auch Siede- und Taulinie eingetragen. Es ist also bereits für ideale Gemische zu erkennen, dass Siede- und Taulinie nicht zusammenfallen. Dass $y_i \neq x_i$ wird noch deutlicher in Abb. 5.10, in der das yx-Diagramm für unterschiedliche $\alpha_{1,2}$ gezeigt ist. Man erkennt, dass y_i von x_i um so stärker abweicht, je größer $\alpha_{1,2}$ ist, je deutlicher sich also die Dampfdrücke der reinen Komponenten unterscheiden. Es sei ins Gedächtnis zurückgerufen, dass die leichter flüchtige Komponente mit 1 indiziert wird und daher $\alpha_{1,2} < 1$ nicht berücksichtigt werden muss.

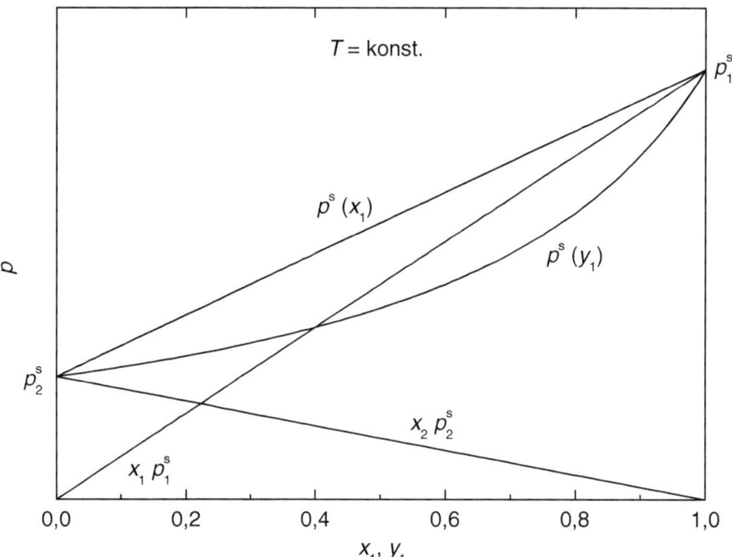

Abb. 5.9. pxy-Diagramm für ein ideales Binärsystem

5.3.2 Flüssig-Flüssig-Gleichgewichte

Sollen Flüssig-Flüssig-Gleichgewichte mit Hilfe von G^E-Modellen beschrieben werden, so kann Gl. 5.40 für beide Phasen verwendet werden, die mit $'$ und $''$ indiziert sind. Da die Stufen nach Abb. 5.1, die von den Elementen aufsteigend durchlaufen werden, für beide Phasen bis zum Mischen der flüssigen Reinstoffe identisch sind, lassen sich die meisten Terme kürzen. Aus der Gleichgewichtsbeziehung

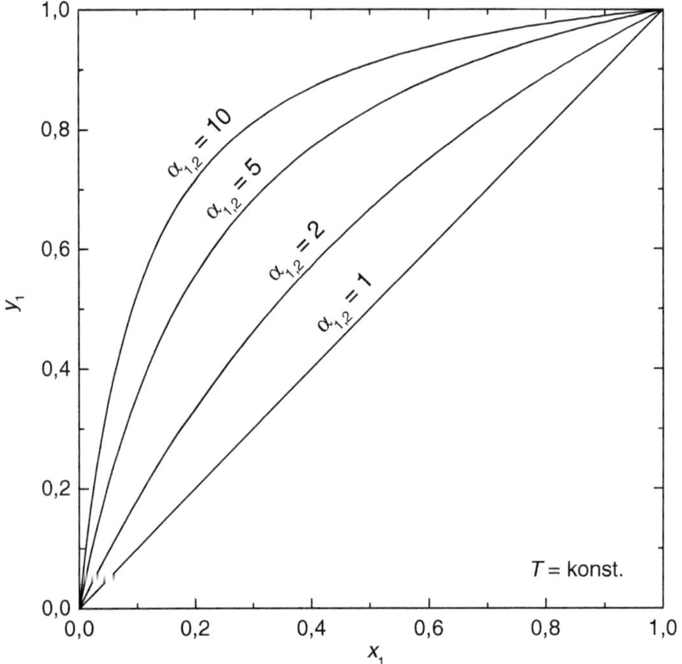

Abb. 5.10. yx-Diagramm für ein ideales Binärsystem

$$\mu_i' = \mu_i'' \qquad \text{für } i = 1, 2, \dots, N \tag{5.85}$$

folgt sofort

$$RT \ln\left(\gamma_i x_i\right)' = RT \ln\left(\gamma_i x_i\right)'' \qquad \text{für } i = 1, 2, \dots, N \tag{5.86}$$

bzw.

$$\gamma_i' \ln x_i' = \gamma_i'' \ln x_i'' \qquad \text{für } i = 1, 2, \dots, N \tag{5.87}$$

oder

$$a_i' = a_i'' \qquad \text{für } i = 1, 2, \dots, N \,. \tag{5.88}$$

Für den Verteilungskoeffizienten ergibt sich damit

$$K_i = \frac{x_i'}{x_i''} = \frac{\gamma_i''}{\gamma_i'} \qquad \text{für } i = 1, 2, \dots, N \,. \tag{5.89}$$

Die Aktivitäten müssen also für alle Komponenten in beiden Phasen gleich sein. Da μ_i auch die partielle molare freie Mischungsenthalpie ist, die als Ordinatenabschnitt der Tangente an die $G\left(x_i\right)$-Funktion veranschaulicht werden kann, müssen also im Gleichgewicht zwischen zwei flüssigen Phasen diese Tangenten bei den koexistierenden Phasen zusammenfallen. In Abb. 5.11 ist diese Bedingung für ein Beispiel gezeigt:

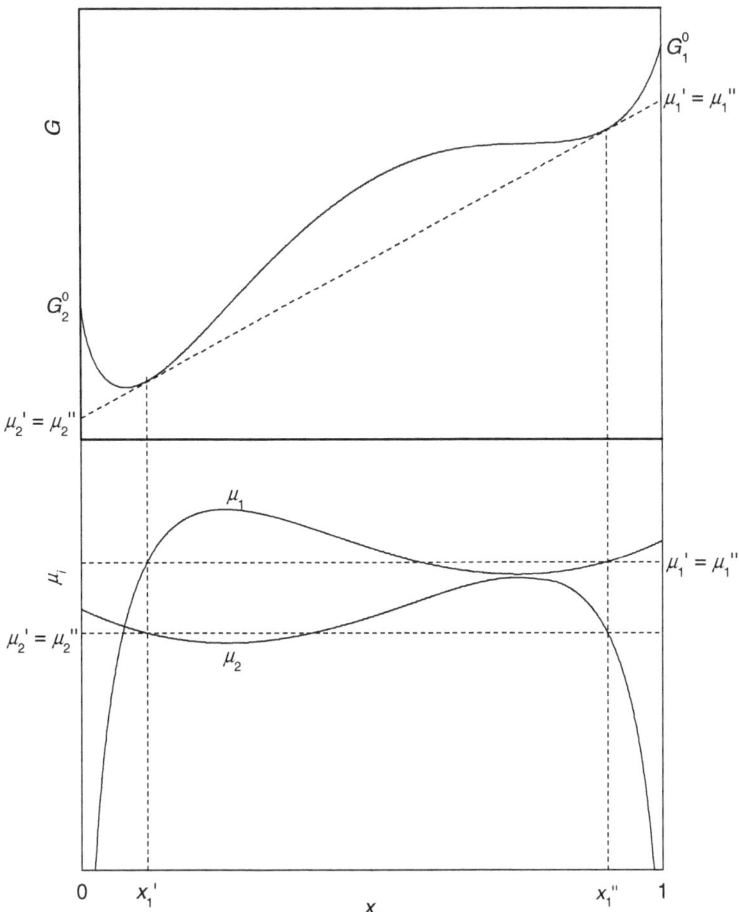

Abb. 5.11. Freie Enthalpie eines Binärsystems mit Mischungslücke

Die Zusammensetzungen der beiden Phasen ergeben sich aus den Berührungspunkten der gemeinsamen Tangente an den $G(x_1)$-Verlauf. Im unteren Teil der Abbildung ist die korrespondierende Bedingung der Gleichheit der chemischen Potentiale gezeigt.

Die Gleichgewichtsbedingung lässt sich mit dem $G(x)$-Verlauf auch auf andere Weise deuten: Im Gleichgewicht muss G ein Minimum aufweisen (vgl. Gl. 3.121). Dies ist in Abb. 5.12 verdeutlicht (vgl. Abb 3.10 für A(V)).

Um dies zu zeigen, soll von einem System ausgegangen werden, das mit einer Gesamtzusammensetzung $x_1 = x_1^*$ vorgegeben sei. Wäre dieses System einphasig, so hätte es die freie Enthalpie, die durch den Punkt G in Abb. 5.12 charakterisiert ist, G_G. Dabei ist es für die Diskussion unerheblich, ob hier G oder G^M zugrunde gelegt wird, da die Differenz lediglich eine lineare Funktion in x ist. G und G^M enthalten zudem beide den $\ln x_i$-Term; aus diesem Grund

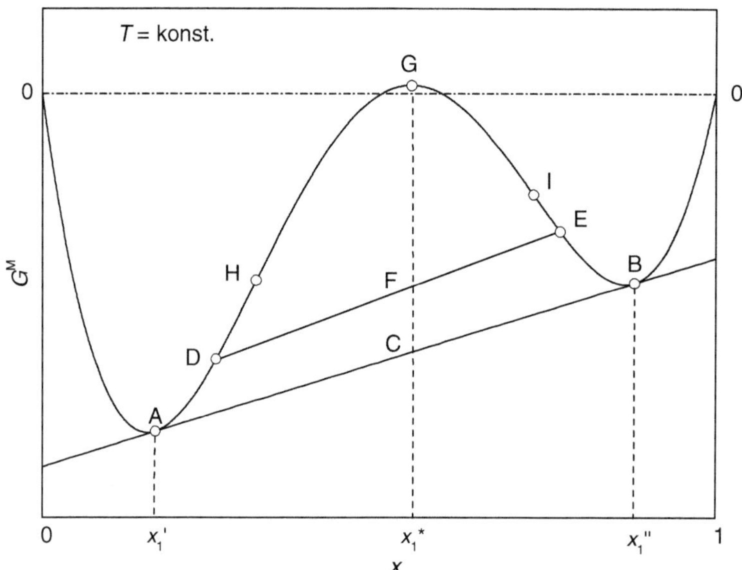

Abb. 5.12. Minimierung der freien Enthalpie für ein System mit einer Mischungslücke

kann die Diskussion dagegen basierend auf G^{E} nicht durchgeführt werden. Zerfällt das System aber beispielsweise in zwei Phasen D und E, so wird das Gesamtsystem durch den Punkt F repräsentiert, für den nach dem Gesetz der abgewandten Hebelarme

$$G_{\mathrm{F}} = G_{\mathrm{D}} \frac{x_{\mathrm{E}} - x^*}{x_{\mathrm{E}} - x_{\mathrm{D}}} + G_{\mathrm{E}} \frac{x^* - x_{\mathrm{D}}}{x_{\mathrm{E}} - x_{\mathrm{D}}} \tag{5.90}$$

gilt. Da

$$G_{\mathrm{F}} < G_{\mathrm{G}} , \tag{5.91}$$

ist das System bei F dem Gleichgewicht näher als im homogenen Zustand G. Die freie Enthalpie des Systems wird bei C minimal, bei dem die Doppeltangente die $G(x)$-Kurve in A und B berührt. G_{C} ist der niedrigste Wert, den G in einem System annehmen kann, dessen Gesamtkonzentration mit x^* vorgegeben ist:

$$G_{\mathrm{C}} = G_{\mathrm{A}} \frac{x_{\mathrm{B}} - x^*}{x_{\mathrm{B}} - x_{\mathrm{A}}} + G_{\mathrm{B}} \frac{x^* - x_{\mathrm{A}}}{x_{\mathrm{B}} - x_{\mathrm{A}}} . \tag{5.92}$$

Die Berührpunkte dieser Doppeltangente grenzen somit den homogenen vom heterogenen Bereich ab. Bei Zusammensetzungen mit $x_1 < x_1'$ bzw. $x_1 > x_1''$ führt ein einphasiger Zustand zur insgesamt minimalen molaren Freien Enthalpie, wohingegen für Zusammensetzungen $x_1' < x_1 < x_1''$ ein heterogener Zustand die minimale molare Freie Enthalpie des Gesamtsystems ausmacht. Zwischen den Berührpunkten der Doppeltangente an den $G(x)$-Verlauf und den Wendepunkten der Funktion (H bzw. I) gibt es darüber hinaus wie in Abb. 3.10 metastabile Zustände, da ein hypothetischer Zerfall in zwei sehr nahe bei einander gelegene hypothetische Phasen in einer insgesamt größeren molaren Freien Enthalpie resultiert und erst eine größere Störung zum Erreichen des Minimums führt (vgl. Abschnitt 3.7).

Es stellt sich nun die Frage, wie der instabile vom stabilen Bereich abgegrenzt ist. Für den soeben diskutieren Fall einer binären Mischung galt für die Grenze zwischen instabilem und stabilem Bereich:

$$\left(\frac{\partial^2 G}{\partial x^2}\right)_{T,p} = 0 \tag{5.93}$$

bzw. das System ist stabil, wenn gilt:

$$\left(\frac{\partial^2 G}{\partial x^2}\right)_{T,p} > 0, \qquad \text{für alle} \qquad x \epsilon (0,1) \tag{5.94}$$

Übertragen auf den allgemeinen Fall eines Multikomponent-Gemisches gilt entsprechend für den stabilen Bereich:

$$D_{N-1} > 0 \, , \tag{5.95}$$

wobei die Determinante D_{N-1} wie folgt definiert ist:

$$D_{N-1} = \begin{vmatrix} \dfrac{\partial^2 G}{\partial x_1^2} & \dfrac{\partial^2 G}{\partial x_1\,\partial x_2} & \cdots & \dfrac{\partial^2 G}{\partial x_1\,\partial x_N} \\[2mm] \dfrac{\partial^2 G}{\partial x_2\,\partial x_1} & \dfrac{\partial^2 G}{\partial x_2^2} & \cdots & \dfrac{\partial^2 G}{\partial x_2\,\partial x_N} \\[2mm] & \cdots\cdots\cdots\cdots & & \\[2mm] \dfrac{\partial^2 G}{\partial x_N\,\partial x_1} & \dfrac{\partial^2 G}{\partial x_N\,\partial x_2} & \cdots & \dfrac{\partial^2 G}{\partial x_N^2} \end{vmatrix}_{T,p} \, . \tag{5.96}$$

5.3.3 Fest-Flüssig-Gleichgewichte

In den bisherigen Abschnitten wurden Gleichgewichtsbedingungen zwischen fluiden Phasen entwickelt. G^E-Modelle werden aber auch eingesetzt, um Fest-Flüssig-Gleichgewichte zu berechnen. Die dafür benötigten Beziehungen sollen hier vorgestellt werden.

Ausgangspunkt sind die in Abb. 5.1 gezeigten Stufen zur Ermittlung der freien Enthalpie einer flüssigen Mischung. Diese Stufen werden ergänzt um Schritte, die zu einem Feststoff bei T und p führen, wie dies in Abb. 5.13 gezeigt ist.

Dazu wird ausgehend von der realen Flüssigkeit bei T und p – bis zu dieser Stufe wurden die Schritte aus Abb. 5.1 übernommen – zunächst die Temperaturänderung auf die Reinstoff-Schmelztemperatur T_i^{m} berücksichtigt. Diese Änderung kann mit Gl. 3.56 und Gl. 3.57 über die $C_{p,i}^{\mathrm{L}}$ ausgedrückt

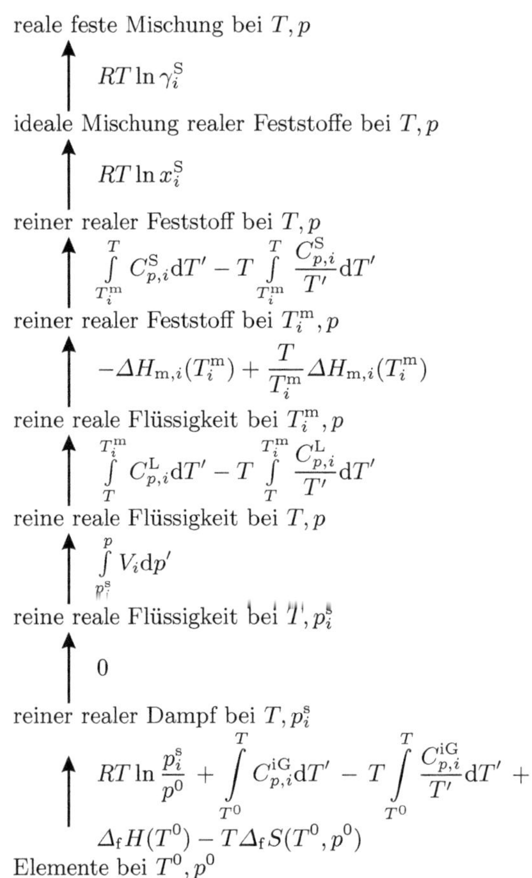

Abb. 5.13. Schritte bei der Modellierung des chemischen Potentials einer festen Mischung

werden. Es schließt sich die Erstarrung zum Feststoff bei T_i^{m} und p an. Zur Beschreibung werden die negative Schmelzenthalpie $\Delta H_{\mathrm{m},i}$ und die negative Schmelzentropie $\Delta S_{\mathrm{m},i}$ benötigt. Berücksichtigt man, dass mit Gl. 3.90, die für allgemeine Phasengleichgewichte abgeleitet war,

$$\Delta S_{\mathrm{m},i} = \frac{\Delta H_{\mathrm{m},i}}{T_i^{\mathrm{m}}} \tag{5.97}$$

gilt, so folgt für die Änderung in der Abb. 5.13 angegebene Wert. Anschließend muss der Feststoff von T_i^{m} auf Systemtemperatur gebracht werden, was wieder mit den C_p-Funktionen ausgedrückt werden kann, hier natürlich für den Feststoff, indiziert mit hochgestelltem 'S' für solid. Die reinen Feststoffe müssen dann ganz analog zur Behandlung von Flüssigkeiten zunächst ideal gemischt werden, damit dann mit einem entsprechenden Aktivitätskoeffizienten das Feststoff-Realverhalten berücksichtigt werden kann. Die Feststoffgrößen sind auch hier wieder mit 'S' indiziert.

Aus den Termen für das chemische Potential einer Feststoffmischung kann nun auch wieder mit Gl. 5.26 die freie Enthalpie ausgedrückt werden. Zudem lässt sich mit der Bedingung für das stoffliche Gleichgewicht zwischen Feststoff und Flüssigkeit,

$$\mu_i^{\mathrm{S}} = \mu_i^{\mathrm{L}} \, , \tag{5.98}$$

unter Kürzung aller Terme, die auf beiden Seiten identisch sind, wie folgt formulieren:

$$RT\ln\gamma_i^{\mathrm{S}} x_i^{\mathrm{S}} + \int\limits_{T_i^{\mathrm{m}}}^{T} C_{p,i}^{\mathrm{S}}\mathrm{d}T' - T\int\limits_{T_i^{\mathrm{m}}}^{T} \frac{C_{p,i}^{\mathrm{S}}}{T'}\mathrm{d}T' +$$

$$+\Delta H_{\mathrm{m},i}(T_i^{\mathrm{m}}) - \frac{T}{T_i^{\mathrm{m}}}\Delta H_{\mathrm{m},i}(T_i^{\mathrm{m}}) + \int\limits_{T}^{T_i^{\mathrm{m}}} C_{p,i}^{\mathrm{L}}\mathrm{d}T' - T\int\limits_{T}^{T_i^{\mathrm{m}}} \frac{C_{p,i}^{\mathrm{L}}}{T'}\mathrm{d}T' \tag{5.99}$$

$$= RT\ln\gamma_i^{\mathrm{L}} x_i^{\mathrm{L}} \, .$$

Mit der Einführung von

$$\Delta C_{p,i} = C_{p,i}^{\mathrm{L}} - C_{p,i}^{\mathrm{S}} \tag{5.100}$$

folgt

$$RT\ln\frac{x_i^{\mathrm{L}}}{x_i^{\mathrm{S}}} =$$

$$RT\ln\frac{\gamma_i^{\mathrm{S}}}{\gamma_i^{\mathrm{L}}} + \int\limits_{T}^{T_i^{\mathrm{m}}} \Delta C_{p,i}\mathrm{d}T' - T\int\limits_{T}^{T_i^{\mathrm{m}}} \frac{\Delta C_{p,i}}{T'}\mathrm{d}T' + \Delta H_{\mathrm{m},i}\left(\frac{T}{T_i^{\mathrm{m}}} - 1\right) \, . \tag{5.101}$$

Bei der Herleitung dieser Beziehung wurden Aussagen über die betrachteten Zustände vermieden. Dies soll hier nachgeholt werden. Bei den betrachteten Zuständen der Flüssigkeit und des Feststoffs zwischen T und T_i^{m} kann es sich offensichtlich nicht um Gleichgewichtszustände handeln, da Gleichgewicht ja nur bei T_i^m vorliegt. Wird mit Gl. 5.101 z. B. eine binäre Lösung eines Feststoffs in einem Lösungsmittel betrachtet, so ist der gelöste Feststoff in flüssiger Form nicht stabil, das Lösungsmittel nicht als Feststoff. Bei der Differenz $\Delta C_{p,i}$ handelt es sich also um eine Größe, die sich letztendlich jeweils auf einen Zustand bezieht, der sich nicht im Gleichgewicht befindet: Die unterkühlte Flüssigkeit beim gelösten Feststoff und der überhitzte Feststoff im Fall des Lösungsmittels. Die C_p-Funktionen für diese Zustände können dabei entweder durch Extrapolation der Werte für die jeweilige stabile Phase in dem stabilen Bereich ermittelt werden oder durch vorsichtiges Experimentieren unter Vermeidung von Störungen gemessen werden.

Gl. 5.101 kann nun auf unterschiedliche Weise vereinfacht werden. So wird praktisch stets angenommen, dass $\Delta C_{p,i}$ keine Funktion der Temperatur ist.

Damit erübrigt sich auch die Diskussion zu den nicht stabilen Zuständen.
Dann ergibt sich

$$RT \ln \frac{x_i^{\mathrm{L}}}{x_i^{\mathrm{S}}} = RT \ln \frac{\gamma_i^{\mathrm{S}}}{\gamma_i^{\mathrm{L}}} + \Delta H_{\mathrm{m},i} \left(\frac{T}{T_i^{\mathrm{m}}} - 1 \right) +$$

$$+ \Delta C_{p,i} \left(T_i^{\mathrm{m}} - T \right) - T \Delta C_{p,i} \ln \frac{T_i^{\mathrm{m}}}{T} \, . \tag{5.102}$$

Wenn $\Delta C_{p,i}$ keine Temperaturfunktion ist, kann das Erstarren der reinen
Flüssigkeit (vgl. Abb. 5.13) auch bei einer anderen Temperatur als T_i^{m} erfolgen, z. B. bei dem Normalschmelzpunkt (Schmelzpunkt bei 1 atm) oder bei der
Tripelpunktstemperatur. Es müssen dann sowohl die Integrale in Gl. 5.101 bis
zu der jeweiligen Temperatur ausgewertet als auch die entsprechende Schmelzenthalpie eingesetzt werden. Streng genommen muss dann jeweils auch die
Druckabhängigkeit des chemischen Potentials mit Poynting-Faktoren für Flüssigkeit und Feststoff berücksichtigt werden. Dieser Einfluss wird auch bei der
Herleitung von Gln. 5.101 und 5.102 für andere Temperaturen des Phasen-
wechsels in der Literatur i. d. R. einfach vernachlässigt.

Eine weitere Vereinfachung von Gl. 5.102 ergibt sich, wenn der Feststoff ein
Reinstoff ist. Dies ist häufig der Fall, da Feststoffe oft als sehr reine Kristalle
ausfallen. Dann ist

$$\gamma_i^{\mathrm{S}} x_i^{\mathrm{S}} = 1 \tag{5.103}$$

und damit

$$\ln x_i^{\mathrm{L}} = -\ln \gamma_i^{\mathrm{L}} + \frac{\Delta H_{\mathrm{m},i}}{RT} \left(\frac{T}{T_i^{\mathrm{m}}} - 1 \right) +$$

$$+ \frac{\Delta C_{p,i}}{R} \left(\frac{T_i^{\mathrm{m}}}{T} - 1 - \ln \frac{T_i^{\mathrm{m}}}{T} \right) \, . \tag{5.104}$$

Der letzte Term wird nun häufig vernachlässigt, da er klein gegenüber dem
Term mit der Schmelzenthalpie ist. Dies ist besonders dann der Fall, wenn die
Temperatur T in der Nähe von T_i^{m} liegt, da eine Reihenentwicklung der letzten
Klammer in T um $T = T_i^{\mathrm{m}}$ zeigt, dass erst der Term zweiter Ordnung einen
Beitrag liefert. Mit dieser Vernachlässigung gilt:

$$\ln x_i^{\mathrm{L}} = -\ln \gamma_i^{\mathrm{L}} + \frac{\Delta H_{\mathrm{m},i}}{RT} \left(\frac{T}{T_i^{\mathrm{m}}} - 1 \right) \, . \tag{5.105}$$

Wird zudem angenommen, dass sich die gelöste Komponente ideal verhält,
so folgt für diese ideale Lösung:

$$\ln x_i^{\mathrm{L}} = \frac{\Delta H_{\mathrm{m},i}}{RT} \left(\frac{T}{T_i^{\mathrm{m}}} - 1 \right) \, . \tag{5.106}$$

Mit den Gln. 5.102 bis 5.106 können unterschiedlich komplexe Fest-Flüssig-
Gleichgewichte berechnet werden. Dabei muss, wenn der Feststoff eine Mi-
schung darstellt, der ggf. nicht-ideale Mischungseffekt mit γ_i^{S} berücksichtigt

werden. Wie Abb. 5.13 zeigt, ist auch hier für das korrespondierende $G^{\mathrm{E,s}}$-Modell der Bezugszustand der reale Reinstoff bei T und p, allerdings im festen Zustand.

Bereits aus einer Betrachtung von Gl. 5.105 können prinzipielle Abhängigkeiten des Lösungsverhaltens abgeleitet werden [126], besonders, wenn sie wie folgt formuliert wird:

$$\ln x_i^{\mathrm{L}} = -\ln \gamma_i^{\mathrm{L}} + \frac{\Delta H_{\mathrm{m},i}}{RT_i^{\mathrm{m}}} - \frac{\Delta H_{\mathrm{m},i}}{RT} : \tag{5.107}$$

- Wird der Temperatureinfluss auf γ_i^{L} vernachlässigt, so steigt die Löslichkeit mit zunehmender Temperatur. Dieser Anstieg ist um so ausgeprägter, je größer der Wert von $\Delta H_{\mathrm{m},i}$ ist.
- Wenn zwei Stoffe ähnliche $\Delta H_{\mathrm{m},i}$ aufweisen und ihre γ_i^{L} vergleichbar sind, so löst sich bei vorgegebenem T die Komponente besser, die eine niedrigere Schmelztemperatur besitzt.
- Wenn andersherum zwei Feststoffe ähnliche T_i^{m} aufweisen und ihre γ_i^{L} vergleichbar sind, so besitzt der Stoff mit geringerem $\Delta H_{\mathrm{m},i}$ die höhere Löslichkeit.
- Genauso wie bei flüssigen Mischungen bewirkt ein höheres γ_i in einer Phase eine Reduzierung der korrespondierenden Gleichgewichtskonzentration.

5.4 Modellgleichungen zur Beschreibung von G^{E}

In Abschnitt 5.2 wurden alle Einflüsse des Realverhaltens einer flüssigen Mischung auf ihr thermodynamisches Verhalten in den Exzessgrößen zusammengefasst. Es wurde gezeigt, wie bei gegebenem G^{E} oder μ_i^{E} bzw. γ_i die Fundamentalgleichung $G\left(T, p, x_i\right)$ und damit Phasengleichgewichte, aber auch andere thermodynamische Eigenschaften beschrieben werden können. Was nun zu klären bleibt, ist, wie für ein gegebenes Gemisch G^{E} modelliert werden kann, denn erst dann wird der nötige Bezug zwischen $G\left(T, p, x_i\right)$ und der Realität geschaffen. Bevor diese Modellgleichungen für G^{E} vorgestellt werden, sollen einige grundlegende Gedanken diskutiert werden. Für die freie Mischungsenthalpie G^{M} sind der Bezugszustand die reinen flüssigen realen Komponenten. Für einen reinen Stoff gilt also

$$G^{\mathrm{M}}(x_i = 1) = 0 \, . \tag{5.108}$$

Vergleich der Gln. 5.36 bis 5.38 oder die Darstellung in Abb. 5.4 zeigt außerdem, dass

$$G^{\mathrm{E}} = G^{\mathrm{M}} - RT \sum_{i=1}^{N} x_i \ln x_i \tag{5.109}$$

und damit

$$G^{\mathrm{E}}(x_i = 1) = 0 \,. \tag{5.110}$$

Jedes sinnvolle G^{E}-Modell muss also für die flüssigen Reinstoffe Gl. 5.110 erfüllen. Neben dieser rein formalen Randbedingung wird üblicherweise davon ausgegangen, dass flüssige Mischungen inkompressibel sind und G^{E} nicht vom Druck abhängt. Gl. 3.36 zeigt, dass dies bedeutet, dass auch das Exzessvolumen V^{E} null sein muss.

Der Porter-Ansatz

Eine einfache Beziehung, die diese Bedingungen erfüllt, ist der Porter-Ansatz [157]

$$G^{\mathrm{E}} = A x_1 x_2 \,. \tag{5.111}$$

A ist ein Parameter, der von der Temperatur aber nicht von der Konzentration der Mischung abhängt. Gl. 5.111 weist zwei gravierende Mängel auf. Zum einen kann sie nur solche G^{E}-Verläufe beschreiben, die symmetrisch in x_i sind. Der eine Parameter bietet also nicht die nötige Flexibilität, um reale Systeme zu beschreiben, deren Verhalten nennenswert von dem der idealen Mischung abweicht. Zum anderen gilt der Porter-Ansatz nur für binäre Gemische und kann ohne weitere Annahmen nicht auf Vielstoffgemische übertragen werden.

Beispiel 5.1 Ermittlung des Aktivitätskoeffizienten aus einem G^{E}-Modell.

Anhand des Porter-Ansatzes lässt sich besonders einfach zeigen, wie aus einem G^{E}-Modell die Aktivitätskoeffizienten ermittelt werden können. Ausgangspunkt hierzu ist mit den Gln. 5.24 und 5.45

$$RT \ln \gamma_i = \bar{G}_i^{\mathrm{E}} = \left(\frac{\partial (nG^{\mathrm{E}})}{\partial n_i} \right)_{T,p,n_{j \neq i}} \,. \tag{5.112}$$

Für nG^{E} ergibt sich mit Gl. 5.111 und der Definition des Stoffmengenanteils (Gl. A.1)

$$nG^{\mathrm{E}} = \frac{A n_1 n_2}{n_1 + n_2} \,. \tag{5.113}$$

Einsetzen in Gl. 5.112 führt zu

$$RT \ln \gamma_1 = A \frac{n_2^2}{(n_1 + n_2)^2} \tag{5.114}$$

bzw.

$$\ln \gamma_1 = \frac{A}{RT} x_2^2 \,. \tag{5.115}$$

Da Gl. 5.111 symmetrisch in den Indizes ist, gilt entsprechend

$$\ln \gamma_2 = \frac{A}{RT} x_1^2 \ . \tag{5.116}$$

Dieses Beispiel zeigt, wie problemlos es möglich ist, γ_i aus G^E zu ermitteln, auch wenn sich für Mischungen mit N Komponenten bei flexibleren Modellen deutlich komplexere Ausdrücke ergeben. $\square$

Die Modelle von Margules und von Redlich und Kister

Sowohl Margules [131] als auch Redlich und Kister [163] schlugen Erweiterungen zum Porter-Ansatz vor, die sich ineinander überführen lassen. In der Schreibweise von Redlich und Kister ist das G^E-Modell eine Reihenentwicklung in $(x_1 - x_2)$ deren erster Term dem Porter-Ansatz entspricht:

$$G^\mathrm{E} = RT x_1 x_2 (A + B(x_1 - x_2) + C(x_1 - x_2)^2 + \ldots) \ . \tag{5.117}$$

Hier sind A, B und C die an experimentelle Daten anzupassenden Modellparameter. Die einzelnen Terme von Gl. 5.117 sind in Abb. 5.14 miteinander verglichen. Es wird deutlich, dass mit Hilfe der Terme, die ungerade Exponenten in $(x_1 - x_2)$ aufweisen, auch unsymmetrische $G^\mathrm{E}(x)$-Verläufe beschrieben werden können. Allerdings sind auch das Redlich-Kister- bzw. das Margules-Modell ohne Modifikationen auf die Beschreibung von Zweistoffsystemen beschränkt.

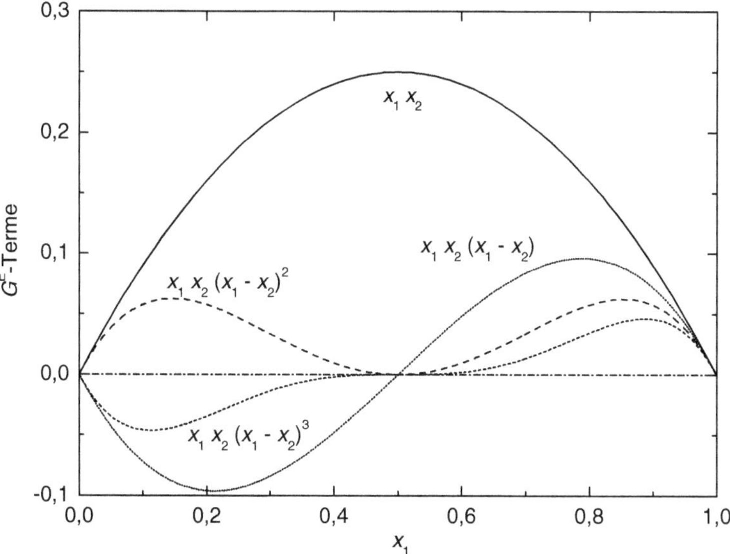

Abb. 5.14. Beiträge der Terme der Redlich-Kister-Gleichung

Das Van-Laar-Modell

Der Vollständigkeit halber sei hier noch ein weiteres binäres G^{E}-Modell angegeben, das von van Laar [192] entwickelt wurde, einem Schüler von van der Waals:

$$G^{\mathrm{E}} = RTx_1x_2 \frac{AB}{Ax_1 + Bx_2} \ . \tag{5.118}$$

Das Van-Laar-Modell kann unter bestimmten Annahmen aus der Van-der-Waals-Zustandsgleichung entwickelt werden und ist damit – anders als die Reihenentwicklung von Redlich und Kister – nicht mehr rein empirischen Charakters.

Das Scatchard-Hildebrand-Modell

Gemische können entsprechend der auftretenden Mischungseffekte klassifiziert werden (s. z. B. [20, 101, 102, 110]). Dabei sind zwei Sonderfälle von besonderem Interesse:

$$\text{athermische Mischungen:} \qquad H^{\mathrm{E}} = H^{\mathrm{M}} = 0 \tag{5.119}$$
$$\text{reguläre Lösungen:} \qquad S^{\mathrm{E}} = 0 \tag{5.120}$$

Ursprünglich für reguläre Lösungen wurde von Scatchard und Hildebrand unabhängig von einander ein einfaches Modell vorgeschlagen, mit dem es möglich ist, von experimentell verfügbaren Reinstoffdaten auf Gemischeigenschaften zu schließen [90]. Dazu definierten sie den so genannten Löslichkeitsparameter

$$\delta_i = \sqrt{\frac{\Delta H_{\mathrm{V},i} - RT}{V_i}} \ . \tag{5.121}$$

$\Delta H_{\mathrm{V},i} - RT$ stellt dabei die innere Verdampfungsenergie dar, wenn von einer idealen Dampfphase ausgegangen wird und von $V^{\mathrm{L}} \ll V^{\mathrm{V}}$. $\Delta H_{V,i} - RT$ charakterisiert damit die Energie, mit der Moleküle in der reinen Flüssigkeit wechselwirken, da die Wechselwirkung im Dampf im Vergleich dazu vernachlässigbar ist. Der Ausdruck unter der Wurzel ist diese Wechselwirkungsenergie bezogen auf das Volumen, die 'cohesive energy density'. Mit dieser Definition leiteten Scatchard und Hildebrand dann ein Modell zur Beschreibung von Mischungen ab:

$$G^{\mathrm{E}} = \sum_{i=1}^{N} x_i V_i \left(\delta_i - \bar{\delta} \right)^2 \tag{5.122}$$

mit

$$\bar{\delta} = \sum_{i=1}^{N} \varphi_i \delta_i \ , \tag{5.123}$$

wobei φ_i der Volumenanteil der Komponente i ist:

$$\varphi_i = \frac{x_i V_i}{\sum\limits_{j=1}^{N} x_j V_j} \cdot \tag{5.124}$$

Werden für ein Zweistoffgemisch die Aktivitätskoeffizienten ermittelt,

$$\ln \gamma_1 = \frac{V_1 \varphi_2^2 \left(\delta_1 - \delta_2\right)^2}{RT} \tag{5.125}$$

und

$$\ln \gamma_2 = \frac{V_2 \varphi_1^2 \left(\delta_2 - \delta_1\right)^2}{RT} , \tag{5.126}$$

so wird deutlich, dass mit dem Scatchard-Hildebrand-Modell nur $\gamma_i \geq 1$ vorhergesagt werden können. Zudem erkennt man, dass die Ursache für eine Abweichung vom idealen Gemischverhalten in Unterschieden zwischen den Wechselwirkungsenergien der reinen Stoffe zu suchen ist. Die Aktivitätskoeffizienten weisen offensichtlich formal eine zum Porter-Modell vergleichbare Struktur auf, wobei die Wechselwirkung nicht pro Molekül, sondern bezogen auf das Molekülvolumen angesetzt ist. Anders als mit dem Porter-Ansatz können mit dem Scatchard-Hildebrand-Modell aber Mehrstoffgemische ohne weitere Annahme beschrieben werden. Da für eine Vielzahl von Stoffen $\Delta H_{\mathrm{V,i}}$ und V_i bekannt sind [167, 168], und der Ansatz aus diesen Daten eine reine Vorhersage des Mischungsverhaltens erlaubt, wird er auch heute noch vergleichsweise häufig eingesetzt. Dabei wird er für nahezu beliebige Stoffe verwendet, auch wenn er eigentlich nur für Systeme mit schwachen Wechselwirkungen hergeleitet wurde.

Das Wilson-Modell

Wilson schlug 1964 folgende Modellgleichung vor [198]:

$$G^{\mathrm{E}} = -RT \sum_{i=1}^{N} x_i \ln \sum_{j=1}^{N} x_j \Lambda_{i,j} \tag{5.127}$$

mit

$$\Lambda_{i,j} = \frac{V_j^{\mathrm{L}}}{V_i^{\mathrm{L}}} \exp\left(\frac{\lambda_{i,i} - \lambda_{i,j}}{RT}\right) , \tag{5.128}$$

d. h. insbesondere

$$\Lambda_{i,i} = 1 . \tag{5.129}$$

Die Wilson-Gleichung beruht auf dem Konzept der lokalen Zusammensetzung, das ursprünglich auf Guggenheim zurück geht [81]. Bei diesem Konzept wird davon ausgegangen, dass Nachbarschaften zwischen Molekülen, deren Wechselwirkung energetisch günstig ist, häufiger auftreten als die energetisch ungünstigeren. Dies bewirkt, dass lokal die Moleküle der Mischung in ihrer Nachbarschaft andere Konzentrationen 'sehen', als dies der globalen Konzentration der Mischung entspricht. Das Wilson-Modell berücksichtigt damit explizit konkrete mikroskopische Vorstellungen von den Molekülen und ihren Wechselwirkungen. Die $\lambda_{i,j}$ sind dabei die Wechselwirkungsenergien zwischen Molekülen der Sorte i und j. Für ein Zweistoffsystem weist die Wilson-Gleichung zwei Parameter auf, $\lambda_{1,1} - \lambda_{1,2}$ und $\lambda_{2,2} - \lambda_{2,1}$. Die molaren Volumina V_i^{L} der Komponenten, mit deren Hilfe Größenunterschiede zwischen den Molekülen berücksichtigt werden sollen, können entweder experimentell ermittelt oder einfacher für eine Vielzahl von Substanzen in entsprechenden Tabellenwerken nachgeschlagen werden (vgl. [167]). V_i^{L} wird dabei üblicherweise nicht temperaturabhängig verwendet, da das Volumenverhältnis für viele Stoffe nur sehr schwach mit T variiert. Statt dessen werden die Werte z. B. bei Raumtemperatur gewählt.

Vielstoffsysteme können mit der Wilson-Gleichung beschrieben werden, ohne dass weitere Parameter dafür notwendig wären. Das heißt allein basierend auf den binären Parametern kann das thermodynamische Verhalten der Vielstoffsysteme vorhergesagt werden. Solch eine Vorhersage ist aber oft recht ungenau. Dies ist aber ein generelles Problem von Modellen, die solch eine Vorhersage erlauben. Der Grund hierfür ist, dass der Einfluss einer dritten Komponente auf die Wechselwirkung zwischen zwei Molekülen nicht alleine auf Zweikörperkräfte zurückgeführt werden kann.

Ein Nachteil des Wilson-Modelles ist, dass es auf Grund seiner mathematischen Form prinzipiell nicht erlaubt, Flüssig-Flüssig-Gleichgewichte wiederzugeben. Diese Unfähigkeit kann allerdings auch als Vorteil genutzt werden: Bei der Berechnung z. B. von Dampf-Flüssigkeits-Gleichgewichten für Gemische, die in mehrere flüssige Phasen zerfallen können, muss das Auftreten einer Entmischung nicht ständig überprüft werden. Dies führt zu wesentlich schnelleren und stabileren Rechnungen, die wegen der hohen Flexibilität des Wilson-Modelles dennoch sehr gute Näherungen des Gemisch-Verhaltens erlauben. Entsprechend wird das Wilson-Modell häufig für die Modellierung auch ausgeprägt nicht-idealer Mischungen verwendet, selbst wenn diese Mischungen eine Flüssig-Flüssig-Entmischung aufweisen.

Das NRTL-Modell

1968 wurde von Renon und Prausnitz die NRTL-Gleichung vorgestellt [170]. NRTL steht für 'non-random two liquid' und deutet an, dass das Modell ebenfalls auf dem Konzept der lokalen Zusammensetzung (nicht-zufällige Mischung) und der Zwei-Flüssigkeits-Theorie beruht (vgl. Abschnitt 4.2.1). Die Modellgleichung hat folgende Form:

$$G^E = RT \sum_{i=1}^{N} x_i \frac{\sum_{j=1}^{N} \tau_{j,i} G_{j,i} x_j}{\sum_{j=1}^{N} G_{j,i} x_j} \qquad (5.130)$$

mit

$$\tau_{j,i} = \frac{g_{j,i} - g_{i,i}}{RT} \qquad (5.131)$$

und

$$G_{j,i} = \exp\left(-\alpha_{j,i} \tau_{j,i}\right) \, . \qquad (5.132)$$

$g_{i,j}$ ist ein Parameter für die Wechselwirkungsenergie zwischen Teilchen der Komponenten i und j, so dass

$$g_{i,j} = g_{j,i} \qquad (5.133)$$

gilt. Außerdem wird üblicherweise

$$\alpha_{i,j} = \alpha_{j,i} \qquad (5.134)$$

gesetzt. Damit ergibt sich insbesondere

$$\tau_{i,i} = 0 \qquad (5.135)$$

und

$$G_{i,i} = 1 \, . \qquad (5.136)$$

Für ein binäres System ergeben sich so drei anpassbare Parameter: $g_{1,2} - g_{2,2}$, $g_{2,1} - g_{1,1}$ und $\alpha_{1,2}$. $\alpha_{1,2}$ sollte für übliche Systeme zwischen $0,1$ und $0,5$ liegen. Oft wird $\alpha_{1,2}$ auf einen festen Wert gesetzt, z. B. $0,2$ oder $0,3$, da die verbleibenden zwei Parameter bereits eine genügende Flexibilität des Modelles gewährleisten.

Das UNIQUAC-Modell

Auch das UNIQUAC-Modell berücksichtigt lokale Zusammensetzungen, dies mit einem modifizierten so genannten quasichemischen Ansatz, der auf Guggenheim zurück geht [82]. Zunächst wurde das UNIQUAC-Modell (universal quasi-chemical) von Abrams und Prausnitz [2] vorgeschlagen und später eine überarbeitete Herleitung von Maurer und Prausnitz [135] präsentiert.

Die Modellgleichung wird üblicherweise aus zwei Termen zusammengesetzt geschrieben:

$$G^E = G^E_{\text{comb}} + G^E_{\text{res}} \, , \qquad (5.137)$$

wobei 'comb' für combinatorial und 'res' für residual steht. Der kombinatorische Term soll die Einflüsse durch Molekülgröße und -form berücksichtigen und geht auf Guggenheim [80, 81] und Staverman [179] zurück:

$$G^{\mathrm{E}}_{\mathrm{comb}} = RT \sum_{i=1}^{N} x_i \ln \frac{\varphi_i}{x_i} + RT \frac{z}{2} \sum_{i=1}^{N} q_i x_i \ln \frac{\psi_i}{\varphi_i} \; . \tag{5.138}$$

Diese Gleichung wurde im Rahmen des Gitterbildes von einer Flüssigkeit entwickelt. Dabei wird davon ausgegangen, dass alle Moleküle der Flüssigkeit r_i Plätze in einem Gitter besetzen und keine unbesetzten Plätze existieren. Der Flüssigkeitscharakter wird in diesem Bild durch Platzwechselvorgänge erklärt, die aber jeweils eine relativ kurze Zeit benötigen, so dass ihr Einfluss für die thermodynamischen Größen der Mischung irrelevant sind. Die Koordinationszahl z gibt dann an, von wie vielen nächsten Nachbarn ein Teilchen umgeben ist. Für reale Mischungen wird üblicherweise von

$$z = 10 \tag{5.139}$$

ausgegangen. In Gl. 5.138 ist φ_i der Volumenanteil der Komponente i in der Mischung,

$$\varphi_i = \frac{r_i x_i}{\sum\limits_{j=1}^{N} r_j x_j} \; , \tag{5.140}$$

und ψ_i der Oberflächen- oder Kontaktstellenanteil,

$$\psi_i = \frac{q_i x_i}{\sum\limits_{j=1}^{N} q_j x_j} \; , \tag{5.141}$$

der mit dem Oberflächenparameter q_i der Komponente i gebildet wird. r_i und q_i werden für reale Komponenten aus den Molekülvolumina $V_{\mathrm{Bondi},\,i}$ und -oberflächen $A_{\mathrm{Bondi},\,i}$ berechnet, die geeignet auf ein Referenzteilchen normiert und nach der Inkrementenmethode von Bondi [21] ermittelt werden:

$$r_i = \frac{V_{\mathrm{Bondi},\,i}}{V_{\mathrm{ref}}} \qquad \text{mit } V_{\mathrm{ref}} = 15,17 \frac{\mathrm{cm}^3}{\mathrm{mol}} \tag{5.142}$$

und

$$q_i = \frac{A_{\mathrm{Bondi},\,i}}{A_{\mathrm{ref}}} \qquad \text{mit } A_{\mathrm{ref}} = 2,5 \cdot 10^9 \frac{\mathrm{cm}^2}{\mathrm{mol}} \; . \tag{5.143}$$

Für viele Stoffe sind r_i und q_i beispielsweise bei Reid et al. [167] und in der Datenserie der DECHEMA [77] tabelliert (DECHEMA - Deutsche Gesellschaft für Chemisches Apparatewesen, Chemische Technik und Biotechnologie e. V.).

Der residuelle Term in Gl. 5.137 modelliert den Einfluss der Wechselwirkungsenergien $u_{i,j}$ auf G^{E}:

$$G^{\mathrm{E}}_{\mathrm{res}} = -RT \sum_{i=1}^{N} q_i x_i \ln \left[\sum_{j=1}^{N} \psi_j \tau_{j,i} \right] \tag{5.144}$$

mit

$$\tau_{j,i} = \exp\left(-\frac{u_{j,i} - u_{i,i}}{RT}\right). \tag{5.145}$$

Auch hier wird wieder davon ausgegangen, dass die lokalen Zusammensetzungen sich von den globalen unterscheiden. Modelliert wird dies mit einem modifizierten quasichemischen Ansatz – daher das 'QUAC' im Namen – der ursprünglich auf Guggenheim [82] zurück geht. Im Endeffekt wird davon ausgegangen, dass sich die lokalen Zusammensetzungen proportional zu den Boltzmann-Faktoren der Wechselwirkung, $\tau_{i,j}$, verhalten. Ein Zweistoffsystem wird nun nach Gl. 5.145 mit zwei Parametern beschrieben, $u_{2,1} - u_{1,1}$ und $u_{1,2} - u_{2,2}$. Auch mit dem UNIQUAC-Modell können dann Vielstoffsysteme ohne zusätzliche Parameter korreliert werden. Die binären Parameter sowohl für das UNIQUAC- als auch für die meisten anderen der bis hier vorgestellten G^{E}-Modelle sind für eine Fülle von Systemen bei verschiedenen Temperaturen bzw. Drücken in den Datensammlungen der DECHEMA [77], und in der korrespondierenden DECHEMA-Datenbank DETHERM verfügbar.

Gruppenbeitragsmethoden, z. B. das UNIFAC-Modell

Für jedes binäre System müssen die Parameter der Modellgleichungen separat an experimentelle Daten, z. B. Dampfdruckverläufe, angepasst werden. Dies ist ein immenser Aufwand, der zudem keine Vorhersage für Mischungen erlaubt, an denen keine Messungen durchgeführt wurden. Die Idee der Gruppenbeitragsmethoden ist daher, die Vielzahl der möglichen Moleküle auf eine überschaubare Zahl von Strukturgruppen zu reduzieren. Das thermodynamische Verhalten der Moleküle soll dann auf die Eigenschaften der Strukturgruppen zurückgeführt werden. Eine Aufteilung in Strukturgruppen ist in Tab. 5.2 für einige Alkane und Alkohole demonstriert.

Es wird deutlich, dass aus relativ wenigen, geeignet gewählten Strukturgruppen die Moleküle praktisch aller relevanten Substanzen aufgebaut werden können. Diese Idee ist z. B. im UNIFAC-Modell (universal functional activity coefficient) von Fredenslund et al. verwirklicht worden [68] (vgl. auch die Monographie von Fredenslund [67]). Das UNIFAC-Modell ist formal identisch zum UNIQUAC-Modell. Der kombinatorische Term wird nach wie vor für die Moleküle ausgewertet, während beim residuellen Term angenommen wird, dass die einzelnen Strukturgruppen in der Mischung miteinander wechselwirken. Die sich ergebende Matrix aus Parametern $u_{i,j} - u_{j,i}$ der möglichen Gruppenkombinationen wurde bereits zu einem erheblichen Teil mit Werten gefüllt. Mit dem UNIFAC-Modell ist es dann möglich, auch Vorhersagen über das Gemischverhalten von Komponenten zu machen, von denen lediglich die chemische Struktur bekannt ist. Solch eine Abschätzung kann aber in der Regel nur als eine erste Näherung betrachtet werden, die durch Messungen verifiziert werden muss. Auch wenn dann eine gute Vorhersage bestätigt wird, kann a priori nur schwer abgeschätzt werden, ob bei dem betrachteten System mit besonderen Abweichungen zu rechnen ist. Neuere Entwicklungen gehen

Tabelle 5.2. Moleküle und Strukturgruppen

Molekül	Struktur	Zahl der Strukturgruppen			
		CH$_3$	CH$_2$	CH	OH
Ethan	CH$_3$—CH$_3$	2	-	-	-
Propan	CH$_3$—CH$_2$—CH$_3$	2	1	-	-
n-Pentan	CH$_3$—CH$_2$—CH$_2$—CH$_2$—CH$_3$	2	3	-	-

Methyl-Butan	CH$_3$— CH —CH$_2$—CH$_3$
	    |
	  CH$_3$
		3	1	1	-

2,3-Dimethyl-Butan	CH$_3$
	         |
	CH$_3$— CH — CH —CH$_3$
	  |
	 CH$_3$
		4	-	2	-

Ethanol	CH$_3$—CH$_2$—OH	1	1	-	1
1 Butanol	CH$_3$—CH$_2$—CH$_2$—CH$_2$—OH	1	3	-	1

2-Butanol	CH$_3$—CH—CH$_2$—CH$_3$
	   |
	  OH
		2	1	1	1

dahin, die Parameter des UNIFAC-Modells temperaturabhängig zu formulieren (Weidlich [197] und Larsen [113]), um die simultane Beschreibung von G^E und H^E zu verbessern (vgl. Gl. 3.44). Aktuelle Parametersätze zu einer Vielzahl von Gruppen für die Modifikation von Weidlich et al. [197] – dem so genannten modUNIFAC(Dortmund) – finden sich in [75, 76, 197]. Die Entwicklungsrichtung hin zur Berücksichtigung immer komplexerer Zusammenhänge in UNIFAC scheint allerdings trotz mancher Erfolge an Grenzen zu stoßen [69].

Neuere Modellentwicklungen

Da das UNIQUAC- und damit das darauf aufbauende UNIFAC-Modell in ihrer Herleitung Inkonsistenzen aufweisen [62, 137], gibt es seit einiger Zeit Aktivitäten, auch in der Herleitung konsistente Modelle zu entwickeln, z. B. DISQUAC [103] und GEQUAC [57–59].

Beide Modelle berücksichtigen lokale Zusammensetzungen, indem die ursprünglich von Guggenheim [82] vorgeschlagene quasi-chemische Näherung ohne zu Inkonsistenzen führende Vereinfachungen ausgewertet wird. Bei der quasi-chemischen Näherung wird für die Wechselwirkungen entsprechend dem Bild der Drei-Fluid-Theorie (s. S.79) eine chemische Reaktionsgleichung für die Nachbarschaften zwischen Molekülen angeschrieben, hier für ein binäres Gemisch:

$$\bigcirc\!\!\overset{11}{-}\!\!\bigcirc + \bullet\!\!\overset{22}{-}\!\!\bullet \;\rightleftharpoons\; \bigcirc\!\!\overset{12}{-}\!\!\bullet + \bullet\!\!\overset{21}{-}\!\!\bigcirc \tag{5.146}$$

Für diese Gleichgewichtsreaktion wird entsprechend der in Kapitel 9 hergeleiteten Beziehungen die Gleichgewichtsbedingung formuliert und gelöst. Als Ergebnis erhält man eine Aussage darüber, wie die Nachbarschaften im Gleichgewicht zwischen den in Gl. 5.146 gezeigten Möglichkeiten aufgeteilt sind.

Beim DISQUAC-Modell werden dann besonders starke anziehende Wechselwirkungen gesondert mit einem Assoziationsterm berücksichtigt. Dagegen gelingt es bei der Entwicklung des GEQUAC-Modells zu zeigen, dass solche starken und gerichteten Anziehungen (und Abstoßungen) auch dadurch realisiert werden können, dass den Molekülen unterschiedliche aktive Oberflächenbereiche zugeordnet werden, die miteinander in Wechselwirkung treten. Dies erlaubt mit einem theoretisch fundierten Modell sowohl VLE als auch LLE und H^{E} simultan mit guter Genauigkeit zu beschreiben.

Bei einer parallelen Entwicklung, die eigentlich unabhängig von der verwendeten Modellgleichung ist, wird versucht, Modellparameter durch quantenchemische Rechnungen zu ermitteln. Dies wurde z. B. für UNIFAC [74, 160, 205] und für den quasichemischen Ansatz mit dem COSMO-Space-Modell [108, 109] versucht. Solche Methoden, die es prinzipiell erlauben, ohne experimentelle Daten das Gemischverhalten vorherzusagen, befinden sich heute noch in den Kinderschuhen. In vielen Fällen gelingen erst relative Aussagen und für absolute Berechnungen wird häufig noch eine – wenn auch kleine – Basis experimenteller Daten benötigt. Es ist aber offensichtlich, dass in der Einbeziehung quantenchemischer Methoden zukünftig noch viel Potential liegt.

5.5 Algorithmen zur Berechnung von Phasengleichgewichten

Mit Hilfe der Grundlagen und der angegebenen G^{E}-Modelle können nun Phasengleichgewichte berechnet werden. Ein einfacher Algorithmus zur Lösung der Dampfdruckaufgabe (vgl. Tab. 4.2) ist in Abb. 5.15 dargestellt. Es wird davon ausgegangen, dass sich die dampfförmigen Phasen wie ideale Gase verhalten und die Poynting-Korrektur vernachlässigbar ist (vgl. Gl. 5.77).

Entsprechend der Aufgabe, den Dampfdruck zu berechnen (vgl. Tab. 4.2), werden neben dem Modell zunächst die Temperatur und die Stoffmengenanteile aller Komponenten in der Flüssigkeit vorgegeben. Mit dem gewählten G^{E}-Modell werden dann die Aktivitätskoeffizienten γ_i in der flüssigen Mischung berechnet. Die Reinstoffdampfdrücke bei T können z. B. mit der Antoine-Gleichung oder anderen Dampfdruckgleichungen ermittelt werden. Anschließend werden mit Gl. 5.77 die Partialdrücke der Komponenten im Dampf $y_i p^{\mathrm{s}}$ bestimmt. Die Summe der Partialdrücke ergibt dann den Gesamtdruck, mit dem aus den Partialdrücken die Stoffmengenanteile im Dampf berechnet werden. Ohne eine Iteration lassen sich also der Dampfdruck eines Vielstoffgemi-

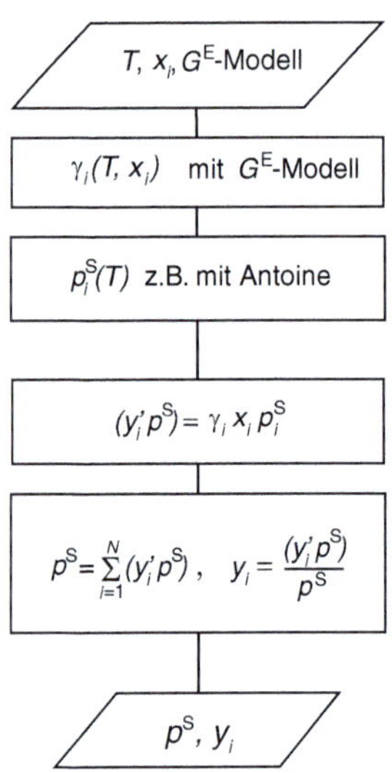

Abb. 5.15. Algorithmus zur Lösung der Dampfdruckaufgabe mit G^E-Modellen für ideale Dampfphasen und $F_{\mathrm{P},i} = 1$

sches und die Zusammensetzung der Dampfphase mit Hilfe eines G^E-Modelles ermitteln.

Der Vergleich zwischen Abb. 5.15 und Abb. 4.7 macht deutlich, dass das Rechnen mit G^E-Modellen einfacher und damit auch schneller ist als das mit Zustandsgleichungen. Der Grund hierfür ist, dass die gebräuchlichen G^E-Modelle keine Druckabhängigkeit aufweisen, währen alle gebräuchlichen Zustandsgleichungen die korrespondierende Dichteabhängigkeit explizit beinhalten.

Wird das Realverhalten der dampfförmigen Phasen und die Poynting-Korrektur berücksichtigt, so muss der Algorithmus zum Lösen der Dampfdruckaufgabe erweitert werden, wie dies Abb. 5.16 zeigt. Gegenüber Abb. 5.15 werden zunächst zusätzlich die Reinstofffugazitätskoeffizienten bei dem ermittelten Reinstoffdampfdruck berechnet, z.B. mit der nach dem zweiten Term abgebrochenen Virialgleichung. Außerdem werden die Fugazitätskoeffizienten im Dampf über der flüssigen Mischung und der Poynting-Faktor auf den Startwert eins gesetzt. Die Gleichgewichtsberechnung erfolgt anschließend iterativ, wobei von Gl. 5.68 ohne Vereinfachungen ausgegangen wird. Nachdem dann verbesserte Werte für p^s und y_i vorliegen, können φ_i und $F_{\mathrm{P},i}$ neu ermittelt werden, z.B. wieder mit der Virialgleichung und unter der Annahme inkompressibler flüssiger Komponenten. Als Konvergenzkriterium wird geprüft, ob die Veränderung von p^s im letzten Iterationsschritt eine vorgegebene Grenze unterschreitet. Ist dies der Fall, so sind p^s und die y_i gefunden und können ausgegeben werden.

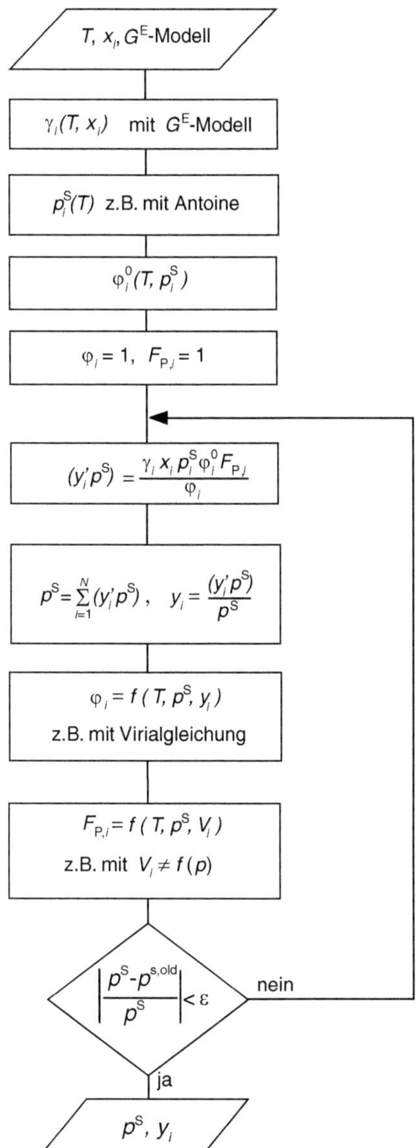

Abb. 5.16. Algorithmus zur Lösung der Dampfdruckaufgabe mit G^E-Modellen ohne Vereinfachungen

5.6 Vergleich zwischen Zustandsgleichungen und G^{E}-Modellen

In Kapitel 4 wurde vorgestellt, wie thermodynamische Größen mit Hilfe von Zustandsgleichungen beschrieben werden können, in Kapitel 5 das Arbeiten mit G^{E}-Modellen gezeigt. Was sind die Vor- und die Nachteile der beiden sehr unterschiedlichen Methoden, und welche der Methoden wird bei welchen Systemen und Systemzuständen zweckmäßigerweise eingesetzt? Hier seien zunächst die Vor- und die Nachteile einander gegenübergestellt:

Vorteile und Eigenschaften von Zustandsgleichungen

- Das thermodynamische Verhalten wird mit nur einer Modellgleichung umfassend beschrieben.
- Das pVT-Verhalten von Reinstoffen und Mischungen wird modelliert.
- Systemzustände auch oberhalb des kritischen Punktes einer oder mehrerer Komponenten in einem Gemisch werden einfach erfasst.

Nachteile von Zustandsgleichungen

- Bereits die Beschreibung von Reinstoffen ist mit zum Teil erheblichen Ungenauigkeiten behaftet.
- Das Verhalten von Mischungen wird mit üblicherweise sehr einfachen Mischungsregeln berücksichtigt.
- Gebräuchliche Zustandsgleichungen sind zur Modellierung stark nichtidealer Mischungen nicht geeignet.
- Die zur Berechnung von Dampf-Flüssigkeits-Gleichgewichten notwendige Iteration bzgl. der Dichte ist häufig numerisch schwierig.

Vorteile und Eigenschaften von G^{E}-Modellen

- G^{E}-Modelle können auch für ausgeprägt nicht-ideale Systeme mit guter Genauigkeit angewendet werden.
- Die Berechnungen sind im Vergleich zu Zustandsgleichungen schnell, da einerseits die Lösung nach der Dichte entfällt und andererseits z. B. bei der Dampfdruckberechnung unter häufig realistischen vereinfachenden Annahmen jede Iteration entfällt.
- Parameter für eine Vielzahl von Systemen sind für eine Reihe von G^{E}-Modellen in entsprechenden Datensammlungen tabelliert.

Nachteile von G^{E}-Modellen

- Zur Beschreibung von $G\left(T, p, x_i\right)$ müssen mehrere Modelle zusammengefasst werden (vgl. Gln. 5.39 und 5.40 sowie Tab. 5.1).
- Die Druckabhängigkeit wird bei G^{E}-Modellen in der Regel vernachlässigt, so dass $G\left(T, p, x_i\right)$ nicht umfassend beschrieben wird und z. B. Informationen zu $V(T, p)$ (vgl. Gl. 3.36), d. h. das pVT-Verhalten, nicht verfügbar sind.

- Gebräuchliche G^E-Modelle haben Schwierigkeiten, simultan $G^E\,(T, x_i)$ und $H^E\,(T, x_i)$ (über Gln. 3.44 bzw. 3.47) bzw. VLE und LLE genau zu beschreiben.
- Mit Hilfe der üblichen G^E-Modelle lässt sich das kritische Verhalten bei Dampf-Flüssigkeits-Gleichgewichten nicht modellieren.

Aus dieser Gegenüberstellung können die sinnvollen Einsatzbereiche für Zustandsgleichungen und G^E-Modelle abgeleitet werden:

- Zustandsgleichungen werden für Systeme verwendet, die nicht zu stark vom Verhalten der idealen Mischung abweichen, d. h. bei denen die Wechselwirkungen zwischen den beteiligten Komponenten nicht zu ausgeprägt spezifisch sind. Dann erlauben Zustandsgleichungen eine umfassende Modellierung, d. h. das pVT-Verhalten, kalorische Größen und Phasengleichgewichte können beschrieben werden.
- G^E-Modelle eignen sich zur Berechnung von kalorischen Exzessgrößen und Phasengleichgewichten auch deutlich nicht-idealer Mischungen bei Zuständen, die ausreichend vom kritischen Punkt (VLE) entfernt sind. Insbesondere bei niedrigen Drücken (bis etwa Umgebungsdruck) lassen sich Dampf-Flüssigkeits-Gleichgewichte dann einfach und schnell ermitteln (vgl. Gl. 5.77). Trotz der Nachteile werden G^E-Modelle häufig verwendet, da sie für die sehr nicht-idealen Systeme, die bei vielen industriellen Prozessen auftreten, (noch) die bessere Alternative darstellen.

5.7 Zusammenfassung

In diesem Kapitel werden zunächst die thermodynamischen Grundlagen zum Rechnen mit G^E-Modellen gelegt. Partielle molare und Exzessgrößen werden eingeführt. Es wird gezeigt, wie Dampf-Flüssigkeits-, Flüssig-Flüssig- sowie Fest-Flüssig-Gleichgewichte mit Hilfe von G^E-Modellen beschrieben werden. Verschiedene Modellgleichungen werden vorgestellt und diskutiert. Abschließend wird das Rechnen mit G^E-Modellen dem mit Zustandsgleichungen vergleichend gegenübergestellt und es werden die sinnvollen Anwendungsbereiche gegeneinander abgegrenzt.

5.8 Aufgaben

Übung 5.1. Das Kühlsystem eines Autos soll im Winter frostsicher sein. Um eine eigene Frostschutzmischung herzustellen, soll aus dem Kühlsystem mit reinem Wasser (2) eine bestimmte Menge abgelassen und diese durch reines Methanol (1) ersetzt werden. Ziel ist hierbei, eine Mischung mit einem Stoffmengenanteil an Methanol von 0,3 zu erreichen. Das Flüssigkeitsvolumen des Kühlers beträgt 12 l.

a) Wie viel Wasser muss bei 25°C und 1,013 bar abgelassen und wie viel Methanol muss nachgefüllt werden?

b) Wie sieht das Ergebnis zu a) bei einer idealen Mischung aus?

c) Welchen Druck muss der Kühler mindestens aushalten, wenn die Eigenmischung bei Betriebstemperatur (90°C) unter dem eigenen Dampfdruck steht?

<u>Hinweise:</u>

- Dichten bei 25°C:

$$\varrho_1 = 787,27 \,\mathrm{kg/m^3}\,; \quad \varrho_2 = 997,11 \,\mathrm{kg/m^3}$$

- Partielle molare Volumen bei 25°C, $x_1 = 0,3$:

$$\bar{V}_1 = 3,8632 \cdot 10^{-5}\,\mathrm{m^3/mol}\,; \quad \bar{V}_2 = 1,7765 \cdot 10^{-5}\,\mathrm{m^3/mol}$$

- Dampfdrücke bei 90°C:

$$p_1^{\mathrm{s}} = 2,531 \,\mathrm{bar}\,; \quad p_2^{\mathrm{s}} = 0,7 \,\mathrm{bar}$$

- Näherungsweise können $F_{\mathrm{P},i}, \varphi_i$ und φ_i^0 zu eins gesetzt werden.
- Das Dampf-Flüssigkeits-Gleichgewicht kann mit dem UNIQUAC-Modell beschrieben werden:

$$u_{1,2} - u_{2,2} = -1601,6363 \,\mathrm{J/mol}\,; \quad u_{2,1} - u_{1,1} = 2702,36389 \,\mathrm{J/mol}$$

$$r_1 = 0,92\,; \quad r_2 = 1,4311$$

$$q_1 = 1,4\,; \quad q_2 = 1,4320$$

- Weitere Daten siehe Tab. 2.2
- Eine übersichtliche Zusammenstellung der Gleichungen befindet sich in Anhang F

Übung 5.2. In einer Anlage sollen $1,21\,\mathrm{m^3/h}$ Ethanol und $2,52\,\mathrm{m^3/h}$ n-Heptan isobar und isotherm bei 50°C flüssig miteinander vermischt werden. Ein Wärmetauscher soll für diese Aufgabe entsprechend ausgelegt werden. Welcher Wärmestrom muss unter den Bedingungen zu- oder abgeführt werden?

<u>Hinweise:</u>

- Molare Flüssigkeitsvolumen bei 50°C:

$$V_1 = 60,365 \cdot 10^{-3}\,\mathrm{m^3/kmol}\,; \quad V_2 = 152,303 \cdot 10^{-3}\,\mathrm{m^3/kmol}$$

- Wechselwirkungsparameter der Wilson-Gleichung:

$$\lambda_{1,2} - \lambda_{1,1} = 10279,3 \,\mathrm{J/mol}\,; \quad \lambda_{2,1} - \lambda_{2,2} = 1426,9 \,\mathrm{J/mol}$$

Übung 5.3. In einem Behälter sollen stark verkalkte Glasventile mit einer Mischung aus Wasser und Essigsäure entkalkt werden. Das Zweistoffgemisch befindet sich bei 108°C im Dampf-Flüssigkeits-Gleichgewicht und der Kalk soll vorerst inert sein. Dabei kann der Behälter näherungsweise als geschlossenes System betrachtet werden. Die Mischung liegt mit einem Stoffmengenanteil von 0,5 flüssig vor und kann mit dem Van-Laar-Ansatz beschrieben werden.

a) Wie setzt sich die Flüssigphase bei $1,013$ bar zusammen?

b) Welche Zusammensetzung hat die erste Dampfwolke, die aus dem Behälter beim Öffnen entweicht?

<u>Hinweise:</u>

- φ_i und φ_i^0 können näherungsweise zu 1 angenommen werden.
- Der Poynting-Faktor ist vernachlässigbar.
- Dampfdrücke bei $108°\mathrm{C}$:

$$p_1^{\mathrm{s}} = 1,339\,\mathrm{bar}\,; \quad p_2^{\mathrm{s}} = 0,742\,\mathrm{bar}$$

- Grenzaktivitätskoeffizienten bei $108°\mathrm{C}$:

$$\gamma_1^{\infty} = 1,63\,; \quad \gamma_2^{\infty} = 2,73$$

6

Die Messung thermodynamischer Größen

In den vorangegangenen Kapiteln wurden einerseits die Grundlagen der Gemisch-Thermodynamik und andererseits Modelle vorgestellt, mit deren Hilfe das thermodynamische Verhalten von Systemen beschrieben werden kann. Diese Modelle enthalten Parameter, die an experimentelle Daten für die betrachteten Systeme angepasst werden müssen. In diesem Kapitel werden einige typische Methoden zur Ermittlung solcher Daten vorgestellt.

Die thermodynamischen Funktionen, die mit den Modellen beschrieben werden, lassen sich häufig nicht direkt messen. Dies trifft z. B. für die freie Energie und die freie Enthalpie zu, die die Grundlagen für Zustandsgleichungen und G^{E}-Modelle bilden. Wie können nun anhand experimenteller Informationen dennoch Rückschlüsse auf thermodynamische Funktionen gezogen werden?

Für Zustandsgleichungen wurde dies im Prinzip bereits gezeigt. Gemessen werden kann $p\,(T, V)$ für Reinstoffe bzw. $p\,(T, V, x_i)$ für Gemische. Durch Integration (vgl. Gl. 3.34) lässt sich dann $A\,(T, V, x_i)$ ermitteln.

Um andererseits G^{E} zu bestimmen, können Dampf-Flüssigkeits-Gleichgewichte herangezogen werden. Aus der Gleichgewichtsbedingung Gl. 5.68 ergibt sich

$$\gamma_i = \frac{\varphi_i\, y_i\, p^{\mathrm{s}}}{F_{\mathrm{P},i}\, \varphi_i^0\, x_i\, p_i^{\mathrm{s}}} \, , \tag{6.1}$$

bei der sich alle Größen auf der rechten Seite aus der Messung ergeben (x_i, y_i, p^s) oder anhand einfacher Korrelationen bestimmt werden können ($\varphi_i, F_{\mathrm{P},i}, \varphi_i^0, p_i^s$). Diesen Korrelationen liegen pVT-Daten und die Dampfdruckkurven reiner Stoffe zugrunde, die ihrerseits experimentell zugänglich sind. Mit

$$\mu_i^{\mathrm{E}} = RT \ln \gamma_i \tag{6.2}$$

bzw.

$$\mu_i^{\mathrm{M}} = RT \ln(\gamma_i x_i) \tag{6.3}$$

ergibt sich aus den Messungen schließlich

$$G^{\mathrm{E}}(T, p, x_i) = \sum_{i=1}^{N} x_i \mu_i^{\mathrm{E}} \tag{6.4}$$

bzw.

$$G^{\mathrm{M}}(T, p, x_i) = \sum_{i=1}^{N} x_i \mu_i^{\mathrm{M}} \; . \tag{6.5}$$

Aus G^{E} lassen sich mit

$$H^{\mathrm{E}} = H^{\mathrm{M}} = \left(\frac{\partial \dfrac{G^{\mathrm{M}}}{T}}{\partial \dfrac{1}{T}} \right)_{p, x_i} \tag{6.6}$$

auch H^{E} bzw. H^{M} und damit die entsprechenden Entropien ermitteln:

$$T S^{\mathrm{E}} = H^{\mathrm{E}} - G^{\mathrm{E}} \; , \tag{6.7}$$

$$T S^{\mathrm{M}} = H^{\mathrm{M}} - G^{\mathrm{M}} \; . \tag{0.0}$$

Alternativ kann H^{E} aber auch direkt gemessen werden, indem die Wärmeeffekte beim Mischvorgang untersucht werden.

In aller Regel wird man nun aber nicht $A(T, V, x_i)$ aus den Messergebnissen zurückrechnen und die Modellparameter durch Anpassung an diese Funktionen bestimmen. Stattdessen werden die Parameter so angepasst, dass die Modelle die direkt gemessenen Systemeigenschaften optimal beschreiben. Beispielsweise werden die Parameter von G^{E}-Modellen so gewählt, dass die mit dem Modell berechneten Dampf-Flüssigkeits-Gleichgewichte die experimentellen VLE-Daten bestmöglich wiedergeben.

Auch wenn dann Gln. 6.1 bis 6.8 nicht ausgewertet werden müssen, ist es dennoch hilfreich, sich dieser Zusammenhänge bewusst zu sein. Dann ist z. B. sofort einsichtig, dass bei der Anpassung von G^{E}-Modellen an isotherme VLE-Daten oder an H^{E}-Daten ganz unterschiedliche Systemeigenschaften berücksichtigt werden. Während die VLE-Daten im wesentlichen auf G^{E} zurückgeführt werden können, beschreibt H^{E} die Temperaturabhängigkeit von G^{E}. Wird also als extremer Grenzfall nur H^{E} mit einem G^{E}-Modell angepasst, so wird zwar die T-Abhängigkeit von G^{E} gut wiedergegeben, es ist aber nicht zu erwarten, dass dann G^{E} selbst und damit VLE-Daten mit akzeptabler Genauigkeit vorhergesagt werden können. Analoges trifft auf die Beschreibung von Flüssig-Flüssig-Gleichgewichten zu. LLE-Daten liefern Informationen darüber, bei welchen Konzentrationen die chemischen Potentiale der Komponenten gleich sind. Die chemischen Potentiale ergeben sich aus der Konzentrationsabhängigkeit von G^{E} bzw. G^{M} (vgl. Gl. 5.23). Anpassung eines G^{E}-Modelles ausschließlich an LLE-Daten wird also dazu führen, dass die Konzentrationsabhängigkeit von G^{E} im Bereich der Gleichgewichtszusammensetzung der Phasen gut beschrieben wird, auch hier kann sich dabei aber ein völlig falscher Wert für G^{E} selbst ergeben. In der Tat gelingt es bisher nur in Ausnahmefällen, basierend allein auf LLE-Daten die Dampf-Flüssigkeits-Gleichgewichte sinnvoll vorherzusagen. Selbst eine simultane Korrelation von LLE und VLE führt oft zu Schwierigkeiten [35, 42, 100].

Aufbauend auf diesen grundlegenden Zusammenhängen zur Ermittlung thermodynamischer Größen sollen im Folgenden einige Messmethoden beispielhaft vorgestellt werden. In Kapitel 7 wird dann gezeigt, welches Verhalten für unterschiedliche reine Komponenten und Mischungen möglich ist und wie dieses ansatzweise anhand molekularer Eigenschaften interpretiert werden kann.

6.1 Dampf-Flüssigkeits-Gleichgewichte

Bei einem Gemisch besteht ein Messpunkt eines Dampf-Flüssigkeits-Gleichgewichtes aus den Werten T, p, x_i und y_i für alle i. Bei reinen Stoffen entfallen x_i und y_i, die Daten des Dampf-Flüssigkeits-Gleichgewichtes lassen sich als Dampfdruckkurve $p_i^{\mathrm{s}}(T)$ darstellen. Prinzipiell müssen also Temperatur, Druck und Konzentrationen experimentell bestimmt werden, um Gleichgewichtszustände zu charakterisieren. In Tabelle 6.1 sind einige Informationen zu typischen Messgenauigkeiten angegeben. Durch Erhöhung des Messaufwandes lassen sich allerdings noch bessere Genauigkeiten erzielen.

Tabelle 6.1. Typische Genauigkeiten bei der Messung thermodynamischer Größen

Messgröße	Messmethode	Messgenauigkeit
T-Absolutwert	Quecksilberthermometer	$0,02\,\mathrm{K}$
T-Differenz	PT-100-Widerstandsthermometer	$0,001\,\mathrm{K}$
p	piezoresistiver Druckaufnehmer	$10\,\mathrm{Pa}$
x_i, y_i	Gaschromatographie	$0,1\%$–1%
	UV/VIS-Spektroskopie	$0,1\%$–1%
	Flüssigkeitsdichte	$0,1\%$

Zwei Methoden zur Bestimmung von Dampf-Flüssigkeits-Gleichgewichten seien hier näher beschrieben: die statische Dampfdruck- und die dynamische Siedetemperaturmessung [61, 127–129].

Darüber hinaus besteht die Möglichkeit, den Aktivitätskoeffizienten bei unendlicher Verdünnung zu messen. Auf die unterschiedlichen Messtechniken hierzu soll aber nicht näher eingegangen werden [128, 129, 183]. Die γ_i^∞ werden aber gerne zur ersten Parameterermittlung herangezogen. Einerseits weisen eine Reihe von G^{E}-Modellen genau zwei binäre Parameter auf, die aus den beiden γ_i^∞ eindeutig ermittelt werden können, andererseits sind die Beziehungen für γ_i^∞ häufig recht einfach, für den NRTL-Ansatz beispielsweise

$$\ln \gamma_1^\infty = \tau_{2,1} + \tau_{1,2} G_{1,2} \tag{6.9}$$

$$\ln \gamma_2^\infty = \tau_{1,2} + \tau_{2,1} G_{1,2} \ . \tag{6.10}$$

So können die Modellparameter aus den γ_i^∞ besonders leicht und eindeutig bestimmt werden, für das NRTL-Modell z. B. mit Festlegung von $\alpha_{1,2} = \alpha_{2,1} = 0,2$

Die statische Dampfdruckmessung

Der zentrale Teil einer Apparatur zur statischen Dampfdruckbestimmung ist eine Messzelle, die von außen thermostatisiert wird [42, 100] (vgl. Abb. 6.1). Vor der Messung wird diese Messzelle evakuiert, anschließend werden die flüssigen Komponenten oder das Gemisch so in die Zelle eindosiert, dass ein gewisser Dampfraum zur Verfügung steht. Dabei ist peinlich darauf zu achten, dass in den dosierten Flüssigkeiten keine Fremdgase wie z. B. Luft gelöst sind, da diese die Messung deutlich verfälschen würden. Dies kann zum Beispiel dadurch erreicht werden, dass die Flüssigkeiten bei möglichst niedrigem Druck entweder bei nahezu unendlichem Rücklaufverhältnis destilliert oder mehrfach umkristallisiert werden. Sind die so vorbereiteten Flüssigkeiten in die Messzelle eindosiert, wird diese mit Hilfe eines Temperierbades auf die gewünschte Temperatur gebracht, die Einstellung des Dampf-Flüssigkeits-Gleichgewichtes abgewartet und der Dampfdruck mit einem geeigneten Druckaufnehmer gemessen. Das Erreichen des Gleichgewichtszustandes dauert typischerweise etwa 30 Minuten bis eine Stunde und kann mit Hilfe des Druckes kontrolliert werden, der sich dann zeitlich nicht mehr ändert. Bei entsprechender Ausführung können auch gasförmige Komponenten dosiert werden.

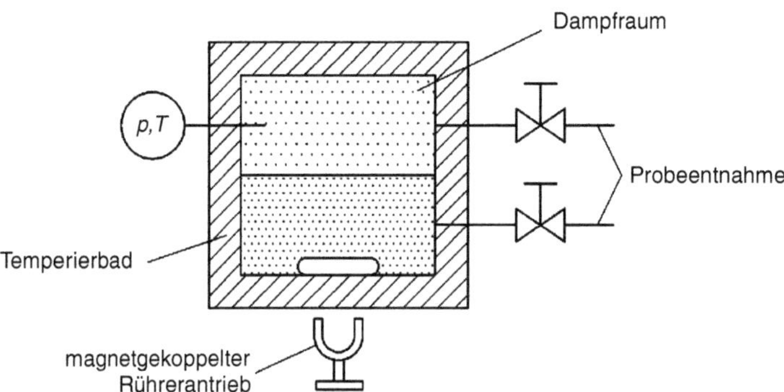

Abb. 6.1. Schematische Darstellung einer statischen Dampfdruckapparatur

Die Schwierigkeit dieser Messmethode liegt in der Bestimmung der Zusammensetzung der koexistierenden Phasen. Eine Möglichkeit ist die Entnahme von Proben, die anschließend analysiert werden. Da durch die Probenahme die Stoffmengen der Komponenten in der Messzelle verändert werden und sich dadurch in der Regel das Gleichgewicht verschiebt, muss durch geeignete Vorkehrungen dafür Sorge getragen werden, dass die Zusammensetzungen der Proben denen der Phasen im Gleichgewicht entsprechen. Gelingt dies, so ist der vollständige $pTxy$- Datensatz bestimmt, was eine Prüfung der Daten auf thermodynamische Konsistenz erlaubt. Methoden hierzu werden in Abschnitt 6.2 angegeben.

Eine andere Alternative zur Ermittlung der Konzentrationen besteht darin, dass zunächst die Stoffmengen der in die Messzelle eindosierten Komponenten n_i^{ges} genau bestimmt werden. Hierfür eignet sich z.B. die Dosierung mittels eines Verdrängungskolbens, der die entgasten Komponenten unter leichtem Überdruck aus einem zylindrischen Gefäß über ein Dosierventil in die Messzelle überführt [72, 100]. Aus Kolbenquerschnitt und -vorschub lässt sich das verdrängte Volumen und bei Kenntnis der Dichte auch die eindosierte Stoffmenge berechnen. Alternativ besteht bei entsprechender konstruktiver Gestaltung die Möglichkeit, die Messzelle nach jedem Dosieren zu wiegen.

Da so die Mengen der Komponenten in der Gleichgewichtszelle nicht durch Probenahmen verändert werden, sind Serienmessungen einfach durch wiederholtes Eindosieren ohne irgendwelche Korrekturen möglich. Für jeden Messpunkt sind dann allerdings lediglich T, p^{s} und n_i^{ges} bekannt, die Zusammensetzungen der koexistierenden Phasen müssen mit Hilfe thermodynamischer Auswertungen erfolgen, z.B. nach dem Verfahren von Barker [13] oder mit dem in Abb. 6.2 gezeigten einfachen Algorithmus.

Ausgegangen wird von den Daten einer Messreihe und dem Gesamtvolumen der Gleichgewichtszelle, das z.B. durch Auslitern ermittelt werden kann. Als Startwert wird die Flüssigkeitskonzentration x_i der Gesamtkonzentration in der Messzelle z_i gleichgesetzt und angenommen, dass lediglich Flüssigkeit in der Zelle vorliegt. Mit Hilfe eines geeigneten thermodynamischen Modelles (i. d. R. ein G^{E}-Modell) wird nun der Zusammenhang $p^{\mathrm{s}}(x_i)$ durch Anpassung der Modellparameter beschrieben. Die Dampfzusammensetzungen y_i ergeben sich dann direkt aus diesem Modell (vgl. Abb. 5.15 und 5.16). Außerdem werden die molaren Volumen des Dampfes und der Flüssigkeit, V^{V} und V^{L}, mit geeigneten Korrelationen berechnet. Für den Dampf genügt bei ausreichend niedrigen Drücken das Idealgasgesetz, während für die Flüssigkeit oft die Vernachlässigung des Exzessvolumens zulässig ist. Verbesserte Werte für die Stoffmengenanteile x_i in der Flüssigkeit werden dann mit Hilfe von Stoffmengen- und Volumenbilanzen ermittelt, mit denen erneut $p^{\mathrm{s}}(x_i)$ angepasst wird. Diese Iteration wird abgebrochen, sobald eine vorgegebene Schranke ε mit der Veränderung der x_i in einem Iterationsschritt unterschritten wird. Es ist dann der vollständige $pTxy$-Datensatz ermittelt. Bei diesem Vorgehen wird zwar die aufwändige Probenahme vermieden, dafür hängt die Güte der Daten – insbesondere der y_i – von der Fähigkeit des zu Grunde gelegten thermodynamischen Modelles ab, die Daten über den untersuchten Konzentrationsbereich gut zu beschreiben. Außerdem lässt sich die thermodynamische Konsistenz der

Daten nicht überprüfen, da y_i basierend auf einem Modell ermittelt wurde, das üblicherweise diese Konsistenz erzwingt (vgl. Abschnitt 6.2)

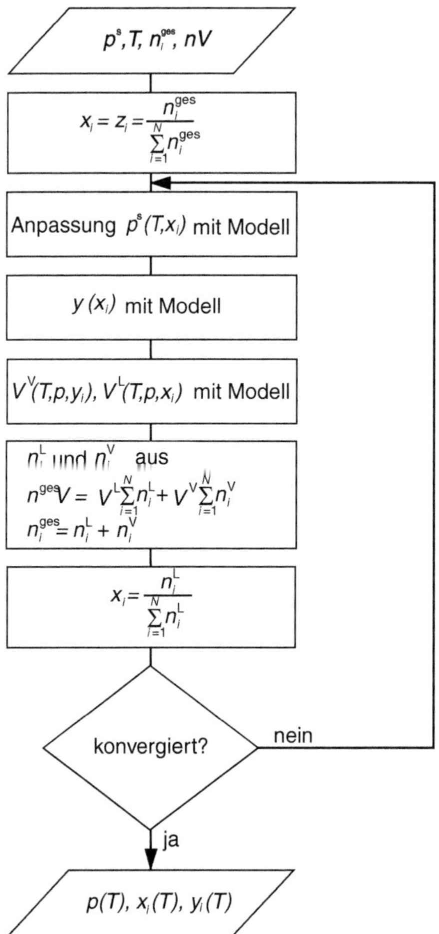

Abb. 6.2. Algorithmus zur Bestimmung von x_i und y_i aus einem Tpn_i-Datensatz

Die dynamische Dampfdruckmessung (Siedetemperaturmessung)

Eine alternative Methode zur Messung von Dampf-Flüssigkeits-Gleichgewichten ist die dynamische Dampfdruckmessung. Sie vermeidet aufwändiges Dosieren und erlaubt Serienmessungen bei einfacher Probenahme.

Eine typische dynamische Dampfdruckapparatur der Firma Fischer (Fischer Labor- und Verfahrenstechnik GmbH, Meckenheim) ist in Abb. 6.3 dargestellt. Die Bereiche, in denen die Gemische in den verschiedenen Aggregatzuständen vorliegen, sind unterschiedlich unterlegt. Das vorgelegte Gemisch wird in einem Siedegefäß mit Hilfe eines elektrischen Heizstabes zum Sieden gebracht. Der so erzeugte Dampf steigt auf und reißt Flüssigkeit mit. In dieser so genannten Cotrell-Pumpe werden also Dampf- und Flüssigkeit in intensivem Kontakt parallel geführt, so dass sich das Gleichgewicht einstellen kann. Anschließend gelangen beide Phasen in die eigentliche Gleichgewichtskammer, in der sie so voneinander getrennt werden, dass eine Rückvermischung ausgeschlossen wird. In der Gleichgewichtskammer findet auch die Messung der Gleichgewichtstemperatur statt. Der mit einem Kühler vollständig kondensierte Dampf und die Flüssigkeit gelangen über Tropfenzähler, die die Kontrolle der beiden Ströme gestatten, in Vorlagen, aus denen z. B. mit Spritzen Proben zur Bestimmung von x_i und y_i entnommen werden können. Über Überläufe gelangen die Ströme in eine Mischkammer und von dort zurück in das Siedegefäß. Der Druck in der gesamten Umlaufapparatur wird mit Hilfe eines inerten Gases, z. B. Stickstoff, und eines Druckreglers auf einen gewünschten Wert eingestellt.

Beim Betrieb dieser Gleichgewichtsapparatur stellt sich nach kurzer Zeit (ca. 30 min) ein stationärer Zustand ein, bei dem die Temperatur in der Gleichgewichtszelle und die Zusammensetzungen der Proben in den Vorlagen den Gleichgewichtswerten entsprechen. Bei der Messung von Dampf-Flüssigkeits-Gleichgewichten mit einer dynamischen Apparatur erhält man also isobare $pTxy$-Datensätze.

Vergleich der Messmethoden

Nachfolgend sind einige Vorteile und Schwierigkeiten der statischen und dynamischen Messung von Dampf-Flüssigkeits-Gleichgewichten einander gegenüber gestellt. Es wird deutlich, dass beide Messmethoden ihre optimalen Eigenschaften bei unterschiedlichen Bedingungen entfalten.

Statische Methode

Vorteile

- liefert isotherme Daten, vorteilhaft für Konsistenztests (vgl. Kap. 6.2)
- arbeitet auch bei hohen Drücken
- Messungen auch bei extremen Werten von $\alpha_{i,j}$, bei ausgeprägten Azeotropen und Systemen mit Mischungslücke möglich

Schwierigkeiten

- sorgfältige Entgasung der eindosierten Komponenten ist essentiell für genaue Messungen
- n_i^{ges} muss genau gemessen werden oder eine repräsentative Probenahme muss sorgfältig erfolgen
- bei ausgeprägt nicht-idealen Systemen dauert die Einstellung des Gleichgewichtes trotz intensiver Rührung ggf. mehrere Stunden [83, 85, 161]

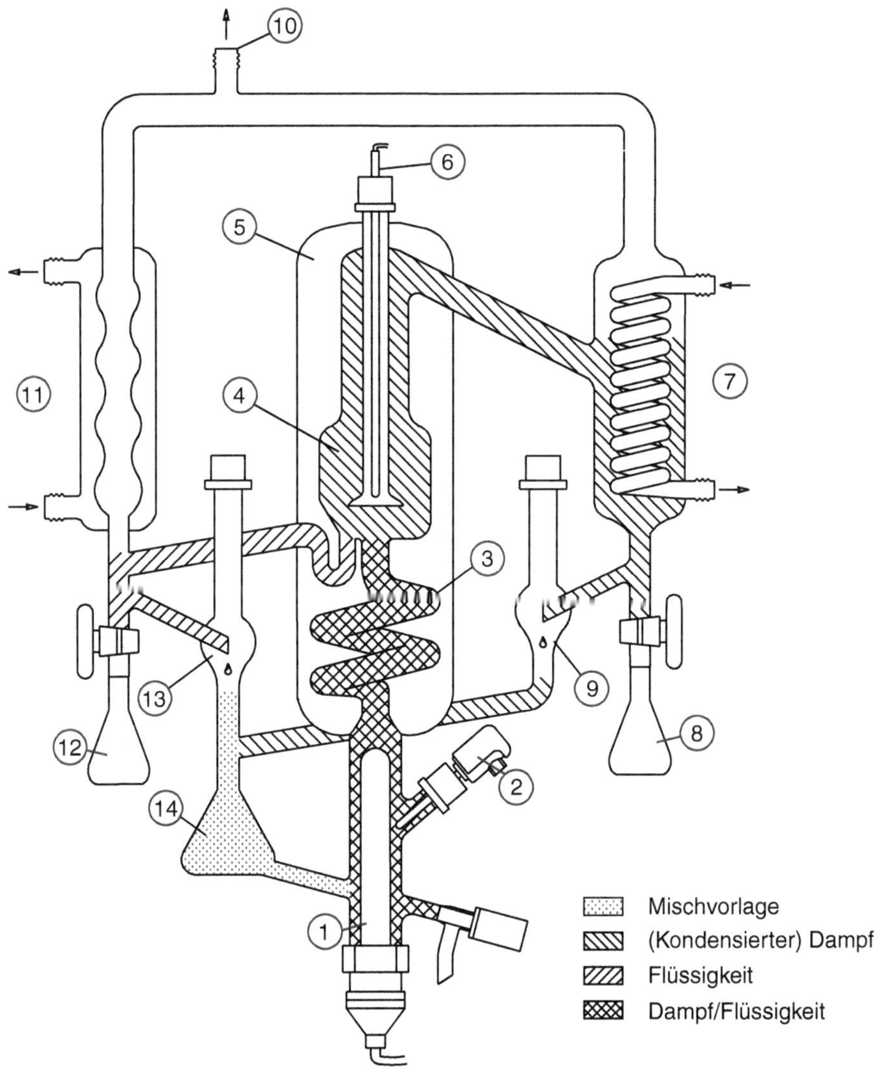

1 Heizpatrone	8 Vorlage für Dampfprobe
2 Temperaturfühler	9 Tropfenzähler Dampfphase
3 Cotrell-Rohr	10 Anschluss an Druckregelung
4 Gleichgewichtskammer	11 Kühler Flüssigphase
5 Vakuummantel	12 Vorlage für Flüssigkeitsprobe
6 Temperaturmessfühler	13 Tropfenzähler Flüssigphase
7 Kondensator	14 Mischkammer

Abb. 6.3. Schematische Darstellung einer dynamischen Dampfdruckapparatur

Dynamische Methode

Vorteile

- die Probenahme ist in der Regel leicht möglich, so dass x_i und y_i einfach bestimmt werden können
- keine Entgasung der Komponenten nötig
- die Messungen sind schnell (ca. 30 min), so dass Serienmessungen auch mit Probenahme unproblematisch sind

Schwierigkeiten

- relativ hoher Hold-up außerhalb der Gleichgewichtszelle, der bei Systemen mit Mischungslücke oder extremen Werten von $\alpha_{i,j}$ dazu führt, dass kein stationärer Zustand erreicht wird
- die Apparatur ist in der Regel aus Glas gefertigt, so dass ohne aufwändige Druckkompensation nur etwa zwischen 0 und 2 bar gemessen werden kann
- isobare Messreihen sind leicht möglich, was beim Konsistenztest einen erhöhten Aufwand erfordert (vgl. Kap. 6.2)

6.2 Prüfung thermodynamischer Konsistenz mit Hilfe der Gibbs-Duhem-Gleichung

Die Größen T, p^s, x_i und y_i, die das Dampf-Flüssigkeits-Gleichgewicht beschreiben, sind nicht unabhängig voneinander. Die Beziehung zwischen diesen Größen, die im Folgenden hergeleitet wird, erlaubt zu überprüfen, ob VLE-Messungen thermodynamisch konsistent sind.

Ausgangspunkt ist Gl. 3.18 für die innere Energie:

$$U = TS - pV + \sum_{i=1}^{N} \mu_i x_i \ . \tag{6.11}$$

Das totale Differential der inneren Energie ist damit

$$dU = TdS + SdT - pdV - Vdp + \sum_{i=1}^{N} \mu_i dx_i + \sum_{i=1}^{N} x_i d\mu_i \ . \tag{6.12}$$

Gleichzeitig gilt für dU aber Gl. 3.17:

$$dU = TdS - pdV + \sum_{i=1}^{N} \mu_i dx_i \ . \tag{6.13}$$

Subtraktion von Gln. 6.12 und 6.13 führt zur Gibbs-Duhem-Gleichung in ihrer allgemeinen Form:

$$0 = SdT - Vdp + \sum_{i=1}^{N} x_i d\mu_i \ , \tag{6.14}$$

die verschiedene intensive Größen eines Systems miteinander verbindet. Wird Gl. 6.14 auf die ideale Mischung bei gleichem T, p und x_i bezogen, so ergibt sich

$$0 = S^{\mathrm{E}}\mathrm{d}T - V^{\mathrm{E}}\mathrm{d}p + \sum_{i=1}^{N} x_i \mathrm{d}\mu_i^{\mathrm{E}} \tag{6.15}$$

bzw. mit Gl. 6.2

$$0 = S^{\mathrm{E}}\mathrm{d}T - V^{\mathrm{E}}\mathrm{d}p + R\sum_{i=1}^{N} x_i \mathrm{d}(T\ln\gamma_i) \,. \tag{6.16}$$

Soll diese Gleichung zur Überprüfung der Konsistenz experimenteller VLE-Daten von Gemischen herangezogen werden, so bietet sich dies für isotherme Datensätze (z. B. mit der statischen Messmethode) direkt an, da sich Gl. 6.16 dann vereinfachen lässt zu

$$0 = -V^{\mathrm{E}}\mathrm{d}p + RT\sum_{i=1}^{N} x_i \mathrm{d}\ln\gamma_i \,. \tag{6.17}$$

Für isobare VLE-Datensätze (z. B. mit dynamischer Messmethode), muss ggf. geprüft werden, ob die Terme mit $\mathrm{d}T$ nicht dennoch vernachlässigt werden dürfen.

Es bieten sich nun vier Möglichkeiten an, um den Term $V^{\mathrm{E}}\mathrm{d}p$ zu handhaben:

- V^{E} wird gemessen und der Term $V^{\mathrm{E}}\mathrm{d}p$ explizit berücksichtigt.
- Es wird angenommen, dass die VLE-Messungen nicht nur isotherm sondern auch isobar erfolgt sind, so dass $V^{\mathrm{E}}\mathrm{d}p$ null ist. Diese Annahme ist für Zweistoffsysteme allerdings thermodynamisch streng genommen nicht sinnvoll, da sie der Gibbs'schen Phasenregel widerspricht. Für ein binäres System mit dampfförmiger und flüssiger Phase ergeben sich zwei Freiheitsgrade, die aus T, p^{s}, x_i und y_i gewählt werden können. Bei einem isotherm-isobaren System werden T und p^{s} gewählt. Die Zusammensetzungen beider Phasen liegen damit fest und ein Konsistenztest für eine Messreihe ist nicht mehr sinnvoll.
- Das Exzessvolumen wird vernachlässigt, damit entfällt der Term $V^{\mathrm{E}}\mathrm{d}p$. Diese ist oft in guter Näherung erfüllt, muss im Einzelfall aber geprüft werden.
- Die Größenordnung der Terme in Gl. 6.17 wird abgeschätzt und verglichen. Typische Größenordnungen für die einzelnen Faktoren in Gl. 6.17 sind:

$$\mathcal{O}\left(V^{\mathrm{E}}\right) = 1\,\mathrm{cm}^3/\mathrm{mol}\,,$$
$$\mathcal{O}\left(x_i\right) = 1\,,$$
$$\mathcal{O}\left(\mathrm{d}p\right) = 1\,\mathrm{MPa}\,,$$
$$\mathcal{O}\left(\mathrm{d}\ln\gamma_i\right) = 1\,,$$
$$\mathcal{O}\left(T\right) = 300\,\mathrm{K}$$

Damit ergeben sich:

$$\mathcal{O}\left(V^{\mathrm{E}}\mathrm{d}p\right) = 1\,\mathrm{J/mol}$$

und

$$\mathcal{O}\left(RTx_i\,\mathrm{d}\ln\gamma_i\right) = 2500\,\mathrm{J/mol}\,.$$

Der Term $V^{\mathrm{E}}\mathrm{d}p$ kann also in aller Regel gegenüber $RTx_i\,\mathrm{d}\ln\gamma_i$ vernachlässigt werden.

Mit den letzten beiden Überlegungen ergibt sich aus Gl. 6.17:

$$0 = \sum_{i=1}^{N} x_i\mathrm{d}\ln\gamma_i\,. \tag{6.18}$$

Die totalen Differentiale der $\ln\gamma_i$ können nun als Summe über die einzelnen Richtungsableitungen geschrieben werden:

$$0 = \sum_{i=1}^{N} x_i\frac{\partial\ln\gamma_i}{\partial x_1}\mathrm{d}x_1 + \sum_{i=1}^{N} x_i\frac{\partial\ln\gamma_i}{\partial x_2}\mathrm{d}x_2 + \ldots\,, \tag{6.19}$$

wobei die unterschiedlichen $\mathrm{d}x_i$ voneinander unabhängig sind. Damit muss also gelten:

$$0 = \sum_{i=1}^{N} x_i\frac{\partial\ln\gamma_i}{\partial x_j}\,. \tag{6.20}$$

Für ein binäres System lässt sich

$$0 = x_1\frac{\partial\ln\gamma_1}{\partial x_1} + x_2\frac{\partial\ln\gamma_2}{\partial x_1} \tag{6.21}$$

mit

$$x_1 = 1 - x_2 \tag{6.22}$$

bzw.

$$\frac{\partial x_1}{\partial x_2} = -1 \tag{6.23}$$

umformen zu

$$0 = x_1\frac{\partial\ln\gamma_1}{\partial x_1} - x_2\frac{\partial\ln\gamma_2}{\partial x_2} \tag{6.24}$$

bzw.

$$x_1\frac{\partial\ln\gamma_1}{\partial x_1} = x_2\frac{\partial\ln\gamma_2}{\partial x_2}\,. \tag{6.25}$$

Diese Beziehung kann nun direkt verwendet werden zur Überprüfung der thermodynamischen Konsistenz isothermer binärer $Tpxy$-Datensätze zum Dampf-Flüssigkeits-Gleichgewicht unter Berücksichtigung der oben angegebenen Annahmen zu $V^{\mathrm{E}}\mathrm{d}p$. Dazu werden die γ_i aus den Messdaten mit Hilfe der entsprechend umgestellten Gleichgewichtsbeziehung (Gl. 5.68) ermittelt:

$$\gamma_i = \frac{\varphi_i \, y_i \, p^{\mathrm{s}}}{F_{\mathrm{P},i} \, \varphi_i^0 \, x_i \, p_i^{\mathrm{s}}} \cdot \tag{6.26}$$

x_i, y_i und p^{s} sind die Messwerte für jeden Messpunkt. Für p_i^{s} wird sinnvollerweise der jeweilige Reinstoffdampfdruck eingesetzt, der mit der gleichen Apparatur und den gleichen Substanzen wie die Gemischdaten ermittelt wurde. φ_i und φ_i^0 werden z. B. mit der Virial-Gleichung berechnet, wobei mindestens die zweiten Virialkoeffizienten bekannt sein sollten, oder bei niedrigen Drücken zu eins gesetzt. Der Poyntingfaktor wird unter Annahme konstanten molaren Reinstoffvolumens bestimmt oder ebenfalls zu eins gesetzt (vgl. Tab. 5.1).

Basierend auf diesen Beziehungen kann ein Konsistenztest in unterschiedlicher Weise formuliert werden. Einerseits kann mit Gl. 6.25 die Konsistenz direkt zwischen zwei benachbarten Datenpunkten ausgewertet werden, indem die Differentialquotienten durch die entsprechenden Differenzenquotienten ersetzt werden. Dieser so genannte point-to-point-Test von van Ness [145] hat sich im Vergleich zu dem so genannten equal-area-Test [87, 88, 163] besser bewährt. Immer muss zur Überprüfung der Konsistenz von VLE-Daten aber die vollständige $Tp^{\mathrm{s}}xy$-Information zur Verfügung stehen.

Es sei noch angemerkt, dass Gl. 6.21 und damit auch Gl. 6.25 die korrespondierenden Differentiale der partiellen molaren freien Exzessenthalpie verknüpft, die sich auf eine Variation des Stoffmengenanteils der Mischung beziehen. Führt man sich die grafische Deutung der partiellen molaren Größen als Achsenabschnitte einer Tangente vor Augen, so ist einleuchtend, dass diese Differentiale über eine Bedingung gekoppelt sind, die zum Ausdruck bringt, dass beide partiellen molaren Größen sich aus einer einzigen molaren Größe der Mischung ergeben. Entsprechend sind die Ausdrücke für γ_i, die sich aus einem G^{E}-Modell ergeben, stets konsistent.

6.3 Flüssig-Flüssig-Gleichgewichte

Zur Messung von Flüssig-Flüssig-Gleichgewichten (LLE, liquid-liquid equilibria) werden zwei unterschiedliche Messmethoden eingesetzt: die analytische und die synthetische Methode. Beide Methoden können prinzipiell auch zur Messung von Gas-Gas-Gleichgewichten bei hohen überkritischen Drücken eingesetzt werden. Es ist dann lediglich eine Möglichkeit zur Erzeugung und Regelung des hohen Druckes vorzusehen.

Die analytische Methode

Bei der analytischen Methode zur LLE-Bestimmung werden – ähnlich wie bei der statischen Methode der VLE-Messung – die Komponenten in geeigneter Menge in ein geschlossenes Gefäß eingegeben (vgl. Abb. 6.4). Diese Messzelle wird thermostatisiert und gerührt, so dass sich die Temperatur und das Phasengleichgewicht in der Regel in kurzer Zeit (etwa 20 min) einstellen. Nach der Gleichgewichtseinstellung werden aus der Zelle in unterschiedlicher Höhe Proben genommen und anschließend deren Zusammensetzung bestimmt. Die Probenahme ist dabei unproblematisch, da ein durch die Probenahme bedingter Druckabfall in der Gleichgewichtszelle in der Regel das Flüssig-Flüssig-Gleichgewicht praktisch nicht beeinflusst. Zudem ist die LLE-Messzelle häufig zur Umgebung hin offen, so dass kein Druckabfall auftritt. Der Vorteil der analytischen Methode zur LLE-Bestimmung ist, dass auch bei Systemen mit beliebig vielen Komponenten die Zusammensetzung beider im Gleichgewicht koexistierenden Phasen bestimmt wird. Von Nachteil sind dagegen der oft recht hohe Messaufwand zur Konzentrationsbestimmung und ggf. ein relativ hoher verbleibender Messfehler, z. B. bei Systemen mit extrem geringer Grenzlöslichkeit.

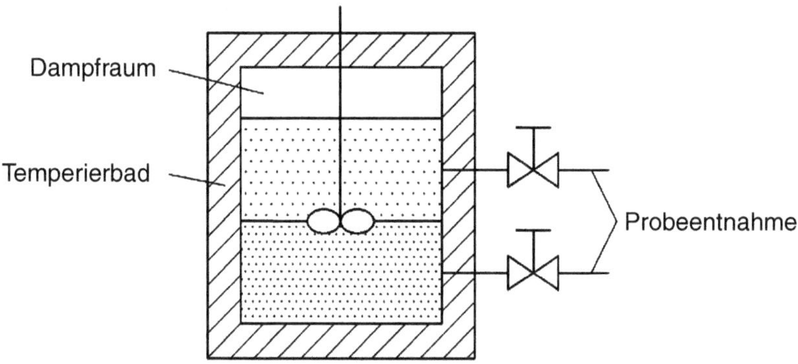

Abb. 6.4. LLE-Bestimmung mit der analytischen Methode

Die synthetische Methode

Bei der synthetischen Methode wird die Temperatur- bzw. bei Hochdruckgleichgewichten die Druckabhängigkeit des untersuchten Gleichgewichtes ausgenutzt, was in Abb. 6.5 schematisch dargestellt ist. In einer Messzelle wird ein Gemisch z. B. mit der Zusammensetzung $x_{1,ges}$ angesetzt, wobei die Konzentrationen aller Komponenten aus der Dosierung mit hoher Genauigkeit bekannt sind. Durch Variation der Temperatur in der Messzelle wird nun die Temperatur $T^{\text{Entmischung}}$ bestimmt, an der der Wechsel zwischen einphasigem und zweiphasigem System auftritt. Beim Entstehen der zweiten Phase, die in Form feinster Tropfen auftritt, wird das System trübe, was bei geeigneter Durchleuchtung der Messzelle sehr einfach optisch festgestellt werden kann. Um das Auftreten der zweiten Phase noch genauer zu ermitteln, kann eine Vergrößerungsoptik angekoppelt werden. Mit dieser Trübungspunktbestimmung, bei der die Temperatur mehrfach in einem sehr engen Bereich um $T^{\text{Entmischung}}$

variiert wird, kann $T^{\text{Entmischung}}$ mit hoher Genauigkeit ermittelt werden. Dieser hohen Genauigkeit der Messung steht als Nachteil gegenüber, dass die Zusammensetzung der entstehenden zweiten Phase der Messung nicht zugänglich ist. Bei Zweistoffsystemen ist eine Zuordnung der Konzentrationen x' und x'' auf beiden Ästen der Gleichgewichtskurve über die Gleichgewichtstemperatur möglich. Wegen der zusätzlichen Konzentrationsfreiheitsgrade besteht diese Möglichkeit bei Systemen mit mehr Mischungskomponenten nicht mehr.

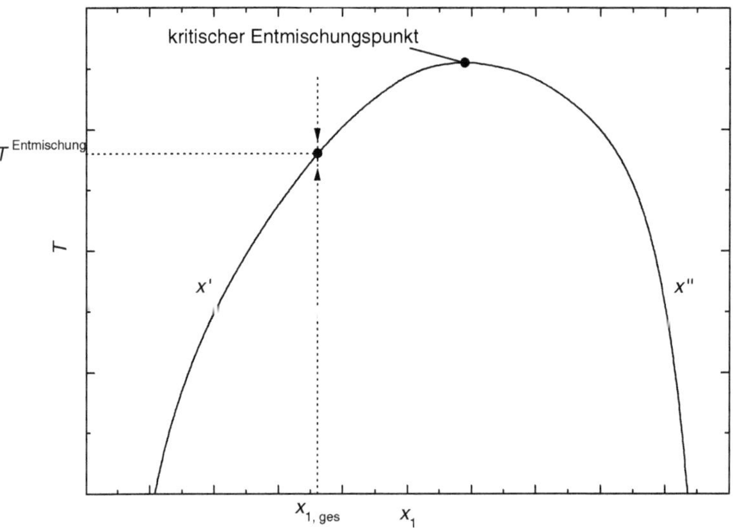

Abb. 6.5. Temperaturabhängigkeit des Flüssig-Flüssig-Gleichgewichtes

6.4 Mischungsenthalpien

Zur Messung von Mischungs- bzw. Exzessenthalpien sind zwei Apparatetypen verbreitet: Batch- und Strömungskalorimeter. Beide sollen im Folgenden vorgestellt werden.

Batchkalorimeter

Beim Batchkalorimeter (auch Bombenkalorimeter genannt), das in einem Beispiel in Abb. 6.6 skizziert ist, werden zunächst bekannte Mengen der zu mischenden Komponenten getrennt in der Mischungskammer vorgelegt. Die Trennung kann z. B. durch eine Membran geschehen oder indem eine Komponente in einer Ampulle eingeschlossen wird. Die Mischkammer ist von einem Temperierbad umschlossen, von diesem aber durch einen Raum getrennt, der evakuiert ist, um Wärmeleitung durch ein Gas zu vermeiden. Die einzige Wärmebrücke zwischen Mischkammer und Temperierbad ist eine Vielzahl von Thermoelementen, die in Reihe geschaltet sind. Zu Messbeginn, wenn das gesamte System im thermischen Gleichgewicht ist, wird die Trennung zwischen den Komponenten entfernt, indem die Membran durchstoßen oder die Ampulle zerbrochen wird. Auf Grund des anschließenden Mischvorganges kommt es zu einer Veränderung der Temperatur in der Mischzelle entsprechend der Wärmetönung. Dadurch wird eine Thermospannung ΔU in den Thermoelementen hervorgerufen und ein Wärmestrom $\dot{Q}$ längs der Drähte induziert. Beide Effekte sind bei nicht zu hohen Temperaturdifferenzen ΔT zwischen Mischzelle und Temperierbad proportional zu ΔT, so dass

$$\dot{Q} = k\Delta U \tag{6.27}$$

gilt. Wird die Proportionalitätskonstante k durch eine Kalibriermessung bestimmt, bei der $\dot{Q}$ z. B. mit Hilfe einer elektrischen Heizung in der Zelle erzeugt wird, so kann $\dot{Q}$ als Funktion der Zeit bestimmt werden. H^{M} ergibt sich aus $\dot{Q}$ durch Integration über die Zeit und Bezug auf die eingesetzte Stoffmenge. Um für die Endlichkeit der eigentlichen Messzeit zu korrigieren, wird üblicherweise der zeitliche Verlauf des Messwertes mit geeigneten Funktionen extrapoliert.

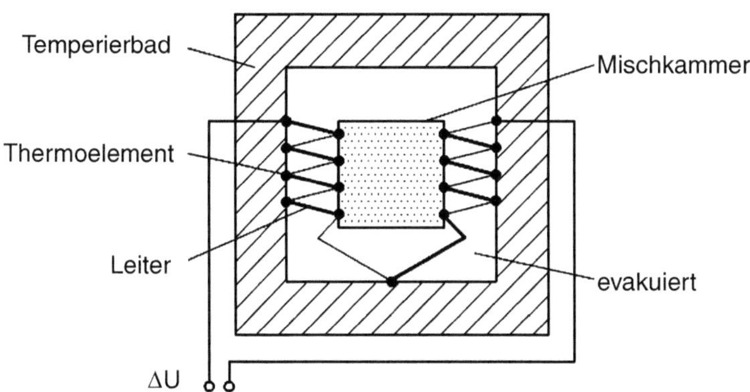

Abb. 6.6. Schematische Darstellung eines Batchkalorimeters

Insbesondere bei Systemen mit höherer Viskosität ergeben sich bei Batch-Kalorimetern Probleme, da ein geringer Messwert über sehr lange Messzeiten integriert werden muss, was zu hohen Messfehlern führt.

Ein Vorteil der Batch-Methode ist dagegen, dass die Messungen nicht nur auf flüssige Ausgangssubstanzen beschränkt sind. So können z. B. auch Lösungs- und Reaktionsenthalpien mit Feststoffen ermittelt werden.

Strömungskalorimeter

Ein Strömungskalorimeter ist in Abb. 6.7 in zwei Betriebszuständen skizziert [91]. Zwischen den in Abb. 6.7a und Abb. 6.7b gezeigten Zuständen kann durch geeignet angeordnete Ventile umgeschaltet werden, wobei hier die durchströmten Kapillaren durchgezogen dargestellt sind. Der Betrieb soll hier zunächst für eine exotherme Mischung beschrieben werden, bei der durch adiabates Mischen die Temperatur steigt. Die Ausgangskomponenten werden mit Pumpen durch die Apparatur gefördert, die einerseits sehr genau kalibriert sind und deren Förderrate andererseits in einem weiten Bereich variiert werden kann.

Im Referenzversuch (Abb. 6.7a) werden die Komponenten direkt so durch ein Temperierbad geführt, dass sich ihre Temperatur auf T einstellt. Anschließend gelangen sie in die Messzelle, in der sie mit einem Rührer intensiv vermischt werden, so dass die Vermischung im Auslass der Mischzelle abgeschlossen ist. Dadurch, dass die Zelle gegen das Temperierbad wärmeisoliert ist, erhöht sich ihre Temperatur im stationären Zustand durch den exothermen Mischungsvorgang auf T_M, die mit sehr hoher Genauigkeit festgehalten wird.

Im Heizversuch (Abb. 6.7b) werden die Komponenten zunächst in einen Vormischer gefüllt, in dem die Vormischung stattfindet. Anschließend werden die Ströme auf die bereits vorher beschriebenen Kapillaren durch das Temperierbad und in die Mischzelle aufgeteilt. In der Mischzelle wird nun die auf T temperierte Mischung mit Hilfe der Zellheizung, deren Leistung $\dot{Q}$ genau eingestellt werden kann, auf T_M aufgeheizt. Der Rührer der Zelle ist auf dieselbe Drehzahl eingestellt wie beim Referenzversuch, so dass er die gleiche Wärme wie dort dissipiert. Durch diese Maßnahmen ist gewährleistet, dass sich der Stoffstrom nach dem Mischen bzw. Beheizen in den beiden Teilversuchen in demselben Zustand befindet. Der Wärmestrom $\dot{Q}$, der zum Erreichen dieses Zustandes im Heizversuch aufgewendet werden muss, charakterisiert daher den Unterschied im Wärmeinhalt der Stoffströme, die der Mischzelle mit der Temperatur T zugeführt werden, $H^\mathrm{M}(T)$:

$$\frac{\dot{Q}}{\dot{n}} = H^\mathrm{M} , \tag{6.28}$$

wobei $\dot{n}$ der Gesamtstoffmengenstrom durch die Mischzelle ist. Bei einem endothermen Mischungsvorgang muss die Reihenfolge der Versuchsverschaltungen vertauscht werden.

Mit dem Strömungskalorimeter können Mischungseffekte zwischen Fluiden gemessen werden. Auf eine hohe Förderkonstanz der Pumpen und eine genaue Bestimmung von $\dot{n}$ ist besonderer Wert zu legen, da sich Ungenauigkeiten direkt in dem ermittelten Wert für H^M niederschlagen (vgl. Gl. 6.28). $\dot{Q}$ ist dagegen bei geeigneter elektrischer Beheizung in der Regel sehr genau bekannt. Dabei ist auch vorteilhaft, dass das Erreichen von T_M im zweiten Teilversuch mit einem geeigneten Thermofühler präzise bestimmt werden kann, da im Vergleich zum ersten Teilversuch lediglich eine Temperaturdifferenz auszuwerten ist (vgl. Tab. 6.1). Ein Vorteil der Strömungskalorimetrie ist daher, dass H^M

absolut bestimmt wird und nicht basierend auf einem Kalibrierexperiment wie beim Batchkalorimeter.

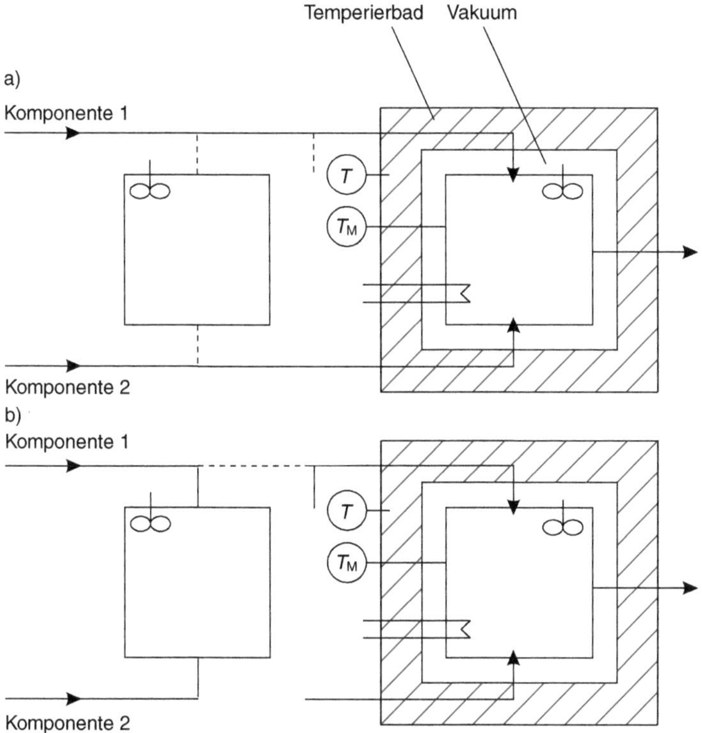

Abb. 6.7. Schematische Darstellung eines Strömungskalorimeters

6.5 pVT-Verhalten

Eine einfache Möglichkeit zur Messung des pVT-Verhaltens von reinen Komponenten oder Gemischen besteht darin, in eine evakuierte Messzelle bekannten Volumens nV eine vorgegebene Stoffmenge n des Stoffsystems einzudosieren, diese in einem Temperierbad mit der Temperatur T ins Gleichgewicht zu bringen und den Druck mit einem geeigneten Druckaufnehmer zu messen (vgl. Abb. 6.1). Das Hauptproblem dieser Methode ist insbesondere bei Messungen an dampfförmigen Systemen die genaue Ermittlung der dosierten Stoffmenge. Wird dieses Problem gelöst, können das pVT-Verhalten und z. B. auch Virialkoeffizienten ermittelt werden [146, 173, 177].

Ein besonders wegen der erreichten Genauigkeit hervorzuhebendes Beispiel für hochgenaue pVT-Messungen sind Ergebnisse von Wagner und Mitarbeitern, die mit ihren Untersuchungen das Ziel haben, das Stoffverhalten in aller nächster Nähe zum kritischen Punkt zu untersuchen. In Abb. 6.8 sind hierzu Messungen für SF$_6$ gezeigt. Was auf den ersten Blick wie eine normale Darstellung der pVT-Verhaltens analog zu Abb. 2.2 aussieht, stellt sich bei genauerer Betrachtung als eine extreme Vergrößerung des kritischen Bereichs heraus. Solch hohe Genauigkeiten, die die in Tab. 6.1 angegebenen Werte weit unterschreiten, werden hier dadurch erreicht, dass die Messzelle von mehreren ineinander geschachtelten Thermostatisierungen umgeben ist, die von außen nach innen die Temperaturgenauigkeit je Hülle etwa um den Faktor 10 steigern, indem die geregelte eingetragene Wärmeleistung jeweils um diesen Faktor abnimmt.

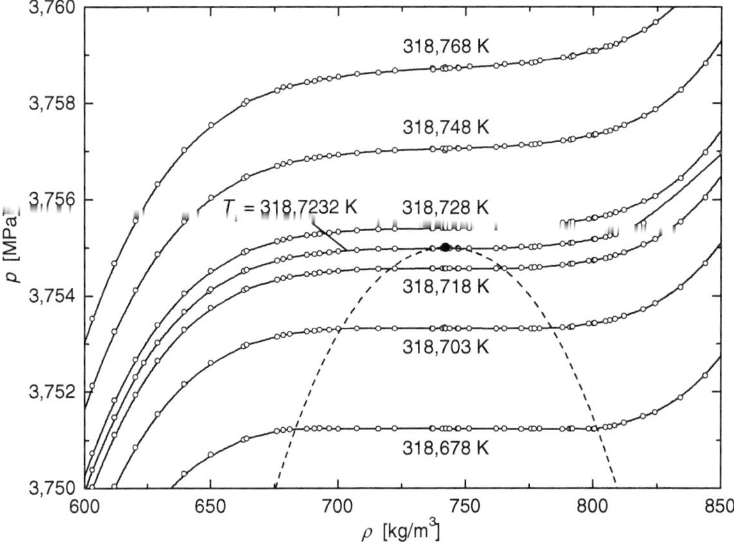

Abb. 6.8. Ausschnitt aus dem $p\varrho$-Diagramm von SF$_6$ im kritischen Gebiet [70, 112, 196] (mit freundlicher Genehmigung des Autors)

Zur genauen Messung der Flüssigkeitsdichte bei Umgebungsdruck haben sich Messgeräte bewährt, die auf dem Prinzip des Biegeschwingers basieren (vgl. Abb. 6.9). Zur Zeit sind kommerzielle, einfach zu handhabende Geräte verfügbar, die bei Umgebungsdruck über einen weiten Temperaturbereich Messungen erlauben. Durch Kopplung mit geeigneten Messzellen kann aber auch bei anderen Drücken und im Dampf gemessen werden. Das Messprinzip beruht darauf, dass die Resonanzfrequenz eines U-Rohres, das in einem Block hoher Masse gegengelagert ist, von der Masse des Rohres abhängt. Die Resonanzfrequenz, die durch eine entsprechende Anrege- und Messeinrichtung ermittelt werden kann, ist also ein Maß für die Masse des Systems, das sich in dem U-Rohr befindet. Die Abhängigkeit ist dabei in guter Näherung linear, so dass das Messgerät lediglich mit zwei Stoffsystemen, z. B. Luft und

Wasser, kalibriert werden muss [111, 178]. Anschließend sind Dichtemessungen einfach und mit hoher Genauigkeit möglich. Die Messzeit beträgt wenige Minuten bis etwa eine halbe Stunde, je nach Temperatur und gewünschter Temperaturgenauigkeit.

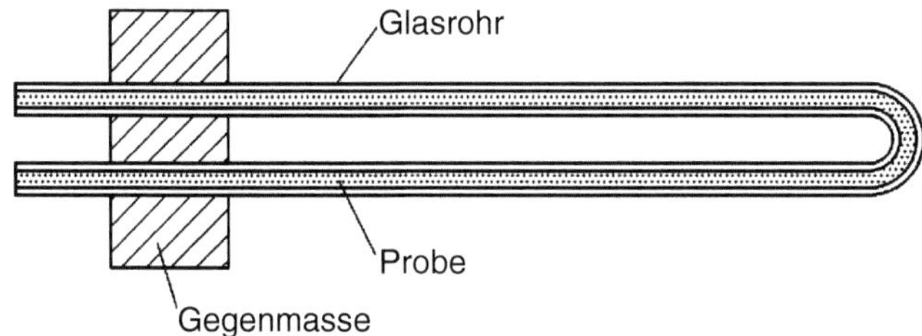

Abb. 6.9. Schematische Darstellung eines Biegeschwingers

6.6 Zusammenfassung

Beispielhaft werden einige typische Messmethoden kurz vorgestellt, mit denen Stoffdaten für reine Komponenten und Gemische ermittelt werden können. Im Vordergrund stehen dabei Dampf-Flüssigkeits-, Flüssig-Flüssig-Gleichgewichte, Mischungsenthalpien und das pVT-Verhalten. Aus den Messdaten können andere thermodynamische Größen berechnet werden, z. B. Mischungs- und Exzessanteil von μ_i, H, S und G. Es wird auch gezeigt, wie basierend auf der Gibbs-Duhem-Gleichung die thermodynamische Konsistenz von Daten zu Dampf-Flüssigkeits-Gleichgewichten überprüft werden kann.

6.7 Aufgaben

Übung 6.1. Sind die folgenden Messdaten einer binären Mischung konsistent? Welche geeigneten Annahmen können ggf. zur Überprüfung getroffen werden?

T	p^{s}	x_1	y_1
[K]	[bar]	[−]	[−]
298,15	0,0316	0,00	0,00
298,15	0,1098	0,4831	0,8260
298,15	0,1150	0,5349	0,8440
298,15	0,1692	1,00	1,00

7

Thermodynamisches Verhalten von Gemischen

In den vorangegangenen Kapiteln wurde gezeigt, welche Hilfsmittel zur Verfügung stehen, um das thermodynamische Verhalten von Gemischen zu messen und zu modellieren. Die Frage stellt sich nun, welches thermodynamische Verhalten bei realen Systemen zu erwarten ist. Eine Antwort auf diese Frage soll in diesem Kapitel gegeben werden. Dabei kann wegen der Fülle der möglichen Stoffkombinationen nur eine Übersicht über die wichtigsten auftretenden Effekte gegeben werden. Zunächst wird gezeigt, wie die unterschiedlichen Informationen zu Phasengleichgewichten üblicherweise grafisch dargestellt werden. Anschließend werden einfache Möglichkeiten zur molekularen Deutung des unterschiedlichen Gleichgewichtsverhaltens aufgezeigt. Mit ihrer Hilfe werden Phasengleichgewichte typischer Systeme interpretiert. Wesentlich umfassendere Übersichten sind in der Literatur verfügbar [144, 171].

7.1 Darstellung der Phasengleichgewichte von Mehrkomponentensystemen

In der Regel werden bei Mehrstoffsystemen die Komponenten in der Reihenfolge abnehmender Flüchtigkeit indiziert. Es gilt dann

$$p_1^{\mathrm{s}} > p_2^{\mathrm{s}} > \ldots > p_N^{\mathrm{s}} \, . \tag{7.1}$$

Um die Notation zu vereinfachen, wird bei Zweistoffsystemen, die auch als binäre Systeme bezeichnet werden, oft der Index 1 weggelassen.

7.1.1 Dampf-Flüssigkeits-Gleichgewichte binärer Systeme

In Abb. 7.1 ist für ein binäres System ein einfaches Dampf-Flüssigkeits-Gleichgewicht bei konstanter Temperatur im pxy-Diagramm dargestellt. Dies wurde prinzipiell in Kapitel 4 als Einleitung zur Gemischmodellierung bereits vorgestellt (vgl. Abb. 4.8), soll hier im Kontext der Phasengleichgewichts-Darstellungen aber nochmals detaillierter beschrieben werden. Auf den senkrechten Achsen in Abb. 7.1 gilt

$$x_i = 1 \,, \qquad (7.2)$$

d. h. dort sind die Reinstoffdampfdrücke p_1^s und p_2^s eingetragen. Dazwischen spannt sich die so genannte Siedelinse auf. Eingezeichnet sind die Siedelinie, die $p^\mathrm{s}(x_1)$ entspricht, und die Taulinie $p^\mathrm{s}(y_1)$. Wie dieses Diagramm zu lesen ist, soll für ein System mit der Gesamtkonzentration z_1 gezeigt werden. Ausgegangen wird z. B. von dem Punkt 0 im pxy-Diagramm. Der Druck ist niedrig, das molare Volumen – das hier nicht dargestellt ist – entsprechend hoch; das System liegt damit dampfförmig vor. Wird der Druck erhöht, so kommt es bei 1 zum ersten Auskondensieren von Flüssigkeit. Diese erste entstehende Flüssigkeit ist auf der Siedelinie mit A eingetragen. Sie ist an dem Leichtsieder – Komponente 1 – abgereichert. Der Dampf hat in diesem Zustand (B) noch immer die Konzentration des Gesamtsystems.

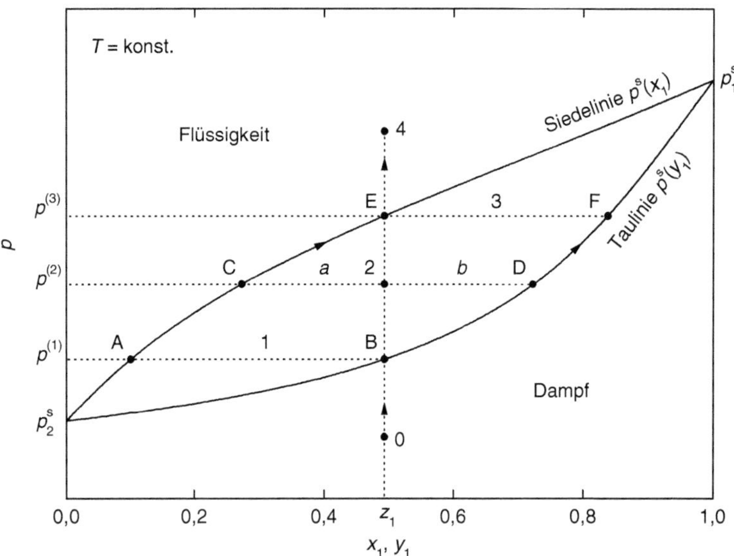

Abb. 7.1. pxy-Diagramm des Dampf-Flüssigkeits-Gleichgewichts einer binären Mischung

In Abb. 7.1 sind die koexistierenden Phasen im Gleichgewicht durch eine Horizontale miteinander verbunden, die so genannte Konode. Die Konode verläuft hier horizontal, da wegen Gl. 3.72 der Druck in Dampf und Flüssigkeit gleich sein muss. Wird der Druck weiter bis zum Zustand 2 erhöht, so kondensiert mehr Dampf. Da die Flüssigkeit an Leichtsieder abgereichert ist, muss sich dieser im Dampf wiederfinden, y_1 steigt (D). Gleichzeitig steigt auch x_1 (C). Steigt der Druck weiter, so ist bei 3 gerade der gesamte Dampf kondensiert. Im Gleichgewicht verschwindet die letzte Dampfblase mit einer Konzentration, die dem Punkt F in Abb. 7.1 entspricht. Die Flüssigkeit hat bei E dagegen genau die Konzentration z_1 erreicht. Wird der Druck noch weiter erhöht, so wird die dann homogene Flüssigkeit lediglich komprimiert (4). Insgesamt kondensiert bzw. siedet ein Gemisch bei konstanter Temperatur also – anders als ein Reinstoff – in einem Druckintervall, bei z_1 im Beispiel in Abb. 7.1 zwischen $p^{(1)}$ und $p^{(3)}$. Verhält sich das Gemisch ideal, d. h. entsprechend dem Raoult'schen Gesetz (vgl. Gl. 5.83), so ist die Siedelinie eine Gerade. Weicht die Siedelinie für ein reales System zu positiven Drücken von dieser Gerade ab, so spricht man von einem System mit positiver Abweichung vom Raoult'schen Gesetz (Gl. 5.78), im entgegen gesetzten Fall von einer negativen Abweichung. Die Stoffmengen der koexistierenden Phasen und deren Stoffmengenanteile sind nun nicht unabhängig voneinander. Aus einer Bilanz um das System folgt für die Stoffmengen der Phasen

$$n^{\mathrm{V}} + n^{\mathrm{L}} = n_{\mathrm{ges}} \,, \tag{7.3}$$

wobei n^{V}, n^{L} und n_{ges} die Stoffmengen im Dampf, in der Flüssigkeit und die des Gesamtsystems bezeichnen. Für die einzelnen Komponenten gilt entsprechend

$$n^{\mathrm{V}} y_i + n^{\mathrm{L}} x_i = n_{\mathrm{ges}} z_i, \qquad \text{für} \quad i = 1, 2, \dots N \,. \tag{7.4}$$

Einsetzen von Gl. 7.3 in 7.4 liefert

$$\frac{n^{\mathrm{V}}}{n^{\mathrm{L}}} = \frac{z_i - x_i}{y_i - z_i} \,. \tag{7.5}$$

In Abb. 7.1 entspricht $z_1 - x_1$ für Zustand 2 der Strecke a und $y_1 - z_1$ der Strecke b, so dass sich schreiben lässt

$$\frac{n^{\mathrm{V}}}{n^{\mathrm{L}}} = \frac{a}{b} \,. \tag{7.6}$$

Dieser Zusammenhang wird als Gesetz der abgewandten Hebelarme bezeichnet. Er besagt, dass die Stoffmengen zweier Phasen eines Gesamtsystems sich so verhalten wie die abgewandten Hebelarme zwischen den Stoffmengenanteilen einer Komponente in den Phasen und im Gesamtsystem (a und b in Abb. 7.1). Eine analoge Konstruktion gilt beim Vermischen von zwei Teilsystemen mit vorgegebenen Stoffmengen und Stoffmengenanteilen zu einem Gesamtsystem. Auch dabei muss die Konzentration des Gesamtsystems so zwischen den Konzentrationen der Teilsysteme liegen, dass die abgewandten Hebelarme und die Stoffmengen zueinander korrespondieren. Das Gesetz der abgewandten Hebelarme lässt sich auch bei Diagrammen in anderen Konzentrationsmaßen anwenden, allerdings muss dann das Konzentrationsmaß zum Mengenmaß der Phasen korrespondieren: In einem Diagramm mit Massenanteilen sind Hebelarme proportional zu den Massen der Phasen bzw. Teilsysteme.

Isobare VLE-Datensätze binärer Systeme werden in Txy-Diagrammen dargestellt, wie dies in Abb. 7.2 für ein einfaches System gezeigt ist. Wie in Abb. 7.1 finden sich auf den senkrechten Achsen die Reinstoffwerte – hier allerdings der Siedetemperatur. Für den Leichtsieder, Komponente 1, liegt dabei die Siedetemperatur T_1^s niedriger als für Komponente 2. Im Vergleich zu Abb. 7.1 ist die Anordnung von Dampf und Flüssigkeit bzw. Tau- und Siedelinie vertauscht. Bei hohen Temperaturen liegt das System homogen dampfförmig vor, bei niedrigen flüssig. Im übrigen ist Abb. 7.2 ganz analog zu Abb. 7.1 zu lesen. Auch hier verlaufen die Konoden im Zweiphasengebiet horizontal, da die Temperatur im Gleichgewicht in beiden Phasen gleich sein muss (Gl. 3.71).

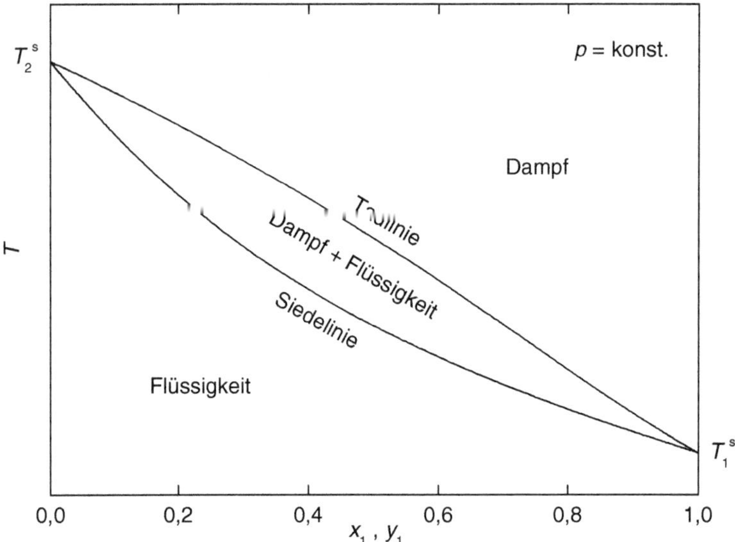

Abb. 7.2. Txy-Diagramm des Dampf-Flüssigkeits-Gleichgewichts einer binären Mischung

Eine dritte VLE-Darstellung, die besonders in der thermischen Verfahrenstechnik zur grafischen Auslegung von Trennapparaten eingesetzt wird, ist das yx-Diagramm, das in Abb. 7.3 dargestellt ist. Dieses Diagramm kann sowohl für isobare als auch für isotherme Daten gezeichnet werden. Im yx-Diagramm wird üblicherweise zur besseren Orientierung die Diagonale mit eingetragen. Die Gleichgewichtskurve in Abb. 7.3 lässt sich aus Abb. 7.1 oder Abb.7.2 konstruieren, indem jeweils die y_1 über den x_1 aufgetragen werden, mit denen sie im Gleichgewicht stehen. Wie diese Konstruktion grafisch erfolgen kann, ist in Abb. 7.3 ebenfalls gezeigt.

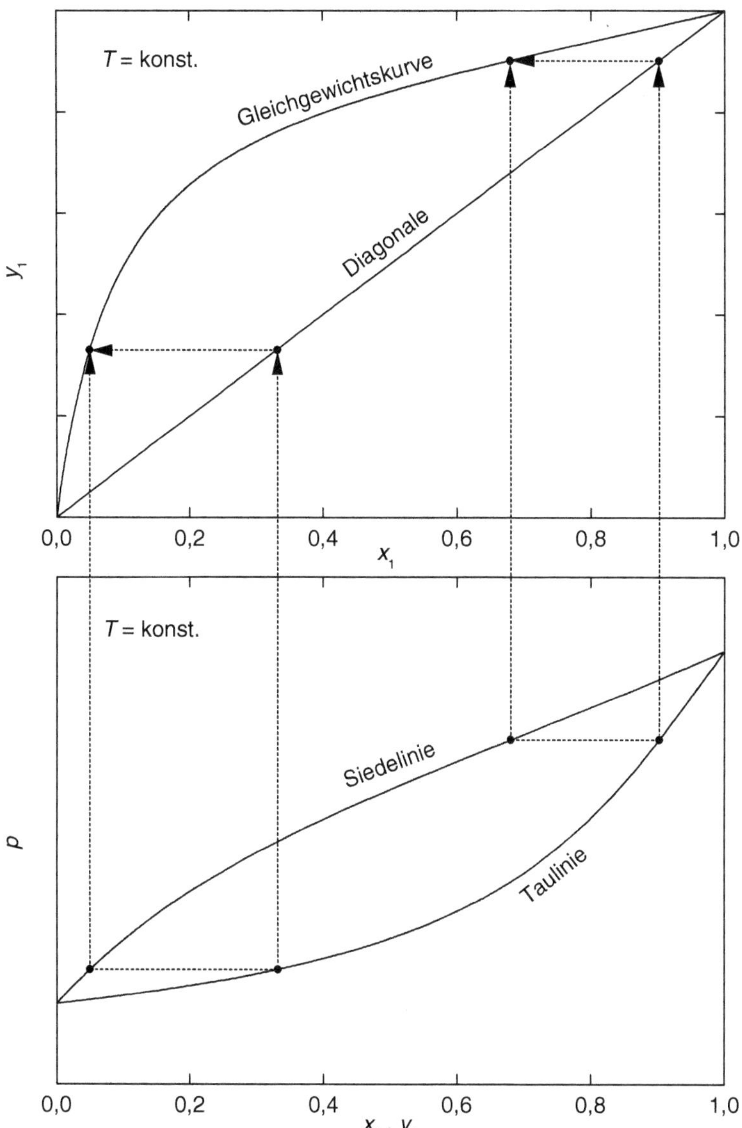

Abb. 7.3. Konstruktion des yx-Diagramms

7.1.2 Kritisches VLE-Verhalten

In den *pxy*- und *yx*-Diagrammen in den Abbn. 7.4 und 7.5 ist gezeigt, wie sich das Dampf-Flüssigkeits-Gleichgewicht verschiebt, wenn T oberhalb der kritischen Temperatur einer der Komponenten liegt. Bei der tiefsten der dargestellten Temperaturen ist die Siedelinse noch voll ausgebildet, im *yx*-Diagramm überstreicht die Gleichgewichtskurve den gesamten Bereich des Stoffmengenanteils zwischen 0 und 1. Wird die Temperatur über T_c einer der beiden Komponenten erhöht, so löst sich die Siedelinse von der zu dieser Komponente korrespondierenden Achse ab.

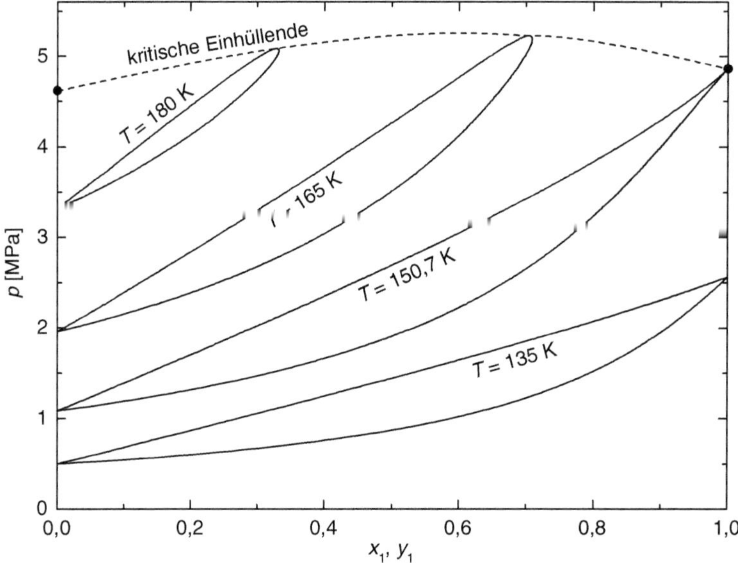

Abb. 7.4. *pxy*-Diagramm einer Argon(1)-Methan(2)-Mischung im Bereich der kritischen Temperaturen

Das Verhalten im kritischen Bereich der abgelösten Siedelinsen soll im *pxy*- und *Txy*-Diagramm näher betrachtet werden, der in den Abbn. 7.6 und 7.7 vergrößert dargestellt ist. Es lassen sich drei Arten von ausgezeichneten Punkten unterscheiden, die auch in den Abbildungen entsprechend nummeriert sind:

a) Am höchsten Punkt einer Siedelinse im *pxy*-Diagramm (Abb. 7.6) bzw. am tiefsten Punkt im *Txy*-Diagramm (Abb. 7.7) – beide mit A bezeichnet – werden die Konzentrationen und die übrigen Eigenschaften der Dampfphase und der Flüssigkeit gleich. Dieser Punkt wird üblicherweise als kritischer Punkt des isobaren oder isothermen binären Systems bezeichnet. Bei Punkt A treffen sich Siede- und Taulinie.

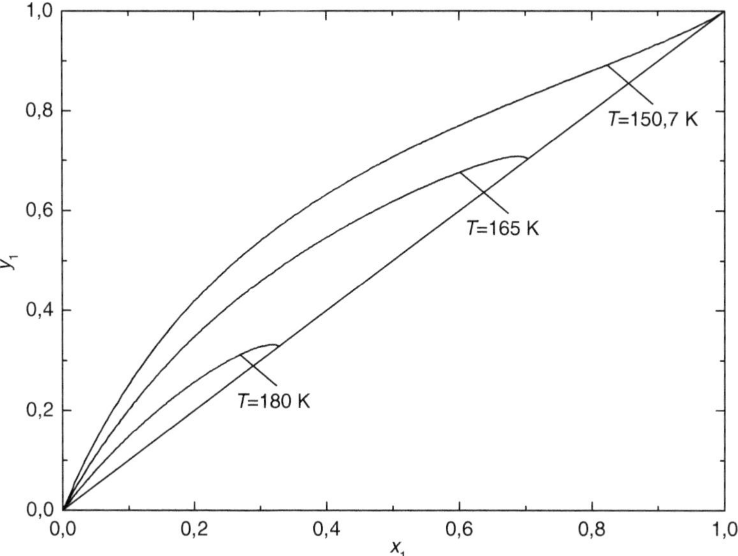

Abb. 7.5. yx-Diagramm einer Argon(1)-Methan(2)-Mischung im Bereich der kritischen Temperaturen

b) Die Einhüllende aller Isothermen im pxy-Diagramm gibt an, oberhalb welchen Druckes bei einer festgelegten Zusammensetzung unter keinen Bedingungen eine Aufspaltung in Dampf und Flüssigkeit mehr zu beobachten ist. Die Berührungspunkte der Einhüllenden und der Isothermen in Abb. 7.6 korrespondieren zu den Punkten mit senkrechter Tangente in Abb. 7.7. Bei einer Druckerhöhung verschiebt sich dort wie gestrichelt angedeutet die Isobare nach links. Auch in Abb. 7.7 gibt Punkt B also den Druck an, oberhalb dessen bei vorgegebenem Konzentrationswert kein Dampf-Flüssigkeits-Gleichgewicht mehr existiert.

c) Analog ist die Einhüllende der Zweiphasengebiete in Abb. 7.7 die obere Begrenzung für den Temperaturbereich, in dem VLE auftreten können. Zu dieser Einhüllenden in Abb. 7.7 korrespondiert wieder entsprechend der Punkt C der Isothermen mit senkrechter Tangente in Abb. 7.6.

Anders als bei einem Reinstoff fallen also für Gemische die maximale Temperatur und der maximale Druck des Dampf-Flüssigkeitsgebietes sowie der Zustand, in dem die Eigenschaften beider Phasen gleich werden, nicht zusammen.

Zu den zunächst unerwarteten Eigenschaften im nahe-kritischen Bereich gehört auch die retrograde Kondensation. Wird in Abb. 7.6 eine Kompression ausgehend vom Dampf in Zustand 1 betrachtet, so entsteht bei 2 die erste Flüssigkeit. Weitere Druckerhöhung führt dazu, dass zunächst mehr Flüssigkeit ausfällt, deren Menge ab einem bestimmten Punkt dann aber wieder abnimmt (Gesetz der abgewandten Hebelarme). Am Punkt 3 ist alle gebil-

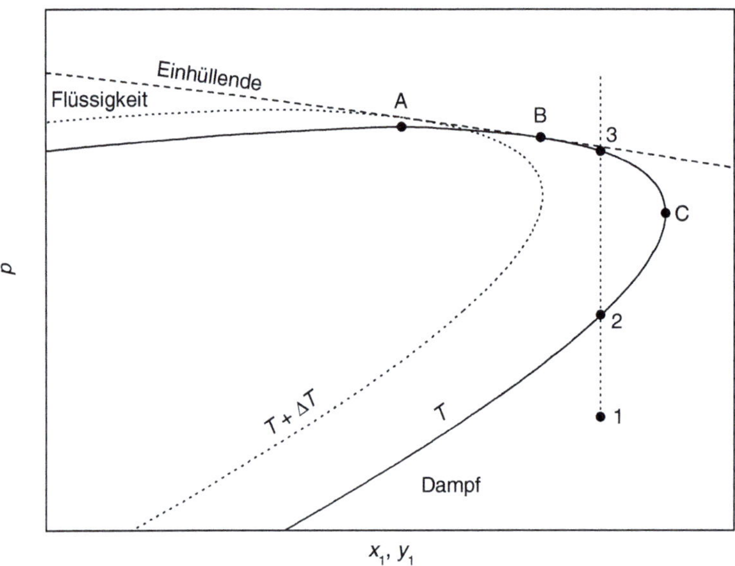

Abb. 7.6. Vergrößerter Ausschnitt des kritischen Verhaltens einer binären Mischung im pxy-Diagramm

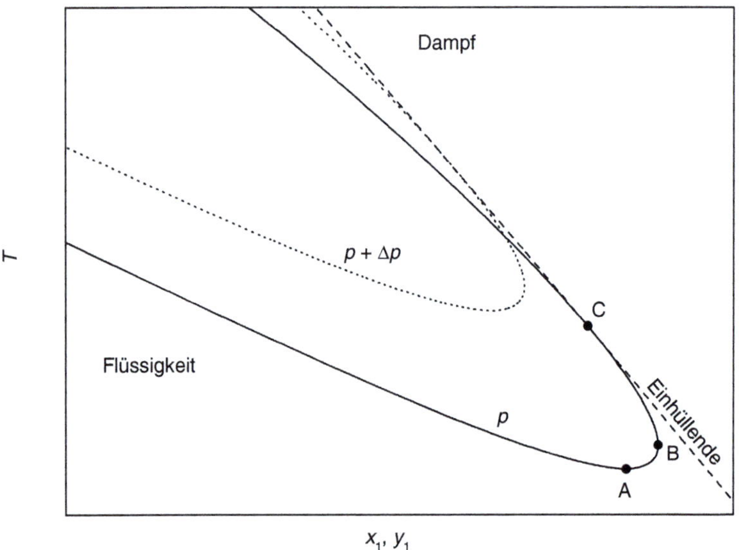

Abb. 7.7. Vergrößerter Ausschnitt des kritischen Verhaltens einer binären Mischung im Txy-Diagramm

dete Flüssigkeit wieder verdampft. Analoge Vorgänge können auch isobar bei Wärmezu- oder -abfuhr beobachtet werden.

Das kritische Verhalten realer Gemische kann noch deutlich komplexer ausfallen, als hier gezeigt [191]. Insbesondere das überlagerte Auftreten weiterer Phasengleichgewichte führt dazu, dass die Kurve durch die kritischen Punkte nicht mehr so einfach verläuft. Als weitere Gleichgewichte sind dabei nicht nur die zwischen zwei flüssigen Phasen zu berücksichtigen, es können bei den relativ hohen Drücken im kritischen Bereich und darüber auch Gasphasen relativ hoher Dichte auftreten, die untereinander im Gleichgewicht stehen. Um diese Phänomene dennoch darstellen zu können, bedient man sich des pT-Diagramms, in das lediglich die Dampfdruckkurven der reinen Komponenten und die Kurve durch die kritischen Punkte eingezeichnet ist. Für das in den Abbn. 7.4 bis 7.7 betrachtete einfache System ist dieses Diagramm in Abb. 7.8 gezeigt.

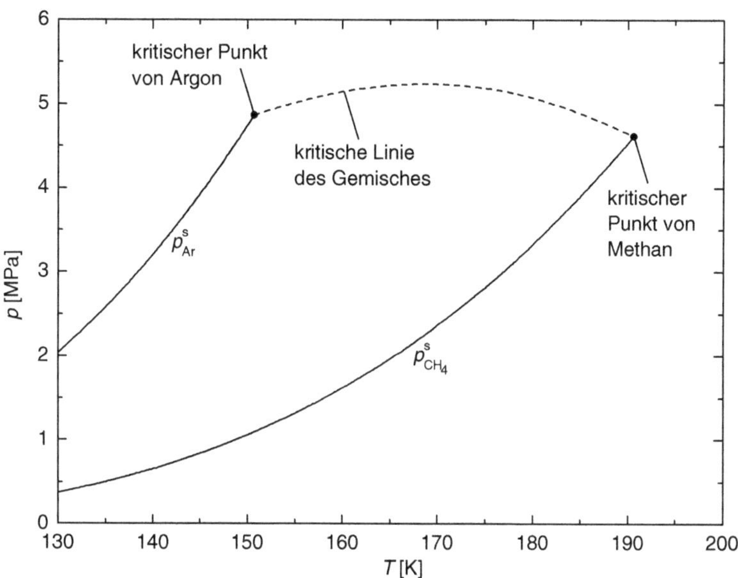

Abb. 7.8. pT-Diagramm korrespondierend zu den Systemen in Abbn. 7.4 bis 7.7

In Abb. 7.9 sind die unterschiedlichen Projektionen des VLE-Verhaltens eines binären Systems im nahe-kritischen Bereich noch einmal zusammen mit der räumlichen Darstellung gezeigt. Es wird deutlich, dass die isobaren und isothermen Siedelinsen in den entsprechenden Projektionen zu horizontalen Konoden degenerieren.

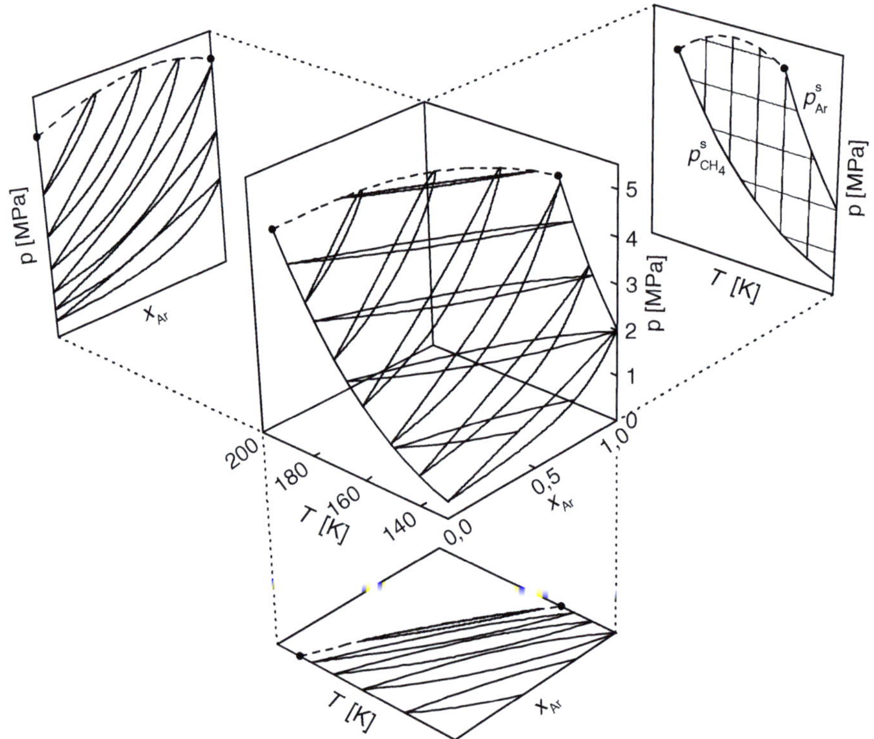

Abb. 7.9. Dreidimensionale Darstellung des nahekritischen $pTxy$-Verhaltens

7.1.3 Binäre azeotrope Gemische

Abb. 7.10 gibt das pxy-Diagramm eines Systems wieder, das ein Maximum-Azeotrop aufweist. Das korrespondierende Txy-Diagramm ist in Abb. 7.11 dargestellt. Ein azeotropes Gemisch weist ein Maximum oder Minimum im isothermen Dampfdruckverlauf auf. Gleichzeitig sind an diesem azeotropen Punkt die Konzentrationen von Dampf und Flüssigkeit identisch, wie dies noch einmal deutlich in Abb. 7.12 zu erkennen ist. Dies führt dazu, dass ein Gemisch mit azeotroper Zusammensetzung wie ein reiner Stoff bei konstanter Temperatur und konstantem Druck siedet. In Abb. 7.10 ist dies für ein Beispielsystem gezeigt. Wird ausgehend von einem Gemisch azeotroper Zusammensetzung, das bei 1 unter höherem Druck als Flüssigkeit vorliegt, der Druck erniedrigt, so setzt das Sieden beim Erreichen des Druckes p_{az} (Punkt 2) ein. Bei diesem Druck führt Wärmezufuhr nun dazu, dass das Gemisch mit azeotroper Zusammensetzung verdampft, während – wie beim Reinstoff – p und T konstant bleiben. Erst wenn die gesamte Flüssigkeit verdampft ist, ist es bei der vorgegebenen Temperatur möglich, p weiter zu erniedrigen, den Dampf zu entspannen.

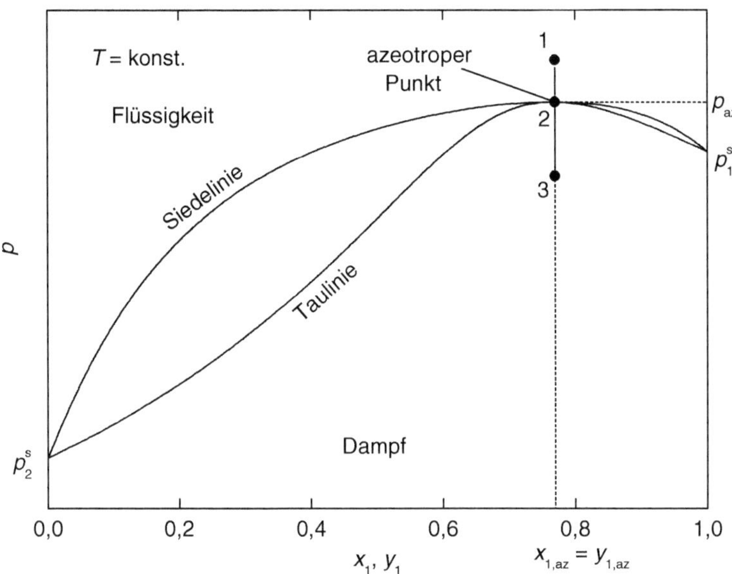

Abb. 7.10. pxy-Diagramm einer binären Mischung mit Maximumazeotrop

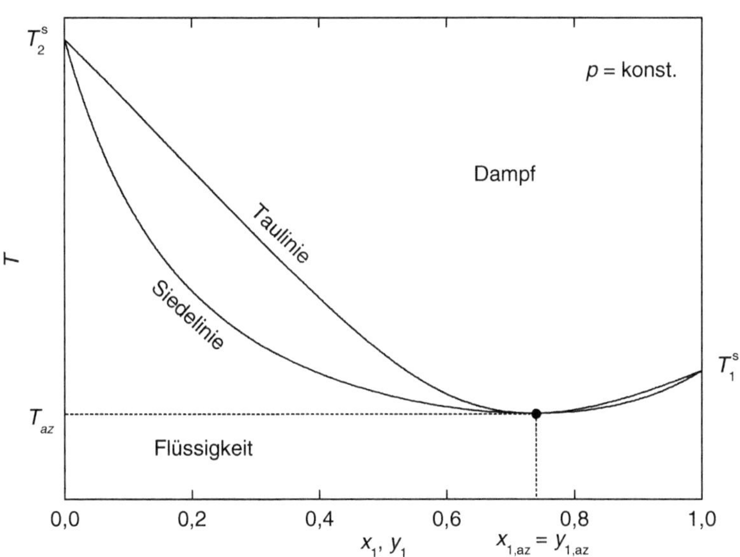

Abb. 7.11. Txy-Diagramm einer binären Mischung mit Maximumazeotrop

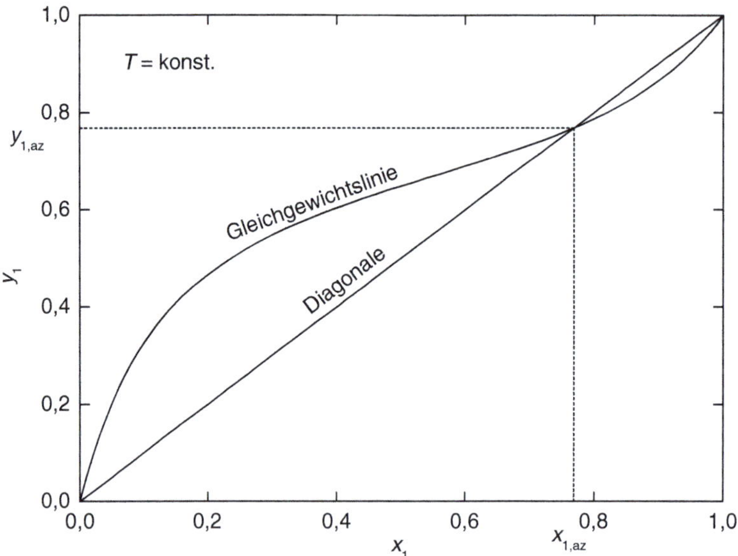

Abb. 7.12. yx-Diagramm einer binären Mischung mit Maximumazeotrop

Azeotrope treten vorzugsweise bei Gemischen auf, in denen die Dampf-drücke der Komponenten ähnlich sind, da dann geringere Abweichungen von der Idealität bereits zu Maxima oder Minima in dem pxy-Verlauf führen. Liegen die Dampfdrücke der beteiligten Komponenten weiter auseinander, so sind dazu ausgeprägte Nichtidealitäten nötig. Liegen die Dampfdrücke bzw. Siedetemperaturen sehr nahe beieinander, sind sogar zwei Azeotrope in einem binären System möglich, wie die in Abb. 7.13 für das System Benzol+Perfluorbenzol gezeigt ist. Solches Verhalten ist allerdings extrem selten.

Beispiel 7.1 Dampfdruckextrema am Azeotrop.

Es soll in diesem Beispiel gezeigt werden, dass der Dampfdruck binärer Gemische beim Vorliegen eines Azeotrops stets einen Extremwert aufweist. Dies soll am Beispiel eines binären Systems abgeleitet werden.

Für ein Zweistoffgemisch im Dampf-Flüssigkeits-Gleichgewicht mit idealer Dampfphase und einem Poyntingfaktor von 1 lässt sich unter Anwendung von Gl. 5.77 die Dampfdruckkurve wie folgt beschreiben:

$$p^s = \gamma_1 x_1 p_1^s + \gamma_2 (1 - x_1) p_2^s \tag{7.7}$$

Die Dampfdruckkurve in Abhängigkeit der Zusammensetzung besitzt ein Extremum, wenn die Ableitung nach x_i null ist:

$$\left(\frac{\partial p^s}{\partial x_1}\right) = p_1^s \gamma_1 - p_2^s \gamma_2 + x_1 p_1^s \left(\frac{\partial \gamma_1}{\partial x_1}\right) + x_2 p_2^s \left(\frac{\partial \gamma_2}{\partial x_1}\right) \overset{!}{=} 0 \tag{7.8}$$

Die Partialdrücke für die einzelnen Komponenten ergeben sich aus Gl. 5.77 zu

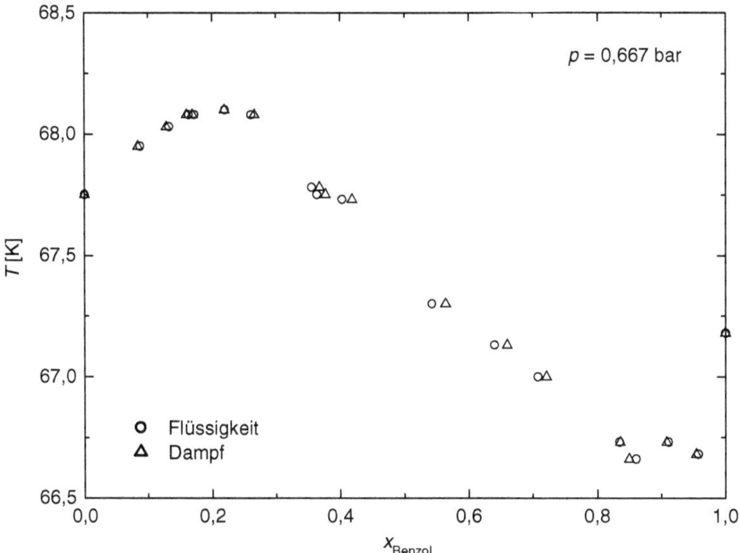

Abb. 7.13. Dampf-Flüssigkeits-Gleichgewicht im System Benzol (1) + Perfluor-benzol (2) [77]

$$y_1 p^{\text{s}} = \gamma_1 x_1 p_1^{\text{s}} \tag{7.9}$$

$$y_2 p^{\text{s}} = \gamma_2 x_2 p_2^{\text{s}} \, . \tag{7.10}$$

Am azeotropen Punkt gilt zudem:

$$x_1^{\text{az}} = y_1^{\text{az}} \tag{7.11}$$

$$x_2^{\text{az}} = y_2^{\text{az}} \, , \tag{7.12}$$

so dass aus Gleichung 7.9 und 7.10

$$p^{\text{s}} = \gamma_1^{\text{az}} p_1^{\text{s}} = p_2^{\text{s}} \gamma_2^{\text{az}} \tag{7.13}$$

wird. Für $T =$ konst. und unter der Annahme, dass $V^{\text{E}}\mathrm{d}p = 0$ ist, kann die Gibbs-Duhem-Beziehung nach Gl. 6.21 aufgestellt werden:

$$x_1 \frac{\partial \ln \gamma_1}{\partial x_1} + x_2 \frac{\partial \ln \gamma_2}{\partial x_1} = 0 \tag{7.14}$$

und zu

$$x_1 \partial \ln \gamma_1 + x_2 \partial \ln \gamma_2 = 0 \tag{7.15}$$

bzw.

$$\frac{x_1}{\gamma_1} \partial \gamma_1 + \frac{x_2}{\gamma_2} \partial \gamma_2 = 0 \tag{7.16}$$

umgestellt werden. Am azeotropen Punkt folgt aus den Gln. 7.13 und 7.16:

$$x_1^{\mathrm{az}}\frac{p_1^{\mathrm{s}}}{p^{\mathrm{s}}}\mathrm{d}\gamma_1^{\mathrm{az}} + x_2^{\mathrm{az}}\frac{p_2^{\mathrm{s}}}{p^{\mathrm{s}}}\mathrm{d}\gamma_2^{\mathrm{az}} = 0 \qquad (7.17)$$

Gleichung 7.8 auf den azeotropen Punkt angewendet, ergibt mit 7.13 und 7.17 schließlich

$$\left(\frac{\partial p^{\mathrm{s}}}{\partial x_1}\right)^{\mathrm{az}} = 0 \qquad (7.18)$$

und die Annahme $V^{\mathrm{E}}\mathrm{d}p = 0$ bestätigt sich. Der Dampfdruck ist also am azeotropen Punkt extremal!

$\square$

Die Lage der Azeotrope ist temperatur- bzw. druckabhängig, wie in Abb. 7.14 für das System Ethanol (1) + Wasser (2) gezeigt. Dort, wo das Azeotrop auf der Ethanol-Achse liegt, laufen im pxy- und Txy-Diagramm Siede- und Taulinie mit horizontaler Tangente in diese Achse, man spricht von einem Tangentialazeotrop.

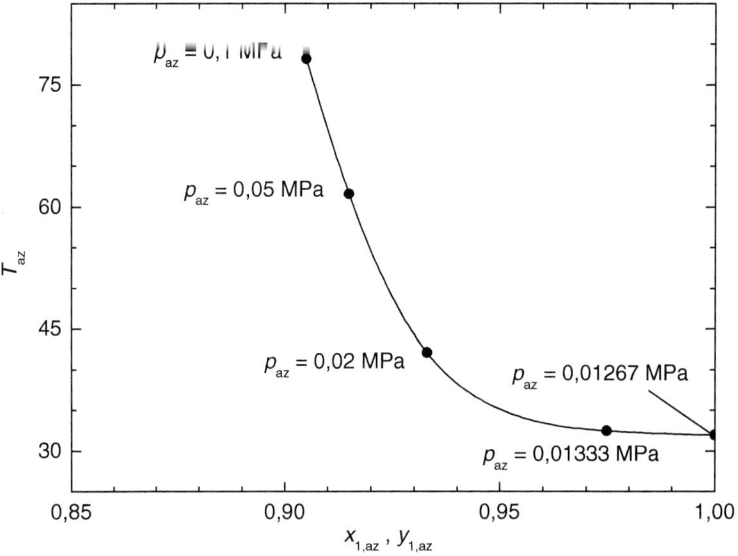

Abb. 7.14. Temperatur- bzw. Druckabhängigkeit des Azeotropes im System Ethanol (1) + Wasser (2)

7.1.4 Flüssig-Flüssig-Gleichgewichte binärer Systeme

Die grafische Darstellung der LLE (liquid-liquid-equilibria) binärer Systeme ist i. d. R. wesentlich einfacher als die der VLE. Da Flüssigkeiten unter normalen Bedingungen nahezu inkompressibel sind, zeigen LLE nur eine geringe Druckabhängigkeit, auf deren Darstellung daher meistens verzichtet wird.

In Abb. 7.15 ist ein typisches Tx-Diagramm zu binären Flüssig-Flüssig-Gleichgewichten gezeigt. Aufgetragen sind die Konzentrationen der koexistierenden flüssigen Phasen bei unterschiedlichen Systemtemperaturen. Die Binodalkurve trennt den Bereich, in dem das System einphasig vorliegt, von dem, in dem es in zwei Phasen zerfällt. An dem eingetragenen kritischen Entmischungspunkt werden die Konzentrationen der koexistierenden Phasen gleich, bei höheren Temperaturen liegt das System unabhängig von seiner Zusammensetzung immer homogen flüssig vor. Die zu koexistierenden Phasen korrespondierenden Punkte auf der Binodalen werden durch die Konoden miteinander verbunden, die horizontale Geraden sind, da T in beiden Phasen im Gleichgewicht gleich sein muss (Gl. 3.71).

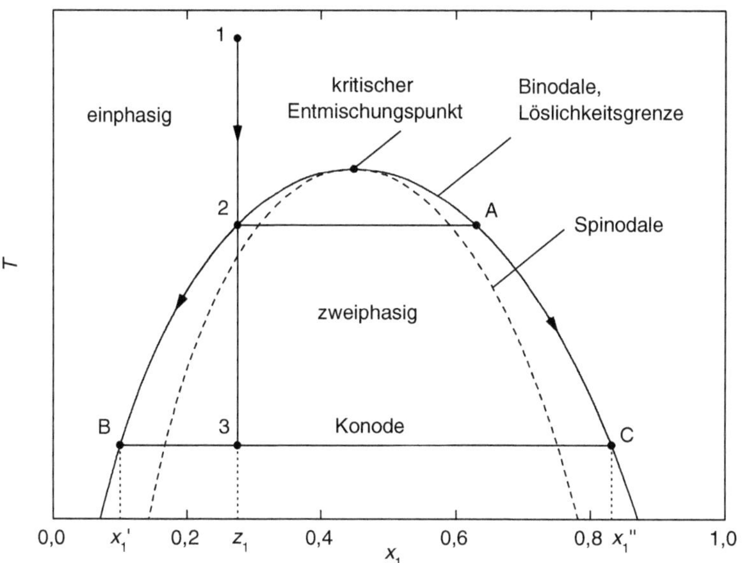

Abb. 7.15. Flüssig-Flüssig-Gleichgewicht einer binären Mischung

In Abb. 7.15 ist außerdem die Spinodale eingetragen, die den instabilen Konzentrationsbereich vom metastabilen trennt. Der metastabile Bereich zwischen Binodale und Spinodale kann zwar bei sehr vorsichtiger Vorgehensweise einphasig realisiert werden, metastabile Systeme zerfallen aber schon bei der geringsten Störung in zwei Phasen (vgl. Kapitel 3.7).

Abb. 7.15 kann ganz analog zu den VLE-Gleichgewichtsdiagrammen gelesen werden. Wird ein System mit der Zusammensetzung z_1 bei höherer Temperatur angesetzt, wie dies mit Punkt 1 charakterisiert ist, so liegt es homogen vor. Bei Temperaturabsenkung wird bei 2 die Binodale überschritten. Eine zweite flüssige Phase fällt aus – üblicherweise zunächst als feine Trübung –, die Punkt A in Abb. 7.15 entspricht. Weiteres Abkühlen bewirkt eine Verschiebung der Konzentrationen in beiden Phasen in der durch die Pfeile angegebenen Weise. Wenn der Zustand des Gesamtsystems z. B. Punkt 3 in der Mischungslücke entspricht, so liegen die Konzentrationen der beiden Phasen bei B und C auf der Binodalen. Die abgewandten Hebelarme der Konode verhalten sich auch hier wie die Stoffmengen der entstandenen Phasen.

Reale Gemische können komplexere Flüssig-Flüssig-Gleichgewichte aufweisen, wie dies in den Abbn. 7.16 und 7.17 beispielhaft gezeigt ist. Das System in Abb. 7.16 zeigt ein so genanntes Hour-Glas-Verhalten (Sanduhr), während in Abb. 7.17 ein Gemisch mit geschlossener Mischungslücke und insgesamt drei kritischen Entmischungspunkten dargestellt ist. Dabei wird zwischen oberen kritischen Entmischungstemperaturen (UCST, upper critical solution temperature) und unteren kritischen Entmischungstemperaturen (LCST, lower critical solution temperature) unterschieden, die entsprechend in Abb. 7.17 eingetragen sind. Solch ein komplexes Verhalten tritt insbesondere bei Systemen auf, bei denen nicht nur energetische, sondern auch entropische Effekte das Gemischverhalten wesentlich bestimmen, z. B. bei Polymerlösungen (s. Abschnitt 7.3).

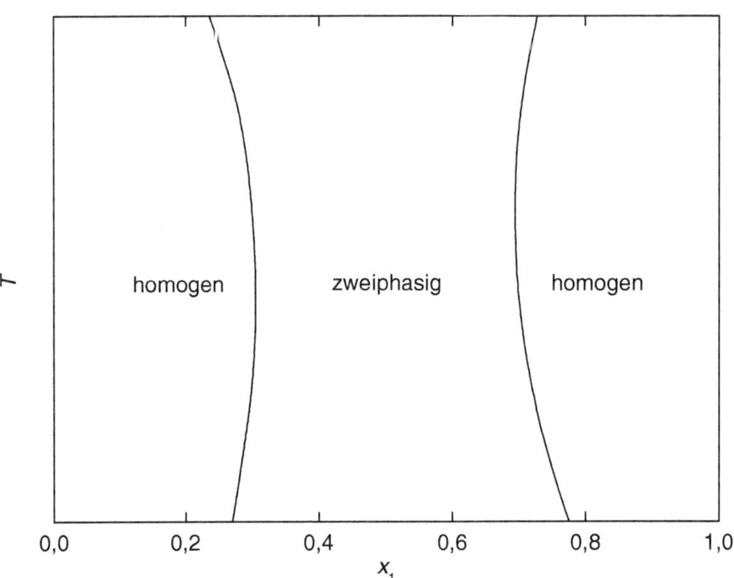

Abb. 7.16. Hour-Glas-LLE einer binären Mischung

7.1.5 Heteroazeotrope Gemische

Werden VLE eines Systems betrachtet, das gleichzeitig eine Mischungslücke aufweist, so tritt in der Regel das in den Abbn. 7.18 und 7.19 gezeigte Verhalten auf. Es sind die Gleichgewichte zwischen Dampf und Flüssigkeit bzw.

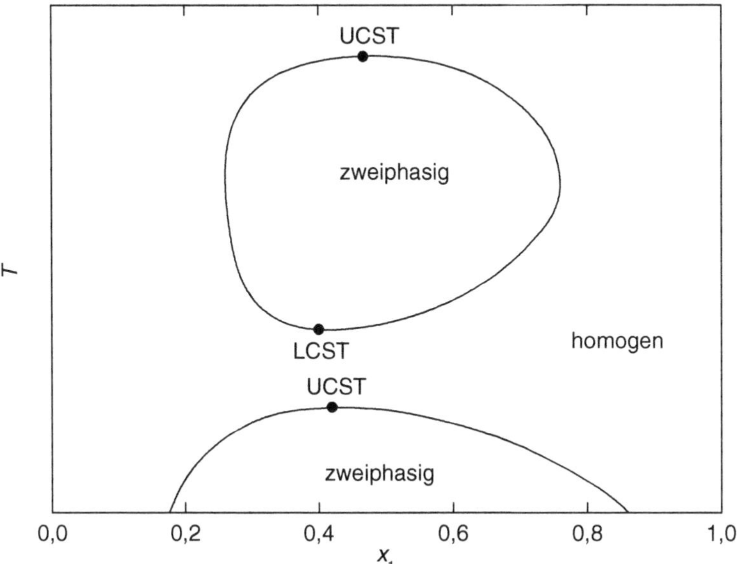

Abb. 7.17. Komplexes LLE-Verhalten

zwischen zwei Flüssigkeiten bei drei Temperaturen, $T_1 < T_2 < T_3$, dargestellt. In Abb. 7.18 ist außerdem das Flüssig-Flüssig-Gleichgewicht gestrichelt mit eingetragen, das temperaturabhängig ist und daher hier den ebenfalls temperaturabhängigen Dampfdrücken in der Mischungslücke zugeordnet wurde.

Wie sind diese Diagramme zu lesen? Dazu seien die Gleichgewichte bei T_2 betrachtet. Eingezeichnet ist z. B. eine Flüssigkeit A, deren Zusammensetzung links des Punktes E liegt, die mit einem Dampf B im Gleichgewicht steht. In Abb. 7.19 ist der zu diesem Zweiphasensystem korrespondierende Punkt mit eingezeichnet. y_1 ist größer als x_1. Liegt die Flüssigkeitszusammensetzung dagegen bei D, also rechts von G, so ist C der Dampf im Gleichgewicht dazu, y_1 ist kleiner als x_1.

Zwischen den Punkten E und G zerfällt die Flüssigkeit in zwei Phasen E und G. Da die Aktivitäten aller Komponenten für beide flüssigen Phasen gleich sind, muss nach

$$p^{\mathrm{s}} = a_1' \frac{F_{\mathrm{p},1}\varphi_1^0 p_1^{\mathrm{s}}}{\varphi_1} + a_2' \frac{F_{\mathrm{p},2}\varphi_2^0 p_2^{\mathrm{s}}}{\varphi_2} = a_1'' \frac{F_{\mathrm{p},1}\varphi_1^0 p_1^{\mathrm{s}}}{\varphi_1} + a_2'' \frac{F_{\mathrm{p},2}\varphi_2^0 p_2^{\mathrm{s}}}{\varphi_2} \tag{7.19}$$

auch der Dampfdruck in diesem Bereich konstant sein. Sowohl mit den Flüssigkeiten E und G als auch mit entmischten flüssigen Systemen, deren Zusammensetzung zwischen diesen Punkten liegt, steht der Dampf F im Gleichgewicht. Wird also die Gesamtkonzentration der Flüssigkeit zwischen E und G variiert, so verändert sich lediglich das Verhältnis der Stoffmengen der Phasen entsprechend des Gesetzes der abgewandten Hebelarme. p^{s} und y_1 im Gleichgewicht (vgl. Abb. 7.19) bleiben unverändert.

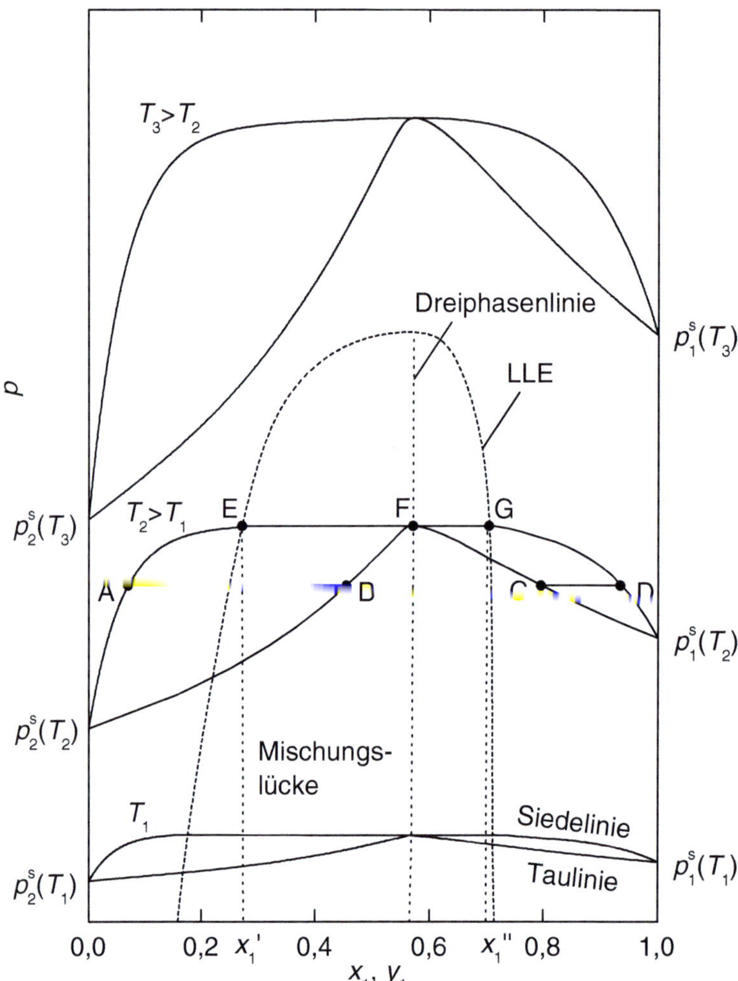

Abb. 7.18. VLE und LLE im pxy-Diagramm einer binären, heteroazeotropen Mischung

Wenn die Mischungslücke sehr ausgeprägt ist, so lässt sich der Dampfdruck im unmischbaren Bereich wieder abschätzen. Für ein binäres Gemisch bei E in Abb. 7.18 lässt sich der Dampfdruck schreiben als

$$p^s = \frac{\gamma_1' F_{p,1} \varphi_1^0 x_1' p_1^s}{\varphi_1} + \frac{\gamma_2' F_{p,2} \varphi_2^0 x_2' p_2^s}{\varphi_2} \ . \tag{7.20}$$

Bei ausreichend niedrigem Druck können die Fugazitätskoeffizienten und Poyntingfaktoren vernachlässigt werden:

$$p^s \approx \gamma_1' x_1' p_1^s + \gamma_2' x_2' p_2^s \ . \tag{7.21}$$

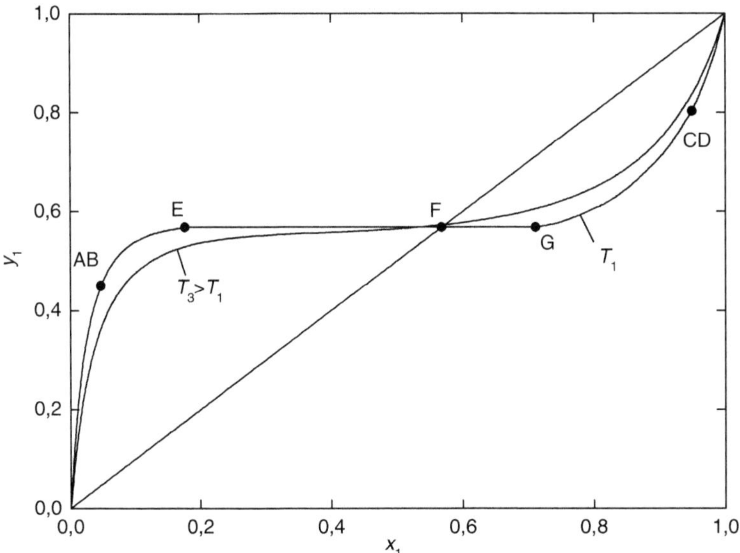

Abb. 7.19. xy-Diagramm der binären, heteroazeotropen Mischung aus Abb. 7.18

Mit der Bedingung für das Flüssig-Flüssig-Gleichgewicht für Komponente 1,

$$\gamma_1' x_1' = \gamma_1'' x_1'' \, , \tag{7.22}$$

ergibt sich

$$p^{\mathrm{s}} \approx \gamma_1'' x_1'' p_1^{\mathrm{s}} + \gamma_2' x_2' p_2^{\mathrm{s}} \, . \tag{7.23}$$

Da bei einer sehr weiten Mischungslücke in jeder der Phasen eine der Komponenten praktisch rein vorliegt, d. h. sowohl der Stoffmengenanteil als auch der Aktivitätskoeffizient dieser Komponente sehr nahe bei eins liegt, gilt bei

$$\gamma_1'' x_1'' \approx 1 \, , \tag{7.24}$$

$$\gamma_2' x_2' \approx 1 \tag{7.25}$$

und damit

$$p^{\mathrm{s}} \approx p_1^{\mathrm{s}} + p_2^{\mathrm{s}} \, . \tag{7.26}$$

Der Dampfdruck innerhalb der Mischungslücke ist näherungsweise die Summe der Reinstoffdampfdrücke der einzelnen Komponenten. Dabei ist die getroffene Annahme der geringen gegenseitigen Löslichkeiten z. B. für viele wässrig-organische Systeme erfüllt. Hierzu wurden von Hack [83] Messungen durchgeführt, die in Abb. 7.20 dargestellt sind. Die geringe Löslichkeit ist an der extremen Skalierung der x-Achse zu erkennen. Für das Toluol-Wasser-System ist Gl. 7.26 offensichtlich in guter Näherung erfüllt.

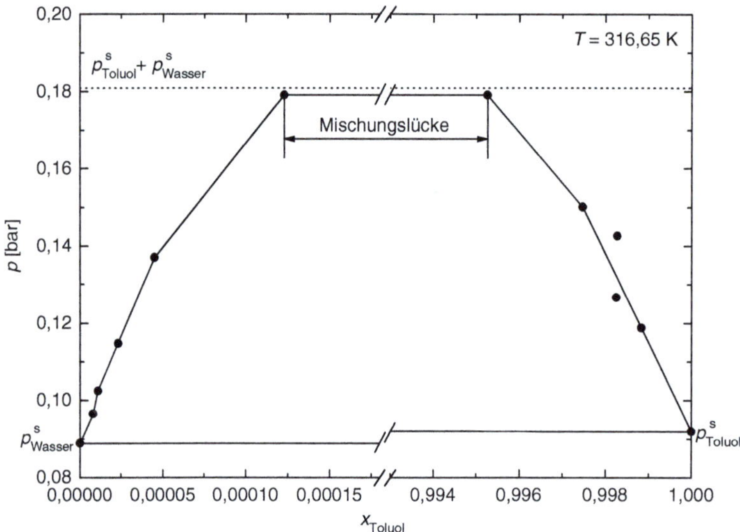

Abb. 7.20. Dampf-Flüssigkeits-Gleichgewicht im System Toluol (1) + Wasser (2) bei 316, 65 K [83]

7.1.6 Dreiecks-Diagramme zur Darstellung ternärer Systeme

Soll das thermodynamische Verhalten von ternären Gemischen veranschaulicht werden, so ist die Konzentration von drei Komponenten grafisch darzustellen. Dies gelingt im so genannten Dreiecksdiagramm, das in Abb. 7.21 gezeigt ist. Die Konzentrationen werden dazu in ein gleichseitiges Dreieck eingezeichnet, wobei ausgenutzt wird, dass die Summe der Stoffmengenanteile der drei Komponenten eins sein muss.

Um diese Bedingung zu prüfen, sei Punkt A betrachtet, dessen Stoffmengenanteile mit $x_{i,A}$ bezeichnet seien, die zunächst auf den drei Seiten des Dreiecks eingetragen sind. Die Parallelen zu den Dreiecksseiten durch A teilen das Dreieck in Parallelogramme und kleinere gleichseitige Dreiecke. Mit ihrer Hilfe kann wie in Abb. 7.21 dargestellt, gezeigt werden, dass die Summe der drei zu den Stoffmengenanteilen korrespondierenden Strecken stets die gleiche Länge aufweist wie eine Seite des gesamten Dreiecks. Dies bedeutet, das jeder Zusammensetzung eines ternären Systems ein Punkt im Dreiecksdiagramm eineindeutig zugewiesen werden kann. Dabei korrespondieren die Ecken des Dreiecks zu den Reinstoffen, die Dreiecksseiten zu den binären Untersystemen. Im Dreiecksdiagramm entspricht die Länge der Strecke zwischen zwei Punkten der Differenz der zu diesen korrespondierenden Zusammensetzungen, so dass z. B. auch hier das Gesetz der abgewandten Hebelarme ohne Einschränkung grafisch umgesetzt werden kann.

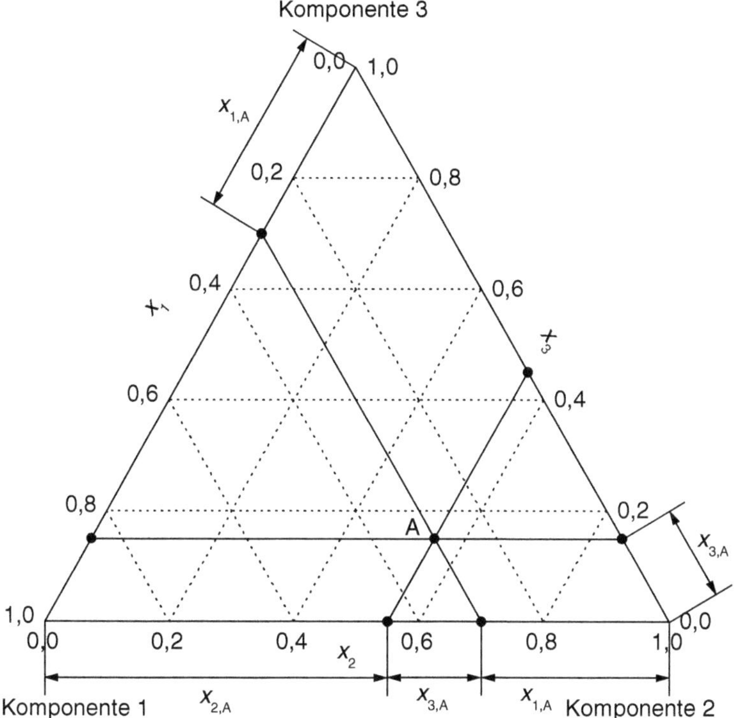

Abb. 7.21. Konzentrationsdarstellung eines ternären Systems im Dreiecks-Diagramm

7.1.7 Ternäre Flüssig-Flüssig-Gleichgewichte

Das Dreiecksdiagramm eignet sich besonders zur Darstellung von LLE in ternären Gemischen. In Abbn. 7.22 bis 7.24 sind drei Grundtypen von Flüssig-Flüssig-Gleichgewichten schematisch gezeigt. Eingetragen sind wieder die Konoden und die Binodalkurve. Diese Grundtypen werden üblicherweise mit der römischen Ziffer indiziert, die der Zahl der binären Randsysteme mit Mischungslücke entspricht. Typ III weist die Besonderheit auf, dass im inneren, dreieckigen Bereich drei flüssige Phasen (L_1, L_2, L_3) miteinander im Gleichgewicht stehen. Wird die Gesamtkonzentration des Systems innerhalb des durch L_1, L_2 und L_3 aufgespannten Dreiecks variiert, so ändert sich lediglich die relative Menge der Phasen, nicht jedoch deren Zusammensetzung.

In der Realität können allerdings eine ganze Reihe von Zwischentypen realisiert werden, wie dies in Abb. 7.25 schematisch für temperaturabhängige LLE eines ternären Systems gezeigt ist. Auf den Seitenflächen des Prismas sind hier auch die binären LLE mit dargestellt.

Abb. 7.25 zeigt bereits, wie aufwändig es ist, Informationen für ternäre Systeme darzustellen, die nicht mehr in einer Zeichenebene liegen. In Abb. 7.26

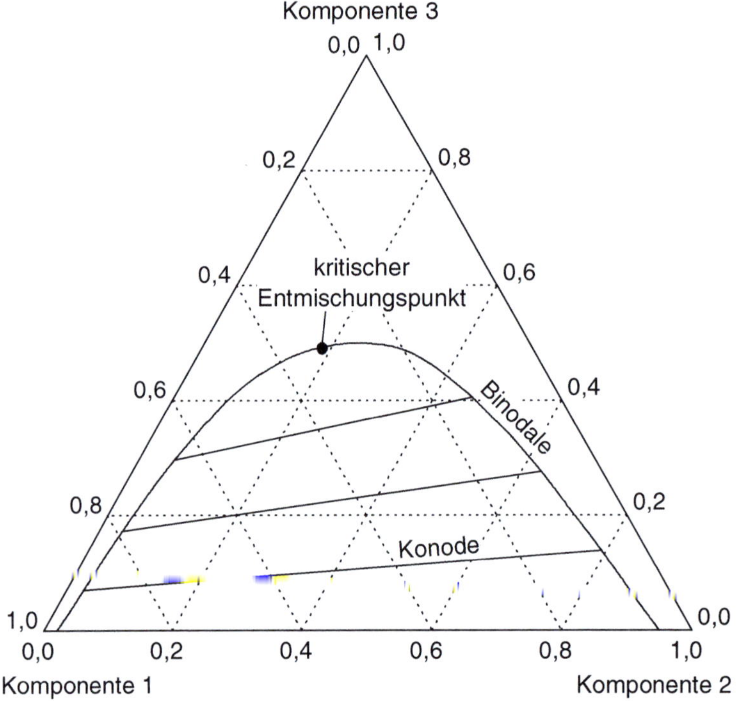

Abb. 7.22. Ternäres Gemisch mit Typ-I-Mischungslücke

ist dies noch einmal deutlich zu erkennen. Gezeigt ist die G^{M}-Fläche eines Dreikomponentensystems, das eine Typ-I-Mischungslücke aufweist. Für das vordere binäre System ist der beim Auftreten von LLE typische G^{M}-Verlauf mit dem konkaven Bereich zu erkennen. Die ternäre Mischungslücke entspricht analog zu Abb. 5.12 nun geometrisch den Berührungspunkten einer Ebene, die an der G^{M}-Fläche in Abb. 7.26 über die konkave Zunge nach hinten abrollt. Die sich so ergebende Binodale und die Konoden sind in die x-Ebene projiziert dargestellt.

Da diese Diagramme für ternäre Systeme bereits für relativ einfache Zusammenhänge vergleichsweise unübersichtlich werden, findet man komplexe Funktionen nur selten dargestellt.

7.2 Makroskopische Auswirkungen molekularer Wechselwirkungen

In diesem Abschnitt sollen einige Grundideen zu den Wechselwirkungen zwischen Molekülen eines Systems und ihren Auswirkungen auf die thermodynamischen Eigenschaften des makroskopischen Gesamtsystems vorgestellt werden.

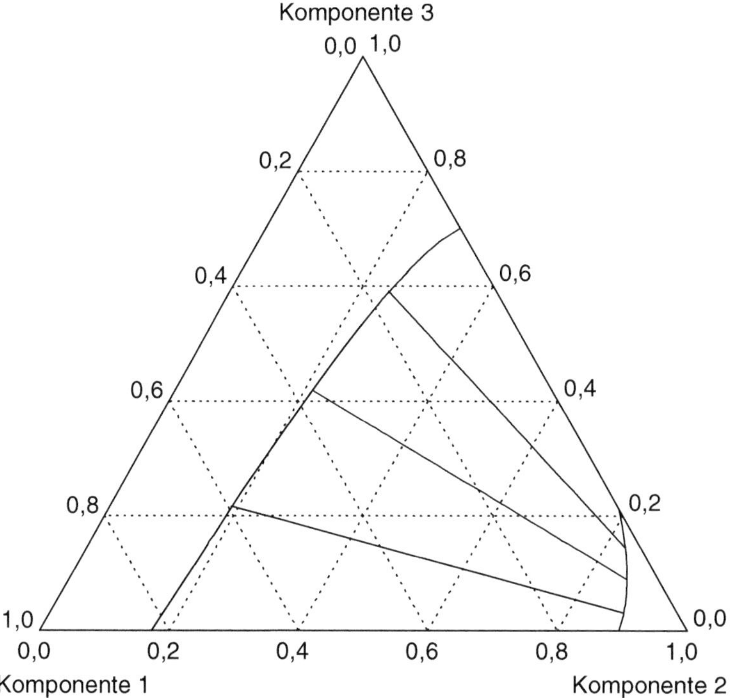

Abb. 7.23. Ternäres Gemisch mit Typ-II-Mischungslücke

Üblicherweise wird zwischen der geometrischen Form eines Moleküls einerseits und andererseits den energetischen Wechselwirkungen eines Moleküls mit seinen Nachbarmolekülen unterschieden. So spiegeln der Parameter b der vdW-Gleichung und der kombinatorische Term des UNIQUAC-Modells die Auswirkungen geometrischer Moleküleigenschaften wider, während der vdW-a-Parameter und der residuelle UNIQUAC-Term den energetischen Wechselwirkungen entsprechen. Die Effekte der Molekülgeometrie werden dabei als Effekte entropischer Natur aufgefasst: Die Molekülform legt die prinzipiell möglichen relativen Anordnungen der Moleküle und damit die 'Ordnung' in einem System fest. Über Beziehungen der statistischen Thermodynamik lässt sich diese mit der Entropie verknüpfen. Für die thermodynamischen Eigenschaften eines Systems entscheidend ist dann das Wechselspiel zwischen entropischen und energetischen (enthalpischen) Wechselwirkungen. Um dies zu verdeutlichen, sei daran erinnert, dass im Gleichgewicht die freie Enthalpie G eines Systems minimal werden muss (s. Kapitel 3.6). Dies kann nach Gl. 3.23 durch Verringerung der Enthalpie H oder Erhöhung der Entropie S erreicht werden. Auf molekularer Ebene bedeutet einer Verringerung von H eine stärkere energetische Anziehung zwischen den Molekülen, die in der Regel eine stärkere Orientierung der Moleküle bewirkt, so dass sie energetisch opti-

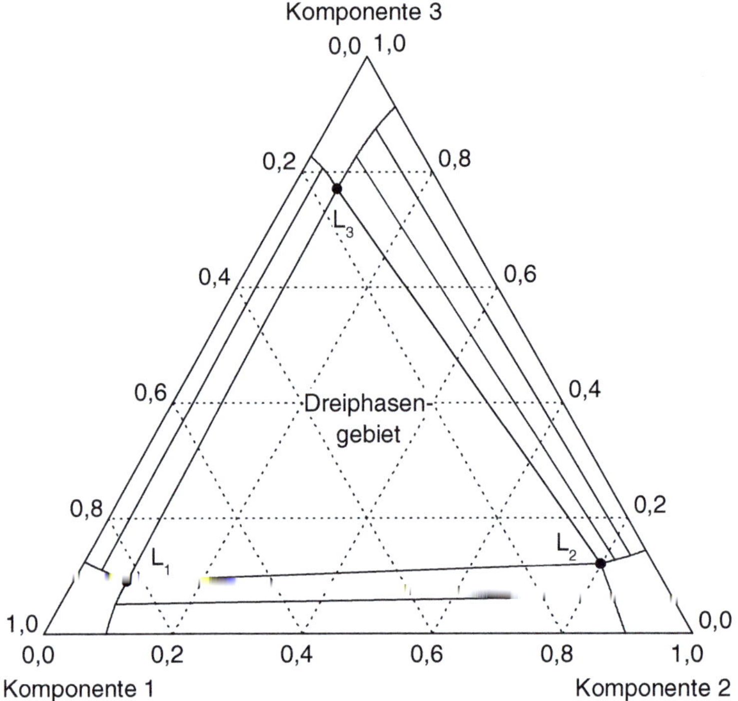

Abb. 7.24. Ternäres Gemisch mit Typ-III-Mischungslücke

mal zueinander ausgerichtet sind. Diese ausgeprägtere Orientierung führt aber zu einer Verringerung von S. Andersherum bewirkt eine Erhöhung der Unordnung eines Systems, dass sich die Moleküle nicht mehr energetisch optimal orientieren können. Dieses Wechselspiel ist in Abb. 7.27 plakativ dargestellt.

Diese Betrachtungen zeigen auch, dass die Aufteilung in energetische und entropische Effekte letztendlich willkürlich ist. Energetische Wechselwirkungen bestimmen die gegenseitige molekulare Anordnung und entropische Effekte sind immer auf die spezifische Form der energetischen molekularen Wechselwirkungen zurückzuführen.

Nach diesen Vorbemerkungen sollen nun einige unterschiedliche Aspekte molekularer Wechselwirkungen eingehender betrachtet werden.

7.2.1 Molekülgeometrie

Moleküle sind aus Atomen aufgebaut, die Atome bestehen ihrerseits aus einer Reihe von Elementarteilchen. Protonen und Neutronen im Atomkern bestimmen die Atommasse und damit die molare Masse der Komponenten. Die Elektronen legen dagegen die Ausdehnung der Atome und damit Form und Größe der Moleküle fest, da sich die Elektronenhüllen auf Grund des Pauli'schen Ausschlussprinzips nicht durchdringen können. Die Ausdehnung der

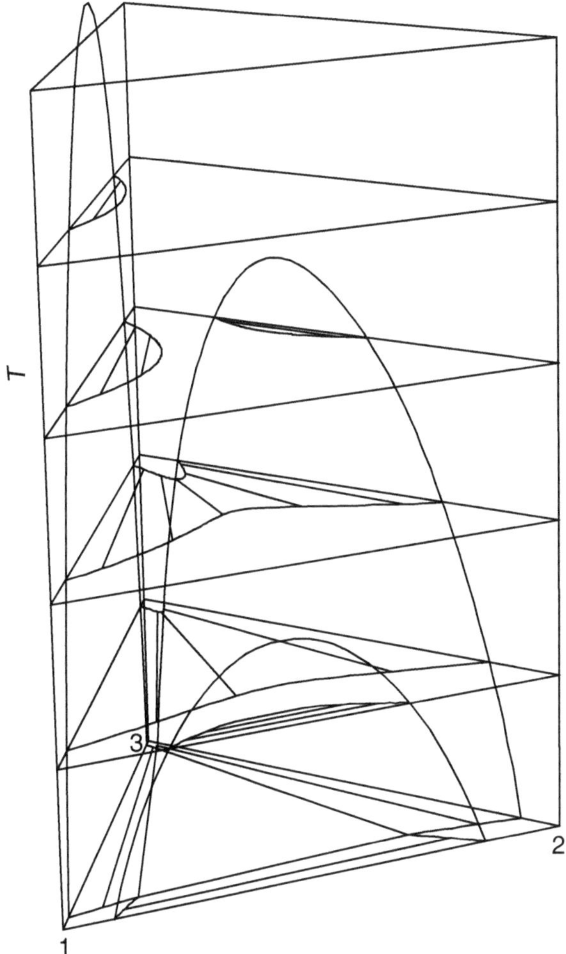

Abb. 7.25. Temperaturabhängige LLE in einem ternären System

Elektronenhüllen lässt sich allerdings nicht exakt festlegen, streng genommen nimmt die Elektronendichte zwar für größere Abstände vom Atomkern immer weiter ab, wird aber erst im Unendlichen null. Dennoch ist es möglich, für die verschiedenen Atome, die als kugelförmig angesehen werden können, sinnvolle Radien anzugeben. In Tab. 7.1 ist für einige ausgewählte Elemente ihr so genannter Van-der-Waals-Radius aufgelistet. Er gibt an, bis auf welchen Radius sich Atome, die nicht chemisch gebunden sind, nähern können, wenn der Druck sehr hoch wird. Der vdW-Radius ist für die Gemisch-Thermodynamik besonders relevant, da er ein Maß für die Molekülgröße ist und sich damit in den r_i- und q_i-Parametern des UNIQUAC-Modells oder dem b-Parameter einer kubischen Zustandsgleichung widerspiegelt. In der Literatur findet man

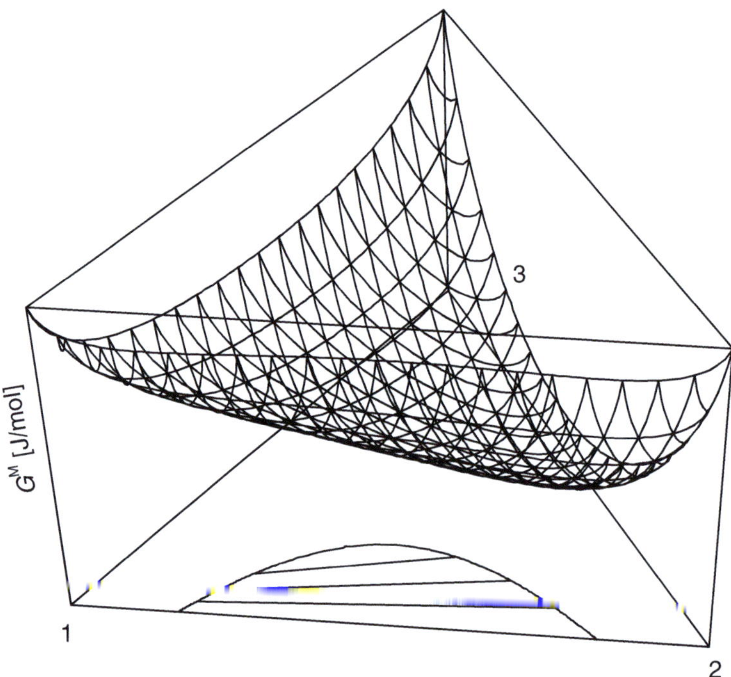

Abb. 7.26. G^M-Fläche für ein System mit Typ-I-Mischungslücke

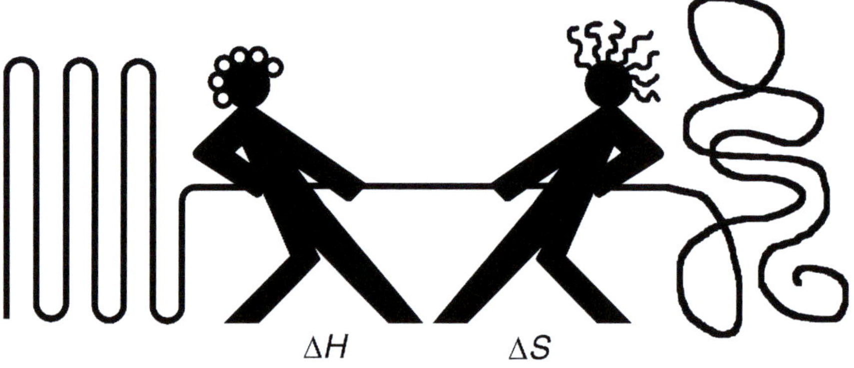

Abb. 7.27. Plakative Darstellung des Wechselspiels zwischen Entropie und Energie nach [195]

aber auch andere Angaben zum Atomradius, die auf abweichenden Definitionen beruhen. Typische Atomradien liegen zwischen $0,1$ und $0,2$ nm.

Tabelle 7.1. Eigenschaften von Atomen im Molekül und ihren Bindungen [18, 21, 147, 158]

Element	vdW-Radius [nm]	Elektronegativität (Pauling)	Bindung δ^+ - δ^-	Bindungslänge [nm]	Bindungsenthalpie [kJ/mol]	Ladungsverschiebung
H	0,120	2,20	H – C	0,109	414	0,06
C	0,170	2,55	C – C	0,154	343	0,00
			C = C	0,134	611	0,00
			C $\equiv$ C	0,120	816	0,00
O	0,150	3,44	C – O	0,151	356	0,13
			C = O	0,121	744	0,40
			H – O	0,103	460	0,33
N	0,155	3,04	C – N	0,152	259	0,06
			C $\equiv$ N	0,116	799	0,65
			H – N	0,104		0,30
F	0,147	3,98	C – F	0,136	460	0,23
Cl	0,175	3,16	C – Cl	0,176	326	0,20

Die Atome sind nun durch chemische Bindungen zu Molekülen verknüpft. Für die geometrische Struktur der Moleküle ist dabei neben dem Winkel zwischen mehreren von einem Atom ausgehenden Bindungen der Abstand zwischen den chemisch gebundenen Atomen entscheidend, die Bindungslänge. Typische Bindungslängen – die prinzipiell auch von weiteren benachbarten chemischen gebundenen Atomen abhängen – sind für ausgewählte Bindungen in Tab. 7.1 mit der korrespondierenden Bindungsenthalpie zusammengestellt. Die Atomabstände in einem Molekül sind offensichtlich von gleicher Größenordnung wie die Atomradien, d. h. chemisch gebundene Atome durchdringen sich, wie dies in Abb. 7.28 für einige Bindungen gezeigt ist.

Aus Tab. 7.1 und Abb. 7.28 ist zu erkennen, dass zwei Atome um so enger zusammenrücken, je mehr Elektronen an einer Bindung beteiligt sind. Gleichzeitig nimmt – wie ebenfalls zu erwarten – der in der Bindung enthaltene Energiebetrag, die Bindungsenthalpie, zu.

Bereits auf diesen einfachen Eigenschaften der in den Molekülen gebundenen Atome aufbauend lassen sich thermodynamische Effekte beim Mischen unterschiedlicher Komponenten erklären. In aller Regel werden zwei Komponenten unterschiedliche Molekülvolumen aufweisen. Werden sie gemischt, so weicht die Mischungsentropie von dem Wert für die ideale Mischung ab. Wie in Abb. 7.29 zu erkennen, verläuft S^M für eine Mischung, deren Komponenten sich im Molekülvolumen um den Faktor 10 unterscheiden, bereits deutlich

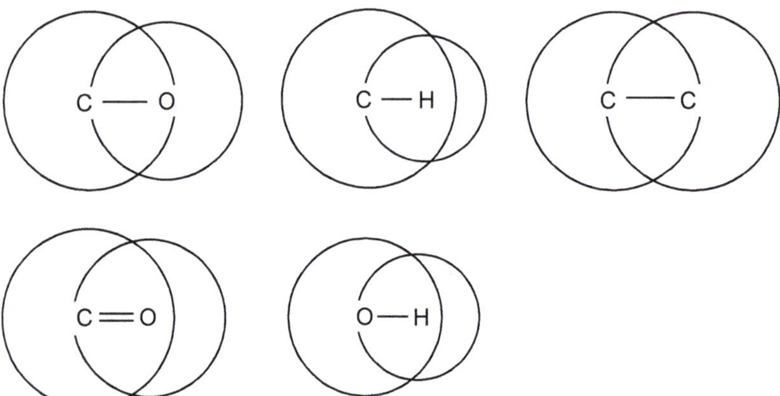

Abb. 7.28. Größenvergleich von typischen Atomgrößen und Bindungsabständen

negativer, als bei der idealen Mischung. Außerdem wird mit zunehmendem Unterschied der Molekülvolumen die Asymmetrie des Kurvenverlaufes größer, das Maximum verschiebt sich in Richtung der reinen Komponente mit dem geringeren Molekülvolumen. Um in Abb. 7.29 S^M zu berechnen, wurde eine von Flory und Huggins hergeleitete Beziehung verwendet,

$$S^\mathrm{M} = R \sum_{i=1}^{N} x_i \ln \varphi_i \,, \tag{7.27}$$

die sich auch in den ersten Termen des UNIQUAC-Modelles (vgl. Gl. 5.138) wiederfindet und auf die in Abschnitt 7.3.2 noch näher eingegangen wird. φ_i ist hierbei – wie bereits beim UNIQUAC-Modell – der Volumenanteil der Komponente i in der Mischung, in den natürlich das Molekülvolumen direkt eingeht.

Zusätzlich zu der Molekülgröße kann auch die Flexibilität der Moleküle die thermodynamischen Eigenschaften beeinflussen. Die Molekül-Flexibilität rührt daher, dass Molekülgruppen um Einfachbindungen rotieren können, das Molekül bei gegebener Konstitution also verschiedene Konformationen annehmen kann. Die Rotation ist allerdings nicht völlig frei möglich. Um dies zu verdeutlichen, ist in Abb. 7.30 das Ethan-Molekül in zwei Konformationen gezeigt, in Abb. 7.31 sind die zugehörigen Energien als Funktion des Drehwinkels dargestellt, die für die Rotation aufgebracht werden müssen. Die Energiebarrieren zwischen den energetisch günstigen gestaffelten Anordnungen betragen bei Ethan etwa 12, 5 kJ/mol. Der Vergleich mit Tab. 7.1 zeigt, dass diese Energie mindestens um den Faktor 20 kleiner ist als die der chemischen Bindung. Gleichzeitig muss die Energiebarriere mit der kinetischen Energie der Moleküle auf Grund ihrer thermischen Bewegung verglichen werden, die für jede Raumrichtung im Mittel RT beträgt und bei 300 K damit etwa 2, 5 kJ/mol ausmacht. Verglichen mit diesem Energiebetrag sind die Energiebarrieren für die intramolekulare Rotation also erheblich. Das heißt die Rotation um eine

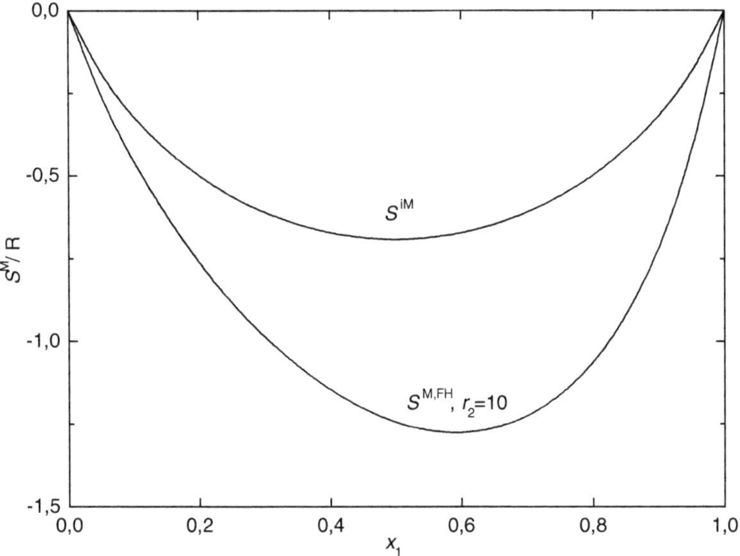

Abb. 7.29. Vergleich von realer und idealer Mischunsentropie, wenn das Molekül-volumen der Sorte 2 um den Faktor 10 größer ist als das der Sorte 1

Einfachbindung findet bei Umgebungsbedingungen zwar statt, allerdings nur relativ selten. Die thermische Energie reicht dagegen, eine Torsionsschwingung innerhalb des Moleküls aufrecht zu erhalten, so dass die Konformation ständig um die Energieminima schwankt, nur gelegentlich steht innerhalb eines Moleküls aber ausreichend Energie zur Verfügung, um den Potentialberg der ekliptischen zur nächsten gestaffelten Konformation zu überwinden.

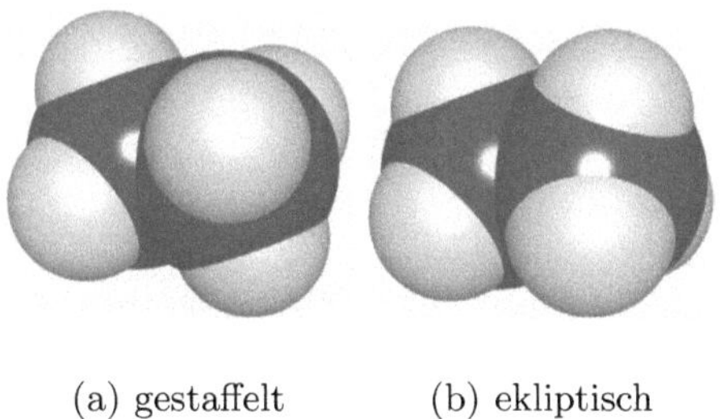

(a) gestaffelt   (b) ekliptisch

Abb. 7.30. Ethan-Molekül in zwei verschiedenen Konformationen

Sind die Moleküle nicht mehr so einfach wie das Ethan aufgebaut, werden sich die Seitenketten an den Kohlenstoff-Atomen, die gegeneinander verdrehbar sind, zusätzlich beeinflussen. Dies führt dazu, dass die Energieminima

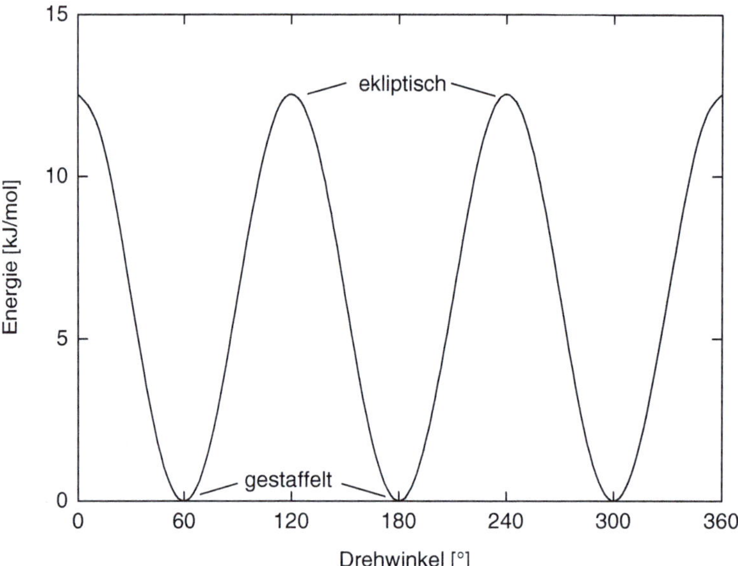

Abb. 7.31. Änderung der inneren Energie des Ethanmoleküls in Abhängigkeit von der Verdrehung der beiden Kohlenstoffatome zueinander

bzw. -maxima, die die Rotation charakterisieren, nicht mehr auf identischem Niveau liegen. Im Extremfall wird eine Rotation unmöglich, da die Seitenketten sich sterisch soweit behindern, dass sie nicht mehr ohne den Bruch chemischer Bindungen aneinander vorbei bewegt werden können.

Da insbesondere in flüssigen und festen Systemen die Moleküle im engen Verbund nebeneinander liegen, kann die intramolekulare Rotation auf Grund der Behinderung durch benachbarte Moleküle weiter eingeschränkt sein. Unterscheidet sich das Maß dieser Behinderung im Reinstoff und in einer Mischung, so wird dies zu zusätzlichen, vorwiegend entropischen Mischungseffekten führen.

7.2.2 Van-der-Waals-Wechselwirkungen

Den vorwiegend entropischen Einflüssen der Molekülgeometrie sind eine Reihe von eher energetischen Wechselwirkungen zwischen den Molekülen überlagert. Eine energetische Wechselwirkung, die zwischen allen Molekülen auftritt, ist die Van-der-Waals-Wechselwirkung, die auch als London-Kraft [124] oder Dispersionskraft bezeichnet wird. Diese Wechselwirkung zwischen elektrisch neutralen Molekülen ist darauf zurückzuführen, dass sich die Elektronenhüllen der Moleküle gegenseitig beeinflussen. Werden zwei Moleküle einander angenähert, so haben die Elektronen eines der Moleküle die Tendenz, sich nicht gleichzeitig mit den Elektronen des jeweils anderen Moleküls zwischen den Molekülen aufzuhalten. Dies führt zu einer leichten Ladungsverschiebung in den Elektronenhüllen, die Coulomb'schen Kräfte zwischen Atomkernen und Elektronen heben sich nicht mehr gegenseitig auf, es resultiert eine anziehende, wenn auch vergleichsweise schwache Kraft zwischen den Molekülen. Die Wechselwirkungsenergie nimmt mit $r_{1,2}$, dem Abstand der Molekülschwerpunkte, proportional zu $r_{1,2}^{-6}$ ab. In Abb. 7.32 ist diese potentielle Energie $u_{1,2}$ als Funktion von $r_{1,2}$ für eine typische Komponente mit kugelförmigen Molekülen dargestellt. Dabei ist zudem berücksichtigt, dass – wie oben bereits erwähnt – bei geringem $r_{1,2}$ die abstoßenden Kräfte zwischen den Molekülen dominieren. Dieser 'abstoßende' Term wird nach Lennard-Jones und Devonshire üblicherweise proportional zu $r_{1,2}^{-12}$ modelliert, da dies bei entsprechenden Berechnungen zu besonders einfachen Lösungen führt [115–117]. Insgesamt ergibt sich so

$$u_{1,2} = 4\varepsilon \left[\left(\frac{\sigma}{r_{1,2}} \right)^{12} - \left(\frac{\sigma}{r_{1,2}} \right)^{6} \right], \tag{7.28}$$

wobei σ den Moleküldurchmesser und ε die Tiefe des Potential-Walls charakterisiert (vgl. Abb. 7.32). Mit diesem Lennard-Jones-Potential ergibt sich der gezeigte Potentialverlauf, wobei die zwischen den Molekülen wirkende Kraft $F_{1,2}$ sich als Ableitung aus $u_{1,2}$ ergibt:

$$F_{1,2} = -\frac{\mathrm{d}u_{1,2}}{\mathrm{d}r_{1,2}}. \tag{7.29}$$

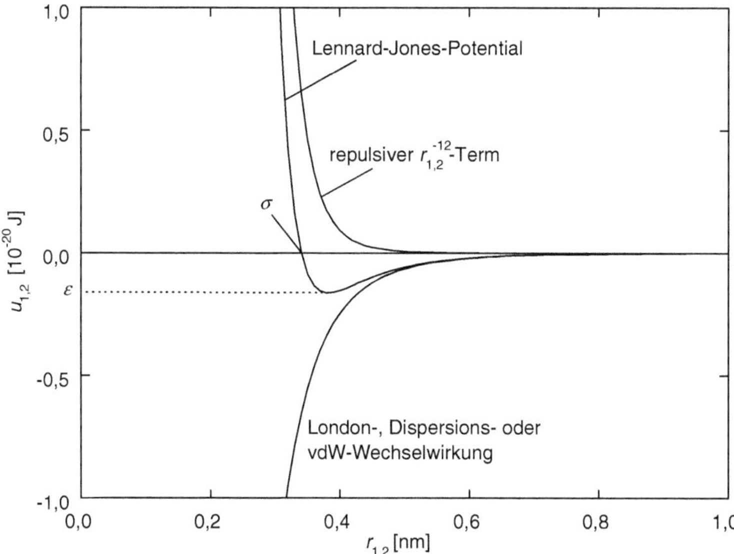

Abb. 7.32. Darstellung sowohl des gesamten Lennard-Jones-Potentials zwischen zwei Molekülen als auch seiner Einzelbeiträge

Die Moleküle spüren also sowohl von großen $r_{1,2}$ als auch von sehr geringen $r_{1,2}$ aus eine Kraft in Richtung des Potentialminimums, des so genannten Potentialtopfs. Abb. 7.32 zeigt aber auch, dass die Kräfte, die zwischen den Molekülen wirken, bereits bei einem Abstand von wenigen Molekülradien praktisch vollständig verschwinden.

Es stellt sich die Frage, wie tief dieses Potentialminimum, wie stark also die Van-der-Waals-Wechselwirkung ist. Um dies abzuschätzen, kann man von der inneren Verdampfungsenergie eines Stoffes ausgehen. Sie gibt an, welche Energie benötigt wird, um die Moleküle aus einem flüssigen Verbund, in dem viele Moleküle eng benachbart sind, in den dampfförmigen Zustand mit praktisch isolierten Molekülen zu überführen. Geht man nun davon aus, dass in der Flüssigkeit jedes Molekül von etwa 10 nächsten Nachbarn umgeben ist, und berücksichtigt, dass an jeder Nachbarschaft zwei Moleküle beteiligt sind, so entspricht ein fünftel der inneren Verdampfungsenergie etwa dem Energiebetrag, der in einem Nachbarschaftskontakt gebunden ist. In Tab. 7.2 sind die entsprechenden Werte für einige ausgewählte Substanzen zusammengestellt, deren Form einerseits nicht zu sehr von einer Kugel abweicht und die andererseits nur Van-der-Waals-Wechselwirkungen eingehen.

Tabelle 7.2. Van-der-Waals-Energien einiger ausgewählter Substanzen bei Normalsiedetemperatur

Stoff	T^{s}	ΔH_{V}	$0,2\,\Delta H_{\mathrm{V}}$	$\dfrac{0,2\,\Delta H_{\mathrm{V}}}{RT^{\mathrm{s}}}$
	[K]	[kJ/mol]	[kJ/mol]	[-]
Argon	87,3	6,52	1,304	1,797
Methan	111,0	8,22	1,644	1,797
Stickstoff	77,3	5,58	1,116	1,736
neo-Pentan	282,7	22,74	4,548	1,935

Eine Van-der-Waals-Wechselwirkung entspricht also einer Energie von wenigen kJ/mol, dies ist bei den betrachteten Temperaturen etwa das $1,8$-fache von RT, die mittlere thermische Energie der Moleküle ist also etwas geringer als die Tiefe des Potentialtopfs. Bei diesen Temperaturen liegen die Stoffe bei geringem Druck (Umgebungsdruck) noch flüssig vor. Bei höheren Temperaturen und entsprechend zunehmender kinetischer Energie steigt entsprechend der Dampfdruck – der Potentialtopf wird leichter überwunden. Dennoch handelt es sich bei den Van-der-Waals-Kräften um vergleichsweise schwache Wechselwirkungen. Ein solcher Vergleich ist in Abb. 7.33 gezeigt.

7.2.3 Polare Komponenten

Die Atome, aus denen die Moleküle aufgebaut sind, weisen nun eine unterschiedliche Elektronegativität auf. Nach Pauling ist die Elektronegativität re-

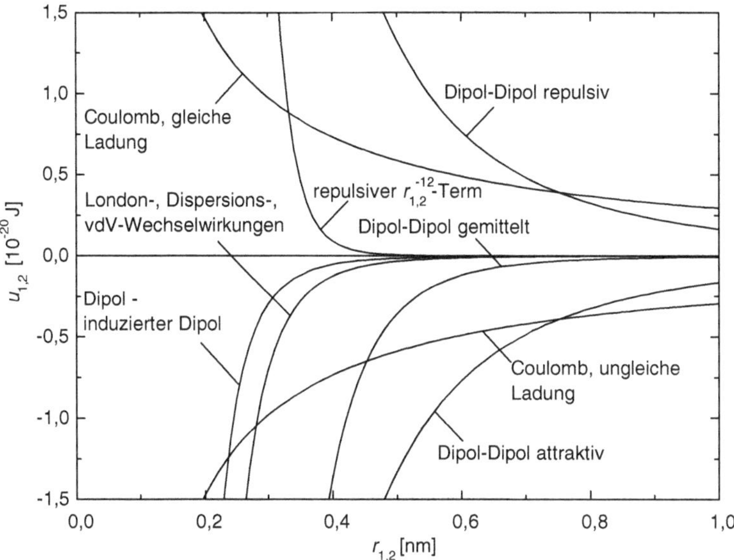

Abb. 7.33. Typische Verläufe für die unterschiedlichen Beiträge zur Potentialfunktion

lativ unpräzise definiert als die Kraft eines Atoms, innerhalb eines Moleküls Elektronen an sich zu ziehen [147]. Um die Elektronegativität einer Atomsorte zu quantifizieren, gibt es unterschiedliche Konzepte, die aber von den jeweiligen Autoren [5, 18, 142, 143, 147] so skaliert wurden, dass sie alle etwa die gleichen Zahlenwerte ergeben. Fluor hat in allen Elektronegativitäts-Skalen mit etwa 4 den höchsten Wert der Elektronegativität.

Die einfachste Elektronegativitäts-Skala wurde von Mulliken vorgeschlagen [142, 143]. Mulliken definiert die Elektronegativität X proportional zu dem ersten Ionisationspotential I und der Elektronenaffinität A:

$$X = \frac{I + A}{2C} \tag{7.30}$$

mit

$$C = 3{,}15\,\mathrm{eV}\,. \tag{7.31}$$

Das erste Ionisationspotential ist dabei die Energie, die benötigt wird, um ein Elektron aus der Elektronenhülle des Atoms zu entfernen, die Elektronenaffinität die Energie, die frei wird, wenn ein Elektron dem Atom hinzugefügt wird. Sowohl I als auch A sind also umso größer, je stärker ein Atom Elektronen anzieht.

Die Elektronegativität ausgewählter Elemente ist in Tab. 7.1 mit eingetragen. Sind an einer kovalenten Bindung Atome unterschiedlicher Elektronegativität beteiligt, so führt dies zu einer Elektronen- und damit Ladungsverschiebung längs der Bindung. Typische Werte für diese Ladungsverschiebung sind in Tab. 7.1 für die aufgeführten Bindungen ebenfalls angegeben. Das elektronegativere Atom trägt jeweils die negative Partialladung, wie dies in der Spalte 'Bindung' in Tab. 7.1 mit δ^- und δ^+ angedeutet ist. Bemerkenswert ist, dass diese Ladungsverschiebung bei Bindungen von H und C mit O und N jeweils in der Größenordnung einer halben Elementarladung liegt, also in diesen Fällen recht beträchtlich ist. Bestehen Moleküle aus mehreren Atomen, so können die sich ergebenden Partikelladungen nicht einfach addiert werden, denn das Wechselspiel zwischen den Elektronen in den Elektronenhüllen um die Atomkerne ist dazu viel zu komplex. Durch das Zuordnen der Partialladungen lassen sich lediglich Tendenzen angeben.

Moleküle, in denen es zu nennenswerten Ladungsverschiebungen kommt, verhalten sich wie Dipole mit permanentem Dipolmoment. Die Dipolmomente einiger Stoffe sind in Tab. 7.3 zusammengefasst. Komponenten, deren Moleküle ein Dipolmoment aufweisen, werden als polar bezeichnet. Die Wechselwirkungen, die diese Dipole untereinander eingehen, sind deutlich stärker als Van-der-Waals-Wechselwirkungen.

Tabelle 7.3. Dipolmomente μ und Polarisierbarkeiten α einiger ausgewählter Substanzen [122, 167]

Stoff	Formelzeichen	μ D	α $10^{-30}\,\mathrm{m}^3$
Fluorwasserstoff	HF	1,98	2,46
Chlorwasserstoff	HCl	1,03	2,63
Methylchlorid	CH_3Cl	1,86	4,56
Methanol	CH_3OH	1,70	3,23
Wasser	H_2O	1,86	1,48
Aceton	C_3H_6O	2,88	6,33
n-Butan	C_4H_{10}	0	8,20

Um dies zur veranschaulichen, seien Aceton (C_3H_6O) und n-Butan (C_4H_{10}) in ihren Eigenschaften miteinander verglichen, Substanzen etwa gleicher molarer Masse. Aceton weist ein Dipolmoment von $2,9\,\mathrm{D}$ auf, während das von n-Butan null ist, die n-Butan-Moleküle wechselwirken nur mit Van-der-Waals-Kräften. Das Aceton-Molekül ist außerdem etwas kleiner als das n-Butan-Molekül. Die Normalsiedetemperatur von Aceton ist mit $329,2\,\mathrm{K}$ um mehr als $50\,\mathrm{K}$ höher als die des n-Butan ($272,7\,\mathrm{K}$); um die Aceton-Moleküle aus dem Flüssigkeitsverbund zu lösen ist also im Vergleich zu n-Butan eine deutlich höhere kinetische (thermische) Energie der Moleküle erforderlich. Entsprechend liegt auch die Verdampfungsenthalpie von Aceton mit $31,97\,\mathrm{kJ/mol}$ deutlich höher als die des n-Butans mit $24,27\,\mathrm{kJ/mol}$. Der Enthalpiebeitrag polarer Wechselwirkungen in der Flüssigkeit beträgt also zwischen 5 und $10\,\mathrm{kJ/mol}$

Nicht nur die Energie der dipolaren Wechselwirkung ist höher als bei der Van-der-Waals-Wechselwirkung, auch die Reichweite ist größer. Die Energie der Dipol-Dipol-Wechselwirkung zwischen fest zueinander ausgerichteten Molekülen nimmt proportional zu $r_{1,2}^{-3}$ ab, während die der Van-der-Waals-Wechselwirkung mit $r_{1,2}^{-6}$ abklingt. Die Kräfte zwischen zwei Dipolen können aber je nach deren relativer Orientierung sowohl anziehend als auch abstoßend sein. Dies ist in der Darstellung in Abb. 7.33 mit berücksichtigt. Da Moleküle in fluiden Phasen rotieren können, sind nicht nur die maximal wirkenden attraktiven und repulsiven Beiträge zu berücksichtigen, sondern das mittlere Wechselwirkungspotential, das über alle möglichen relativen Anordnungen entsprechend gewichtet gemittelt ist. Diese so genannte Keesom-Energie fällt wieder mit $r_{1,2}^{-6}$ ab, hat aber einen größeren Betrag als die vdW-Wechselwirkung [98].

Zusätzlich zu der Wechselwirkung zwischen den permanenten Dipolen der Moleküle führt ein Dipol auch zu einer Ladungsverschiebung bei benachbarten Molekülen, die selber kein Dipolmoment aufweisen. Die Stärke dieses induzierten Dipols ist proportional zur Polarisierbarkeit des betrachteten Moleküls, die für einige Komponenten in Tab. 7.3 mit angegeben ist. Der induzierte Dipol wechselwirkt nun seinerseits mit dem Dipol, wobei die Wechselwirkungsenergie ebenfalls mit $r_{1,2}^{-6}$ abnimmt (vgl. Abb. 7.33).

Die unterschiedlichen Beiträge der Wechselwirkungen, wie sie in Abb. 7.33 dargestellt sind, resultieren aus den konkreten Werten für Dipolmomente und Polarisierbarkeit für die betrachteten typischen Moleküle (Argon, Aceton). Deutlich ist, dass die Dipol-Dipol-Wechselwirkung sowohl die London- als auch die Dipol-induzierter-Dipol-Wechselwirkung im Betrag deutlich übertrifft, auch wenn die Abstandsabhängigkeit für alle drei Typen proportional zu $r_{1,2}^{-6}$ ist.

Neben einem Dipol können Moleküle auch höhere Multipole aufweisen. Ein prominentes Beispiel ist CO_2, das, wie Abb. 7.34 zeigt, linear aufgebaut ist. Auf Grund der Symmetrie kann das CO_2-Molekül kein Dipolmoment besitzen. Die Elektronenverschiebung auf Grund der Elektronegativitätsunterschiede führt aber zur Ausbildung eines Quadrupols, der die thermodynamischen Eigenschaften von CO_2 deutlich beeinflusst. Auch Moleküle mit von null verschiedenem Quadrupolmoment werden als polar bezeichnet.

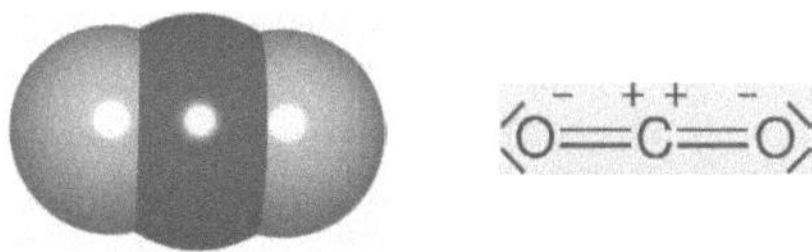

Abb. 7.34. Kohlenstoffdioxid

7.2.4 Wasserstoffbrückenbindungen

Besteht in einem Molekül eine Bindung zwischen einem Wasserstoff- und einem sehr elektronegativen Atom wie z. B. Sauerstoff oder Stickstoff, so hat die im vorigen Abschnitt diskutierte Ladungsverschiebung besondere Konsequenzen. Da das Wasserstoffatom nur ein Elektron besitzt, führt die Ladungsverschiebung dazu, dass die positive Ladung des Wasserstoffatomkerns nicht mehr nach außen vollständig kompensiert wird. Während bei anderen Atomen von einer solchen Verschiebung vorzugsweise die äußeren Elektronen betroffen sind, die inneren, vollbesetzten Elektronenschalen davon weitgehend unberührt bleiben, weist der Wasserstoff keine solchen abschirmenden inneren Elektronen auf. Wird das Elektron des Wasserstoffs teilweise abgezogen, so kann der positiv geladene, dann relativ nackte Atomkern direkt mit benachbarten Molekülen in Wechselwirkung treten. Insbesondere, wenn diese freie Elektronenpaare aufweisen, kommt es zu einer starken Wechselwirkung, der so genannten Wasserstoffbrückenbindung. Üblicherweise wird die Wasserstoffbrückenbindung als gepunktete Linie angedeutet:

Dabei deuten die zusätzlichen Striche am Sauerstoff dessen freie Elektronenpaare an. Sauerstoff ist hier wie Stickstoff ein typischer Partner für Wasserstoffbrückenbindungen mit entsprechenden H-Atomen.

Die Bindungsenthalpie der Wasserstoffbrückenbindung ist mit bis zu etwa 20 kJ je mol Bindungen wesentlich stärker als Van-der-Waals- oder Dipol-Dipol-Wechselwirkungen und liegt deutlich oberhalb der thermischen Energie der Moleküle bei Umgebungstemperatur. Entsprechend sind die Siedetemperaturen von Wasser und kurzkettigen Alkoholen, die bereits als Reinstoffe Wasserstoffbrückenbindungen ausbilden, wesentlich höher als die von Substanzen vergleichbarer molarer Masse.

Dass die Wasserstoffbrückenbindung wirklich Bindungscharakter hat, lässt sich nicht nur an der im Vergleich zur kovalenten Bindung (ca. 100 kJ/mol bis 400 kJ/mol, vgl. Tab. 7.1) relativ hohen Bindungsenthalpie ablesen, sondern kann auch durch Messungen bestätigt werden. Nachgewiesen werden dabei Assoziate – Zusammenschlüsse mehrerer Moleküle zu einer Einheit –, die zwar ständig fluktuieren, aber dennoch so stabil sind, dass ihre Existenz die Eigenschaften der Stoffe nachhaltig beeinflusst und z. B. spektroskopisch nachgewiesen werden kann. Bei Untersuchungen der Struktur von Flüssigkeiten zeigt sich auch, dass Wasserstoffbrückenbindungen anders als die übrigen Wechselwirkungen sehr stark orientiert sind. Sie treten nur in einem relativ kleinen Bereich der gegenseitigen Orientierung und des Abstands der Moleküle auf. Diese vergleichsweise starre Fixierung der Moleküle zu Assoziaten unterstreicht ebenfalls den Bindungscharakter der Wasserstoffbrückenbindung.

Sehr ausgeprägte Ladungsverschiebungen in Molekülen können auch dann zu Wechselwirkungen führen, die ähnliche Eigenschaften wie Wasserstoffbrückenbindungen aufweisen, wenn kein Wasserstoffatom direkt beteiligt ist. Diese werden dann allgemein als Elektronendonor-Elektronenakzeptor-Wechselwirkung bezeichnet.

7.2.5 Ionen

Als letztes soll hier die Wechselwirkung zwischen Ionen, also geladenen Teilchen, beschrieben werden, die dem Coulomb-Gesetz gehorchen:

$$u_{1,2} = \frac{1}{4\pi\varepsilon_0\varepsilon_r} \frac{Q_1 Q_2}{r_{1,2}} \,. \tag{7.32}$$

Hierbei ist $u_{1,2}$ die potentielle Energie zwischen zwei Ionen mit den Ladungen Q_1 und Q_2 im Abstand $r_{1,2}$. ε_0 ist die Dielektrizitätskonstante des Vakuums,

$$\varepsilon_0 = 8{,}8541853 \cdot 10^{-12} \, \frac{\mathrm{F}}{\mathrm{m}} \,, \tag{7.33}$$

und ε_r die relative Dielektrizitätszahl des betrachteten Fluids. Für unpolare organische Flüssigkeiten liegt ε_r bei etwa 2 bis 3, bei polaren Flüssigkeiten deutlich darüber und für flüssiges Wasser beträgt ε_r etwa 80 [122]. An Gl. 7.32 ist zu erkennen, dass die ionische Wechselwirkung nur proportional zu $r_{1,2}^{-1}$ abnimmt, von den betrachteten molekularen Wechselwirkungen ist sie also die langreichweitigste. In Abb. 7.33 ist dies deutlich zu erkennen. Für größere Abstände dominieren die Coulomb'schen Wechselwirkungen alle übrigen Beiträge.

Es stellt sich daher die Frage, wieso es überhaupt zur Ausbildung von Ionen in einer Lösung kommt. Auf Grund der starken anziehenden Kräfte zwischen ungleich geladenen Ionen sollten diese sich zu Ionenpaaren zusammenlagern, die als nach außen ungeladene Einheiten gelöst werden. Trotz dieser Kräfte dissoziieren Salze, Säuren und Basen aber in Ionen, sobald sie mit geeigneten Lösungsmitteln gemischt werden. Die Dissoziation ist in der Regel umso vollständiger, je höher ε_r des Lösungsmittels ist. Bei ausreichend hohem ε_r wird also die Coulomb'sche Wechselwirkung (vgl. Gl. 7.32), die die Ionen zu Paaren vereinigen möchte, durch die Mischungsentropie übertroffen, durch die die Spaltung der Ionenpaare in einzelne Ionen bevorzugt wird. Dies entspricht wieder dem in Abb. 7.27 veranschaulichten Wechselspiel. In unpolaren organischen Lösungsmitteln sind viele Salze aus dem gleichen Grund praktisch unlöslich: Wegen des geringen ε_r-Wertes ist die Energie, die zur Entfernung eines Ions aus einem Salzkristall aufgebracht werden muss, relativ hoch und kann nicht durch den Entropiegewinn beim Lösen kompensiert werden.

Dass als Elektrolyte nicht nur anorganische Salze, Säuren und Basen auftreten, sondern auch organische Säuren und deren Salze, soll – unter anderem – im nächsten Abschnitt gezeigt werden.

7.2.6 Reinstoffe

In Abbn. 7.35 bis 7.41 sind einige ausgewählte Moleküle vorzugsweise etwa gleicher molarer Masse gezeigt. Neben der räumlichen Darstellung ist die Konstitutionsformel angegeben, in die Partialladungen, die durch die Elektronegativitätsunterschiede zwischen den Atomen hervorgerufen werden, eingetragen sind. Diese Partialladungen stellen – wie oben bereits angemerkt – nur grobe Näherungen dar. Außerdem sind bei Sauerstoffatomen die freien Elektronenpaare als Striche eingezeichnet.

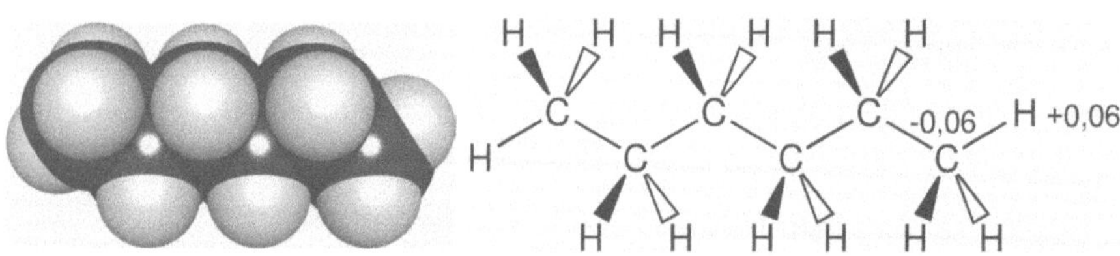

Abb. 7.35. n-Hexan

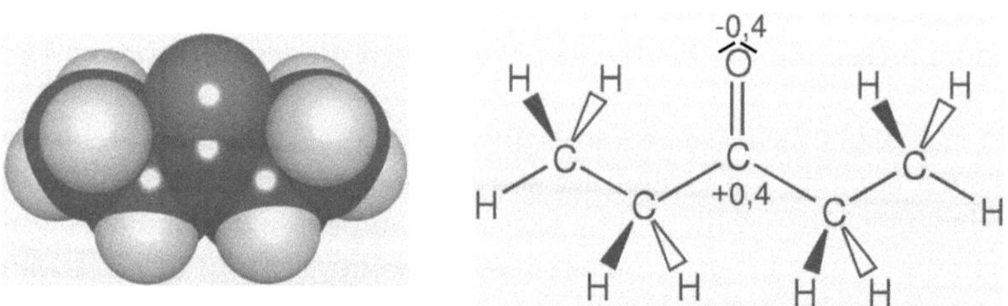

Abb. 7.36. Diethylketon

Die C-H-Bindung ist im Vergleich zu den anderen Bindungen nur minimal polarisiert. n-Hexan ist daher ein unpolares Molekül. Die Partialladungen an

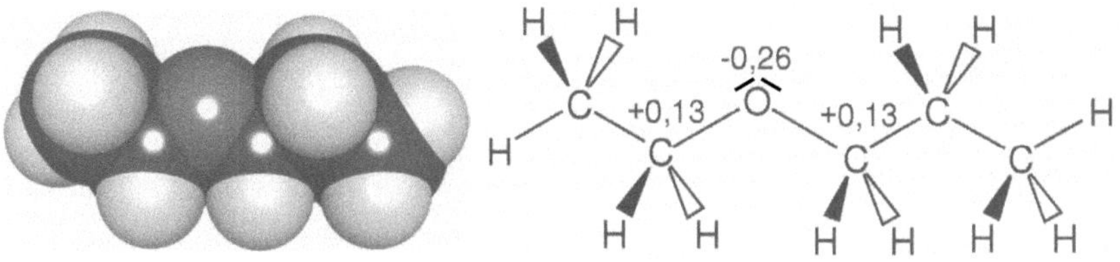

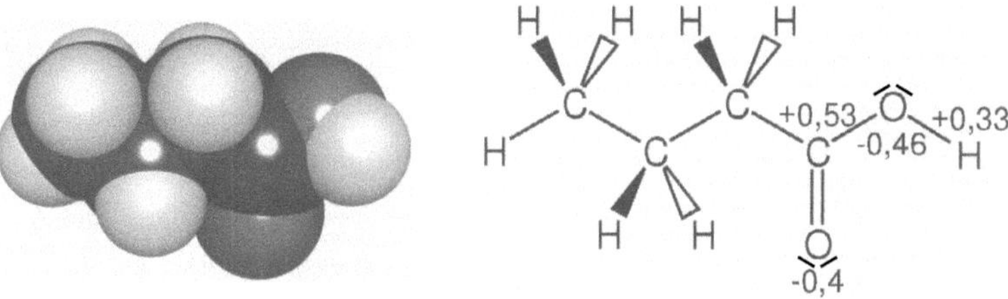

Abb. 7.37. Ethylpropylether

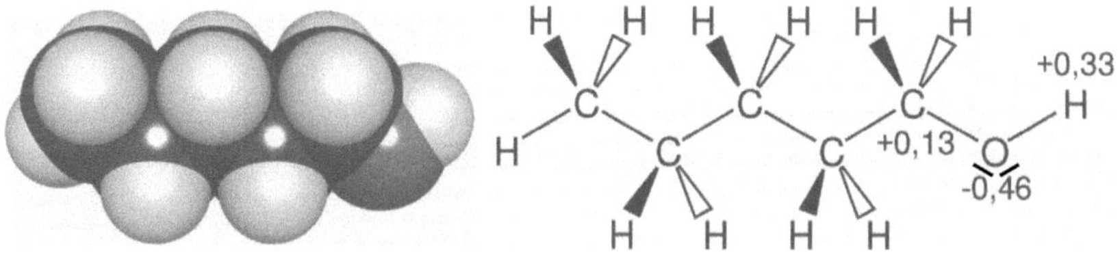

Abb. 7.38. 1-Pentanol

Abb. 7.39. Butansäure

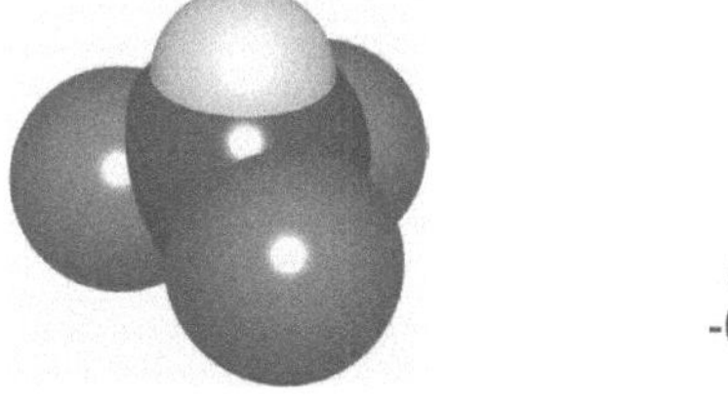

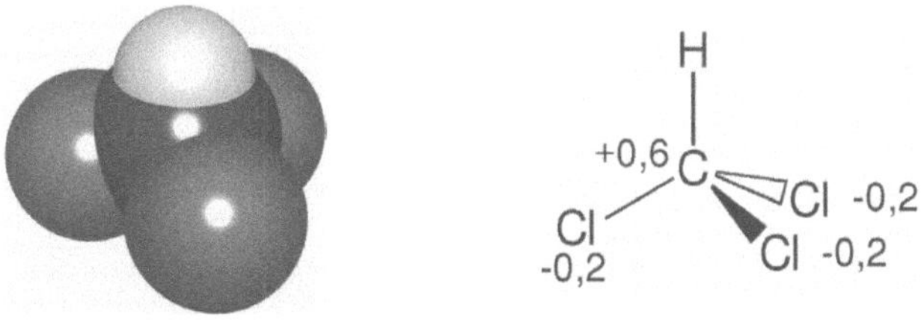

Abb. 7.40. Chloroform

Abb. 7.41. Wasser

der C-H-Bindung sind entsprechend im Folgenden nicht mehr dargestellt. In
Abb. 7.42 sind zu einigen Reinstoffen die Dampfdruckkurven gezeigt. Für die
n-Alkane liegt der Dampfdruck bei gleicher molarer Masse relativ hoch, was
nochmals Indiz für die relativ schwachen Bindungen zwischen den Molekülen
ist. Der Vergleich zwischen n-Pentan und n-Hexan zeigt außerdem, dass der
Dampfdruck mit zunehmender Molekülgröße bei sonst gleichen Moleküleigenschaften abnimmt.

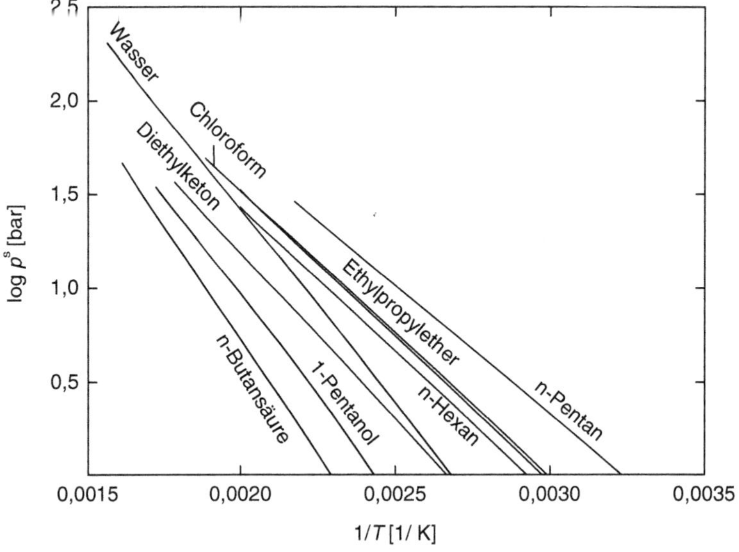

Abb. 7.42. Reinstoffdampfdrücke der hier betrachteten Moleküle

Sowohl Diethylketon als auch Ethylpropylether enthalten ein ausgeprägt
elektronegatives Sauerstoffatom. Dieses weist eine deutlich negative Partialladung auf, die Moleküle sind polar. Außerdem können die freien Elektronenpaare am Sauerstoff als Wasserstoffbrückenakzeptoren fungieren. Wasserstoffbrücken können diese Moleküle alleine nicht ausbilden, da ihnen der positive
Wasserstoff fehlt. Auf Grund der polaren Wechselwirkungen liegt der Dampfdruck von Diethylketon unterhalb dem von n-Hexan (vgl. Abb. 7.42).

Im 1-Pentanol ist ein solches Wasserstoffatom mit positiver Partialladung vorhanden. Gleichzeitig weist die OH-Gruppe ein Sauerstoffatom auf, das sowohl eine deutlich negative Partialladung trägt, als auch freie Elektronenpaare besitzt. Alkohole sind also polare Stoffe. Da sie sowohl ein positiviertes Wasserstoffatom als auch ein Sauerstoffatom als Wasserstoffbrückenakzeptor aufweisen, können 1-Alkanole bereits als Reinstoff Wasserstoffbrücken ausbilden. In Abb. 7.43 ist gezeigt, wie bei 1-Alkanolen – hier für Methanol – Kettenassoziate in der Flüssigkeit gebildet werden können. Entsprechend gering ist der Dampfdruck.

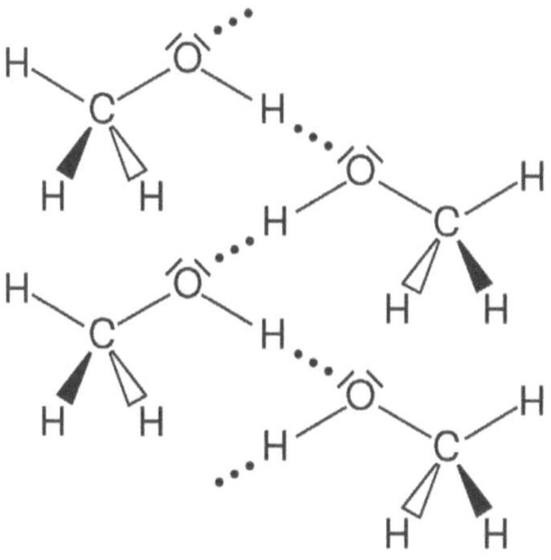

Abb. 7.43. Schematische Darstellung von Kettenassoziaten in reinem Methanol

Bei organischen Säuren (Butansäure in Abb. 7.39) ist die Elektronenverschiebung in der O-H-Bindung durch den doppelt gebundenen Sauerstoff im Vergleich zum Alkohol weiter verstärkt. Der positivierte Kohlenstoff erhöht den Elektronensog am Wasserstoff, so dass die Assoziationsneigung des Moleküls sehr hoch ist. Organische Säuren liegen in der Dampfphase und in unpolaren Komponenten gelöst als Dimere vor, jeweils zwei Moleküle sind über Wasserstoffbrückenbindungen verknüpft (s. Abb. 7.44).

Die Energie dieser doppelten Wasserstoffbrückenbindung beträgt etwa 60 kJ/mol. In wässriger Lösung dissoziieren sie, d.h. die kovalente O-H-Bindung weist auf Grund der Elektronenverschiebung bereits einen ausgeprägt ionischen Charakter auf. Die Dissoziation der COOH-Gruppe geschieht auch deswegen so leicht, weil ihr Anion durch Mesomerie stabilisiert ist (s. Abb. 7.45).

Wegen der starken intermolekularen Wechselwirkungen ist der Dampfdruck von Butansäure im gesamten Temperaturbereich um etwa eine Dekade geringer als der des n-Hexans, das etwa die gleiche molare Masse aufweist.

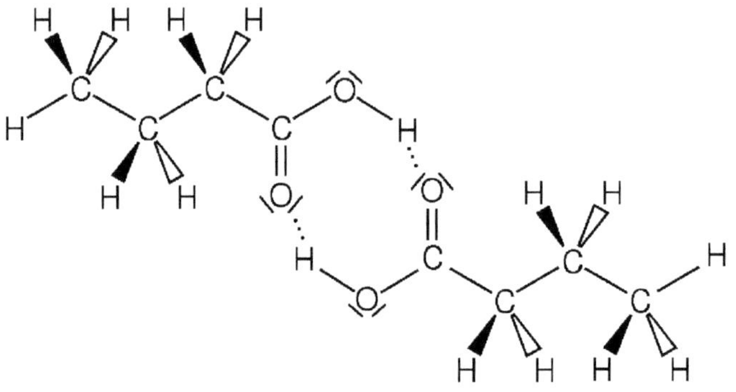

Abb. 7.44. Dimerenbildung von organischen Säuren

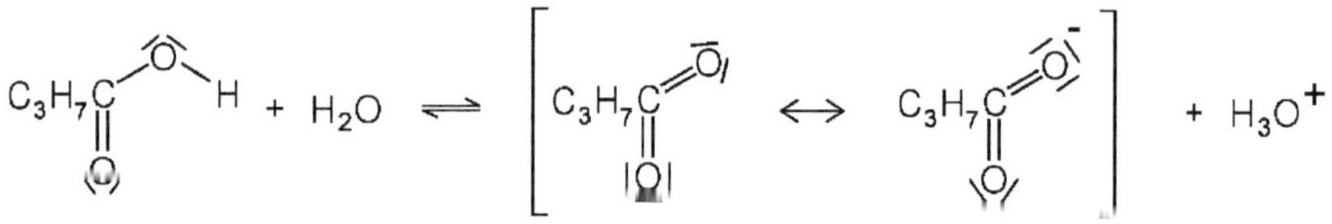

Abb. 7.45. Durch Mesomerie-Effekte stabilisiertes Säure-Anion

Eine Ladungsverschiebung an einer Bindung kann in Sonderfällen auch dann auftreten, wenn die an dieser Bindung beteiligten Atome praktisch die gleiche Elektronegativität aufweisen. Chloroform ist ein Beispiel hierfür (vgl. Abb. 7.40). Die drei elektronegativen Chloratome führen zu einem C-Atom mit relativ ausgeprägt positiver Partialladung. Dieses Kohlenstoffatom entzieht nun seinerseits dem H-Atom Elektronen, so dass dieses ebenfalls eine positive Partialladung aufweist, die so hoch ist, dass Chloroform mit geeigneten Partnern Wasserstoffbrückenbindungen eingeht. Die negativen Partialladungen der Chloratome sind dafür keine geeigneten Partner, so dass Chloroform als Reinstoff lediglich eine polare Komponente ist. Diese Diskussion zeigt deutlich, dass das Konzept der Elektronegativität zwar zur Deutung des thermodynamischen Stoffverhaltens sehr nützlich ist, dass es zu einem umfassenden Verständnis allerdings nur einen Teilbeitrag liefern kann.

Als ein weiteres Beispiel soll das Wasser betrachtet werden. Wasser weist spezifische Eigenschaften auf, die unter anderem unser Leben auf der Erde erst ermöglichen. Wie Abb. 7.42 zeigt, ist der Dampfdruck des Wassers im Vergleich zu den anderen gezeigten Stoffen sehr niedrig, besonders wenn man bedenkt, dass die molare Masse des Wassers $18{,}015\,\mathrm{g/mol}$ [167] beträgt, die Dampfdruckkurve in dem Diagramm also weit rechts von der des n-Pentans liegen sollte. Der niedrige Dampfdruck ist auf die extrem starken intermolekularen Wechselwirkungen zwischen Wassermolekülen zurückzuführen. In Abb. 7.41 ist zu erkennen, dass beide H-Atome als Wasserstoffbrückendonor und beide freien Elektronenpaare des Sauerstoffs als Wasserstoffbrückenakzeptor fungieren. Wasser kann über Wasserstoffbrücken eine dreidimensional vernetzte Struktur aufbauen, die z. B. im Eis praktisch vollständig realisiert ist. Da dabei jedes Wassermolekül entsprechend der möglichen Wasserstoffbrücken lediglich zu vier nächsten Nachbarmolekülen verbrückt ist, ergibt sich eine vergleichsweise lockere Kristallstruktur. Wird diese Struktur durch Lösen von Wasserstoffbrücken aufgebrochen, ist eine dichtere Anordnung der Moleküle möglich. Dies führt dazu, dass die Dichte des flüssigen Wassers auf der Schmelzlinie höher ist als die des Eises, die Steigung der Schmelzdrucklinie ist bei Wasser entsprechend negativ (vgl. Gl. 3.91). Selbst im flüssigen Wasser ist die vernetzte Struktur weiter beständig; unter Umgebungsbedingungen sind lediglich gut 10% der Wasserstoffbrücken aufgebrochen [125]. Entsprechend einer Modellvorstellung von flüssigem Wasser – dem so genannten Eisberg-modell [66] – besteht flüssiges Wasser aus Clustern mehr oder weniger starr vernetzter Wassermoleküle (Mikro-Eisberge), die von Nachbarclustern durch Flächen von Gitterstörstellen getrennt sind. Die Störflächen wandern nach dieser Vorstellung durch das Wasser (flickering cluster), die Moleküle sind dadurch gegeneinander beweglich und das Wasser ist flüssig. Bei zunehmender Temperatur werden die Cluster kleiner. Bei etwa 277 K wird bei Umgebungs-druck die Zunahme der Dichte auf Grund des Aufbrechens der lockeren Gitterstruktur gerade durch die thermische Ausdehnung auf Grund zunehmender kinetischer Energie der Moleküle kompensiert, Wasser besitzt hier seine maximale Dichte. Dies wird als Anomalie des Wassers bezeichnet und ist der Grund dafür, dass Eisberge auf dem Wasser schwimmen, dass Seen und Flüsse von ihrer Oberfläche ausgehend gefrieren, dass Eis im Winter eine isolierende Schutzschicht für das Leben in Flüssen und Seen darunter bildet, für das so möglichst lange flüssiges Wasser als Lebensraum zur Verfügung steht. Heute geht man von einer komplexen Struktur von flüssigem Wasser aus, die eine Vielzahl unterschiedlicher Störstellen aufweisen kann, wie dies schematisch in der Zeichenebene in Abb. 7.46 dargestellt ist.

Wasser zeichnet sich durch eine weitere molekulare Eigenschaft aus: Die Wasserstoffbrückenbindung ist so stark, dass es zum Bruch der chemischen Bindung des H-Atoms nach folgender Reaktionsgleichung kommen kann:

$$2\,H_2O \rightleftharpoons H_3O^+ + OH^- \tag{7.34}$$

Die OH^-- und H_3O^+-Ionen treten bei Umgebungsbedingungen mit einer Konzentration von 10^{-7}mol/kg [8] auf. Diese geringe Konzentration sagt aber nichts über die Häufigkeit der Bindungsbrüche im Wasser aus, unter anderem weil keine Ionen auftreten, wenn die H-Atome zyklisch zwischen benachbarten O-Atomen weitergereicht werden (s. Abb. 7.47).

Dass dies sehr leicht möglich ist, wird deutlich, wenn man sich die zwei Wassermoleküle in Abb. 7.48 betrachtet, die mit korrekten vdW-Radien der Atome und dem realen Wasserstoffbrückenabstand dargestellt sind. Das Wasserstoffatom zwischen den zwei Sauerstoffatomen ist nur leicht asymmetrisch angeordnet. Eine sehr kleine Verschiebung genügt entsprechend bereits, um die Bindungen zu tauschen, so dass das Wasserstoffatom dann am Wasser-

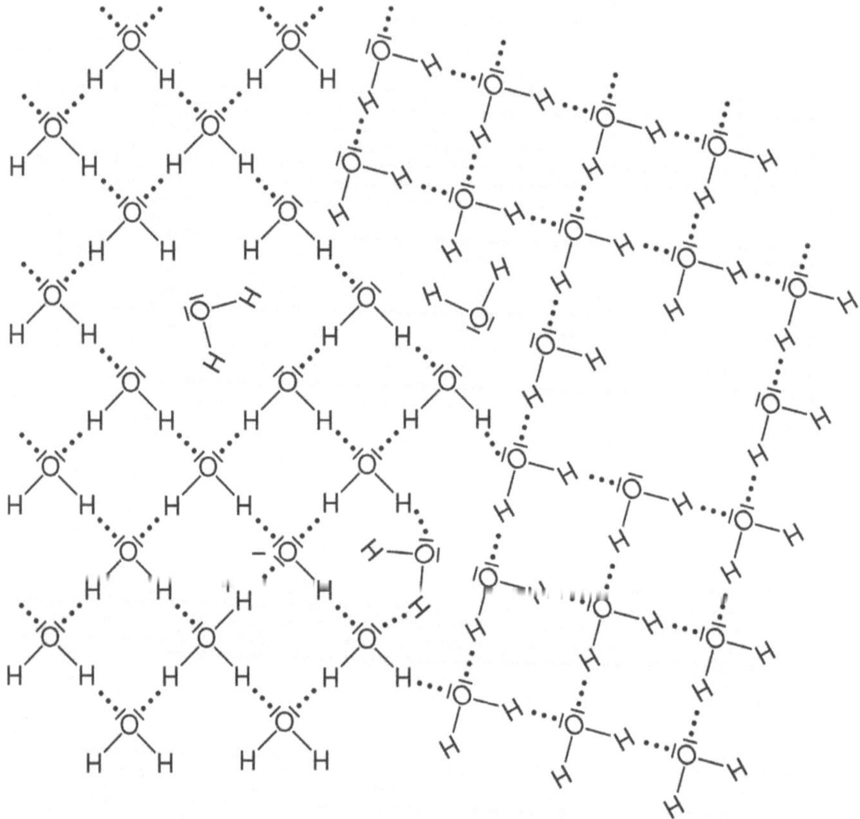

Abb. 7.46. Schematische zweidimensionale Darstellung der Struktur von flüssigem Wasser

Abb. 7.47. Zyklisches Weiterreichen von H-Atomen beim Wasser

molekül kovalent gebunden ist, was zu einem H_3O^+-Ion führt, das mit dem rechten OH^--Ion über eine Wasserstoffbrückenbindung wechselwirkt.

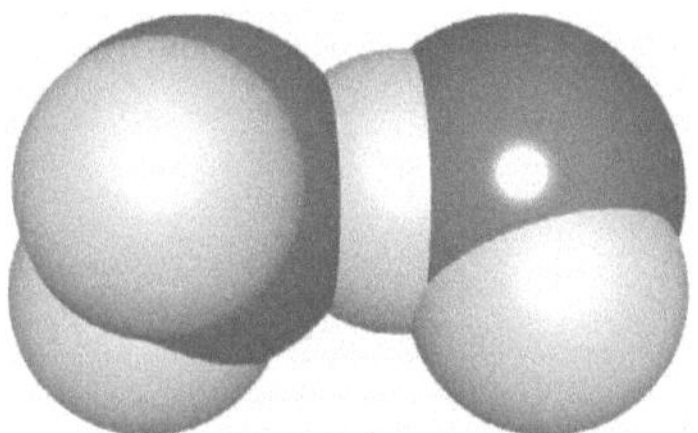

Abb. 7.48. Wasser-Dimer mit Wasserstoffbrückenbindung

Die Vorstellung von Wassermolekülen als festen, unveränderlichen Teilchen ist also sicherlich nicht zutreffend, Wassermoleküle sind dynamische, dem ständigen Wandel unterworfene Einheiten.

Nach diesen Diskussionen zur intermolekularen Wechselwirkung sei nochmals Abb. 7.42 zu den Dampfdruckverläufen betrachtet. Man erkennt, dass stärkere molekulare Wechselwirkungen nicht nur mit einem niedrigeren Dampfdruck bei vergleichbarer Molekülgröße einhergehen, sondern auch steilere Dampfdruckkurven induzieren. Dies ist sofort plausibel, wenn man die Verknüpfung zur Verdampfungsenthalpie mit Gln. 3.98 bzw. 3.99 bedenkt. Stärkere Wechselwirkungen bedeuten auch eine höhere Verdampfungsenthalpie, die direkt die Steilheit der Kurven bestimmt.

7.2.7 Flüssige Mischungen

Es ist offensichtlich, dass aus der Vielzahl reiner Stoffe mit ihren individuellen Eigenschaften eine unüberschaubare Fülle von binären flüssigen Mischungen hergestellt werden können, die unterschiedlichstes thermodynamisches Verhalten aufweisen. Umfassende Diskussionen zum Realverhalten von Gemischen finden sich in [144, 171]. Werden mehr als zwei Komponenten gemischt, nimmt die Vielfalt der Gemischeigenschaften weiter zu. Daher wurde immer wieder versucht, das Gemischverhalten zu klassifizieren (vgl. auch [102, 110, 136, 191]).

Eine einfache Klassifizierung ist in Tab. 7.4 für Systeme mit polaren Wechselwirkungen und Wasserstoffbrückenbindungen gezeigt. Bei polaren Wechselwirkungen ist zu berücksichtigen, dass diese in der Mischung zwangsläufig nicht auftreten, wenn einer der Reinstoffe nicht polar ist. Bei Wasserstoffbrückenbindungen hängt dies davon ab, ob der Mischungspartner Donor- oder Akzeptorpositionen für die Wasserstoffbrücke besitzt.

Für zwei Beispiele soll hier das thermodynamische Gemischverhalten vor dem molekularen Hintergrund beleuchtet werden. Hierzu sind in Abbn. 7.49 und 7.50 die Exzessgrößen H^E, TS^E und G^E für die Systeme Aceton + n-Heptan und 1-Propanol + n-Heptan dargestellt [58]. Heptan ist eine 'inerte'

Komponente, deren Moleküle lediglich schwache Wechselwirkungen mit benachbarten Molekülen eingehen. Aceton weist darüberhinaus starke dipolare Wechselwirkungen auf, 1-Propanol bildet zudem Kettenassoziate in der Flüssigkeit.

Tabelle 7.4. Klassifizierung von Mischungen nach den auftretenden stärkeren Wechselwirkungen

Reinstoff A	Reintoff B	zwischen A und B	Beispiel
Systeme mit polaren Wechselwirkungen (PWW)			
PWW	keine PWW	keine PWW	Keton + Alkan
PWW	PWW	PWW	Keton + Ether
Systeme mit Wasserstoffbrückenbindungen (WBB)			
keine WBB	keine WBB	WBB	Keton + Chloroform
WBB	keine WBB	keine WBB	Alkohol + Alkan
WBB	keine WBB	WBB	Alkohol + Keton
WBB	WBB	WBB	Alkohol + Wasser
			Alkohol 1 + Alkohol 2

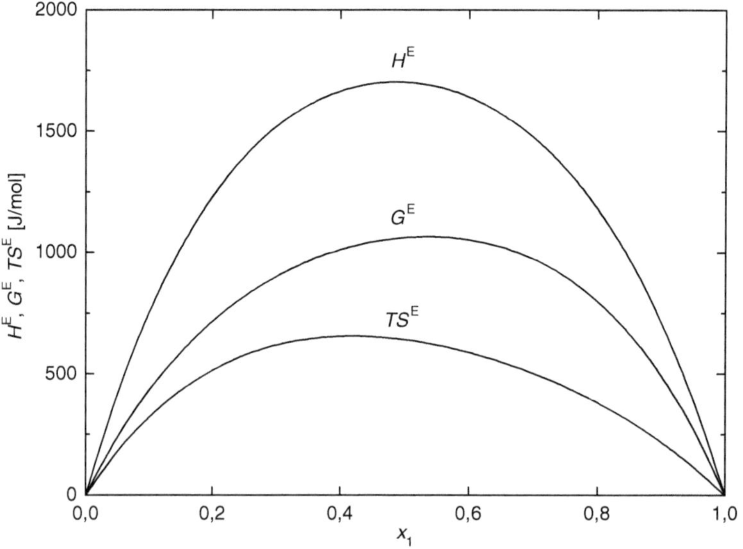

Abb. 7.49. Exzessgrößen im System Aceton (1) + n-Heptan (2) bei 300 K

Zunächst sei die Exzessenthalpie des Systems Aceton (1) + n-Heptan (2) in Abb. 7.49 betrachtet. H^E ist im gesamten Konzentrationsbereich positiv,

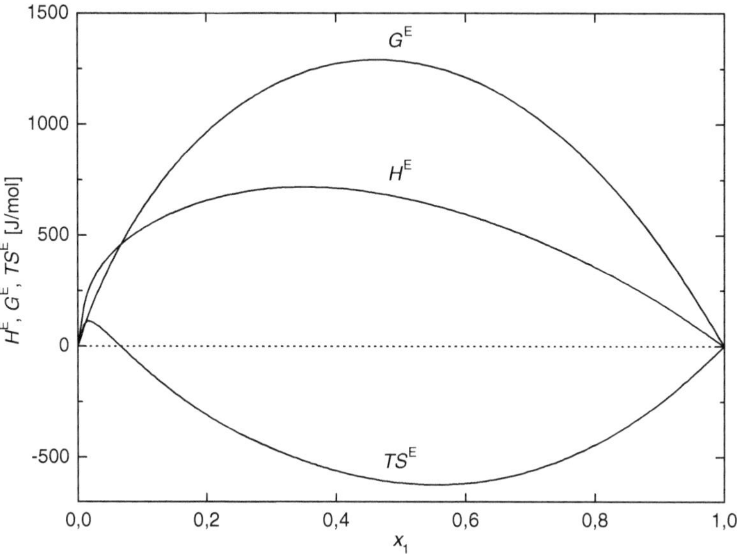

Abb. 7.50. Exzessgrößen im System 1-Propanol (1) + n-Heptan (2) bei 300 K

d. h. der Mischungsvorgang ist endotherm. Beim adiabaten Mischen kühlt sich die Mischung ab, bzw. um isotherm zu mischen, muss Wärme zugeführt werden. Ist H^E für ein System dagegen negativ, verliefe das Mischen also exotherm, so müsste unter isothermen Randbedingungen Wärme abgeführt werden, die beim adiabaten Mischen zu einer Temperaturerhöhung führen würde. Um positive Exzessenthalpien zu deuten, muss zunächst berücksichtigt werden, dass Exzessgrößen auf die Eigenschaften einer idealen Mischung bezogen sind. Außerdem ist H^M einer idealen Mischung null. H^E resultiert damit aus der Änderung der Wechselwirkungsenergie beim Übergang von einer Aceton-Aceton- und einer n-Heptan-n-Heptan-Wechselwirkung zu zwei Aceton-n-Heptan-Wechselwirkungen. In der Mischung werden attraktive Aceton-Aceton-Wechselwirkungen, die mit negativer (anziehender) Energie behaftet sind, durch weniger attraktive Aceton-Heptan-Wechselwirkungen ersetzt, die entsprechend eine positivere Energie aufweisen. Die Aceton-Aceton-Wechselwirkung ist also sehr viel negativer als die Aceton-Heptan- und die Heptan-Heptan-Wechselwirkung, die von vergleichbarer Größenordnung sind. Die Gesamtenergie der Mischung, die sich aus der Summe aller Energien der molekularen Wechselwirkungen ergibt, ist damit insgesamt positiv im Vergleich zu den Reinstoffenergien. Entsprechend ist H^E positiv. Da die polare Aceton-Aceton-Wechselwirkung stärker orientiert ist als die Aceton-Heptan- und die Heptan-Heptan-Wechselwirkung, ist auch die Entropie der Mischung positiver als die der idealen Mischung, S^E entsprechend ebenfalls positiv. Auf Grund der relativen Größe von S^E und H^E ergibt sich ein ebenfalls positives G^E.

Im Vergleich dazu sind in Abb. 7.50 die Exzessgrößen des Stoffsystems 1-Propanol (1) + n-Heptan (2) aufgetragen. Zunächst fällt auf, dass die freie Exzessenthalpie trotz der wesentlich stärkeren Wasserstoffbrückenbindungen im Alkoholsystem von vergleichbarer Größe wie beim System Aceton + n-Heptan ist, die Aufteilung in H^E und TS^E aber völlig anders verläuft. Zudem weist TS^E einen ausgeprägt s-förmigen Verlauf mit einem negativen Ast auf. Dies ist Resultat der Selbstassoziation der 1-Alkanole im Reinstoff (vgl. Abb. 7.43). Auch hier sind die Exzessgrößen natürlich auf die Werte der idealen Mischung bezogen. Gleichzeitig zeigen spektroskopische Untersuchungen, dass der Alkohol eine so starke Tendenz zur Wasserstoffbrückenbindung aufweist, dass ein großer Teil der Alkoholmoleküle bis hinab zu einem Stoffmengenanteil von wenigen Prozent noch Wasserstoffbrücken mit anderen Alkoholmolekülen in der Mischung aufbaut. Die lokale Zusammensetzung weicht damit sehr deutlich von der globalen Zusammensetzung ab.

Diese allgemeinen Bemerkungen lassen den s-förmigen Verlauf von TS^E nun verstehen. Relativ zu der idealen Mischung zwischen den Reinstoffen weist die Mischung aus Alkohol und Alkan eine stark ausgeprägte Ordnung auf, die Exzessentropie – Maß für die relative Unordnung – ist entsprechend negativ. Da entsprechend wenige Wasserstoffbrückenbindungen durch die Verdünnung des Alkohols mit dem Heptan gebrochen werden, ist der Enthalpieeffekt wesentlich geringer als bei der Aceton-Heptan-Mischung. Bei geringen Alkoholkonzentrationen werden dann doch die Wasserstoffbrücken zunehmend gebrochen. Da dadurch die Orientierung der Alkoholmoleküle im Vergleich zur stark geordneten Struktur im reinen Alkohol deutlich ungeordneter ist, ergibt sich ein positiver Anteil der Exzessentropie. Gleichzeitig ist auch im Bereich kleiner Alkoholkonzentration die Exzessenthalpie größer als bei der Aceton-Heptan-Mischung. Auch dieses ist darauf zurückzuführen, das erst in diesem Bereich höherer Alkohol-Verdünnung die starken Wasserstoffbrücken aufgebrochen werden. Entsprechend resultiert ein relativ asymmetrischer H^E-Verlauf. Die Asymmetrien von H^E und TS^E kompensieren sich nun gerade so, dass G^E wieder nahezu symmetrisch verläuft [123, 171].

Wesentlich komplexere Moleküle und Molekülwechselwirkungen sind im Bereich der Biomoleküle möglich. Abbildung 7.51 zeigt hierzu ein Beispiel, bei dem ein Antikörper an ein Virusfragment angekoppelt ist. Die einzelnen Proteinketten sind in der Abbildung unterschiedlich gefärbt. Auch dieses Andocken ist allein auf die beschriebenen Wechselwirkungen zwischen Molekülen zurückzuführen. Neben der Stärke der Wechselwirkungen ist hier auch ihre räumliche Orientierung entscheidend, sowie die Passgenauigkeit der wechselwirkenden Moleküloberflächen im Bereich der Bindungsstelle. Thermodynamische Modelle, die solche Wechselwirkungen beschreiben könnten, sind heute noch nicht verfügbar, erste Schritte zu ihrer Entwicklung werden aber bereits unternommen.

Zwei Teilaspekte komplexer Moleküle sind einerseits ihre geometrische Größe sowie andererseits Ladungen, die sie tragen. Zu beiden Aspekten sind Molekülvorstellungen für einfachere Moleküle entwickelt worden. Diese Mo-

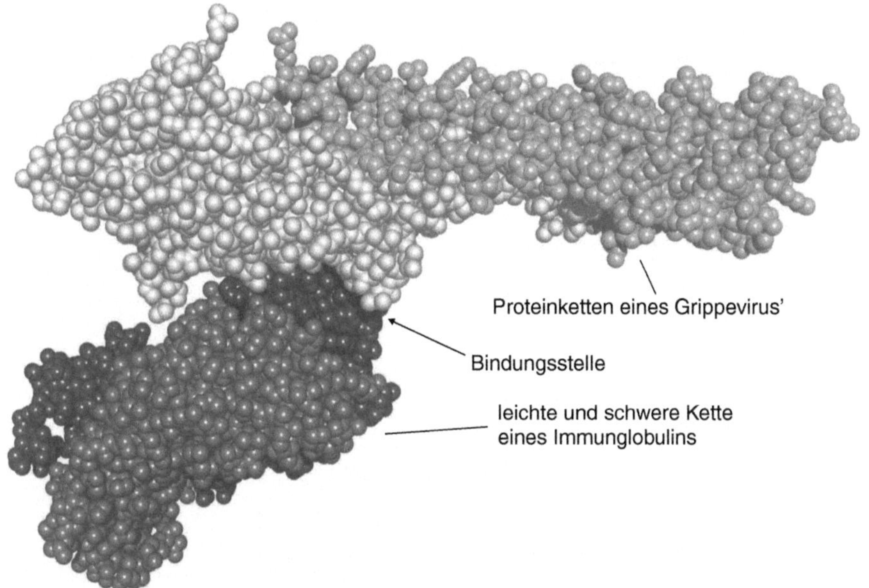

Abb. 7.51. Antikörper angedockt an ein Virusfragment

delle sollen im Folgenden vorgestellt werden. Zunächst werden Polymere als Vertreter großer Moleküle betrachtet, anschließend Elektrolyte, deren Ionen in Lösung spezifische thermodynamische Ansätze zu ihrer Beschreibung erfordern.

7.3 Polymere

Polymere sind langkettige Moleküle. Nachdem bis in die Anfänge des 20-ten Jahrhunderts die molekularen Vorstellungen von Polymeren, die bis dahin i. d. R. als unerwünschte Destillationsrückstände abgetan wurden, noch recht diffus waren, entwickelte Hermann Staudinger zwischen 1920 und 1940 das heutige molekulare Bild [65, 159]. Entgegen vieler auch polemischer Anfeindungen setzte es sich Ende der 30-er Jahre des letzten Jahrhunderts langsam durch. War erst einmal erkannt, dass Polymere große Moleküle darstellen, konnten auch auf dieser Vorstellung basierende thermodynamische Modelle entwickelt werden. Das erste allgemeine Modell für Mischungen aus Molekülen sehr unterschiedlicher Größe wurde unabhängig voneinander von Paul Flory [63, 64] und Maurice Huggins [95, 96] entwickelt.

7.3.1 Die ideale Mischung

Bevor die Herleitung für Polymere vorgestellt wird, soll der Gedankengang zunächst für gleich große Teilchen in einer flüssigen Mischung verfolgt werden. Grundlage ist das Gitterbild von der Flüssigkeit, bei dem man sich vorstellt, dass die Moleküle auf regelmäßigen Gitterplätzen angeordnet sind. Um diese Gitterplätze führen sie thermische Schwankungsbewegungen aus, aber nur gelegentlich kommt es zu Platzwechselvorgängen. Diese Platzwechsel sind zwar entscheidend für den fluiden Charakter, finden aber so selten statt, dass sie für die zeitgemittelten thermodynamischen Größen unerheblich sind. In Computersimulationen auf molekularer Ebene lässt sich zeigen, dass dieses stark strukturierte Bild von Flüssigkeiten die Realität annähern kann.

In dem betrachteten Gitter sollen alle Plätze belegt sein. Wenn also die Mischung aus N_i Teilchen der Sorte i besteht, so ist die Zahl der Gitterplätze

$$N_{\text{Gitter}} = \sum_{i=1}^{N} N_i \, . \tag{7.35}$$

Zudem sei hier angenommen, dass zwischen den Molekülen keine spezifischen Wechselwirkungen auftreten, d. h. jede Anordnung der Moleküle im Gitter resultiert in der gleichen Energie des Systems. Dann lässt sich als ein Ergebnis aus der statistischen Thermodynamik für die Entropie des Systems schreiben [138]

$$nS = k \ln W \, , \tag{7.36}$$

wobei W die Anzahl der Anordnungsmöglichkeiten der Moleküle im Gitter ist. W lässt sich nun ermitteln, indem man sich fragt, wie viele Möglichkeiten jeweils bestehen, wenn man die Teilchen nacheinander in das Gitter einsortiert. Begonnen wird mit Teilchen der Sorte 1. Für das erste Teilchen ist das Gitter noch leer, d. h. es gibt N_{Gitter} Platzierungsmöglichkeiten im Gitter. Für das zweite Teilchen ist die Zahl der Möglichkeiten $N_{\text{Gitter}} - 1$ usw., d. h. für die Gesamtzahl der Platzierungsmöglichkeiten aller Teilchen ergibt sich $N_{\text{Gitter}}!$. Nun ist zusätzlich zu berücksichtigen, dass die Moleküle nicht unterscheidbar sind. Damit gab es analog $N_i!$ Möglichkeiten, in welcher Reihenfolge die Teilchen der Sorte i einsortiert wurden. Damit resultiert

$$W^{\text{iM}} = \frac{(\sum\limits_{i=1}^{N} N_i)!}{\prod\limits_{j=1}^{N} (N_j!)} \, . \tag{7.37}$$

Mit der Sterling'schen Näherung für große N,

$$\ln(N!) = N \ln N - N \, , \tag{7.38}$$

folgt

$$nS^{\mathrm{iM}} = k \left[\ln \left(\sum_{i=1}^{N} N_i \right)! - \sum_{j=1}^{N} \ln \left(N_j! \right) \right] . \tag{7.39}$$

Mit der Definition der Stoffmengenanteile

$$x_i = \frac{N_i}{\sum\limits_{j=1}^{N} N_j} \tag{7.40}$$

ergibt sich

$$S^{\mathrm{iM}} = -R \sum_{i=1}^{N} x_i \ln x_i . \tag{7.41}$$

Interessiert nun die Mischungsentropie $S^{\mathrm{M,iM}}$, so sind die Beiträge der Reinstoffe anteilig abzuziehen:

$$S^{\mathrm{M,iM}} = S^{\mathrm{iM}} - \sum_{i=1}^{N} x_i S^{\mathrm{iM}}(x_i = 1) . \tag{7.42}$$

Mit der 'L'Hospital'schen Regel' ergibt sich

$$S^{\mathrm{iM}}(x_i = 1) = 0 , \tag{7.43}$$

so dass sich als Endergebnis für die ideale Mischung wie erwartet

$$S^{\mathrm{M,iM}} = -R \sum_{i=1}^{N} x_i \ln x_i \tag{7.44}$$

ergibt. Dieses Ergebnis zeigt noch einmal, auf welch einfachen Annahmen basierend die Mischungsentropie einer idealen Mischung (vgl. Gln. 4.31 und 5.38) abgeleitet werden kann und unterstreicht damit nochmals ihren fundamentalen Charakter.

7.3.2 Die Flory-Huggins-Mischungsentropie

Das Gitterbild der Flüssigkeit kann nun auch zur Herleitung einer entsprechenden Beziehung für Polymerlösungen verwendet werden. Dazu sei zunächst eine binäre Mischung aus N_1 Lösungsmittel- und N_2 Polymermolekülen betrachtet. Um Polymerketten im Gitter abzubilden, wird ein Polymermolekül als aus r Segmenten aufgebaut abgebildet, die zu einer Kette verbunden sind. Dieses Bild ist in Abb. 7.52 dargestellt. Das Lösungsmittelmolekül soll hier nach wie vor durch genau ein Segment charakterisiert werden. Sind alle Gitterplätze besetzt, so folgt für die Gesamtzahl aller Gitterplätze:

$$N_{\mathrm{Gitter}} = N_1 + rN_2 . \tag{7.45}$$

Nun können wieder die Segmente nacheinander in das Gitter einsortiert werden, wobei mit den Polymerketten begonnen werden soll. Die einzelnen

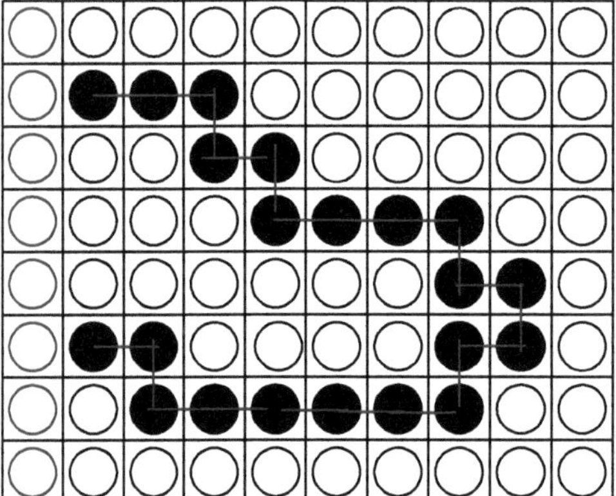

Abb. 7.52. Gitterbild für Polymere

Beiträge sind dabei in Tab. 7.5 übersichtlich zusammengetragen. Für das erste Segment des ersten einzusortierenden Polymermoleküls stehen $N_1 + rN_2$ Gitterplätze zur Verfügung – das gesamte noch leere Gitter. Das zweite Segment dieses Moleküls ist mit dem ersten Segment durch eine Bindung verbunden. Wird die Koordinationszahl des Gitters mit z bezeichnet, die angibt wie viele nächste Nachbarn ein Gitterplatz besitzt, so kann das zweite Segment auf z Plätze positioniert werden, so dass eine Bindung zum ersten Segment möglich ist. Für die weiteren Segmente der ersten Polymerkette stehen dann $z - 1$ Möglichkeiten zur Verfügung, da das jeweils vorige Segment bereits mit dem vorvorigen über eine Bindung verknüpft ist. Bei dieser Betrachtung wird davon ausgegangen, dass die Polymerkette einerseits völlig flexibel ist und es andererseits nicht zur Überlappung innerhalb einer Kette mit bereits vorher platzierten Segmenten kommt. Diese letzte Annahme ist dabei nicht überzubewerten, da im Gang der Herleitung wieder wie in Gl. 7.42 auf den Reinstoff bezogen wird. Es muss daher streng genommen nur angenommen werden, dass die Überlappungen innerhalb einer Kette in Mischung und Reinstoff mit gleicher Häufigkeit auftreten.

Für das erste Segment der zweiten Polymerkette sind r Gitterplätze bereits belegt, damit gibt es $N_1 + rN_2 - r$ Möglichkeiten der Einsortierung. Für die folgenden Segmente dieser Kette wird nun angenommen, dass es wieder z bzw. $(z - 1)$ Möglichkeiten gibt, wobei noch mit dem Anteil der freien Plätze im Vergleich zur ersten Polymerkette gewichtet wird. Dadurch wird die Zahl der Anordnungsmöglichkeiten jeweils entsprechend der zunehmenden Gitterfüllung reduziert. Die Möglichkeiten für alle folgenden Polymerketten ergeben sich analog.

Wenn alle Polymere einsortiert sind, verbleiben N_1 freie Gitterplätze, die von Lösungsmittelmolekülen schrittweise gefüllt werden. Die Zahl der Möglichkeiten nimmt dabei mit jedem einsortierten Teilchen um eins ab. Werden alle Terme miteinander multipliziert und wieder berücksichtigt, dass die Teil-

Tabelle 7.5. Möglichkeiten des Einsortierens von Polymerlösungen in ein Gitter

Molekül	Segment	Zahl der Möglichkeiten
1. Polymer	1	$N_1 + rN_2$
	2	z
	3	$z - 1$
	$\vdots$	
	r	$z - 1$
2. Polymer	1	$N_1 + rN_2 - r$
	2	$z\dfrac{N_1 + rN_2 - r}{N_1 + rN_2}$
	3	$(z-1)\dfrac{N_1 + rN_2 - r}{N_1 + rN_2}$
	$\vdots$	
	r	$(z-1)\dfrac{N_1 + rN_2 - r}{N_1 + rN_2}$
$k$tes Polymer	1	$N_1 + rN_2 - (k-1)r$
	2	$z\dfrac{N_1 + rN_2 - (k-1)r}{N_1 + rN_2}$
	3	$(z-1)\dfrac{N_1 + rN_2 - (k-1)r}{N_1 + rN_2}$
	$\vdots$	
	r	$(z-1)\dfrac{N_1 + rN_2 - (k-1)r}{N_1 + rN_2}$
1. Lösungsmittel		N_1
2. Lösungsmittel		$N_1 - 1$
3. Lösungsmittel		$N_1 - 2$
$k$tes Lösungsmittel		$N_1 - (k-1)$

chen einer Sorte nicht unterscheidbar sind, so erhält man

$$W = \frac{1}{N_1!N_2!}\, z^{N_2}(z-1)^{(r-2)N_2} r^{N_2} *$$

$$* \frac{N_1!}{\left(\dfrac{N_1}{r} + N_2\right)^{(r-1)N_2}} \left[\frac{\left(\dfrac{N_1}{r} + N_2\right)!}{\left(\dfrac{N_1}{r}!\right)}\right]^{r} . \tag{7.46}$$

Durch ausgiebiges Nutzen der Sterling'schen Formel (Gl. 7.38) und Bezug auf die Reinstoffe entsprechend Gl. 7.42 lässt sich dies umformen zu

$$S^{\mathrm{M}} = -R \left(x_1 \ln \frac{N_1}{N_1 + rN_2} + x_2 \ln \frac{rN_2}{N_1 + rN_2} \right) . \tag{7.47}$$

Mit der Einführung der Volumenanteile der Komponenten

$$\varphi_1 = \frac{N_1}{N_1 + rN_2} \tag{7.48}$$

bzw.

$$\varphi_2 = \frac{rN_2}{N_1 + rN_2} \tag{7.49}$$

ergibt sich

$$S^{\mathrm{M}} = -R \left(x_1 \ln \varphi_1 + x_2 \ln \varphi_2 \right) , \tag{7.50}$$

was sich für eine beliebige Anzahl von Komponenten verallgemeinern lässt zu

$$S^{\mathrm{M}} = -R \sum_{i=1}^{N} x_i \ln \varphi_i , \tag{7.51}$$

bzw.

$$S^{\mathrm{E}} = -R \sum_{i=1}^{N} x_i \ln \frac{\varphi_i}{x_i} . \tag{7.52}$$

Dies ist die so genannte Flory-Huggins-Gleichung. Deutlich wird der Unterschied zur Mischungsentropie der idealen Mischung (Gl. 7.44). Im Logarithmus tritt bei Molekülen der Volumenanteil auf und nicht mehr der Stoffmengenanteil. Dies macht deutlich, dass auch das Volumen der Moleküle für ihr thermodynamisches Verhalten mitentscheidend ist. Bemerkenswert ist zudem, dass die gittercharakteristische Koordinationszahl z nicht mehr in der Gleichung auftaucht. Genauso ist der Betrag von r_i nicht begrenzt, kann also auch klein sein. Die Flory-Huggins-Gleichung ist damit in der Lage, allgemein die Mischungsentropie von Komponenten zu beschreiben, die sich in der Molekülgröße unterscheiden. Daher taucht sie z. B. auch im kombinatorischen Teil der UNIQUAC-Gleichung (Gl. 5.138) als führender Term auf.

Anzumerken bleibt, dass bekannt ist, dass auf Grund der sehr vereinfachenden Annahmen die Flory-Huggins-Gleichung die Realität nur grob annähert. Messungen und Computersimulationen auf molekularer Ebene zeigen, dass die Mischungsentropie fast genau zwischen der der idealen Mischung und der mit der Flory-Huggins-Gleichung ermittelten liegt [97, 149]. Ein Grund für diese Abweichungen ist z. B., dass für das Einsortieren weiterer Ketten nicht ausreichend berücksichtigt wurde, dass die Segmente jeder bereits einsortierten Kette zusammenhängen. Daher ist real die Wahrscheinlichkeit, auf einen besetzten Gitterplatz zu treffen, in der Nähe eines Gitterplatzes erhöht, von dem man weiß, dass er bereits besetzt ist. Da dieser Effekt konzentrationsabhängig ist, kürzt er sich auch beim Bezug auf die Reinstoffe nicht weg. Später wurden daher immer wieder Verbesserungen für die Flory-Huggins-Gleichung vorgeschlagen [81, 113, 149, 179, 197]

Die sich mit dem Flory-Huggins-Modell ergebende Mischungsentropie ist in Abb. 7.53 in verschiedenen Auftragungen dargestellt. Die Mischungsentropie des Polymersystems ist zunächst – wie in Abb. 7.29 bereits gesehen – negativer als die der idealen Mischung. Bezieht man nun aber die Entropie auf die Segmente der Mischung (molar ausgedrückt $r_1 + r_2 x_2$ im binären System), so ist der Betrag dieser so genannten segment-molaren Mischungsentropie geringer, als der der idealen Mischung, der Kurvenverlauf aber auch sehr asymmetrisch. Wird dies nun über φ_i statt x_i aufgetragen, wird der Kurvenverlauf wieder deutlich symmetrischer. Bedenkt man, dass energetische Wechselwirkungen je Segment der Polymerkette angreifen, so ist klar, dass der Vergleich zwischen energetischen und entropischen Effekten segment-molar erfolgen muss. Zudem ist zu berücksichtigen, dass Polymere molare Massen von einigen 100 000 g/mol aufweisen können, was im Gitterbild je nach Lösungsmittel, auf das bezogen wird, etwa 1 000 bis 5 000 Segmente bedeutet. Für reale Polymere ist der Betrag der segment-molaren Mischungsentropie also ggf. noch deutlich geringer als in Abb. 7.53 gezeigt.

Diese Diskussion macht sofort plausibel, dass bei Polymeren in Lösung kleinste energetische Effekte bereits zu einer Entmischung führen, da die segment-molare Mischungsentropie, die die Vermischung fördert, von immer geringerer Bedeutung wird, je länger die Polymerketten werden. Dies genau wird bei Polymerlösungen beobachtet. So erlaubt es die Inkompatibilität zwischen fast allen Polymeren in Lösung, ein System mit vielen gelösten Polymeren herzustellen, das dann in entsprechend viele Phasen zerfällt. Rekordverdächtige Systeme, bei denen nicht einmal Quecksilber und chlorierte Kohlenwasserstoffe beteiligt waren, weisen 18 flüssige Phasen im Gleichgewicht miteinander auf [3]!

An dieser Stelle sei auch angemerkt, dass es möglich ist, die gesamten thermodynamischen Beziehungen segment-molar abzuleiten. Da das mathematische Gebäude der Thermodynamik völlig ohne Detailannahmen zur Struktur der Materie hergeleitet wurde, ist dies problemlos möglich. Ein alternativer Ansatz ist die Einführung einer massenbezogenen Thermodynamik. Dies liefert etwa vergleichbare Ergebnisse wie die segment-molare Betrachtung, da das Verhältnis zwischen molarer Masse und molarem Volumen, das die segment-molare Masse charakterisiert, in der Natur nur in einem relativ geringen Bereich variiert.

7.3.3 Der osmotische Druck

Um Polymereigenschaften in einer Lösung zu charakterisieren, wird häufig der osmotische Druck verwendet, der hier erläutert werden soll. Ausgangspunkt ist eine Messzelle, die durch eine Membran in zwei Teilsysteme getrennt ist (vgl. Abb. 7.54). Die Membran ist nur für das Lösungsmittel durchlässig, nicht aber für das Polymer. In dieser Zelle wird nun Lösungsmittel solange durch die Membran permeieren, bis sein chemisches Potential in beiden Teilsystemen

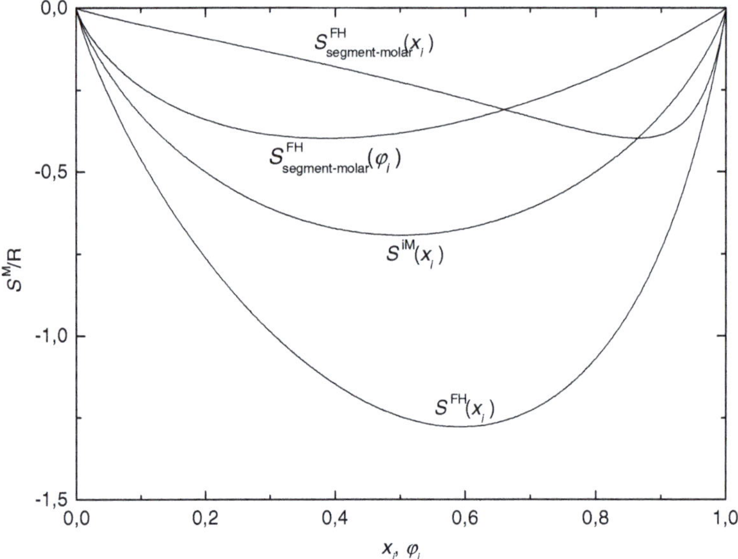

Abb. 7.53. Mischungsentropie mit dem Flory-Huggins Ansatz in unterschiedlicher Auftragung

gleich ist. Dies bedingt einen um den osmotischen Druck π erhöhten Druck auf der Lösungsseite der Membran.

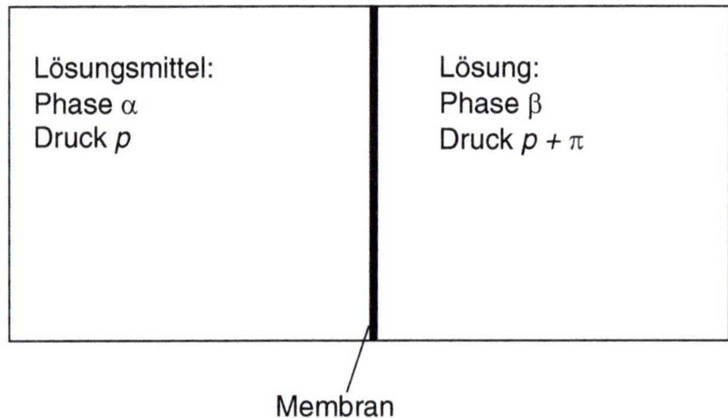

Abb. 7.54. Schematische Darstellung zur Bestimmung des osmotischen Druckes

Im Gleichgewicht gilt dann, wenn das Lösungsmittel mit 1 indiziert ist,

$$\mu_1^\alpha(T, p, x_1 = 1) = \mu_1^\beta(T, p + \pi, x_1) \ . \tag{7.53}$$

Dies kann umgeformt werden zu

$$\mu_1^\alpha(T,p,x_1=1) = \mu_1^\beta(T,p,x_i) + \int\limits_{p}^{p+\pi} \left(\frac{\partial \mu_1^\beta}{\partial p'}\right)_{T,x_i} \mathrm{d}p' \tag{7.54}$$

bzw. mit Gl. 3.36 in partiell molarer Schreibweise

$$\mu_1^\alpha(T,p,x_1=1) = \mu_1^\beta(T,p,x_i) + \int\limits_{p}^{p+\pi} \bar{V}_1^\beta \mathrm{d}p' \;. \tag{7.55}$$

Nun entspricht einerseits der Zustand der α-Phase gerade dem üblichen Referenzzustand (symmetrische Normierung). Zum anderen kann für die flüssige β-Phase angenommen werden, dass $\bar{V}_1$, unabhängig vom Druck ist. Damit folgt

$$\mu_1^0 = \mu_1^0 + RT \ln a_1(T,p,x_i) + \bar{V}_1^\beta \pi \tag{7.56}$$

bzw.

$$\pi = -\frac{RT \ln a_1(T,p,x_i)}{\bar{V}_1^\beta} \;. \tag{7.57}$$

Der osmotische Druck, der mit entsprechenden Messzellen genau gemessen werden kann, ist also direkt mit der Lösungsmittelaktivität der Polymerlösung gekoppelt. Es sei angemerkt, dass diese Bezeichnung nicht nur für Polymere gilt, sondern für alle Komponenten, die die eingesetzte Membran nicht passieren können. Dies sind bei geeigneten Membranen z. B. auch Salze.

Ist die Lösung eines Polymers in einem Lösungsmittel verdünnt, so nähert sich γ_1 als Grenzwert $\gamma_1 = 1$ an. Damit lässt sich schreiben:

$$\lim_{x_2 \to 0} \pi = -\frac{RT \ln(1 - x_2)}{V_1} \;, \tag{7.58}$$

bzw.

$$\lim_{x_2 \to 0} \pi = -\frac{RT x_2}{V_1} \;. \tag{7.59}$$

Da die molare Masse eines Polymers nun häufig zunächst nicht bekannt ist, kann diese Beziehung dafür genutzt werden, M_2 zu ermitteln. Dazu werden verdünnte Lösungen unterschiedlicher Konzentration eingewogen, so dass der Massenanteil des Polymers sowie die Massenkonzentration ϱ_2 bekannt sind. Dann wird

$$\lim_{\varrho_2 \to 0} \frac{\pi}{RT\varrho_2} = \lim_{\varrho_2 \to 0} \frac{-\ln a_1}{V_1 \varrho_2} \tag{7.60}$$

und mit den gleichen Annahmen wie eben

$$\lim_{\varrho_2 \to 0} \frac{\pi}{RT\varrho_2} = \frac{x_2}{V_1 \varrho_2} \tag{7.61}$$

bzw.

$$\lim_{\varrho_2 \to 0} \frac{\pi}{RT\varrho_2} = \frac{1}{M_2} \, . \tag{7.62}$$

Das reziproke M_2 wird also durch eine Auftragung wie in Abb. 7.55 und Extrapolation nach $\varrho_2 \to 0$ erhalten. In Abb. 7.55 ist dies für ein Polymer mit $M_2 \approx 1\,500\,\mathrm{g/mol}$ für verschiedene Temperaturen dargestellt. Da M_2 nicht von der Temperatur abhängt, ergibt sich auch ein gemeinsamer Ordinatenschnittpunkt.

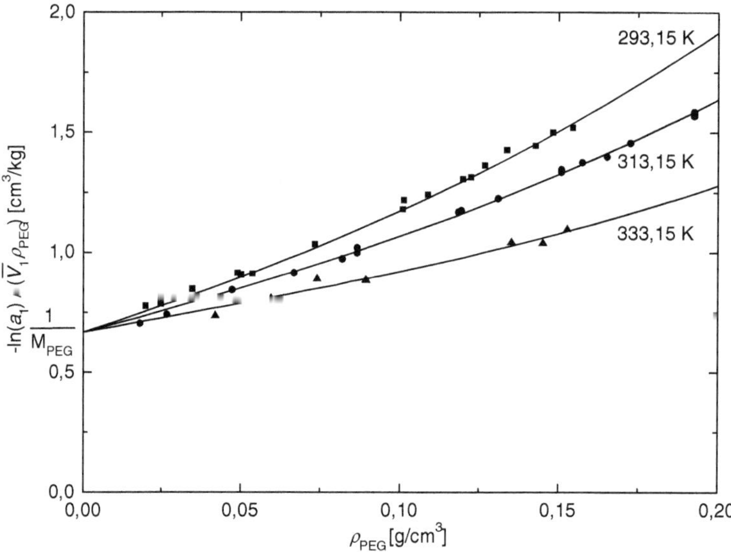

Abb. 7.55. Bestimmung der molaren Masse von Polyethylenglycol (PEG) aus der Aktivität des Lösungsmittels Wasser

Bei der thermodynamischen Beschreibung von Polymeren und Polymerlösungen ist üblicherweise noch eine weitere Polymereigenschaft mit zu berücksichtigen. Auf Grund des Herstellungsverfahrens sind die meisten Polymere eine Mischung aus Molekülen unterschiedlicher Kettenlänge. Polymere weisen also eine Verteilung der molaren Masse auf, wie dies für zwei Dextrane – aus verketteten Zuckermolekülen aufgebaute Polymere – in Abb. 7.56 gezeigt ist. Polymere sind polydispers. Statt einer definierten molaren Masse lassen sich zur Charakterisierung lediglich gemittelte molare Massen angeben, die je nach Gewichtung unterschiedlich benannt sind: Das Zahlenmittel

$$M_n = \sum_{i=1}^{N} x_i M_i \tag{7.63}$$

und das Massenmittel

$$M_w = \sum_{i=1}^{N} w_i M_i = \frac{\sum\limits_{i=1}^{N} x_i M_i^2}{\sum\limits_{i=1}^{N} x_i M_i} \; , \qquad (7.64)$$

wobei hier über die Anzahl der vorkommenden Kettenlängen summiert ist. Auch höhere Momente der Molmassenverteilung sind in der Literatur gebräuchlich.

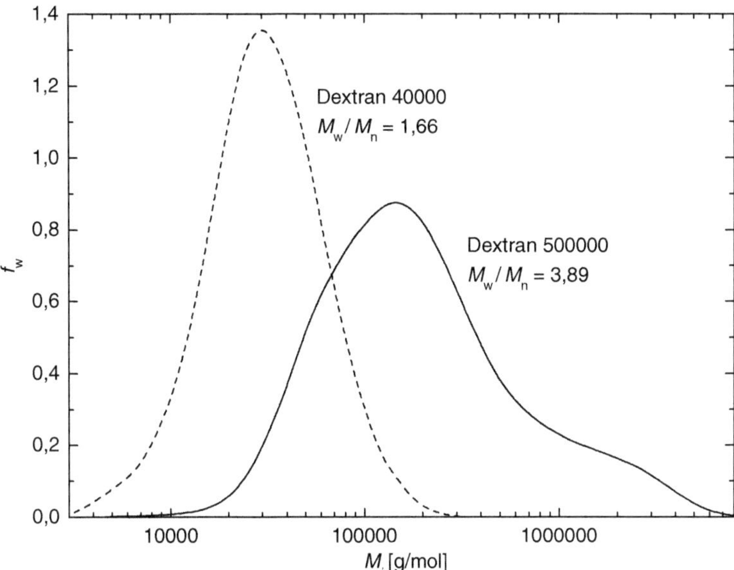

Abb. 7.56. Molmassenverteilung von zwei Dextranen, wobei die Zahl in der Dextranbezeichnung etwa die massenmittlere molare Masse angibt [41, 105, 181]

Zur Charakterisierung der Polydispersität wird häufig das Verhältnis M_w/M_n verwendet. Je näher dieses bei eins liegt, desto einheitlicher ist das betrachtete Polymer. Bei den in Abb. 7.56 gezeigten Molmassenverteilungen ist dies mit angegeben, es handelt sich um vergleichsweise uneinheitliche Polymere.

Die Polydispersität kann auch bei der thermodynamischen Beschreibung von Polymerlösungen berücksichtigt werden. Das Polymer kann dazu einerseits als eine Mischung aus mehreren Pseudokomponenten aufgefasst werden, die jeweils einen kleineren Bereich der Molmassenverteilung abbilden. Eine Pseudokomponente stellt damit eine Zusammenfassung eines Bereichs der Molmassenverteilung zu einer einheitlichen Komponente mit fester molarer Masse dar. Die molare Masse jeder Pseudokomponente charakterisiert also den jeweiligen Molmassenbereich, die Konzentration im Polymer-Reinstoff entspricht dem Anteil an der Molmassenverteilung. Alternativ kann die gesamte Verteilung ohne die stets künstliche Wahl von repräsentativen Pseudokomponenten berücksichtigt werden. Dies führt zur so genannten kontinuierlichen Thermodynamik, die von Kehlen und Rätzsch [104, 162] sowie Cotterman und Prausnitz [44, 45] vorgeschlagen wurde. Bei der kontinuierlichen Thermodynamik werden die thermodynamischen Beziehungen so formuliert, dass direkt mit der differentiellen Molmassenverteilung ausgewertet werden kann.

Mit Hilfe der Osmometrie wird aus Gl. 7.62 die zahlenmittlere molare Masse erhalten. Grund hierfür ist, dass es sich bei dem osmotischen Druck um eine so genannte kolligative Eigenschaft handelt, die lediglich von der Anzahl der gelösten Moleküle in der Lösung abhängt und nicht von ihren Wechselwirkungen mit den Lösungsmittelmolekülen. Letztendlich lässt sich dies auf die Mischungsentropie der idealen Mischung zurückführen, die – wie in Kap. 5.2 gezeigt – eine unendliche Steigung bei $x_i \rightarrow 1$ aufweist. Immer dann, wenn eine gelöste Komponente gering konzentriert ist, und die thermodynamischen Eigenschaften des Lösungsmittels beschrieben werden, überwiegen also entropische Effekte gegenüber den energetischen Wechselwirkungen mit der gelösten Komponente. Solche kolligativen Eigenschaften treten stets dann auf, wenn nur eine Komponente – das Lösungsmittel – eine Phasengrenze überwinden kann. Dies ist nicht nur die Membran in Abb. 7.54, sondern auch die Dampf-Flüssigkeits-Grenzfläche, wenn eine nicht-flüchtige Komponente gelöst ist, oder die Feststoff-Flüssigkeits-Grenzfläche, wenn die gelöste Komponente nicht in den Feststoff (z. B. in kristalliner Form) eingebaut wird. Als Grenzwert für geringe Konzentrationen ergibt sich entsprechend für die Siedetemperaturerhöhung

$$\Delta T = \left(\frac{RT^2}{\Delta H_{v,1}} \right) x_2 \tag{7.65}$$

und für die Gefrierpunktserniedrigung

$$\Delta T = \left(\frac{RT^2}{\Delta H_{s,1}} \right) x_2 \, , \tag{7.66}$$

wobei die Größen in der Klammer jeweils auf das reine Lösungsmittel bezogen sind und die gelöste Komponente nur mit ihrem Stoffmengenanteil berücksichtigt wird.

Wird Abb. 7.55 betrachtet, so fällt die Ähnlichkeit zu Abb. 2.8 auf. Entsprechend kann zur thermodynamischen Beschreibung von Polymerlösungen eine osmotische Virialgleichung formuliert werden [181]:

$$\frac{\pi}{RT} = \sum_{i=2}^{N} c_i + \sum_{i=2}^{N} \sum_{j=2}^{N} A_{i,j} c_i c_j + \sum_{i=2}^{N} \sum_{j=2}^{N} \sum_{k=2}^{N} A_{i,j,k} c_i c_j c_k + \dots \, , \tag{7.67}$$

wobei hier die Stoffmengenkonzentrationen c_i direkt den molaren Dichten in Gl. 2.9 entsprechen und $A_{i,j}$ sowie $A_{i,j,k}$ die osmotischen Virialkoeffizienten sind. Als Grenzwert für $c_i \rightarrow 0$ wird wieder Gl. 7.62 erhalten.

7.4 Elektrolyte

Auf Grund ihrer besonderen Eigenschaften sollen hier auch Elektrolyte als eigene Stoffklasse gesondert betrachtet werden. Elektrolyte sind Komponenten, die in Lösung in Ionen dissoziieren. Typische Vertreter sind anorganische und organische Säuren, Basen und Salze in wässriger Lösung. Als besonders häufiger Vertreter soll hier Kochsalz, NaCl, für die Betrachtungen beispielhaft herangezogen werden.

Zwischen Ionen treten nun Coulomb'sche Wechselwirkungen auf, die besonders langreichweitig sind, wie in Abschnitt 7.2.5 gezeigt wurde. Diese machen eine spezielle Modellierung nötig. Um die Zusammenhänge nicht unnötig zu verkomplizieren, soll bei den hier vorgestellten Ableitungen davon ausgegangen werden, dass die Elektrolyte vollständig in ihre Ionen dissoziiert sind. Ist dies nicht der Fall, so muss das Dissoziationsgleichgewicht im Einzelnen mit modelliert werden (vgl. [55, 56, 134, 169]).

7.4.1 Elektroneutralität und ionengemittelte Größen

Da in der Lösung die Ionen als Spezies vorliegen, könnte man nun versuchen, sie als 'Komponenten' aufzufassen. Dies wäre insbesondere dann sinnvoll, wenn man das chemische Potential jeder ionischen Spezies ermitteln könnte, also z. B. für NaCl in Wasser μ_{Na^+} und μ_{Cl^-}. Dazu müsste die Ableitung der freien Enthalpie des Systems nach der Stoffmenge auch jeder ionischen Spezies ermittelt werden. Experimentell muss dazu Na^+ oder Cl^- dem System einzeln zugegeben werden (vgl. Gl. 3.37). Die Erfahrung lehrt nun, dass die Zugabe einer einzelnen ionischen Spezies zu einem System nicht möglich ist. Grund dafür sind die Kräfte, die in einem solchen geladenen System auftreten würden. Dazu sei die Poisson-Gleichung betrachtet,

$$\nabla^2 \psi = -\frac{\varrho_z}{\varepsilon_0 \varepsilon_r} \, , \tag{7.68}$$

die die Nettoladungsdichte ϱ_z direkt mit dem elektrostatischen Potential ψ koppelt. ε_0 und ε_r charakterisieren wieder wie in Gl. 7.32 die dielektrischen Eigenschaften der Phase. Die Netto- oder Überschussladung lässt sich dabei mit

$$\varrho_z = \sum_{i=1}^{N_{\mathrm{Ion}}} c_i z_i F \tag{7.69}$$

angeben, wobei die Faraday-Konstante F die Elementarladung je Mol ist,

$$F = e_0 N_{\mathrm{Av}} = 96487,0 \, \frac{\mathrm{C}}{\mathrm{mol}} \, , \tag{7.70}$$

mit der Elementarladung

$$e_0 = 1,60210 \cdot 10^{-19} \, \mathrm{C} \, . \tag{7.71}$$

z_i ist die Ladungszahl der Spezies i und c_i deren Stoffmengenkonzentration (vgl. Gl. A.10). Es sei hier angemerkt, dass z_i für Kationen positiv und für Anionen negativ ist. ϱ_z ergibt sich dann in der Einheit C/m^3. Die Summation in Gl. 7.69 geht hier nur über die ionischen Spezies. Sie kann aber genauso über alle Spezies formuliert werden, da die Ladungszahl ungeladener Spezies gerade null ist und diese daher nicht zur Summe beitragen. Daher sollen im Folgenden entsprechende Summen stets bis N formuliert werden.

Könnte nun eine ionische Spezies einzeln einem System zugegeben werden, so wäre $\varrho_z \neq 0$. Nach der Poisson-Gleichung (Gl. 7.68) würde dies dazu führen, dass $\boldsymbol{\nabla}\psi$ von einem Bezugspunkt ausgehend linear mit dem Abstand von diesem Punkt anstiege. Da die Kraft auf eine Ladung nun aber mit

$$\mathbf{F} = Q\mathbf{E} = -Q\boldsymbol{\nabla}\psi \tag{7.72}$$

proportional zu der Ladung Q und zur elektrischen Feldstärke $\mathbf{E}$ bzw. $\boldsymbol{\nabla}\psi$ ist, würden die Kräfte in einer geladenen Phase schnell über alle Grenzen wachsen. Dies insbesondere dann, wenn man bedenkt, dass in der Thermodynamik eine Phase ohne Begrenzung, d. h. prinzipiell unendlich ausgedehnt gedacht ist. Versuchte man also, eine geladene Phase herzustellen, würde sie auf Grund der großen abstoßenden Kräfte explodieren. Da dies im realen Experiment nicht geschieht, folgt, dass in einer Phase die Überschussladungsdichte exakt null sein muss. Eine Phase ist streng elektroneutral. Es können damit zu einer Phase Ionen nur gemeinsam mit korrespondierenden Gegenionen hinzugegeben werden. Die individuellen μ_i für ionische Spezies sind nicht ermittelbar.

Da also einerseits der Elektrolyteinfluss nicht getrennt individuellen ionischen Spezies zugeordnet werden kann, andererseits das Ergebnis einer Modellierung, die auf molekularen Konzepten aufbaut, sehr wohl ionenspezifisch ist, werden zweckmäßigerweise ionenmittlere Größen eingeführt. Der Beitrag der Ionen eines vollständig dissoziierten allgemeinen Salzes $K_{\nu_K}A_{\nu_A}$, bei dem ν_i die stöchiometrischen Koeffizienten sind, zur freien Enthalpie ist $x_K\mu_K + x_A\mu_A$. Als Äquivalent wird nun allen ionischen Spezies ein mittlerer Beitrag zugeordnet, der in der Summe zum gleichen Gesamtwert führt und der mit $\mu_\pm$ indiziert wird:

$$x_K\mu_\pm + x_A\mu_\pm = x_K\mu_K + x_A\mu_A \tag{7.73}$$

und damit

$$\mu_\pm = \frac{x_K}{x_K + x_A}\mu_K + \frac{x_A}{x_K + x_A}\mu_A \ , \tag{7.74}$$

wobei K und A die geladenen Spezies indizieren, deren Ladungszahl von der Stöchiometrie des Salzes abhängen.

Da die stöchiometrischen Koeffizienten des Salzes die Relation zwischen den Stoffmengenanteilen der Ionen festlegen,

$$\frac{x_K}{x_A} = \frac{\nu_K}{\nu_A} \ , \tag{7.75}$$

lässt sich auch

$$\mu_\pm = \frac{\nu_K}{\nu_K + \nu_A}\mu_K + \frac{\nu_A}{\nu_K + \nu_A}\mu_A \tag{7.76}$$

schreiben. Werden Aktivität und Aktivitätskoeffizient eingeführt, ergibt sich

$$RT\ln a_\pm = RT\ln a_K^{\left(\frac{\nu_K}{\nu_K+\nu_A}\right)} + RT\ln a_A^{\left(\frac{\nu_A}{\nu_K+\nu_A}\right)}, \tag{7.77}$$

bzw.

$$a_\pm = (a_K^{\nu_K}a_A^{\nu_A})^{\left(\frac{1}{\nu_K+\nu_A}\right)}, \tag{7.78}$$

und mit

$$x_k RT\ln(x_k\gamma_\pm) + x_A RT\ln(x_A\gamma_\pm) = \tag{7.79}$$
$$x_k RT\ln(x_k\gamma_K) + x_A RT\ln(x_A\gamma_A) \tag{7.80}$$

folgt analog

$$\gamma_\pm = (\gamma_K^{\nu_K}\gamma_A^{\nu_A})^{\left(\frac{1}{\nu_K+\nu_A}\right)}. \tag{7.81}$$

7.4.2 Das Debye-Hückel-Modell

Um nun den Aktivitätskoeffizienten in einer Elektrolytlösung quantitativ zu beschreiben, entwickelten Debye und Hückel [47] ein molekulares Bild vom Verhalten von Ionen in Lösung. Sie stellten sich vor, dass ein Ion in seiner allernächsten Nachbarschaft ein elektrostatisches Potential hervorruft. Dieses Potential beeinflusst die mittlere Anordnung der übrigen Ionen so, dass die Ladung des zentralen Ions in diesem Nahbereich gerade kompensiert wird. Die Überschussladungsdichte wird also in der Nähe des zentralen Ions erhöht sein und mit zunehmendem Abstand schnell auf null sinken. Dies ist das Bild einer 'diffusen' Ionenwolke, in der die Gegenladung zum zentral betrachteten Ion verschmiert angeordnet ist. Der diffuse Charakter resultiert dabei natürlicherweise aus der ungeordneten thermischen Bewegung der Moleküle. Fokussiert man die Betrachtung nicht auf ein zentrales Ion, sondern auf einen festen Punkt im Raum, so wird – wiederum auf Grund der thermischen Bewegung – die Ladung lokal im Mittel null sein. Die Elektroneutralität ist also erfüllt.

Die Annahmen von Debye und Hückel sind die Folgenden:

- Es werden ausschließlich die Coulomb'schen bzw. elektrostatischen Wechselwirkungen betrachtet. Weitere Wechselwirkungsbeiträge müssen ggf. gesondert hinzugefügt werden.
- Die Ionen werden als punktförmige Ladungsträger aufgefasst, die ein kugelsymmetrisches Feld hervorrufen.
- Die elektrostatischen Wechselwirkungsenergien seien klein gegenüber der thermischen Energie.
- Die Elektrolyte seien vollständig dissoziiert.

- Die relative Dielektrizitätszahl des Mediums sei konstant und unabhängig von der Elektrolytkonzentration.

Betrachtet sei nun ein zentrales Ion. Um dieses Ion i werden sich die übrigen Ionen j in dem System entsprechend ihres Boltzmannfaktors verteilen, der die potentielle Energie eines Ions $z_j e_0 \psi_i$ zur thermischen Energie kT ins Verhältnis setzt:

$$\frac{\mathrm{d}N_j}{\mathrm{d}(nV)} = N_{\mathrm{Av}} c_j \exp\left(\frac{z_j e_0 \psi_i}{kT}\right) , \tag{7.82}$$

wobei $\mathrm{d}N_j/\mathrm{d}(nV)$ angibt, wie viele Ionen $\mathrm{d}N_j$ sich im Volumen $\mathrm{d}(nV)$ des Systems aufhalten. ψ_i ist wieder das elektrostatische Potential um eine Sorte i, wobei $z_j e_0 \psi_i$ die Arbeit darstellt, die benötigt wird, um das Ion j mit der Ladung $z_j e_0$ aus dem Unendlichen ($\psi_i \to 0$) an die Stelle mit ψ_i zu bringen.

Für die Nettoladungsdichte in dem betrachteten Volumenelement gilt dann entsprechend Gl. 7.69

$$\varrho_{z,i} = \sum_{j\,1}^{N} z_j e_0 \frac{\mathrm{d}N_j}{\mathrm{d}(nV)} = \sum_{i=1}^{N} z_j F c_j \exp\left(\frac{z_j e_0 \psi_i}{kT}\right) . \tag{7.83}$$

Da angenommen war, dass $z_i e_0 \psi_i$ klein gegenüber kT ist, kann die Exponentialfunktion in eine Taylorreihe im Exponenten um $\psi_i = 0$ entwickelt werden:

$$\exp x = 1 + x + \frac{x^2}{2} + \dots \qquad \text{für} \quad x < 1 . \tag{7.84}$$

Für Gl. 7.83 folgt entsprechend

$$\varrho_{z,i} = \sum_{j=1}^{N} z_j F c_j \left[1 - \frac{z_j e_0 \psi_i}{kT} + \frac{1}{2}\left(\frac{z_j e_0 \psi_i}{kT}\right)^2 + \dots \right] . \tag{7.85}$$

Da die Elektroneutralität exakt erfüllt sein muss, entfällt der erste Term in der Klammer. Wird die Reihe dann nach dem zweiten Term abgebrochen, folgt

$$\varrho_{z,i} = -\frac{F^2 \psi_i}{RT} \sum_{j=1}^{N} z_j^2 c_j . \tag{7.86}$$

Gl. 7.85 zeigt zudem, dass für einfache Elektrolyte mit nur je einem Kation und Anion auch der dritte Term in der Klammer null ist und Gl. 7.86 daher für solche Elektrolyte eine besonders gute Näherung darstellt.

Die Nettoladungsdichte aus Gl. 7.86 kann nun in die Poisson-Gleichung, Gl. 7.68, eingesetzt werden:

$$\nabla^2 \psi_i = \frac{F^2}{\varepsilon_0 \varepsilon_r RT} \psi_i \sum_{j=1}^{N} z_j^2 c_j , \tag{7.87}$$

die damit eine Differentialgleichung für den ψ-Verlauf darstellt. Üblicherweise wird nun

$$\kappa^2 = \frac{F^2}{\varepsilon_0 \varepsilon_r RT} \sum_{j=1}^{N} z_j^2 c_j \tag{7.88}$$

eingeführt, wobei $1/\kappa$ die so genannte Debye-Länge ist. Wird Gl. 7.87 dann in Kugelkoordinaten um das zentrale Ion geschrieben, wobei das Potentialfeld entsprechend der Annahmen kugelsymmetrisch ist, so erhält man

$$\nabla^2 \psi_i = \frac{1}{r^2} \frac{\partial}{\partial r} \left(r^2 \frac{\partial \psi_i}{\partial r} \right) = \kappa^2 \psi_i \, . \tag{7.89}$$

Die allgemeine Lösung dieser Differentialgleichung ist

$$\psi_i = C_1 \frac{\exp\left(-\kappa r\right)}{r} + C_2 \frac{\exp\left(+\kappa r\right)}{r} \, . \tag{7.90}$$

Wird der Bezugspunkt für ψ_i ins Unendliche gelegt, muss $C_2 = 0$ sein, d. h. der zweite Term entfällt. Um C_1 zu bestimmen, kann die Elektroneutralitätsbedingung ausgewertet werden, die Ladung des zentralen Ions muss durch die Gegenladung der Ionenwolke genau kompensiert werden:

$$0 = z_i e_0 + \int_{nV} \varrho_{z,i} \mathrm{d}(nV) \tag{7.91}$$

oder mit Gln. 7.86 und 7.90

$$z_i e_0 = \int_{nV} \frac{F^2}{RT} \frac{C_1 \exp\left(-\kappa r\right)}{r} \sum_{j=1}^{N} z_j^2 c_j \mathrm{d}(nV) \, . \tag{7.92}$$

Da die Ionenwolke kugelsymmetrisch ist und die Ionen punktförmig angenommen wurden, folgt

$$z_i e_0 = C_1 \frac{F^2 \sum\limits_{j=1}^{N} z_j^2 c_j}{RT} \int_{0}^{\infty} 4\pi r^2 \frac{\exp\left(-\kappa r\right)}{r} \mathrm{d}r \, . \tag{7.93}$$

Mit der allgemeinen Lösung

$$\int_{0}^{\infty} r \exp\left(-\kappa r\right) \mathrm{d}r = -\frac{\exp(-\kappa r)}{\kappa^2} (1 + \kappa r) \Big|_{0}^{\infty} \tag{7.94}$$

ergibt sich unter Anwendung der l'Hospital'schen Regel mit

$$\lim_{r \to \infty} \left(\kappa r \exp(-\kappa r) \right) = 0 \, , \tag{7.95}$$

$$C_1 = -\frac{z_i e_0}{4\pi \varepsilon_0 \varepsilon_r} \tag{7.96}$$

und damit

$$\psi_i = \frac{z_i e_0}{4\pi \varepsilon_0 \varepsilon_r} \frac{\exp(-\kappa r)}{r} \, . \tag{7.97}$$

Hier wird deutlich, warum die Debye-Länge $1/\kappa$ eine so charakteristische Größe ist: Sie skaliert den Abstand vom Zentralion. Ein typischer Potentialverlauf ist in Abb. 7.57 für 100 mmol/kg NaCl in Wasser gezeigt. Diesen Verlauf
kann man quantitativ auswerten und zeigen, dass bis zur Debye-Länge die
Ladung des Zentralions bereits zu etwa 3/4 ausgeglichen ist. Um einen Eindruck von der Größenordnung der Debye-Länge zu vermitteln, sind in Tab. 7.6
für verschiedene typische Salze und Salzkonzentrationen Werte zusammengestellt. Alle Debye-Längen befinden sich in molekularen Dimensionen. Es wird
zudem deutlich, dass mit zunehmender Konzentration der Salze die Debye-
Länge deutlich abnimmt, genau proportional zu $c_i^{1/2}$. Auch die Stöchiometrie
des Salzes hat offensichtlich einen deutlichen Einfluss. Dieses Ergebnis kann
man anschaulich so interpretieren, dass bei höheren Ionen-Konzentrationen
in der Nähe des Zentralions ebenfalls eine höhere Ionendichte herrscht. Je
mehr Ionen zur Ladungskompensation verfügbar sind, desto kleiner wird der
Abstand, bis zu dem der gleiche Grad der Kompensation erzielt ist.

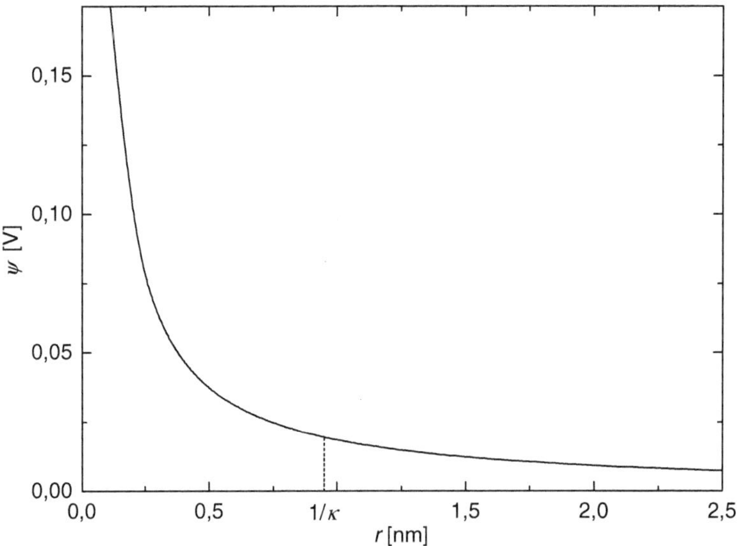

Abb. 7.57. Typischer Verlauf des Debye-Hückel-Potentials

In Gl. 7.93 wurde angenommen, dass die Ionenwolke beliebig nah an das
Zentralion heranreichen kann. In ihrer bahnbrechenden Arbeit betrachteten
Debye und Hückel auch den Fall, dass die Abmessung des Zentralions mit zu
berücksichtigen ist [47]. Die untere Grenze in Gln. 7.93 und 7.94 ist dann a_i,
der minimale Abstand, mit dem die Ionen der Ionenwolke sich dem Zentralion
i nähern können. Da dies die Ableitung wesentlich verkompliziert, soll a_i hier
nicht einbezogen werden. So wird das Debye-Hückel'sche Grenzgesetz erhalten,
das das Grenzverhalten für kleine Elektrolytkonzentrationen angibt.

Tabelle 7.6. Debye-Länge in nm für einige ausgewählte Salze in wässriger Lösung bei 20°C

Salz	$1\,\frac{\text{mmol}}{\text{l}}$	$10\,\frac{\text{mmol}}{\text{l}}$	$100\,\frac{\text{mmol}}{\text{l}}$	$1000\,\frac{\text{mmol}}{\text{l}}$
	$1/\kappa$ [nm]			
NaCl	9,5058	3,0060	0,9506	0,3006
Na_2SO_4	5,4882	1,7355	0,5488	0,1736
Na_3PO_5	3,8807	1,2272	0,3881	0,1227
$MgCl_2$	5,4882	1,7355	0,5488	0,1736

Um nun vom Potential auf die freie Energie des Systems zu schließen, sei ein Prozess betrachtet, der zunächst davon ausgeht, dass die Ionen ungeladen sind. Sie werden sich dann wie normale Moleküle verhalten und nicht in Ionenwolken angeordnet sein. Dieser Zustand kann mit den bisher vorgestellten Modellen beschrieben werden, so dass alles hier Abgeleitete sich lediglich auf den darüber hinausgehenden Überschuss bezieht. Von diesem ungeordneten Zustand aus werden die Ionen dann in einem ersten Schritt so umgruppiert, dass ihre Anordnung der in Ionenwolken entspricht. Im zweiten Schritt erfolgt dann die Aufladung der Ionen unter Beibehaltung der molekularen Anordnung. Dieser zweite Schritt liefert lediglich einen energetischen Beitrag, der entsprechende Entropiebeitrag aus dem ersten Schritt bzw. der Beitrag zur freien Energie für den Gesamtprozess ergibt sich dann durch Temperaturintegration entsprechend der Gibbs-Helmholtz-Gleichung (Gl. 3.43). Da beim Herstellen einer realen Elektrolytlösung die Ionen bereits geladen sind, ist dies als Bezug für den beschriebenen Prozess außerdem zu berücksichtigen.

Die Energie für die Aufladung eines Ions um den Betrag dq ist allgemein

$$du_{\text{el}} = \psi dq \; . \tag{7.98}$$

Bei der Bestimmung von ψ ist nun das Potential am Ort des Ions einzusetzen, d. h. Gl. 7.97 für $r \to 0$ auszuwerten. Zudem sollte der Überschuss- oder Exzessanteil auf Ionen bezogen werden, die bereits geladen sind. In diesem Bezugszustand sollen die Ionen als unendlich voneinander entfernt betrachtet werden. Den entsprechenden Betrag des elektrostatischen Potentials erhält man aus Gl. 7.97, indem $c_i \to 0$ betrachtet wird, d. h. auch $\kappa \to 0$. Damit ergibt sich

$$du_{\text{el,i}}^{\text{E}} = \frac{z_i e_0}{4\pi\varepsilon_0\varepsilon_r} \left[\frac{\exp(-\kappa r)}{r} - \frac{1}{r} \right]_{r\to\infty} dq \; , \tag{7.99}$$

woraus man wiederum unter Anwendung der l'Hospital'schen Regel

$$du_{\text{el,i}}^{\text{E}} = -\frac{z_i e_0 \kappa}{4\pi\varepsilon_0\varepsilon_r} dq \tag{7.100}$$

erhält. Für die gesamte Mischung folgt damit

$$nU_{\mathrm{el}}^{\mathrm{E}} = -\sum_{i=1}^{N} \int_{0}^{z_i e_0} \frac{n_i N_{\mathrm{Av}} z_i e_0 \kappa}{4\pi\varepsilon_0\varepsilon_r}\,\mathrm{d}q \tag{7.101}$$

bzw., da die Anordnung der Ionen ja bereits der in Ionenwolken entsprechen sollte und κ daher als konstant angesehen werden kann,

$$nU_{\mathrm{el}}^{\mathrm{E}} = -\sum_{i=1}^{N} \frac{n_i N_{\mathrm{Av}} z_i^2 e_0^2 \kappa}{8\pi\varepsilon_0\varepsilon_r} \ . \tag{7.102}$$

Die freie Energie des Gesamtprozesses lässt sich dann aus

$$\frac{nA_{\mathrm{el}}^{\mathrm{E}}}{T} = \int_{T'=\infty}^{T} \frac{nU_{\mathrm{el,i}}^{\mathrm{E}}}{T'^2}\,\mathrm{d}T' \tag{7.103}$$

ermitteln, wobei hier die Temperaturabhängigkeit von κ berücksichtigt werden muss:

$$\frac{nA_{\mathrm{el}}^{\mathrm{E}}}{T} = -\sum_{i=1}^{N} \frac{n_i N_{\mathrm{Av}} z_i^2 e_0^2}{8\pi\varepsilon_0\varepsilon_r} \int_{\infty}^{T} \frac{\kappa}{T'^2}\,\mathrm{d}T' \ . \tag{7.104}$$

Dies lässt sich vereinfachen, wenn man Gl. 7.88 nach der Temperatur ableitet:

$$\frac{\mathrm{d}\kappa^2}{\mathrm{d}T} = 2\kappa\frac{\mathrm{d}\kappa}{\mathrm{d}T} = -\frac{F^2 \sum\limits_{i=1}^{N} z_i^2 c_i}{\varepsilon_0\varepsilon_r R T^2} \tag{7.105}$$

bzw.

$$\mathrm{d}T = \frac{-2\kappa\varepsilon_0\varepsilon_r R T^2}{F^2 \sum\limits_{i=1}^{N} z_i^2 c_i}\,\mathrm{d}\kappa \ . \tag{7.106}$$

Eingesetzt vereinfacht dies Gl. 7.104 zu

$$nA_{\mathrm{el}}^{\mathrm{E}} = -\frac{RTnV}{4\pi N_{\mathrm{Av}}} \int_{0}^{\kappa} \kappa'^2\,\mathrm{d}\kappa' \tag{7.107}$$

mit dem Ergebnis

$$nA_{\mathrm{el}}^{\mathrm{E}} = -\frac{RTnV}{4\pi N_{\mathrm{Av}}} \frac{\kappa^3}{3} \ . \tag{7.108}$$

Aus der freien Energie folgt der Exzessanteil des chemischen Potentials mit

$$\mu_{\mathrm{el},i}^{\mathrm{E}} = RT\ln\gamma_{\mathrm{el},i} = \left(\frac{\mathrm{d}nA}{\mathrm{d}n_i}\right)_{T,nV,n_{j\neq i}} \ . \tag{7.109}$$

Unter Berücksichtigung wiederum von Gl. 7.88 folgt

$$RT\ln\gamma_{\mathrm{el},i} = -\frac{F^2 z_i^2 \kappa}{8\pi\varepsilon_0\varepsilon_r N_{\mathrm{Av}}} \ . \tag{7.110}$$

Der mittlere Aktivitätskoeffizient ergibt sich dann mit

$$(\nu_K + \nu_A)RT \ln \gamma_\pm = \nu_K RT \ln \gamma_K + \nu_A RT \ln \gamma_A \tag{7.111}$$

zu

$$RT \ln \gamma_\pm = -\frac{\nu_K z_K^2 + \nu_A z_A^2}{\nu_K + \nu_A} \frac{F^2 \kappa}{8\pi\varepsilon_0\varepsilon_r N_{\mathrm{Av}}} \,, \tag{7.112}$$

was sich unter Berücksichtigung der Elektroneutralität,

$$\nu_K z_K + \nu_A z_A = 0 \,, \tag{7.113}$$

vereinfachen lässt zu dem Endergebnis

$$\ln \gamma_\pm = z_A z_K \frac{F^2 \kappa}{8\pi\varepsilon_0\varepsilon_r N_{\mathrm{Av}} RT} \tag{7.114}$$

mit

$$\kappa^2 = \frac{F^2 \sum\limits_{i=1}^{N} z_i^2 c_i}{\varepsilon_0\varepsilon_r RT} \,. \tag{7.115}$$

Hier wird häufig die Ionenstärke I mit

$$I = \frac{1}{2} \sum_{i=1}^{N} z_i^2 c_i \tag{7.116}$$

eingeführt, die ein korrigiertes Konzentrationsmaß darstellt, das in Elektrolyt-lösungen den Ladungen der Ionen Rechnung trägt. Wie Gln. 7.114 und 7.115 zeigen, ist die Ionenstärke besser geeignet, die Eigenschaften von Elektrolyten in einer Mischung allgemein zu beschreiben als die Konzentrationen c_i.

Bei der Herleitung des Debye-Hückel-Ansatzes wurde lediglich der Exzessanteil berücksichtigt, der durch die Coulomb'schen bzw. elektrostatischen Wechselwirkungen hervorgerufen wird. Alle übrigen Wechselwirkungen müssen mit anderen Modellen beschrieben werden, wobei in der Literatur Kombinationen mit praktisch allen Modellen der Kapitel 4 und 5 zu finden sind. Häufig wird auch das Modell von Pitzer verwendet, bei dem die osmotische Virialgleichung mit der Form des Debye-Hückel-Ansatzes gekoppelt ist, die den minimalen Annäherungsabstand zwischen Ionen mit berücksichtigt [154–156].

7.5 Zusammenfassung

In Kapitel 7 wird zunächst prinzipiell vorgestellt, wie sich reale Stoffe in Mischungen verhalten können. Dabei werden unterschiedliche grafische Diagramme insbesondere für Phasengleichgewichte diskutiert. Anschließend wird ein Bezug zwischen den Stoffeigenschaften und den molekularen Charakteristika der beteiligten Komponenten hergestellt. Betrachtet wird die Elektronegativität, die als einfach begreifbare Größe eine schnelle Einschätzung potentieller

Wechselwirkungen erlaubt. Anschließend wird auf zwei Stoffklassen gesondert eingegangen: Polymere und Elektrolyte. Zu beiden werden prinzipielle Konzepte und darauf aufbauende Modelle abgeleitet: das Flory-Huggins-Modell für Polymere und das Debye-Hückel'sche Grenzgesetz für Elektrolyte in Lösung. Insgesamt hat dieses Kapitel zum Ziel, ein erstes molekulares Verständnis für thermodynamische Eigenschaften realer Stoffe zu entwickeln.

7.6 Aufgaben

Übung 7.1. Welche Bedingung muss der Parameter des Porter-Ansatzes erfüllen, damit mit diesem Ansatz ein binäres Stoffsystem mit Mischungslücke beschrieben werden kann?

Übung 7.2. Verunreinigtes Aceton soll in einer Rektifikationsanlage aufbereitet werden. Dabei wird am Kopf der Kolonne in einem Teilkondensator eine gasförmige Mischung aus Aceton (1) und Trichlormethan (2) mit einem Stoffmengenanteil an Trichlormethan von 0,25 bei 50°C teilweise verflüssigt. Der Flüssigkeitsstrom geht als Rückführung in die darunterliegende Trennstufe und enthält Aceton mit einem Stoffmengenanteil von 0,7.

a) Für welchen Druck muss der Teilkondensator ausgelegt werden?
b) In welchem Verhältnis stehen die Stoffmengen der austretenden Ströme?

Hinweise:

- Das Gemisch Aceton + Trichlormethan besitzt bei 50°C ein Dampfdruckminimum von $0,574\,\text{bar}$.
- Die Dampfphase verhalte sich ideal.
- Die Poynting-Korrektur ist vernachlässigbar.
- Die Dampfdrücke der reinen Komponenten bei 50°C betragen:

$$p_1^\text{s} = 0,817\,\text{bar}$$
$$p_2^\text{s} = 0,692\,\text{bar}$$

- Das Realverhalten der Flüssigphase soll mit dem Porter-Ansatz beschrieben werden.

Übung 7.3. Es soll ein Hxy-Diagramm für das Stoffsystem Methanol (1) + Wasser (2) mit Hilfe eines G^E-Modells (s. Abb. 5.5) erstellt werden. Wie sehen die Kurvenverläufe bei $1,013\,\text{bar}$ aus, wenn eine ideale Dampfphase angenommen wird?
Hinweise:

- Bezugsgrößen:

$$p^0 = 1\,\text{bar}\,, \quad T^0 = 298,15\,\text{K}$$

- Antoine-Gleichung:

$$\ln\left(\frac{p^{\mathrm{s}}}{p^0}\cdot 100\right) = A_i^{(\mathrm{A})} - \frac{B_i^{(\mathrm{A})}}{C_i^{(\mathrm{A})} + T/\mathrm{K}}$$

Parameter	Methanol	Wasser
$A_i^{(\mathrm{A})}$	16,47339	16,37249
$B_i^{(\mathrm{A})}$	3567,8095	3869,7015
$C_i^{(\mathrm{A})}$	$-36,508$	$-43,932$

Gültigkeit: 330 K bis 342 K   323 K bis 393 K

- Für die Exzessgrößen kann das UNIQUAC-Modell mit folgenden Werten verwendet werden:

$$u_{1,2} - u_{2,2} = -1601,6363\,\mathrm{J/mol}\,; \quad u_{2,1} - u_{1,1} = 2702,36389\,\mathrm{J/mol}$$

$$r_1 = 0,92\,; \quad r_2 = 1,4311$$

$$q_1 = 1,4\,; \quad q_2 = 1,4320$$

- weitere Daten s. Tab. 4.1

8

Phasengrenzen

Bei den bisherigen Betrachtungen wurde davon ausgegangen, dass Phasen keine Begrenzung aufweisen. Jedes Glas Wasser weist beispielsweise aber bereits eine Phasengrenze zwischen Dampf und Flüssigkeit auf. Hinzu kommen die Phasengrenzen zwischen dem Wasser und dem Glas sowie zwischen dem Glas und der umgebenden Luft. Bei der technischen Anwendung sind es z. B. die thermischen Trennverfahren, aber genau so die Lebensmitteltechnik und die Kosmetikindustrie, deren Produkte und Verfahren wesentlich von Phasengrenzen und ihren Eigenschaften bestimmt werden. Biologische Prozesse sind ohne Phasengrenzen ebenso nicht vorstellbar. Mit zunehmender Bedeutung von Mikrosystemtechnik und Nanotechnologie werden auch die Grenzflächeneigenschaften noch mehr an Bedeutung gewinnen, da sie sich bei kleinen Systemen besonders ausgeprägt bemerkbar machen.

Eine Phasengrenze ist dem ersten Anschein nach eine beliebig dünne Trennfläche zwischen den Phasen. Molekulare Simulationen zeigen dagegen, dass die thermische Bewegung der Moleküle dazu führt, dass die Phasengrenze eine Ausdehnung in die dritte Dimension aufweist, wie dies in Abb. 8.1 stereoskopisch dargestellt ist. Dieser räumliche Charakter der Grenzflächenregion kann mit entsprechenden Ansätzen beschrieben werden, die in ihren Ideen bis zu van der Waals zurückreichen [46, 60, 203]. Aber auch wenn die Phasengrenze als zweidimensionale Fläche betrachtet wird, lassen sich eine Reihe quantitativer Aussagen treffen, z. B. mit Hilfe der Grenzflächenspannung.

8.1 Grenzflächenspannung

Ein einfaches Schulexperiment zur Veranschaulichung der Grenzflächenspannung ist in Abb. 8.2 abgebildet. In eine Petrischale, deren Boden mit Wasser bedeckt ist, wird ein zu einer Schlaufe geknoteter gewachster Faden so gelegt, dass er auf der Phasengrenze liegen bleibt. Wird dann mit einem Spatel, dessen Spitze zuvor mit einem Spülmittel benetzt wurde, im Inneren der Schlaufe die

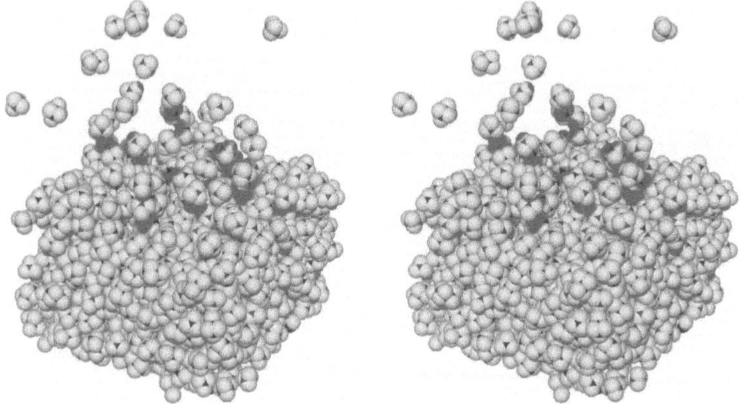

Abb. 8.1. Stereobild einer Phasengrenze auf molekularer Ebene

Wasseroberfläche berührt, so wird der Faden schlagartig auseinander gezogen und formt einen gespannten Ring.

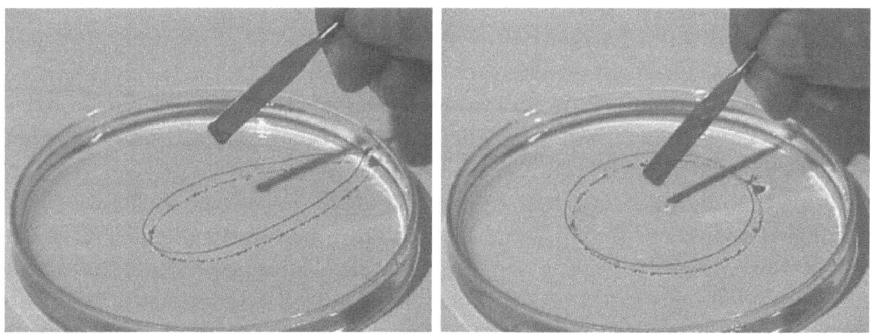

Abb. 8.2. Schulversuch zur Grenzflächenspannung

Die Erklärung für dieses Verhalten ist, dass durch das Aufbringen der oberflächenaktiven Stoffe (Tenside) aus dem Spülmittel im Inneren des Fadens die Oberflächenspannung dort stark herabgesetzt wird. Außerhalb der Fadenschlaufe wirkt noch die volle Oberflächenspannung, die den Faden dann zum Ring zieht.

In Tabelle 8.1 sind einige typische Werte für die Oberflächen- und die Grenzflächenspannung zusammengestellt. Der Begriff Oberflächenspannung wird dann verwendet, wenn eine Dampf-Flüssigkeitsgrenzfläche betrachtet wird, üblicherweise steht die Flüssigkeit dabei in Kontakt mit dem eigenen gesättigten Dampf oder mit Luft. Für alle übrigen Phasengrenzen wird der

Begriff Grenzflächenspannung verwendet. Für beide steht die Variable σ, die z. B. in N/m angegeben wird.

Tabelle 8.1. Grenzflächen- und Oberflächenspannungen nach [122, 139]

| System | | Temperatur | Oberflächenspannung |
Phase 1	Phase 2	°C	mN/m
Wasser	Luft	0	75,6
		20	72,75
		50	67,91
		100	58,9
Aceton	Luft	20	23,70
Ethanol	Dampf	20	23,9
Methanol	Luft	20	22,65
Toluol	Dampf	20	28,5
n-Hexan	Luft	20	18,43
CS_2	Luft	20	32,33

| System | | Temperatur | Grenzflächenspannung |
Phase 1	Phase 2	°C	mN/m
Wasser	n-Hexan	20	51,1
Wasser	Toluol	20	35,4
Wasser	CS_2	20	48,1
Wasser	Quecksilber	20	375
Wasser	Butanol	10	1,7

Um sich eine Vorstellung von der Größe der Grenzflächenspannung zu verschaffen, sei nochmals der Faden aus Abb. 8.2 betrachtet, der eine Länge von etwa $0,3$ m aufweist und eine Masse von $0,1$ g besitzt. Aus der Fadenlänge und dem entsprechenden Wert der Oberflächenspannung für Wasser aus Tabelle 8.1 lässt sich nun die am gesamten Faden wirkende Kraft zu $21,8$ mN ermitteln. Reibungsfrei wirkt auf den Faden damit eine Beschleunigung von $218 \, \text{m/s}^2$. Plakativ heißt das über 20-fache Erdbeschleunigung oder von 0 auf $100 \, \text{km/h}$ in $0,12$ s oder in etwa 25 min zum Mond. Dies verdeutlicht eindrucksvoll, welche immensen Kräfte von der Phasengrenze ausgehen können, obwohl diese nur 5 bis 10 Moleküllagen dick ist (vgl. Abb. 8.1). Bedenkt man, dass die Ursache für die Grenzflächenkräfte die Asymmetrie in den Nachbarschaften zwischen den Molekülen an der Grenzfläche ist, zeigt dies auch direkt, wie groß die intermolekularen Kräfte sein müssen.

Diese Asymmetrie der auf Moleküle in der Phasengrenze wirkenden Kräfte ist in Abb. 8.3 gezeigt. In der flüssigen Phase wirken auf ein Molekül aus allen Richtungen im Mittel gleich große Kräfte, so dass keine Nettokraft resultiert. An der Flüssigkeitsoberfläche wirken die Kräfte dagegen nur ins Innere der Flüssigkeit, da die Wechselwirkung mit dem Dampf auf Grund dessen wesentlich geringerer Dichte üblicherweise vernachlässigbar ist. Als Ergebnis dieser Asymmetrie scheint sich die Phasengrenze zu verhalten wie eine Membran, die unter (Grenzflächen-) Spannung steht.

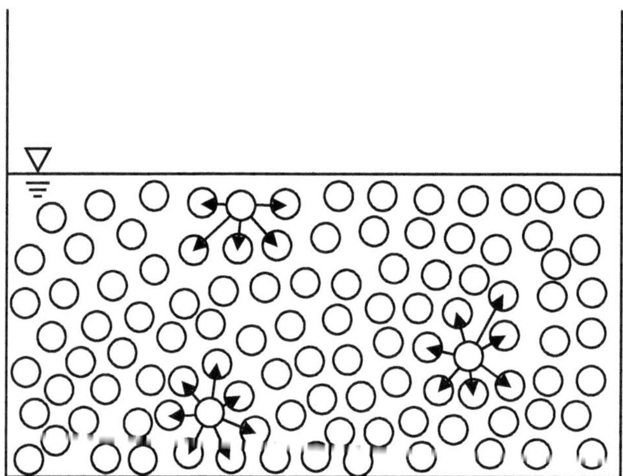

Abb. 8.3. Asymmetrie molekularer Kräfte an der Phasengrenze

Diese Charakterisierung einer Grenzfläche trifft im Prinzip auf Phasengrenzen zwischen beliebigen Phasen zu, also auch für Feststoff-Gas- und Feststoff-Flüssigkeits-Grenzflächen. Die Beschreibung beim Vorliegen von zwei fluiden Phasen ist i. d. R. nur wesentlich intuitiver und viele Experimente sind nur für diesen Fall möglich. Daher soll im Folgenden vorzugsweise beispielhaft auf Dampf-Flüssigkeits-Grenzflächen eingegangen werden. Für andere Phasengrenzen gelten die allgemeinen Aussagen analog.

Betrachtet sei nun zunächst eine Glaskapillare, die in ein Gefäß mit einer Flüssigkeit hinein ragt, wie dies in Abb. 8.4 gezeigt ist. In dem Bild sind auch die wesentlichen Größen bezeichnet. Dies sind der Kapillarradius r, der Benetzungswinkel θ, die Steighöhe h und der Radius R_G des Meniskus, der als Kugelkappe angenommen wird. Die Dichten der Fluide seien ϱ_1 und ϱ_2, die Drücke gerade oberhalb und unterhalb des Meniskus mit p_1 bzw. p_1' bezeichnet, der Druck an der ebenen Phasengrenze des Gefäßes ist p_2. Auf Grund der Geometrie gilt

$$R_G = \frac{r}{\cos\theta} \ . \tag{8.1}$$

Nun kann ein Kräftegleichgewicht in der Kapillare auf der Höhe der ebenen Phasengrenze im Gefäß angesetzt werden. Von unten wirkt dort der Druck p_2, d. h. bezogen auf die Kapillarfläche die Kraft $p_2\pi r^2$. Von oben wirkt analog $p_1\pi r^2$ zuzüglich der Kraft auf Grund der Flüssigkeitssäule in der Kapillare, $\varrho_1\pi r^2 hg$, wobei g die Erdbeschleunigung ist. Hinzu kommt nun die Kraft,

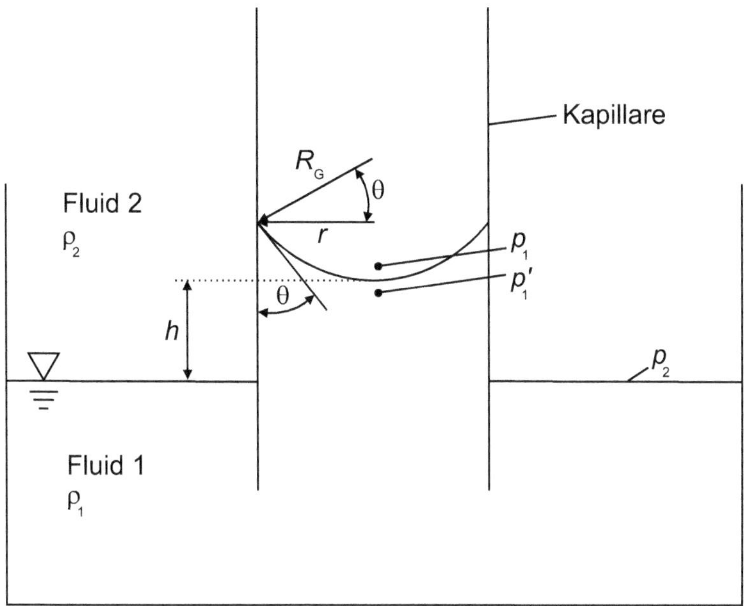

Abb. 8.4. Kapillare, die in eine Flüssigkeit eintaucht

die an der Berührlinie zwischen Meniskus und Kapillare mit der Länge $2\pi r$ aufgenommen wird. Da von dieser Kraft in der Bilanz nur der senkrechte Anteil zu berücksichtigten ist, ergibt sich auf Grund der Grenzflächenspannung $2\pi r\sigma \cos\theta$, eine Kraft die im gezeigten Beispiel nach oben gerichtet ist. Damit gilt:

$$p_2\pi r^2 = p_1\pi r^2 + \varrho_1\pi r^2 hg - 2\pi r\sigma\cos\theta \ . \tag{8.2}$$

Wird die Kräftebilanz stattdessen nur bis p_1' ausgewertet, ergibt sich

$$p_2\pi r^2 = p_1'\pi r^2 + \varrho_1\pi r^2 hg \ , \tag{8.3}$$

der Einfluss der Grenzflächenspannung entfällt. Aus diesen beiden Gleichungen erhält man durch Subtraktion

$$p_1 - p_1' = 2\sigma\frac{\cos\theta}{r} \tag{8.4}$$

bzw.

$$\Delta p = 2\frac{\sigma}{R_\mathrm{G}} \ , \tag{8.5}$$

eine Form der Young-Laplace-Gleichung. Die Druckdifferenz an einer Phasengrenze ist also sehr einfach mit der Grenzflächenspannung und dem Krümmungsradius der Grenzfläche gekoppelt. Für eine ebene Phasengrenze geht R_G dabei gegen unendlich, Δp ist null.

Mit entsprechenden mechanischen Überlegungen kann nun auch angegeben werden, wie der Druck im Inneren von Tropfen, Blasen oder kugelförmigen

Partikeln auf Grund der Grenzflächenspannung gegenüber dem ungebundenen Druck erhöht ist. Dazu sei das in Abb. 8.5 dargestellte Kräftegleichgewicht am Umfang eines Tropfens oder einer Blase mit Radius R_G aufgestellt.

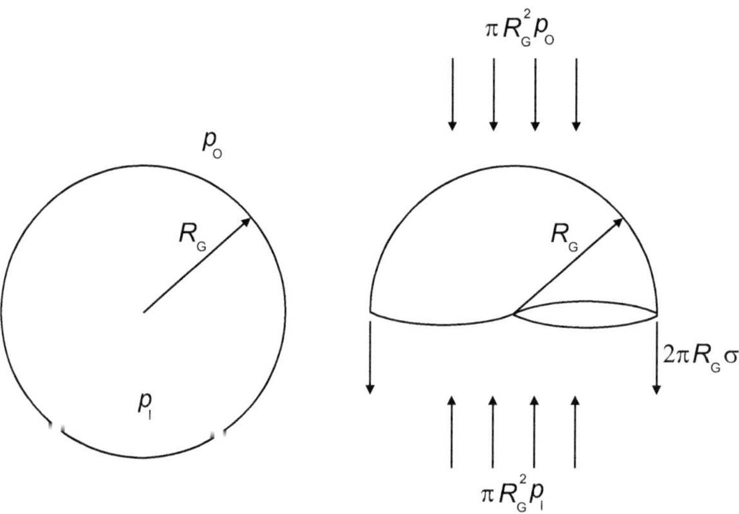

Abb. 8.5. Kräftegleichgewicht an Tropfen, Blasen und kugelförmigen Partikeln

In der Schnittebene wirkt von unten der Innendruck $\pi R_\mathrm{G}^2 p_I$, von oben der Außendruck $\pi R_\mathrm{G}^2 p_O$. Die Phasengrenzfläche nimmt in ihrem Umfang zudem die Grenzflächenspannung auf, was zu der Kraft $2\pi R_\mathrm{G}\sigma$ nach unten führt. Im Kräftegleichgewicht gilt also:

$$\pi R_\mathrm{G}^2 p_\mathrm{O} + 2\pi R_\mathrm{G}\sigma = \pi R_\mathrm{G}^2 p_\mathrm{I} \tag{8.6}$$

bzw.

$$p_\mathrm{I} - p_\mathrm{O} = \frac{2\sigma}{R_\mathrm{G}}\,, \tag{8.7}$$

wiederum eine Form der Young-Laplace-Gleichung.

Diese Gleichung kann verallgemeinert werden, wenn die lokale mittlere Krümmung H mit

$$H = \frac{1}{2}\left(\frac{1}{R_1} + \frac{1}{R_2}\right) \tag{8.8}$$

eingeführt wird. Die Krümmungsradien R_1 und R_2 werden dabei wie üblich in zwei senkrecht aufeinander stehenden Richtungen ausgewertet, wie dies in Abb. 8.6 schematisch skizziert ist. Dann kann die allgemeine Young-Laplace-Gleichung wie folgt formuliert werden:

$$\Delta p = 2H\sigma\,. \tag{8.9}$$

Diese Gleichung gilt für beliebig gekrümmte Phasengrenzflächen.

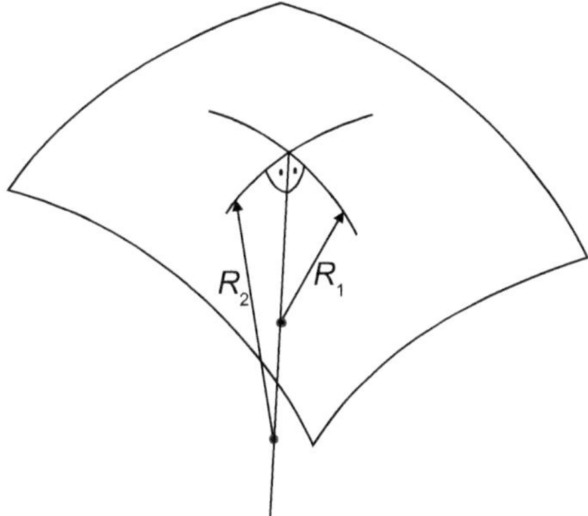

Abb. 8.6. Schematische Darstellung zur Definition der mittleren Krümmung

8.2 Benetzung

Von technischer Bedeutung ist auch der Fall, dass 3 Phasen miteinander in
Kontakt stehen. Wie in Abb. 8.7 gezeigt, tritt dies auf, wenn ein Tropfen einer
Phase auf einer festen Oberfläche liegt bzw. an ihr hängt, wobei Phase 3 flüssig
oder gasförmig sein kann. Eine vergleichbare Situation ist das Fettauge in der
Suppe, d. h. ein Tropfen an der Phasengrenze zwischen zwei anderen fluiden
Phasen. Am Kontaktpunkt der Phasen in Abb. 8.7 b) können nun senkrecht
zu den Phasengrenzen drei Kräftegleichgewichte formuliert werden, wenn der
Tropfen ruht. Senkrecht zur 1-3-Phasengrenze gilt

$$\sigma_{2,3} \sin \alpha_3 = \sigma_{1,2} \sin \alpha_1 \, , \tag{8.10}$$

senkrecht zur 2-3-Phasengrenze

$$\sigma_{1,3} \sin \alpha_3 = \sigma_{1,2} \sin \alpha_2 \tag{8.11}$$

und senkrecht zur 1-2-Phasengrenze

$$\sigma_{1,3} \sin \alpha_1 = \sigma_{2,3} \sin \alpha_2 \, . \tag{8.12}$$

Werden diese Gleichungen alle durch die Sinus-Terme auf beiden Seiten
geteilt, so erkennt man, dass

$$\frac{\sigma_{2,3}}{\sin \alpha_1} = \frac{\sigma_{1,3}}{\sin \alpha_2} = \frac{\sigma_{1,2}}{\sin \alpha_3} \, . \tag{8.13}$$

Gleichzeitig gilt

$$\alpha_1 + \alpha_2 + \alpha_3 = 360^\circ \, . \tag{8.14}$$

Sind also alle $\sigma_{i,j}$ für einen Dreiphasenkontakt gegeben, stehen 3 Gleichungen
zur Verfügung, um alle 3 Winkel zu ermitteln.

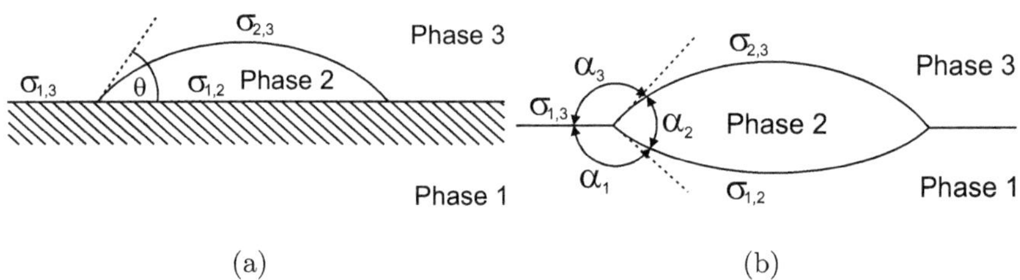

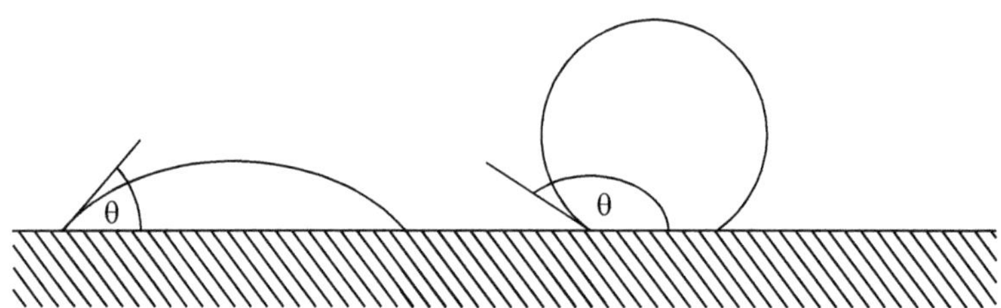

Abb. 8.7. Tropfen an einer Fluid-Fluid- und Fluid-Feststoff-Phasengrenze

Einfacher wird die Berechnung, wenn, wie in Abb. 8.7 a) gezeigt, ein Tropfen eine feste Oberfläche benetzt. θ ist dabei der so genannte Benetzungswinkel. Das Kräftegleichgewicht am vorhandenen Kontaktpunkt kann dann nur noch horizontal ausgewertet werden:

$$\sigma_{1,3} = \sigma_{1,2} + \sigma_{2,3} \cos\theta \,, \tag{8.15}$$

woraus sofort θ mit

$$\cos\theta = \frac{\sigma_{1,3} - \sigma_{1,2}}{\sigma_{2,3}} \tag{8.16}$$

folgt. Einerseits wird hier noch einmal deutlich, dass die Eigenschaften der Phasengrenzen universell sind, denn auch Phasengrenzen zu festen Phasen weisen eine Grenzflächenspannung auf. Andererseits erkennt man, dass der Benetzungswinkel eine Größe ist, die sich aus den Eigenschaften der beteiligten Phasengrenzen ergibt. Er ist damit z. B. unabhängig von der Größe des Tropfens. In Abb. 8.8 sind dazu zwei mögliche Fälle unterschiedlicher Benetzung gezeigt. Bei guter Benetzung spreitet der Tropfen auf der Oberfläche, der Benetzungswinkel liegt deutlich unter 90°. Bei schlechter Benetzung sitzt der Tropfen erhaben auf der Oberfläche, θ ist größer als 90°.

Abb. 8.8. Unterschiedliche Benetzungseigenschaften

8.3 Thermodynamik der Phasengrenze

Neben dem bisher gezeigten mechanischem Bild von der Phasengrenze kann das Geschehen auch thermodynamisch beschrieben werden. Dazu ist zu berücksichtigen, dass in einem System mit Phasengrenze Arbeit aufgewendet werden muss, um die Fläche A_G der Phasengrenze zu verändern. Wie dies geschehen kann, ist in Abb. 8.9 gezeigt. In der dargestellten Anlage kann durch geeignetes Verschieben beider Kolben die Fläche der Phasengrenze nA_G so verändert werden, dass alle übrigen Größen wie Systemvolumen, -temperatur und -zusammensetzung konstant bleiben.

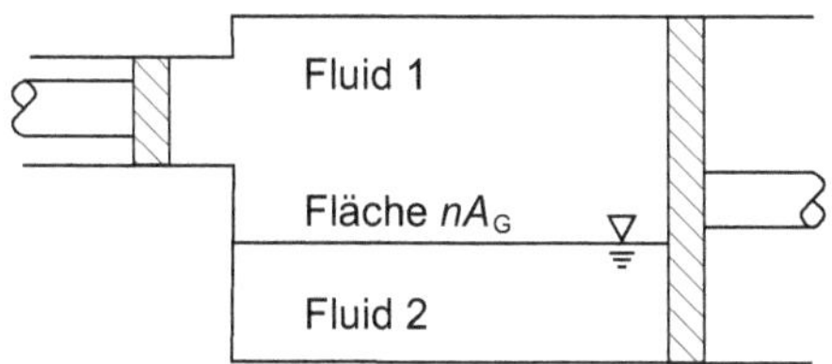

Abb. 8.9. Anlage zur Quantifizierung der Grenzflächenänderungsarbeit

Bei einer Verschiebung des rechten Kolbens um einen differentiellen Betrag dl wird die Kontaktlinie mit einer Länge D zwischen Grenzfläche und Kolben, die in die Tiefe der Abbildung gerichtet ist, gegen die Grenzflächenspannung verschoben. Die wirkende Kraft ist dabei σD. Wird diese Kraft um dl verschoben, ergibt sich die Grenzflächenänderungsarbeit zu

$$\delta W_\mathrm{G} = D\sigma\mathrm{d}l; . \tag{8.17}$$

Da die erzeugte Fläche gerade

$$\mathrm{d}A_\mathrm{G} = D\mathrm{d}l \tag{8.18}$$

beträgt, lässt sich auch schreiben:

$$\delta W_\mathrm{G} = \sigma\mathrm{d}A_\mathrm{G} . \tag{8.19}$$

Wird diese Arbeit bei der Formulierung der Beiträge zur inneren Energie in Gl. 3.17 berücksichtigt, so ergibt sich

$$\mathrm{d}U = T\,\mathrm{d}S - p\,\mathrm{d}V + \sigma\mathrm{d}A_\mathrm{G} + \sum_{i=1}^{N} \mu_i\,\mathrm{d}x_i , \tag{8.20}$$

bzw. integral entsprechend Gl. 3.18

$$U = TS - pV + \sigma A_\mathrm{G} + \sum_{i=1}^{N} \mu_i x_i . \tag{8.21}$$

Für die übrigen Fundamentalgleichungen ergibt sich mit den Definitionen in Gln. 3.21 bis 3.23

$$H = TS + \sigma A_{\mathrm{G}} + \sum_{i=1}^{N} \mu_i x_i \, , \tag{8.22}$$

$$A = -pV + \sigma A_{\mathrm{G}} + \sum_{i=1}^{N} \mu_i x_i \tag{8.23}$$

und

$$G = \sigma A_{\mathrm{G}} + \sum_{i=1}^{N} \mu_i x_i \, . \tag{8.24}$$

Zudem lässt sich auch der Beitrag der Grenzfläche zur Gibbs-Duhem-Gleichung, Gl. 6.14, entsprechend formulieren:

$$0 = S\mathrm{d}T - V\mathrm{d}p + A_{\mathrm{G}}\mathrm{d}\sigma + \sum_{i=1}^{N} x_i \mathrm{d}\mu_i \, . \tag{8.25}$$

Es wird deutlich, dass die Grenzflächenspannung bei allen thermodynamischen Größen zu berücksichtigen ist und dass dies einfach zu einem weiteren additiven Term führt. Gleichzeitig machen Gln. 8.19 bzw. 8.20 deutlich, dass die Grenzflächenspannung nicht nur als streckenspezifische Kraft in der Grenzfläche sondern auch als flächenspezifische Grenzflächenenergie aufgefasst werden kann.

Die Grenzfläche hat also bei genauer Betrachtung Einfluss auf alle thermodynamischen Zusammenhänge. Ein wesentlicher Einfluss zeigt sich z. B. auf Gleichgewichte insbesondere dann, wenn der Krümmungsradius der Grenzfläche klein ist, d. h. bei kleinen Blasen, Tropfen oder Partikeln. Dies soll im Folgenden gezeigt werden. Dazu sei beispielhaft das Dampf-Flüssigkeits-Gleichgewicht an einem Reinstoff-Tropfen betrachtet, wie in Abb. 8.10 skizziert. Auf Grund der Krümmung H der Grenzfläche ergeben sich unterschiedliche Drücke in der Flüssigkeit p^{L} und im Dampf p^{V}. Für die Flüssigkeit gilt dann die Gibbs-Duhem-Gleichung (Gl. 8.25).

Am betrachteten Tropfen wird das thermische Gleichgewicht eingestellt, d. h. $\mathrm{d}T = 0$. Da es sich zudem um einen Reinstofftropfen handeln soll, ist auch $x_i = 1$. Weiterhin ist die Grenzflächenspannung im Wesentlichen nur Funktion von der Temperatur und dem Stoffsystem, d. h. auch $\mathrm{d}\sigma = 0$. Damit ergibt sich, wenn mit L die Flüssigkeit indiziert ist

$$V^{\mathrm{L}}\mathrm{d}p^{\mathrm{L}} = \mathrm{d}\mu^{\mathrm{L}} \tag{8.26}$$

bzw. wenn man davon ausgeht, dass das molare Flüssigkeitsvolumen in guter Näherung nicht vom Druck abhängt analog zu Gl. 5.69

$$\mu^{\mathrm{L}}(T, p^{\mathrm{L}}) = \mu^{\mathrm{L}}(T, p^{\mathrm{s}}) + V^{\mathrm{L}}(p^{\mathrm{L}} - p^{\mathrm{s}}) \, , \tag{8.27}$$

wobei p^{s} den Dampfdruck der ebenen Phasengrenze bezeichnet. Wird zudem angenommen, dass sich der Dampf in guter Näherung ideal verhält, gilt im Gleichgewicht an der gekrümmten Grenzfläche

$$\mu^{\mathrm{L}}(T, p^{\mathrm{L}}) = \mu^{\mathrm{V}}(T, p^{\mathrm{V}}) = \mu^0(T) + RT \ln p^{\mathrm{V}} \ . \tag{8.28}$$

Diese Gleichung kann ebenso

$$\mu^{\mathrm{L}}(T, p^{\mathrm{s}}) = \mu^{\mathrm{V}}(T, p^{\mathrm{s}}) = \mu^0(T) + RT \ln p^{\mathrm{s}} \tag{8.29}$$

geschrieben werden. Werden nun Gln. 8.27 und 8.28 gleichgesetzt und Gl. 8.29 eingesetzt, ergibt sich

$$\mu^0(T) + RT \ln p^{\mathrm{V}} = \mu^0(T) + RT \ln p^{\mathrm{s}} + V^{\mathrm{L}}(p^{\mathrm{L}} - p^{\mathrm{s}}) \ , \tag{8.30}$$

wobei beide $\mu^0(T)$ identisch sind, da sie sich auf den gleichen Bezugszustand beziehen. Mit dem oben abgeleiteten Zusammenhang

$$p^{\mathrm{L}} = p^{\mathrm{V}} + 2\,H\sigma \ , \tag{8.31}$$

erhält man

$$RT \ln \frac{p^{\mathrm{V}}}{p^{\mathrm{s}}} = 2\,V^{\mathrm{L}}H\sigma + V^{\mathrm{L}}(p^{\mathrm{V}} - p^{\mathrm{s}}) \ . \tag{8.32}$$

Da i. d. R. $p^{\mathrm{V}} - p^{\mathrm{s}} \ll 2H\sigma$, folgt

$$p^{\mathrm{V}} = p^{\mathrm{s}} \exp \frac{2\,V^{\mathrm{L}}H\sigma}{RT} \ . \tag{8.33}$$

Dies ist die Kelvin-Gleichung. Für einen Reinstofftropfen mit Radius R_{G} im Gleichgewicht mit seinem Dampf heißt dies mit

$$H = \frac{1}{R_{\mathrm{G}}} \tag{8.34}$$

$$p^{\mathrm{s}}_\sigma = p^{\mathrm{s}} \exp \frac{2\,V^{\mathrm{L}}\sigma}{RT R_{\mathrm{G}}} \ , \tag{8.35}$$

wobei p^{s}_σ den Dampfdruck unter Einfluss der Grenzflächenspannung bezeichnet.

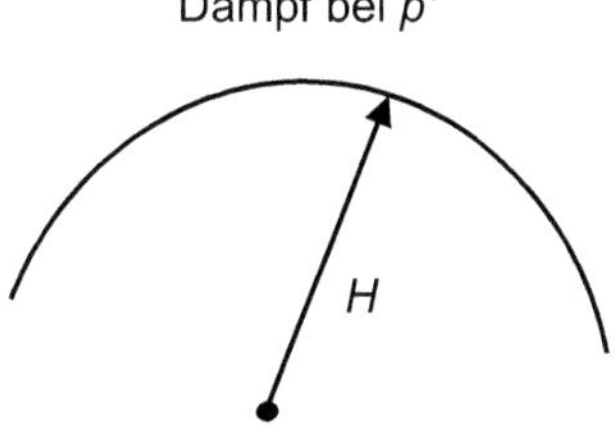

Abb. 8.10. Druckverhältnisse an einem kleinen Tropfen oder kugelförmigen Partikel bzw. einer kleinen Blase

Die Gleichung zeigt, dass mit abnehmendem Tropfenradius der Gleichgewichtsdruck im Dampf steigt. Diese Abhängigkeit vom Tropfendurchmesser (vgl. Abb. 8.11) bedeutet nun aber auch, dass mehrere Tropfen, die mit einer gemeinsamen Dampfphase in Kontakt stehen, erst dann im thermodynamischen Gleichgewicht sind, wenn alle Tropfen die gleiche Größe aufweisen. Kleinere Tropfen haben die Tendenz zu verdampfen, an größeren findet Kondensation statt. Dies führt dazu, dass bei einem Prozess, bei dem Tropfenbildung und -wachstum eine Rolle spielen (z. B. Entstehung von atmosphärischem Nebel), Tropfen, die ursprünglich eine weite Größenverteilung aufweisen sich immer mehr einer einheitlichen Tropfengröße annähern. Kleine Tropfen verschwinden dabei zugunsten der größeren Tropfen. Dieser Prozess wird Ostwald-Reifung genannt und tritt analog bei Feststoffen, z. B. bei der Kristallisation auf.

Dampfblasen in umgebender Flüssigkeit lassen sich durch eine entsprechende Kelvin-Gleichung beschreiben, die wegen $H = -1/R_G$

$$p_\sigma^{\mathrm{s}} = p^{\mathrm{s}} \exp\left(-\frac{2 V^{\mathrm{L}} \sigma}{RT R_{\mathrm{G}}}\right) \tag{8.36}$$

lautet. Im Gegensatz zu Tropfen ist der Dampfdruck auf Grund der Krümmung der Grenzfläche erniedrigt. Auch hier bedeutet dies aber wieder, dass kleinere Blasen im Vergleich zu größeren eine Tendenz haben zu verschwinden. Zur Erzeugung kleinerer Blasen ist daher auch eine höhere Überhitzung einer Flüssigkeit nötig als für größere Blasen.

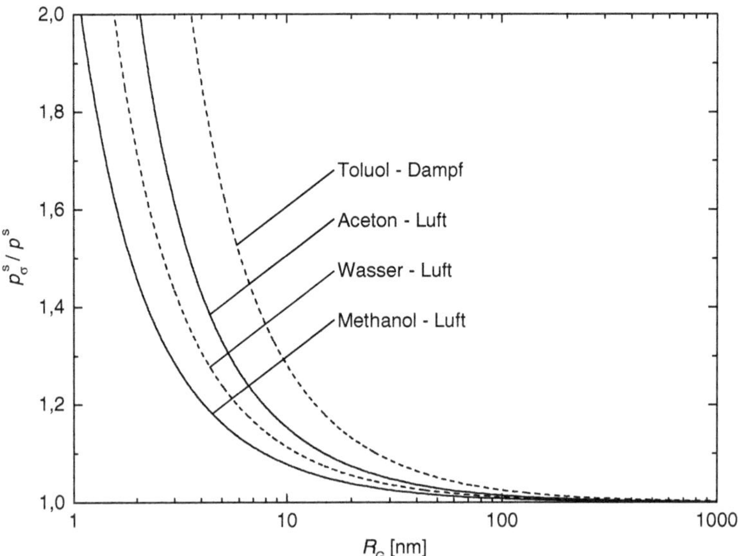

Abb. 8.11. Abhängigkeit des Dampfdrucks vom Tropfendurchmesser

Insgesamt erkennt man aber anhand von Abb. 8.11, dass dieser Einfluss der Grenzflächenspannung erst dann wirklich nennenswert wird, wenn die Tropfen, Blasen oder Partikel sehr klein werden. Immer hat dann die gekrümmte Grenzfläche die Tendenz, die Fläche der Phasengrenze so zu reduzieren, dass sie minimal wird.

8.4 Elektrostatische Eigenschaften einer Phasengrenze

Neben den mit mechanistischen Vorstellungen leicht interpretierbaren Eigenschaften, können üblicherweise auch elektrostatische Wechselwirkungen eine Rolle spielen. Dies ist für Feststoffoberflächen in der physikalischen Chemie bei der Beschreibung von Elektroden und in der Kolloid-Chemie bei der Stabilisierung von Emulsionen (Hautcremes) lange bekannt. In der Ingenieurliteratur finden sich zu dem Thema noch Beiträge von vor gut zwanzig Jahren, die die Zusammenhänge völlig unphysikalisch darstellen. Um hier einen ersten Zugang zu diesem Thema zu erhalten, seien zunächst zwei Phasen betrachtet, die miteinander im Gleichgewicht stehen und beide im Wesentlichen wässrig sind. Solche Systeme lassen sich technisch als sehr schonende Extraktionssysteme z. B. dadurch erzeugen, dass zwei Polymere gemeinsam im Wasser gelöst werden. Wie in Kapitel 7.3 und in Abb. 8.12 gezeigt, wird das System oberhalb bestimmter Polymerkonzentrationen zur Entmischung neigen. Beide Phasen enthalten aber vorwiegend Wasser, so dass sich in ihnen Salze lösen, was die folgende Diskussion von der Vorstellung her erleichtert.

In einem solchen zweiphasigen System werden Salze, z. B. NaCl, in beiden Phasen dissoziieren. Es liegen dann zwei geladene Spezies vor, wie in Abb. 8.13 gezeigt. Diese Spezies haben nun – wie alle gelösten Komponenten – die Tendenz, sich unabhängig von anderen Komponenten zu verteilen, d. h. unterschiedliche Verteilungskoeffizienten. Dies ist in Abb. 8.13 links angedeutet. Dieser unterschiedliche Verteilungskoeffizient würde aber zu Phasen führen, die eine Überschussladung tragen. Da die Phasen aber, wie in Kapitel 7.4 gezeigt, streng elektroneutral sein müssen, ist eine solche unabhängige Verteilung in der Realität nicht möglich. Die unterschiedlich geladenen Spezies müssen sich 'einigen', wie sie sich im Zweiphasensystem gemeinsam verteilen, wie dies in Abb. 8.13 rechts gezeigt ist. Da die Spezies aber natürlich immer noch die Tendenz 'spüren', sich unabhängig verteilen zu wollen, wird das System quasi unter eine Spannung gesetzt, die sich als elektrostatische Potentialdifferenz ausdrücken lässt.

Was hier anschaulich formuliert ist, lässt sich nun auch quantitativ in Gleichungen fassen [3, 150, 151, 174]. Ausgangspunkt ist zunächst die Annahme, dass in Phasen ein unterschiedliches elektrisches Potential ψ auftreten kann, dessen Einheit Volt (V) ist. Dieses Potential trägt dann natürlich zur Energie des Systems mit bei. Der Energiebeitrag W_{el} für eine geladene Spezies mit der Ladungszahl z_i ist

$$W_{\mathrm{el}} = x_i z_i F \psi \,, \tag{8.37}$$

wobei die Faradaykonstante F

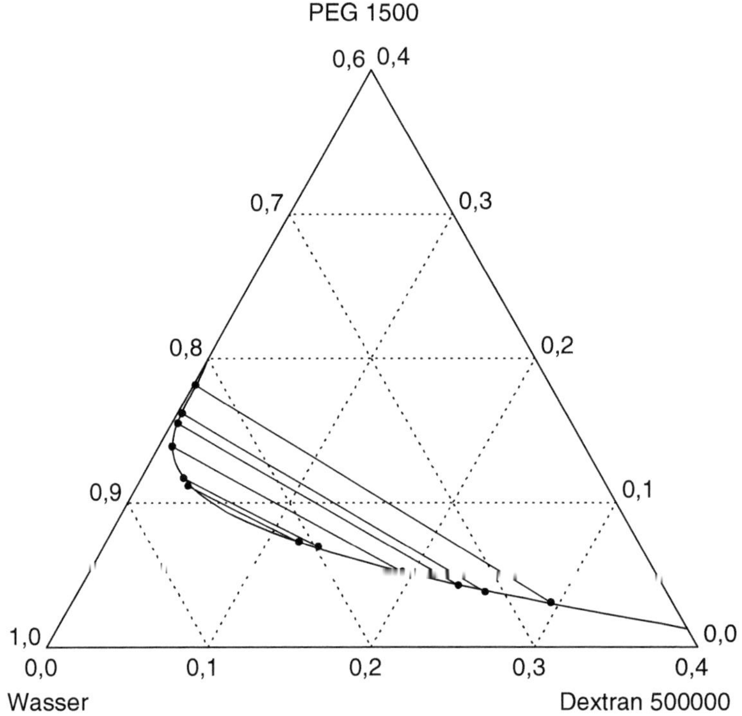

Abb. 8.12. LLE im System Wasser (1) + PEG 1500 (2) + Dextran 500000 (3) bei 293,15 K [41, 43]

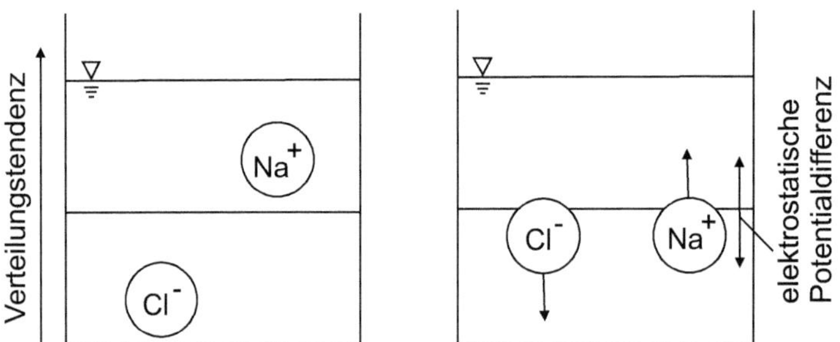

Abb. 8.13. Verteilungsverhalten von Elektrolyten

$$F = N_{\mathrm{Av}} e_0 = 96485\,\mathrm{C/mol} \tag{8.38}$$

wieder die molare Elementarladung darstellt. Da auf Grund der Elektroneutralitätsbedingung in einer Phase,

$$\sum_{i=1}^{N} x_i z_i = 0 \,, \tag{8.39}$$

der Energiebeitrag über alle Komponenten summiert gerade null ist, trägt die Energie lediglich zu den speziesbezogenen, z. B. den partiellen molaren Größen bei, insbesondere zur partiellen molaren freien Energie. Dieser elektrostatische Beitrag wird mit dem chemischen Potential μ_i zum elektrochemischen Potential $\tilde{\mu}_i$ zusammengefasst:

$$\tilde{\mu}_i = \mu_i + z_i F \psi \,. \tag{8.40}$$

Wird μ_i mit Hilfe des Aktivitätskoeffizienten ausgedrückt,

$$\mu_i = \mu_i^0 + RT \ln \gamma_i x_i \,, \tag{8.41}$$

und dies zusammen mit Gl. 8.40 in die entsprechend erweiterte Gleichgewichtsbedingung

$$\tilde{\mu}_i' = \tilde{\mu}_i'' \tag{8.42}$$

eingesetzt, so ergibt sich

$$\mu_i^0 + RT \ln \gamma_i' x_i' + F z_i \psi' = \mu_i^0 + RT \ln \gamma_i'' x_i'' + F z_i \psi'' \,. \tag{8.43}$$

Wird der Verteilungskoeffizient, der sich ohne Berücksichtigung der Potentialdifferenz ergäbe, entsprechend Gl. 5.89 als

$$K_i^0 = \frac{\gamma_i''}{\gamma_i'} \tag{8.44}$$

eingeführt sowie die elektrostatische Potentialdifferenz

$$\Delta \psi = \psi' - \psi'' \,, \tag{8.45}$$

so erhält man

$$\ln K_i = \ln \frac{x_i'}{x_i''} = \ln K_i^0 - \frac{F z_i}{RT} \Delta \psi \,. \tag{8.46}$$

Weist also ein Zweiphasensystem eine elektrostatische Potentialdifferenz auf, so hat das einen direkten Einfluss auf das Verteilungsverhalten geladener Spezies. Für ungeladene Komponenten gibt es diesen Einfluss nicht, da ihre Ladungszahl z_i null ist.

In einem System tritt nun wegen der Elektroneutralität eine ionische Spezies stets mit entsprechenden Gegenionen auf. Insgesamt können einem System immer nur insgesamt neutrale Salze zugegeben werden, die dann ggf. dissoziieren. Für ein Salz $K_{\nu_K} A_{\nu_A}$ seien dies zwei ionische Spezies K^{z_K} und A^{z_A}, wobei die hochgestellten Indizes die die Ladungszahl charakterisieren, für NaCl z. B. Na^+ und Cl^-. Auf Grund der Elektroneutralität gilt dann

$$K_\mathrm{K} = K_\mathrm{A} \ . \tag{8.47}$$

Wird Gl. 8.46 eingesetzt, erhält man nach $\Delta\psi$ aufgelöst

$$\Delta\psi = \frac{RT}{(z_\mathrm{A} - z_\mathrm{K})F} \ln \frac{K_\mathrm{A}^0}{K_\mathrm{K}^0} \ . \tag{8.48}$$

Gl. 8.48 kann nun im Rahmen der eingangs dargestellten anschaulichen Deutung interpretiert werden: Eine elektrostatische Potentialdifferenz zwischen zwei Phasen tritt genau dann auf, wenn unterschiedliche Ionen auch eine unterschiedliche Verteilungstendenz K_i^0 aufweisen. Dabei ist die Verteilungstendenz auf die hypothetisch ungeladenen Komponenten bezogen, d. h. K_i^0. Auch die Herleitung zeigt, dass die elektrostatische Potentialdifferenz aus dem Wechselspiel zwischen Elektroneutralitätsbedingung (Gl. 8.47) und der individuellen Verteilungstendenz ($K_\mathrm{A}^0 \neq K_\mathrm{K}^0$) resultiert, genau wie in Abb. 8.13 dargestellt.

Bemerkenswert an diesem Ergebnis ist nun, dass $\Delta\psi$ weder direkt von der Konzentration des eingesetzten Salzes, noch von dem absoluten Betrag der Verteilungskoeffizienten K_i^0 abhängt. Dies heißt, dass auch in wässrig-organischen Zweiphasensystemen ein $\Delta\psi$ auftritt, obwohl die Ionen in der organischen Phase häufig praktisch unlöslich sind. Gleichzeitig ist $\Delta\psi$ für kleine Salzkonzentrationen, solange γ_i dem Wert von γ_i^∞ entspricht, unabhängig von der Salzkonzentration und tritt damit zumindest theoretisch bereits für beliebig kleine Salzkonzentrationen auf.

Es stellt sich nun die Frage nach der Ursache für die elektrostatische Potentialdifferenz. Wenn die Elektroneutralitätsbedingung in einem Zweiphasensystem überall streng erfüllt wäre, ergäbe sich an jeder Stelle eine Nettoladungsdichte ϱ_z von null. Aus der Poisson-Gleichung, die hier eindimensional in x-Richtung senkrecht zur Phasengrenze betrachtet sei,

$$\frac{\partial^2 \psi}{\partial x^2} = -\frac{\varrho_z}{\varepsilon_0 \varepsilon_r} \ , \tag{8.49}$$

ergibt sich dann ein überall konstantes elektrostatisches Potential ψ. Hier sind ε_0 und ε_r wieder die Dielektrizitätskonstante des Vakuums und die relative Dielektrizitätszahl der jeweiligen Phase.

Es zeigt sich nun auch bei den elektrostatischen Eigenschaften, dass die Phasengrenze einen Übergangsbereich darstellt, der eine endliche Ausdehnung besitzt. Um dies quantitativ zu verstehen, gehen wir davon aus, dass die ionischen Spezies eine lokale Konzentration $c_i(x)$ aufweisen. Für die lokale Überschussladungsdichte gilt dann

$$\varrho_z(x) = F \sum_{i=1}^{N} z_i c_i(x) \ , \tag{8.50}$$

Um das Zweiphasensystem in diesem Bild darzustellen, kann ein ortsabhängiges $K_i^0(x)$ eingeführt werden. K_i^0 in einer der Phasen kann dabei zu eins gesetzt werden, was einerseits eine Referenz für jede Komponente darstellt und andererseits ausdrückt, dass die Spezies ohne Berücksichtigung ihrer Ladung sich überall in dieser Phase mit gleicher Wahrscheinlichkeit aufhält. An der Phasengrenze bei $x = 0$ springt $K_i^0(x)$ dann auf einen zweiten Wert, der dem Verteilungskoeffizienten bezogen auf die erste Phase direkt entspricht. Wird dann zudem

$$\ln K_i(x) = \ln K_i^0(x) - \frac{z_i F}{RT} \psi(x) \tag{8.51}$$

berücksichtigt, so sind alle Ausdrücke in der Poisson-Gleichung gegeben, die Differentialgleichung kann z. B. numerisch gelöst werden.

Das Ergebnis einer solchen Rechnung ist in Abb. 8.14 dargestellt. Beruhigend ist zunächst, dass in beiden Hauptphasen die Elektroneutralität bereits in geringem Abstand zur Phasengrenze asymptotisch sichergestellt ist. Deutlich zu erkennen ist aber auch, dass in allernächster Nähe zur Phasengrenze die Ionenkonzentrationen so voneinander abweichen, dass lokal die Elektroneutralitätsbedingung verletzt wird. Es kommt zu einer Ladungsverschiebung entsprechend der K_i^0 der einzelnen Ionen. Zu einer Seite der Phasengrenze reichern sich positive, auf der anderen Seite negative Ladungen an, eine so genannte Doppelschicht entsteht. Zweifache Integration der daraus resultierenden Nettoladungsverteilung entsprechend der Poisson-Gleichung liefert den Verlauf des elektrostatischen Potentials.

Insgesamt ist auch zu erkennen, dass die Ladungsverschiebung zwar immer noch auf molekulare Abmessungen beschränkt ist. Die Reichweite der Abweichung von der Elektroneutralität korrespondiert dabei direkt zur Debye-Länge $1/\kappa$. Je höher die Konzentration der Ionen und damit die Ionenstärke und je kleiner die relative Dielektrizitätszahl der Phase ist, desto weniger weit reicht die elektrostatische Doppelschicht in die Phasen hinein.

Elektrostatische Potentialdifferenzen treten nun nicht nur in Zweiphasensystemen auf, in denen die Ionen in beiden Phasen relativ gut löslich sind. Auch bei wässrig-organischen Zweiphasensystemen, bei denen ein Salz in der organischen Phase i. d. R. praktisch nicht dissoziiert und sich damit extrem wenig löst, können $\Delta\psi$ entstehen, da ja die absoluten Werte sowohl der Konzentrationen als auch der Verteilungskoeffizienten K_i^0 nach Gl. 8.48 nicht die Potentialdifferenz bestimmen. Lediglich die Relation der K_i^0 ist entscheidend.

Weiterhin ist zu bedenken, dass

- lokale Ladungsverschiebungen an der Phasengrenze auch durch das Ausrichten von polaren Molekülen auftreten können,
- Wasser auf Grund der Autoprotolyse in geringen Konzentrationen stets Ionen enthält,
- die bisherigen Betrachtungen prinzipiell unabhängig vom Aggregatzustand der betrachteten Phasen waren.

Aus diesen Überlegungen ergibt sich, dass an allen praktischen Phasengrenzen definierte elektrostatische Potentialdifferenzen auftreten. Sehr lange bekannt ist dies bereits für Membranoberflächen, an denen sich ebenfalls auf Grund unterschiedlicher Affinität verschiedener Ionen zur Membran ein so

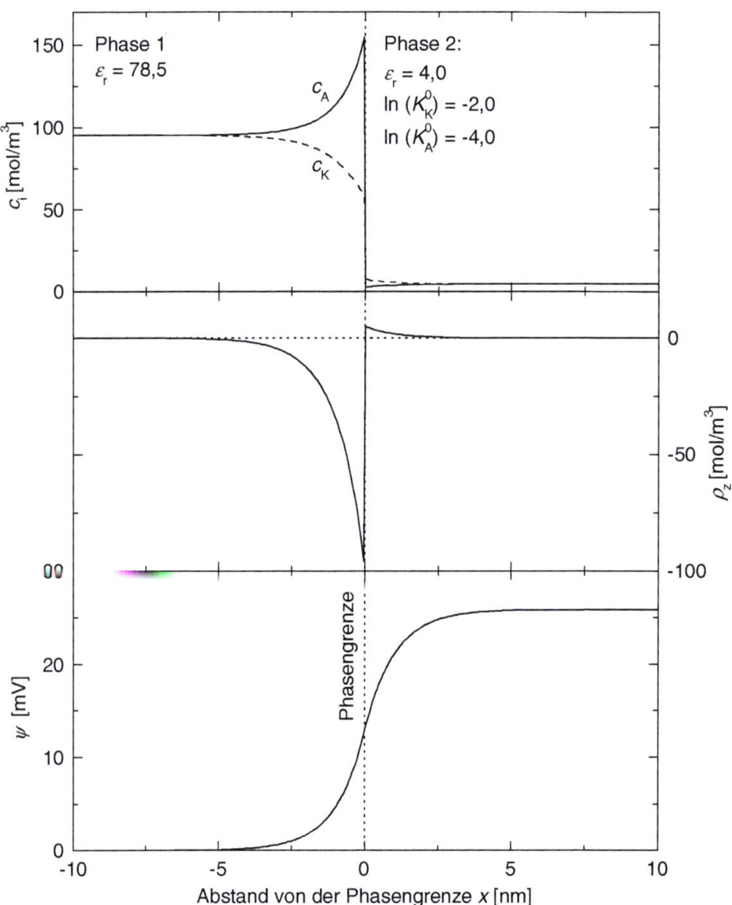

Abb. 8.14. Lokaler Konzentrations- und Potentialverlauf an einer Phasengrenze bei $300\,$K eines Salzes KA mit $z_K = +1$ und $z_A = -1$

genanntes Donnan-Potential ausbildet, das den Stofftransport merklich beeinflussen kann. Hinzu kommen weitere Phänomene, die ein $\Delta\psi$ hervorrufen können. Zum Beispiel weisen Feststoffoberflächen häufig eine Oberflächenladung auf, die in Abb. 8.15 negativ angenommen ist. Zu dem Überschuss negativer Ionen in der inneren Helmholtz-Schicht werden sich in einer umgebenden Flüssigkeit positiv geladene Gegenionen so anordnen, dass die negative Oberflächenladung ausgeglichen wird. In der Literatur wird üblicherweise angenommen, dass dies einerseits in Form einer diskreten äußeren Helmholtz-Schicht adsorbierter Kationen geschieht und andererseits durch eine diffuse Schicht. Diese diffuse Schicht weist ebenfalls einen Kationen-Überschuss auf, die Ionen sind auf Grund ihrer thermischen Bewegung aber nicht einer starren Schicht zugeordnet, sondern frei in der Lösung beweglich. Verschiedene Varianten entsprechender Modelle wurden in der Literatur vorgeschlagen, die mit den Namen Stern sowie Gouy und Chapman verknüpft sind [52, 89, 98, 194].

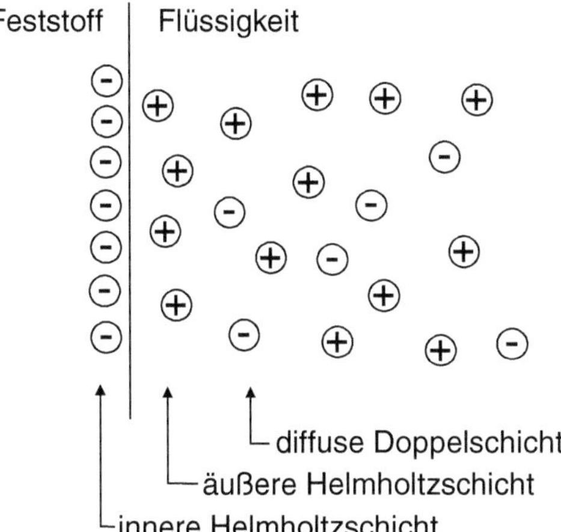

Abb. 8.15. Doppelschicht an einer Feststoffoberfläche in Wasser

An Flüssig-Flüssig-Phasengrenzen können ähnliche Phänomene auftreten, wenn ionische Tenside zugegen sind. In Abb. 8.16 sind zwei Beispiel-Tenside gezeigt, Stearinsäure und p-Dodecylphenylsulfonat. Die hydrophobe Kohlenwasserstoffkette weist eine hohe Affinität zur organischen Phase auf, während die ionische Kopfgruppe Wasser als Umgebung bevorzugt. Das Tensid wird also bevorzugt die Phasengrenzen belegen, was zu einer massiven Reduzierung der Grenzflächenspannung führt. Oberhalb der kritischen Mizellbildungskonzentration ist die Tendenz der Moleküle, sich an einer Phasengrenze aufzuhalten, so groß, dass eine neue Phasengrenze in Form von Tensid-Mizellen gebildet wird. Da die Kopfgruppe eines ionischen Tensids eine Ladung trägt, führt auch die bevorzugte Adsorption der Tenside an der Phasengrenze dort zu einer Ansammlung von einer Ladungssorte wie in Bild 8.15. Diese wird kompensiert durch eine diffuse Schicht der Gegenionen in der wässrigen Phase, wobei diese Doppelschicht auf Grund der starken Adsorption zu entsprechend hohen elektrostatischen Potentialdifferenzen führen kann. Ohne diese ausgeprägte Adsorption, wenn also ausschließlich wie oben diskutiert eine unterschiedliche Verteilungstendenz vorliegt, bleibt die Doppelschicht zu beiden Seiten der Grenzfläche diffus.

Es stellt sich nun die Frage, ob und wie $\Delta\psi$ gemessen werden kann. Es zeigt sich, dass ein $\Delta\psi$ alleine nicht direkt messbar ist. Um $\Delta\psi$ zu messen, müssen z. B. mit Messelektroden neue Phasengrenzen in das System eingebracht oder andere Veränderungen zum Zweck der Messung vorgenommen werden, die jeweils die eindeutige Zuordnung des Messeffektes zu $\Delta\psi$ verhindern. Lediglich die Differenz zweier $\Delta\psi$ in unterschiedlichen Systemen ist messbar. Dies

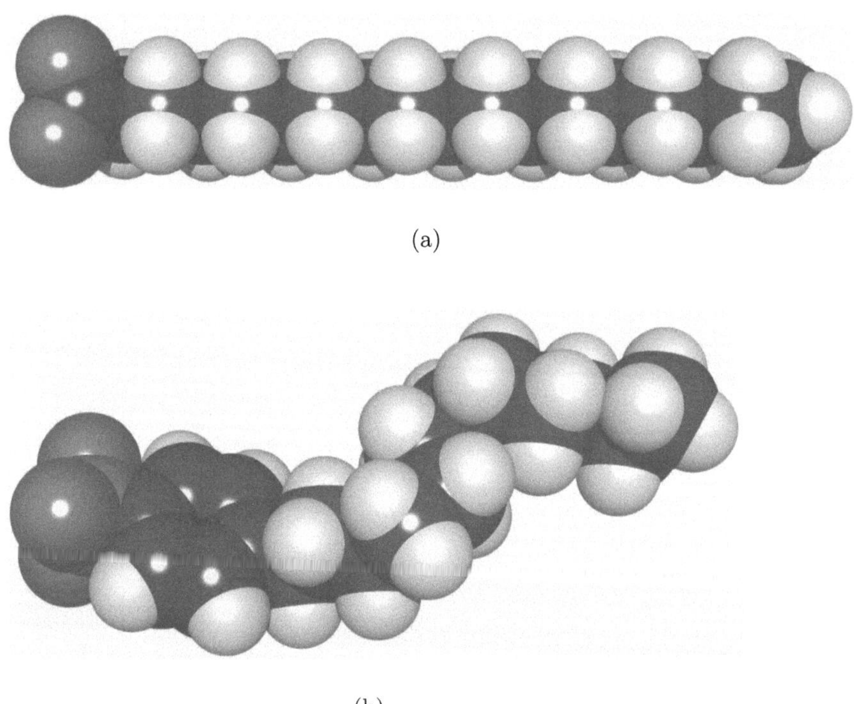

(a)

(b)

Abb. 8.16. Zwei Beispieltenside. (a) Stearinsäure, (b) p-Dodecylphenylsulfonat

ist analog zu den Ergebnissen der Elektrochemie, bei der stets zwei Halbzellen mit jeweils einer Phasengrenze zu einer galvanischen Zelle (Batterie) kombiniert werden müssen. Zur Angabe eines $\Delta\psi$ muss eine Bezugselektrode angegeben werden, zu der $\Delta\psi$ in Relation gesetzt wird, so dass letztendlich nur $\Delta(\Delta\psi)$ bestimmt wird [8]. Als Bezugselektrode wird üblicherweise eine Platin-Wasserstoff-Elektrode verwendet, bei der eine Platinplatte in Wasser von Wasserstoff umperlt wird.

Es sei hier angemerkt, dass in Abb. 8.14 und in Gl. 8.48 $\Delta\psi$ nur deshalb explizit auftaucht, weil vorausgesetzt wurde, dass die K_i^0 bekannt sind. In der Realität lässt sich aber der Verteilungskoeffizient eines hypothetisch ungeladenen Ions nicht ermitteln. Der einzige Zugang zu einer absoluten Potentialdifferenz könnte die Messung der lokalen Konzentrationsverläufe geladener Spezies an einer Phasengrenze sein. Heutigen Messtechniken bleibt eine entsprechende Auflösung aber noch verwehrt.

In Tab. 8.2 sind nun einige typische Werte zur Charakterisierung von $\Delta\psi$ zusammengestellt. Es wird deutlich, dass $\Delta(\Delta\psi)$ um so größer wird, je unähnlicher sich die Phasen werden. Erst bei Potentialdifferenzen von einigen Volt wird die Nutzung z. B. in Batterien technisch interessant und auch nur dann, wenn eine ausreichend hohe Stromdichte realisiert werden kann, was bei den hier betrachteten Gleichgewichtspotentialen nicht berücksichtigt ist.

Tabelle 8.2. Typische Werte für Potentialdifferenzen an Phasengrenzen

Zweiphasensystem	typische $\Delta(\Delta\psi)$
Wässrige Polymersysteme mit unterschiedlichen Salzen	einige 10 mV
wässrig-organisch mit unterschiedlichen Salzen	wenige 100 mV
wässrig-organisch mit unterschiedlichen ionischen Tensiden	einige 100 mV
flüssig-fest mit unterschiedlichen Feststoffen	wenige V

Die $\Delta\psi$ an Phasengrenzen beeinflussen nun im Wechselspiel zwischen chemischem und elektrostatischem Potential das Verteilungsverhalten von Ionen, wie an Gl. 8.46 direkt abgelesen werden kann. Dies trifft natürlich nur dann zu, wenn die Potentialdifferenz nach Gl. 8.48 von einem Salz dominiert wird und sich andere geladene Spezies in geringerer Konzentration bestimmt durch dieses $\Delta\psi$ verteilen. Dies tritt z. B. bei biotechnologisch relevanten Systemen häufig auf, bei denen i. d. R. Salzkonzentrationen von einigen $10-100$ mmol/kg in Nährmedien eingesetzt werden, während die interessierenden Biomoleküle höher verdünnt sind. Zudem können z. B. Proteine recht hohe Ladungszahlen von einigen 10 aufweisen, so dass sie auf kleinste Veränderungen in $\Delta\psi$ nach Gl. 8.46 bereits empfindlich reagieren. Bei einer Ladungszahl von $z_i = 10$ und einer Veränderung in $\Delta\psi$ um 10 mV verschiebt sich der Verteilungskoeffizient beispielsweise um den Faktor 48. In technischen Systemen ist dabei zu berücksichtigen, dass mehrere Komponenten, die $\Delta\psi$ beeinflussen, zu einem komplexen Wechselspiel führen. Indem für alle Spezies die Gleichgewichtsbeziehung Gl. 8.46 sowie die Elektroneutralitätsbedingung und die Bilanzen angeschrieben werden, können $\Delta\psi$ und alle Spezieskonzentrationen in den Phasen ermittelt werden [174].

Auch auf den Stofftransport geladener Spezies hat $\Delta\psi$ einen Einfluss. Das Potential an der Phasengrenze stellt quasi entweder einen Potentialberg dar, gegen den ein Ion antransportiert werden muss, oder einen Potentialabhang, der den Stofftransport unterstützt. Auch hierbei ist wieder zu berücksichtigen, dass Ionen stets von Gegenionen begleitet werden. Wird eines der Ionen also den $\Delta\psi$-Potentialberg hinauf transportiert, bewegt sich das Gegenion in das korrespondierende Potentialtal. Ein Ansatz zur Beschreibung des Wechselspiels zwischen den Ionen bzgl. ihrer Beweglichkeit ist die Nernst-Planck-Gleichung [182].

8.5 Wechselwirkung zwischen Phasen und Phasengrenzen

Von wesentlicher technischer Bedeutung sind die elektrostatischen Eigenschaften auch überall dort, wo mehrere Phasengrenzen miteinander wechselwirken. Dies ist beispielsweise bei der Koaleszenz von Tropfen oder Blasen der Fall oder beim Agglomerieren von Feststoffpartikeln. Um zu zeigen, wie ausgeprägt der Einfluss sein kann, ist in Abb. 8.17 die Absetzzeit t_s für ein Zweiphasensystem gezeigt, dem in einem weiten Konzentrationsbereich Salz zugegeben wurde [19]. Die Absetzzeit wurde in einer Schüttelflasche – ein zylindrisches Gefäß mit Stopfen – mit 280 ml Inhalt bestimmt. Dazu wurden das Salz und das Zweiphasensystem in die Schüttelflasche eingefüllt und mehrfach geschüttelt, so dass vom thermodynamischen Gleichgewicht zwischen den Phasen ausgegangen werden kann. Dann wurde nach Abstellen der Flaschen beobachtet, wie lange es dauert, bis sich die Phasen wieder vollständig voneinander getrennt haben [19].

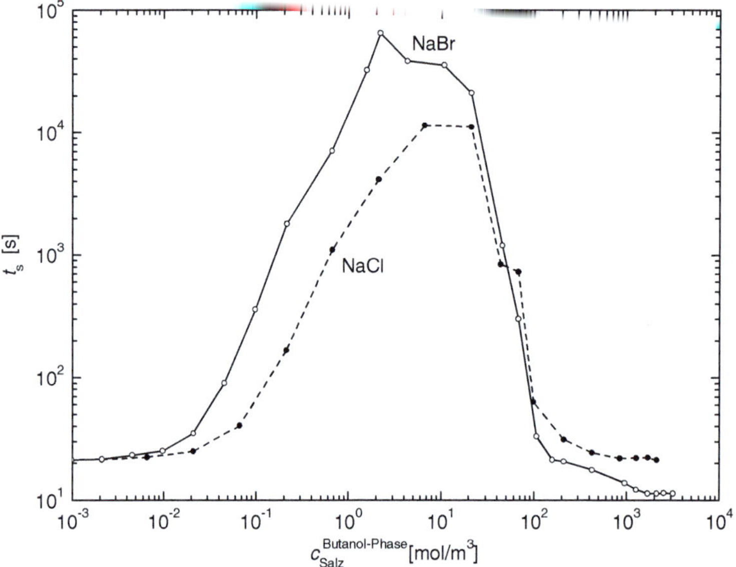

Abb. 8.17. Absetzzeit in einem Butanol-Wasser-System mit einem Phasenverhältnis organisch/wässrig=5/2 bei Zugabe unterschiedlicher Salze [19]

Es ist in Abb. 8.17 zu erkennen, dass die Absetzzeit bei dem gezeigten Stoffsystem durch Salzzugabe um mehrere Zehnerpotenzen verschoben werden kann. Es fällt insbesondere auch auf, dass die Salzzugabe zunächst eine Verlangsamung des Absetzens bewirkt, dann aber oberhalb eines bestimmten Wertes wieder eine deutliche Beschleunigung, die sogar so weit geht, dass die

Phasentrennung schneller abläuft als ohne Salzzugabe. Um diese Ergebnisse zu verstehen, die auch für das Stabilisieren von Emulsionen z. B. für kosmetische Produkte ganz wesentlich sind, sollen die Wechselwirkungen zwischen den Phasengrenzen im Folgenden quantitativ beschrieben werden.

Nach den Ausführungen in Abschnitt 8.4 ist zu erwarten, dass die elektrostatischen Potentialverläufe zweier Phasen miteinander wechselwirken, wenn diese sich annähern. Um das Verhalten zu beschreiben, kann wieder von Gl. 7.87 ausgegangen werden, die zur Herleitung der Debye-Hückel-Näherung für Elektrolytlösungen entwickelt wurde:

$$\nabla^2 \psi = \frac{F^2}{\varepsilon_0 \varepsilon_r RT} \psi \sum_{i=1}^{N} z_i^2 c_i \ . \tag{8.52}$$

Während Gl. 7.87 für ein Zentralion einer Spezies i formuliert war, bezieht sich Gl. 8.52 auf die Ionenverteilung und den Potentialverlauf an ebenen Phasengrenzen. Da Gl. 7.87 aber noch keine Annahmen zur betrachteten Geometrie enthielt, ist diese Übertragung direkt möglich. Im Gegensatz zu Gln. 8.49 bis 8.51 und den Verläufen in Abb. 8.14 ist in Gl. 8.52 bereits die Taylorreihenentwicklung mit Gl. 7.85 für kleine ψ enthalten, die nach dem zweiten Term abgebrochen wurde. Gleichung 8.52 stellt also eine Näherung dar, während Abb. 8.14 ohne diese Näherung ermittelt wurde, indem die Differentialgleichung numerisch gelöst wurde.

Wird nun zunächst die Wechselwirkung zwischen zwei ebenen Grenzflächen mit dem Abstand a betrachtet, so kann Gl. 8.52 eindimensional ausgewertet werden. Die Geometrie und der Potentialverlauf sind in Abb. 8.18 skizziert. Die beiden sich annähernden Phasengrenzen trennen zwei halbunendlich gedachte Phasen 1 und 3 von der Zwischenphase 2. Hier soll davon ausgegangen werden, dass die Phasen 1 und 3 identisch sind und gleiche Eigenschaften aufweisen. Es sei zudem vorausgesetzt, dass das elektrostatische Potential ψ_0 an der Phasengrenze durch die in Abschnitt 8.4 beschriebenen Gleichgewichte ladungstragender Spezies vorgegeben ist. Dieser Wert ψ_0 ist dabei bezogen auf das Potential, das sich bei $x = 0$ für einen großen Abstand $a \to \infty$ einstellt. Würden zwei Tropfen miteinander wechselwirken, so ist der Bezug das Potential in unendlichem Abstand. Damit gilt als eine Randbedingung zur Lösung von Gl. 8.52

$$\psi|_{x = \pm \frac{a}{2}} = \psi_0 \ . \tag{8.53}$$

Als zweite Randbedingung muss aus Symmetriegründen gelten:

$$\left(\frac{\partial \psi}{\partial x} \right)\bigg|_{x=0} = 0 \ . \tag{8.54}$$

Mit dem allgemeinen Lösungsansatz analog zu Gl. 7.90,

$$\psi = C_1 \exp(-\kappa x) + C_2 \exp(\kappa x) \ , \tag{8.55}$$

ergibt sich

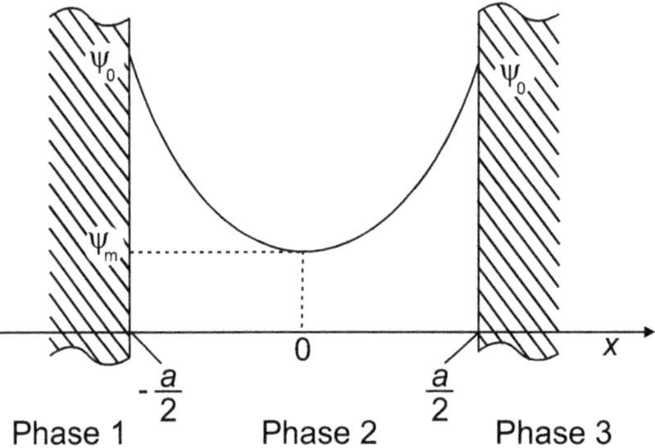

Abb. 8.18. Schematische Darstellung paralleler Grenzflächen mit ihrem Potentiaverlauf

$$\psi = \psi_0 \frac{\exp(\kappa x) + \exp(-\kappa x)}{\exp\left(\dfrac{\kappa a}{2}\right) + \exp\left(-\dfrac{\kappa a}{2}\right)} = \psi_0 \frac{\cosh(\kappa x)}{\cosh \dfrac{\kappa a}{2}} \; . \tag{8.56}$$

Dieser Potentialverlauf führt nun zu einer Kraft, die zwischen den Phasengrenzen wirkt. Um diese Kraft zu ermitteln, sei ein Volumenelement in Phase 2 betrachtet, wie es in Abb. 8.19 skizziert ist. Es wirkt einerseits der ortsabhängige Druck, aus dem eine resultierende flächenbezogene Kraft $-\partial p/\partial x\,\mathrm{d}x$ resultiert. Für die flächenbezogene elektrostatisch bedingte Kraft F''_{el} lässt sich mit Gl. 7.72 schreiben:

$$F''_{el} = -\varrho_z \left(\frac{\partial \psi}{\partial x}\right) \mathrm{d}x \; , \tag{8.57}$$

wobei $''$ angibt, dass es sich um eine flächenbezogene Größe handelt. Damit gilt, wenn das System im Gleichgewicht ist, auf Grund des Kräftegleichgewichts:

$$-\left(\frac{\partial p}{\partial x}\right) - \varrho_z \left(\frac{\partial \psi}{\partial x}\right) = 0 \; . \tag{8.58}$$

Mit der eindimensional geschriebenen und umgestellten Poisson-Gleichung (Gl. 7.68),

$$\varrho_z = -\varepsilon_0 \varepsilon_r \frac{\partial^2 \psi}{\partial x^2} \tag{8.59}$$

folgt schließlich

$$\left(\frac{\partial p}{\partial x}\right) - \varepsilon_0 \varepsilon_r \left(\frac{\partial \psi}{\partial x}\right) \frac{\partial^2 \psi}{\partial x^2} = 0 \; . \tag{8.60}$$

Wegen

$$\frac{\partial}{\partial x}\left(\frac{\partial \psi}{\partial x}\right)^2 = 2\left(\frac{\partial \psi}{\partial x}\right)\frac{\partial^2 \psi}{\partial x^2} \tag{8.61}$$

lässt sich auch schreiben

$$\frac{\partial}{\partial x}\left[p - \frac{\varepsilon_0\varepsilon_r}{2}\left(\frac{\partial\psi}{\partial x}\right)^2\right] = 0 \tag{8.62}$$

bzw.

$$p - \frac{\varepsilon_0\varepsilon_r}{2}\left(\frac{\partial\psi}{\partial x}\right)^2 = \text{konst.} \tag{8.63}$$

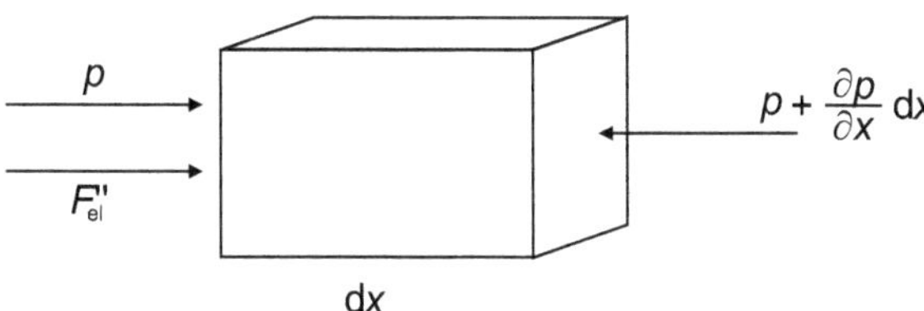

Abb. 8.19. Volumenelement

Wird nun berücksichtigt, dass bei $x = 0$ der Term $\partial\psi/\partial x$ gerade verschwindet, so lässt sich auch schreiben

$$p - \frac{\varepsilon_0\varepsilon_r}{2}\left(\frac{\partial\psi}{\partial x}\right)^2 = p_\mathrm{m} , \tag{8.64}$$

wobei m die Mitte zwischen den Phasengrenzen indiziert. Die in diesen Gleichungen erscheinenden Drücke enthalten nun neben den elektrostatisch bedingten Anteilen auch noch Beiträge, die von der Elektrostatik unbeeinflusst sind. Dieser Gleichgewichtsdruck p_∞ entspricht dem Druck p_m, wenn der Abstand der Phasengrenzen gegen unendlich geht:

$$p_\infty = \lim_{a\to\infty} p_\mathrm{m} . \tag{8.65}$$

p_∞ ist also der Druck, der sich aus den Gleichgewichtsbedingungen mit den Ansätzen in den Kapiteln 4 und 5 ergibt.

Hier soll nur der elektrostatisch bedingte Zusatzanteil berücksichtigt werden, für den dann auch geschrieben werden kann

$$p_\mathrm{m} - p_\infty = \int_\infty^a \mathrm{d}p_\mathrm{m} . \tag{8.66}$$

Mit Gl. 8.58 lässt sich nun formulieren

$$\mathrm{d}p = -\varrho_z\mathrm{d}\psi . \tag{8.67}$$

Einsetzen von Gl. 8.52 in Gl. 8.59 liefert unter Berücksichtigung der Definition von κ^2 (Gl. 7.88):

$$\varrho_z = -\varepsilon_0\varepsilon_r\kappa^2\psi . \tag{8.68}$$

Wird beides in Gl. 8.66 eingesetzt, ergibt sich

$$p_\mathrm{m} - p_\infty = \int_0^{\psi_\mathrm{m}} \varepsilon_0 \varepsilon_r \kappa^2 \psi'_\mathrm{m} \,\mathrm{d}\psi'_\mathrm{m} \tag{8.69}$$

bzw.

$$p_\mathrm{m} - p_\infty = \frac{\varepsilon_0 \varepsilon_r \kappa^2}{2} \psi_\mathrm{m}^2 \; . \tag{8.70}$$

Wird Gl. 8.56 für $x = 0$ ausgewertet und für ψ_m eingesetzt, folgt

$$p_\mathrm{m} - p_\infty = \frac{\varepsilon_0 \varepsilon_r}{2} \left(\frac{\kappa \psi_0}{\cosh \dfrac{\kappa a}{2}} \right)^2 \; . \tag{8.71}$$

Dies ist die flächenbezogene Kraft zunächst für $x = 0$. Da Gln. 8.64 bzw. Gl. 8.63 allerdings überall zwischen den Grenzflächen gelten und damit die Differenzkraft unabhängig vom Ort ist, gibt Gl. 8.71 auch die auf die Phasengrenzen wirkende flächenbezogene Kraft an.

Die für die Annäherung der Phasengrenzen aus dem Unendlichen auf den Abstand a benötigte flächenbezogene Energie lässt sich nun mit

$$U''_\mathrm{el} = - \int_\infty^a (p_\mathrm{m} - p_\infty)\,\mathrm{d}a \tag{8.72}$$

ermitteln. Mit Gl. 8.71 ergibt sich

$$U''_\mathrm{el} = \varepsilon_0 \varepsilon_r \kappa \psi_0^2 \left(1 - \tanh \frac{\kappa a}{2} \right) \; . \tag{8.73}$$

Es ist sofort zu erkennen, dass in Gl. 8.71 ausschließlich positive Werte für die Kraft liefert, d. h. zwei Phasengrenzen stoßen sich auf Grund ihrer elektrostatischen Wechselwirkungen stets ab. Da im Experiment Koaleszenz aber offensichtlich beobachtet wird, müssen auch anziehende Kräfte zwischen den Phasen existieren, die im Folgenden beschrieben werden sollen.

In Kapitel 7.2.2 wurde die Van-der-Waals-Wechselwirkung zwischen zwei Molekülen betrachtet, die sich mit

$$u_{1,2} = - \frac{C'}{r_{1,2}^6} \tag{8.74}$$

beschreiben ließ. Die daraus resultierende Kraft war nur für kleine Molekülabstände relevant, im Wesentlichen kleiner als 1 nm (vgl. Abb. 7.32). Es zeigt sich nun aber, dass die Wechselwirkung vieler Moleküle einer Phase einen nennenswerten Beitrag auch für größere Abstände ergibt.

Um die entsprechenden Beziehungen herzuleiten, sei Abb. 8.20 betrachtet. Zwischen den gezeigten Volumenelementen ist dann die potentielle Energie mit Gl. 8.74

$$\mathrm{d}U_{\mathrm{vdW}} = -\frac{C\varrho_1\mathrm{d}(nV)_1\varrho_3\mathrm{d}(nV)_3}{r_{1,3}^6}\ . \tag{8.75}$$

Hier sind ϱ_1 und ϱ_3 wieder die molaren Dichten und $\varrho\mathrm{d}(nV)$ gibt die Stoffmenge in den Volumenelementen an. Die Konstante C wird nun üblicherweise mit den Dichten zur Hamaker-Konstante $A_{1,2,3}$ zusammengefasst

$$A_{1,2,3} = \varrho_1\varrho_3 C \tag{8.76}$$

die nach Hamaker benannt ist, der diese Zusammenhänge erstmals abgeleitet hat [84].

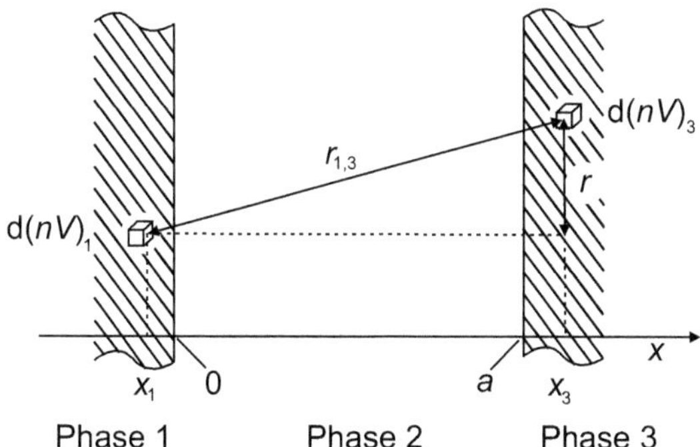

Abb. 8.20. Van-der-Waals-Kräfte zwischen zwei halbunendlichen Phasen

Zur Ermittlung der Gesamtenergie muss nun über das jeweils halbunendliche Volumen der Phasen 1 und 3 integriert werden:

$$U_{\mathrm{vdW}} = -A_{1,2,3}\int\limits_{(nV)_1}\int\limits_{(nV)_3}\frac{\mathrm{d}(nV)_1\mathrm{d}(nV)_3}{r_{1,3}^6}\ . \tag{8.77}$$

Die Integration über das Volumen der Phase 3 lässt sich aufspalten in eine Integration über x_3 von a bis ∞ und eine über r von 0 bis ∞:

$$U_{\mathrm{vdW}} = -A_{1,2,3}\int\limits_{(nV)_1}\int\limits_{x_3=a}^{\infty}\int\limits_{r=0}^{\infty}\frac{\mathrm{d}(nV)_1 2\pi r\mathrm{d}x\mathrm{d}r}{r_{1,3}^6}\ . \tag{8.78}$$

Wird nun wie für die elektrostatischen Beiträge die flächenbezogene Energie ausgewertet, so muss für $\mathrm{d}(nV)_1$, lediglich über x_1 zwischen $-\infty$ und 0 integriert werden:

$$U_{\mathrm{vdW}}'' = -A_{1,2,3}\int\limits_{x_1=-\infty}^{0}\int\limits_{x_3=a}^{\infty}\int\limits_{r=0}^{\infty}\frac{2\pi r\mathrm{d}x_1\mathrm{d}x_3\mathrm{d}r}{r_{1,3}^6}\ . \tag{8.79}$$

Mit

$$r_{1,3}^2 = (x_3 - x_1)^2 + r^2 \tag{8.80}$$

kann dies integriert werden und man erhält

$$U_{\mathrm{vdW}}'' = -\frac{\pi A_{1,2,3}}{12a^2} \ . \tag{8.81}$$

Die gesamte flächenbezogene Energie U_{PG}'' zwischen den Phasengrenzen zweier halbunendlich ausgedehnter Phasen im Abstand a lässt sich dann aus den elektrostatischen und den Van-der-Waals-Beiträgen zusammensetzen:

$$U_{\mathrm{PG}}'' = U_{\mathrm{el}}'' + U_{\mathrm{vdW}}'' \ , \tag{8.82}$$

$$U_{\mathrm{PG}}'' = \varepsilon_0 \varepsilon_r \kappa \psi_0^2 \left(1 - \tanh \frac{\kappa a}{2}\right) - \frac{\pi A_{1,2,3}}{12a^2} \ , \tag{8.83}$$

wobei sich die flächenbezogene Kraft analog zu Gl. 8.72 als Ableitung daraus ergibt:

$$F_{\mathrm{PG}}'' = -\left(\frac{\partial U_{\mathrm{PG}}''}{\partial a}\right) \ , \tag{8.84}$$

bzw.

$$F_{\mathrm{PG}}'' = \frac{\varepsilon_0 \varepsilon_r}{2} \left(\frac{\kappa \psi_0}{\cosh \frac{\kappa a}{2}}\right)^2 - \frac{\pi A_{1,2,3}}{6a^3} \ . \tag{8.85}$$

Gln. 8.83 und 8.85 sind die Beziehungen der so genannten DLVO-Theorie für ebene Phasengrenzen, die nach den Autoren des Ansatzes benannt ist: Derjaguin und Landau [48] sowie Verwey und Overbeek [193], die unabhängig voneinander diese Überlagerung der Kräfte untersuchten.

Bevor die Terme der DLVO-Theorie diskutiert werden, soll zunächst noch der Übergang zu kugelförmigen Phasen in der Derjaguin-Näherung betrachtet werden, da Ausgangspunkt ja die Koaleszenz von Tropfen war. Hierzu wird angenommen, dass die Oberflächen der Tropfen, Blasen oder kugelförmigen Partikel im Abstand a wie in Abb. 8.21 gezeigt durch infinitesimale ringförmige Scheiben angenähert werden können. Die wechselwirkende Fläche des Ringes der Oberfläche bei r ist $2\pi r \mathrm{d}r$. Wirkt zwischen diesen Flächen auf beiden Kugeln die flächenbezogene Kraft F_{PG}'', so ist die Gesamtkraft zwischen den Kugeln F_{K}

$$F_{\mathrm{K}}(a) = \int\limits_0^\infty 2\pi F_{\mathrm{PG}}''(a) r \, \mathrm{d}r \tag{8.86}$$

Die obere Grenze des Integrals müsste eigentlich R_0 sein. Da die Beiträge zu den Kräften aber mit dem Abstand rasch abnehmen, kann die Grenze zur Vereinfachung auf Unendlich gesetzt werden. Mit

$$d_{1,3} = x_3 - x_1 \tag{8.87}$$

folgt nun

$$\mathrm{d}d_{1,3} = \mathrm{d}x_3 - \mathrm{d}x_1 \ . \tag{8.88}$$

Gleichzeitig gilt

$$R_0^2 = r^2 + (R_0 + x_1)^2 \tag{8.89}$$

bzw.

$$R_0^2 = r^2 + [R_0 - (x_3 - a)]^2 \ . \tag{8.90}$$

Auch hier wird wiederum angenommen, dass die wesentlichen Beiträge zu den Kräften aus den Bereichen stammen, in denen sich die Kugeln am nächsten sind. Damit ist $x_1 \ll R_0$ bzw. $(x_3 - a) \ll R_0$ und Gln. 8.89 und 8.90 lassen sich vereinfachen zu

$$r^2 = -2R_0 x_1 \tag{8.91}$$

und

$$r^2 = 2R_0(x_3 - a) \ . \tag{8.92}$$

Daraus ergibt sich

$$\mathrm{d}x_1 = -\frac{r}{R_0}\mathrm{d}r \tag{8.93}$$

und

$$\mathrm{d}(x_3 - a) = \mathrm{d}x_3 = \frac{r}{R_0}\mathrm{d}r \ . \tag{8.94}$$

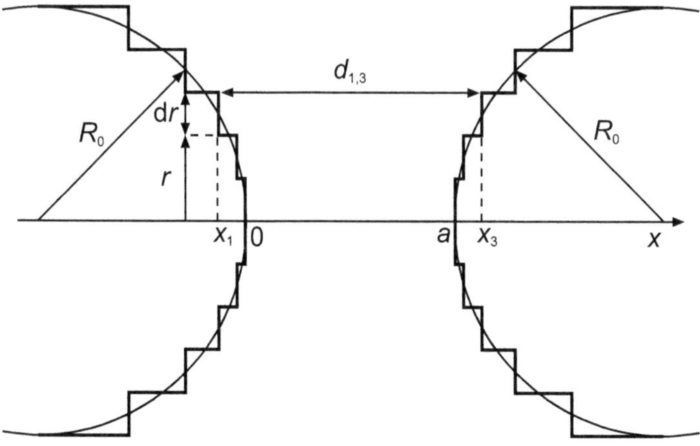

Abb. 8.21. Aufteilung der Oberfläche von Kugeln für die Derjaguin-Näherung

Wird dies in Gl. 8.88 eingesetzt, erhält man

$$\mathrm{d}d_{1,3} = \frac{2}{R_0}r\mathrm{d}r. \tag{8.95}$$

Dies kann nun in Gl. 8.86 substituiert werden. Die Derjaguin-Näherung ergibt sich dann zu

$$F_{\mathrm{K}}(a) = \pi R_0 \int_a^\infty F_{\mathrm{PG}}'' \, \mathrm{d}a' \tag{8.96}$$

bzw. mit Gl. 8.84

$$F_{\mathrm{K}}(a) = \pi R_0 U_{\mathrm{PG}}'' \, . \tag{8.97}$$

Für die Wechselwirkungsenergie folgt

$$U_{\mathrm{K}}(a) = \pi R_0 \int_a^\infty U_{\mathrm{PG}}'' \, \mathrm{d}a' \, . \tag{8.98}$$

Wird Gl. 8.83 in Gl. 8.98 eingesetzt und die Integration durchgeführt, ist das Ergebnis

$$U_{\mathrm{K}}(a) = -2\pi R_0 \varepsilon_0 \varepsilon_r \psi_0^2 \ln\left(1 + \exp(-\kappa a)\right) - \frac{\pi^2 A_{1,2,3} R_0}{12a} \, . \tag{8.99}$$

Mit der Näherung $\ln(1 + x) \approx x$ ergibt sich als Endergebnis

$$U_{\mathrm{K}}(a) = -2\pi R_0 \varepsilon_0 \varepsilon_r \psi_0^2 \exp(-\kappa a) - \frac{\pi^2 A_{1,2,3} R_0}{12a} \tag{8.100}$$

bzw. für die Kraft

$$F_{\mathrm{K}}(a) = 2\pi R_0 \varepsilon_0 \varepsilon_r \psi_0^2 \kappa \exp(-\kappa a) - \frac{\pi^2 A_{1,2,3} R_0}{12a^2} \, . \tag{8.101}$$

Diese Gleichungen der DLVO-Theorie beschreiben die Kräfte zwischen Tropfen, Blasen und kugelförmigen Partikeln mit dem Radius R_0, die sich umgeben von einer kontinuierlichen Phase im Abstand a voneinander befinden.

Hier ist anzumerken, dass oft $A_{1,2,3}' = \pi^2 A_{1,2,3}$ ebenfalls als Hamaker-Konstante bezeichnet ist, so dass in der Literatur stets geprüft werden muss, welche Konstante im Einzelfall gemeint ist. Genauso wird häufig die Indizierung weggelassen, hier zur Unterscheidung von der freien Energie aber konsequent mitgeführt. In Tab. 8.3 sind einige Werte für $A_{1,2,3}$ angegeben.

In Abb. 8.22 sind die Anteile der Kräfte, die sich aus Gl. 8.99 ergeben – d. h. ohne die letzte Näherung – dargestellt. Der attraktive Van-der-Waals-Anteil ergibt sich unabhängig von der Salzkonzentration. Der elektrostatische Beitrag nimmt mit höheren Salzkonzentrationen betragsmäßig zu und verschiebt sich gleichzeitig zu kleineren Abständen. Die Summe aus beiden Anteilen bei $1 \, \mathrm{mol/m^3}$ weist ein Maximum bei etwa $5 \, \mathrm{nm}$ auf, es müssen also bei der Annäherung zweier Tropfen erst abstoßende Kräfte überwunden werden, bevor bei geringen Abständen die Van-der-Waals-Anziehung dominiert und die Tropfen koaleszieren können.

In Abb. 8.23 sind die sich ergebenden Kraftverläufe für unterschiedliche Konzentrationen zusammengestellt. Eingetragen ist auch die auf Grund der

Tabelle 8.3. Werte für die Hamaker-Konstante $A_{1,2,3}$ für einige ausgewählte Phasenkombinationen (vgl. z. B. [89, 98, 194])

| Phasen | | | $A_{1,2,3}$ |
1	2	3	10^{-20} J
Luft	Wasser	Luft	3,70
Pentan	Wasser	Pentan	0,34
Dodecan	Wasser	Dodecan	0,50
Polystyrol	Wasser	Polystyrol	0,95–1,3
PTFE	Wasser	PTFE	0,33
Wasser	Kohlenwasserstoff	Wasser	0,34–0,54
Gold	Wasser	Gold	40

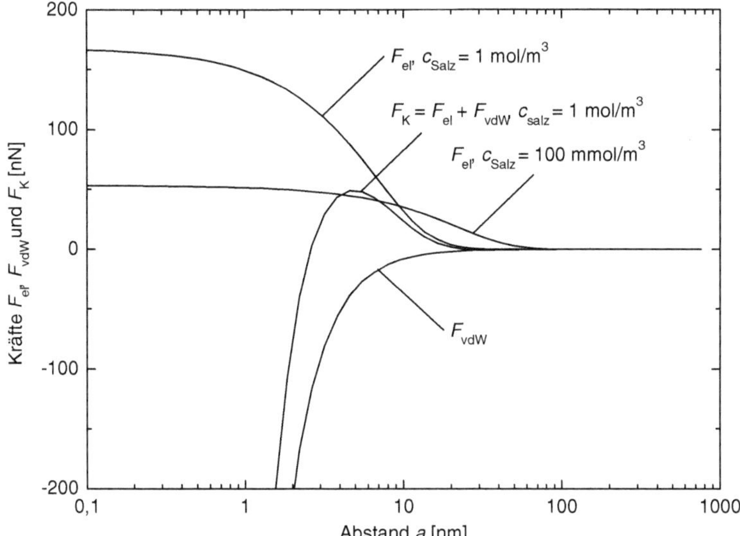

Abb. 8.22. Beiträge zur Kraft zwischen zwei Tropfen nach der DLVO-Theorie für das Butanol-Wasser-System ($\psi_0 = 90\,\text{mV}$, $R_0 = 0,2\,\text{mm}$)

Gravitation auf einen Tropfen wirkende Kraft. Es ergeben sich Verläufe, die das in Abb. 8.17 gezeigte Verhalten gut erklären können. Für kleine Salzkonzentrationen baut sich bei Salzzugabe eine zunehmende Barriere auf, die bei Tropfenannäherung erst überwunden werden muss. Das Maximum wird in diesem Beispiel bei etwa $1\,\text{mol/m}^3$ in der organischen Phase erreicht. Oberhalb von $1\,\text{mol/m}^3$ nimmt der Maximalwert der abstoßenden Kraft schnell ab und zwischen $10\,\text{mol/m}^3$ und $100\,\text{mol/m}^3$ verschwindet der abstoßende Bereich des Kraftverlaufs völlig. Entsprechend läuft ab diesen Salzkonzentrationen die Koaleszenz deutlich schneller ab. Im Experiment erkennt man auch, dass die Koaleszenz dann spontan geschieht, es bildet sich keine dichtgepackte Tropfenschicht mehr aus. Für die Absetzzeit ist so ausschließlich die Sedimen-

tation der Tropfen zur Phasengrenze entscheidend, die Absetzzeit ist dann
auch kürzer als ohne Salzzugabe. Es sei hier noch einmal hervorgehoben, dass
diese letzten Betrachtungen im Prinzip für alle Phasen mit annähernd kugelförmiger Geometrie gelten, d. h. nicht nur für Tropfen, sondern genauso für
Blasen, z. B. bei der Begasung von Reaktoren und Fermentern, und Partikel,
z. B. bei der Flokkulation.

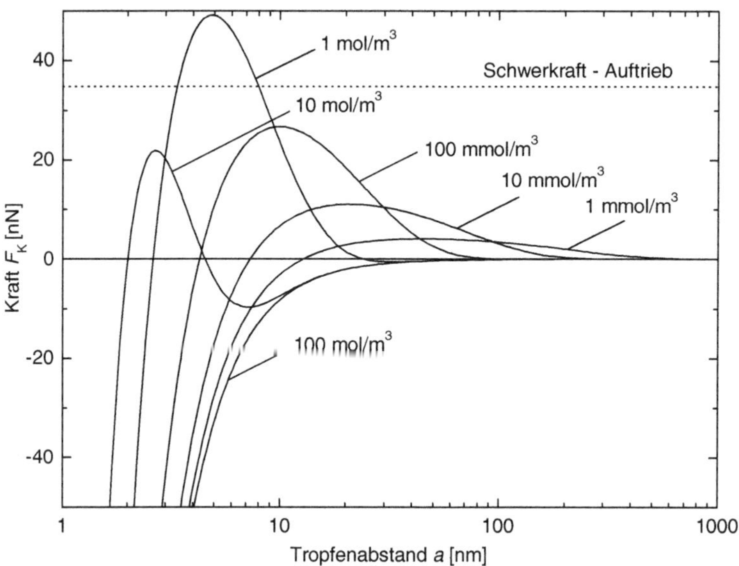

Abb. 8.23. Kräfte zwischen Wassertropfen als Funktion der Salzkonzentration im
Butanol-Wasser-System ($\psi_0 = 90\,\mathrm{mV}$, $R_0 = 0,2\,\mathrm{mm}$)

Diese Ergebnisse machen aber gleichzeitig auch noch einmal deutlich, welchen großen Einfluss elektrostatische Effekte und insbesondere die Doppelschicht an Phasengrenzen auf das makroskopische Geschehen haben kann.

8.6 Adsorption an Phasengrenzen

Nachdem die Aspekte der Elektrostatik von Phasengrenzen vorgestellt wurden, soll abschließend noch das Augenmerk auf eine weitere Grenzflächenei-
genschaft gelenkt werden. Bereits in der Einleitung zu Kapitel 8 wurde vorgestellt, dass die Grenze zwischen zwei Phasen einen räumlichen Übergangsbereich darstellt, der bzgl. der Molekülverteilung in ausreichendem Abstand
vom kritischen Punkt eine Dicke von etwa 2 bis 5 nm aufweist. Wird die Dicke
der elektrostatischen Doppelschicht mit berücksichtigt, reicht der Übergangsbereich bis an den μm-Bereich heran, wenn die Ionenkonzentration sehr gering
ist. Je näher sich das Zweiphasensystem dem kritischen Zustand nähert, desto

dicker wird die Phasengrenze. Am kritischen Punkt selber füllt sie das gesamte System aus – zumindest in Schwerelosigkeit, da sonst hydrostatische Druckgradienten eine Schichtung induzieren. Dieser Raum zwischen den Phasen hat nun offensichtlich spezifische Eigenschaften, die sich deutlich von denen der Phasen unterscheiden können. Die explizite Beschreibung des Phasengrenzbereichs gelingt mit entsprechenden Modellierungsansätzen, die den Einfluss von Konzentrations- und Dichtegradienten auf die thermodynamischen Eigenschaften explizit berücksichtigen [46].

Bereits mit der Vorstellung einer Phasengrenzfläche ohne Ausdehnung lässt sich aber das Verhalten von Partikeln an der Phasengrenze beschreiben [3]. Dazu sei ein kugelförmiges Partikel mit Radius R_0 an einer Phasengrenze betrachtet, wie in Abb. 8.24 dargestellt. Dieses Partikel trage nur mit seiner äußeren Oberfläche zur freien Energie des Systems bei, der Beitrag ist dann durch $\sigma_{1,2}$ und $\sigma_{2,3}$ charakterisiert, je nachdem mit welcher der Hauptphasen das Partikel in Kontakt ist. Der Beitrag der Partikel zur freien Energie des Systems ist dann entsprechend Gl. 8.23, wenn die Partikel die Komponente 1 darstellen und die Phasen mit hochgestellten Indizes gekennzeichnet sind, wobei zunächst nur die Teilchen betrachtet werden sollen, die vollständig von Phase 1 bzw. 2 umgeben sind:

$$
nA = n_1^{(1)} N_{\mathrm{Av}} 4\pi R_0^2 \sigma_{1,3} + RT \sum_{i=1}^{N} n_i^{(1)} \ln x_i^{(1)} +
$$

$$
+ n_1^{(2)} N_{\mathrm{Av}} 4\pi R_0^2 \sigma_{1,2} + RT \sum_{i=1}^{N} n_i^{(2)} \ln x_i^{(2)} \ . \tag{8.102}
$$

Ist die Gesamtteilchenzahl mit

$$
n_1^{(1)} + n_1^{(2)} = n_1 \tag{8.103}
$$

konstant vorgegeben, folgt für das Gleichgewicht, bei dem

$$
\left(\frac{\partial(nA)}{\partial n_1^{(1)}} \right)_{T,V,n_1} = 0 \tag{8.104}
$$

gelten muss:

$$
K_1 = \frac{x_1^{(1)}}{x_1^{(2)}} = \exp\left(-\frac{4\pi N_{\mathrm{Av}} R_0^2 (\sigma_{1,3} - \sigma_{2,3})}{RT} \right) \ . \tag{8.105}
$$

Dieses Ergebnis lässt sich verallgemeinern zu

$$
\frac{x_1^{(a)}}{x_1^{(b)}} = \exp\left(-\frac{U^{(a)} - U^{(b)}}{RT} \right) , \tag{8.106}
$$

was einer Boltzmann-Verteilung zwischen zwei Zuständen entspricht, die durch $U^{(a)}$ und $U^{(b)}$ charakterisiert sind. Vor diesem Hintergrund kann nun auch der Fall behandelt werden, dass das Partikel sich an der Phasengrenze

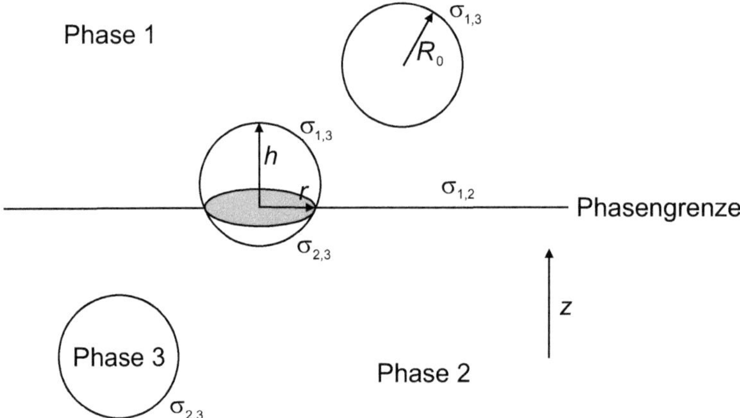

Abb. 8.24. Schematische Darstellung zum Verteilungsverhalten eines Partikels zwischen zwei fluiden Phasen

befindet. Die durch ein Partikel eingebrachte Grenzflächenenergie U_{P} ist in dem in Abb. 8.24 gezeigten mittleren Fall

$$U_{\mathrm{P}} = N_{\mathrm{Av}} \left(\pi 2 R_0 h \sigma_{1,3} + \pi 2 R_0 (2 R_0 - h) \sigma_{2,3} - \pi r^2 \sigma_{1,2} \right) , \qquad (8.107)$$

wobei berücksichtigt ist, dass aus der Phasengrenze zwischen den Hauptphasen eine Fläche πr^2 durch das Partikel herausgeschnitten wird. Mit

$$r^2 = h(2 R_0 - h) \qquad (8.108)$$

folgt

$$U_{\mathrm{P}} = N_{\mathrm{Av}} \left(\pi 2 R_0 h (\sigma_{1,3} - \sigma_{2,3} - \sigma_{1,2}) + 4 \pi R_0 \sigma_{2,3} + \pi h^2 \sigma_{1,2} \right)$$
$$\text{für} \quad h = 0 \ldots 2 R_0 . \qquad (8.109)$$

Dies kann nun in Gl. 8.106 eingesetzt werden, um die jeweilige Aufenthaltswahrscheinlichkeit als Funktion bezogen z. B. auf die in einer der homogenen Phasen anzugeben. Von besonderem Interesse ist dabei der Fall, dass sich eine bevorzugte Aufenthaltswahrscheinlichkeit in der Phasengrenze ergibt. Dies ist nach Gl. 8.106 dann der Fall, wenn U_{P} mit Gl. 8.108 ein Minimum für h zwischen 0 und $2 R_0$ aufweist:

$$\frac{\partial U_{\mathrm{P}}}{\partial h} = 0 . \qquad (8.110)$$

Es ergibt sich für das Minimum $h_{\min}$

$$2 \pi R_0 (\sigma_{1,3} - \sigma_{2,3} - \sigma_{1,2}) + 2 \pi h_{\min} \sigma_{1,2} = 0 \qquad (8.111)$$

bzw.

$$h_{\min} = R_0 \left(1 - \frac{\sigma_{1,3} - \sigma_{2,3}}{\sigma_{1,2}} \right) . \qquad (8.112)$$

Da Gl. 8.109 nur für $0 < h < 2R_0$ gilt, muss $h_{\min}$ nach Gl. 8.112 auch in diesem Intervall liegen, um eine sinnvolle Lösung zu sein. Als Bedingung für das Auftreten eines Minimums von U_P, d. h. einer Anreicherung der Partikel in der Phasengrenze erhält man damit

$$\left| \frac{\sigma_{1,3} - \sigma_{2,3}}{\sigma_{1,2}} \right| < 1 \; . \tag{8.113}$$

In Abb. 8.25 ist zur Veranschaulichung der Verlauf von U_p dargestellt, wenn diese Bedingung erfüllt ist.

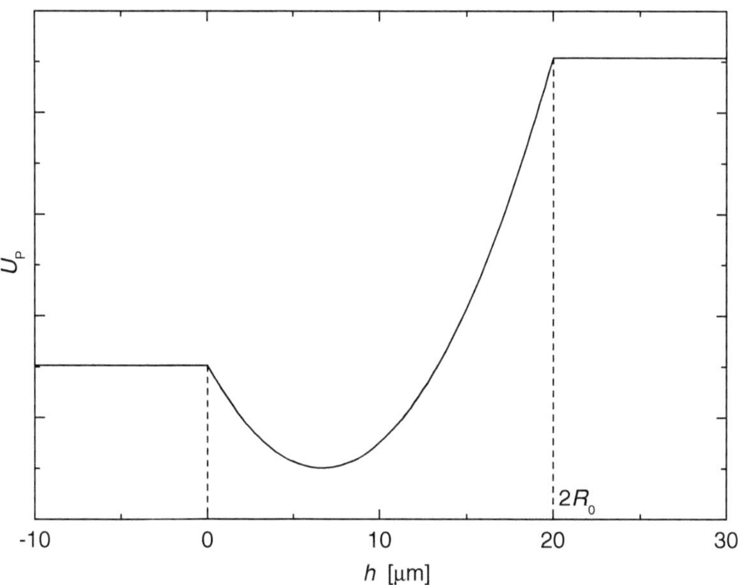

Abb. 8.25. Energie eines Partikels beim Durchtritt durch die Phasengrenze

Mit den hergeleiteten Beziehungen kann nun auch die Aufenthaltswahrscheinlichkeit am Minimum in der Phasengrenze bezogen z. B. auf die in der unteren Phase angeben werden:

$$\frac{x_1^{(\min)}}{x_1^{(2)}} = \exp\left(-\frac{U_\mathrm{P}(h_{\min}) - N_{\mathrm{Av}}4\pi R_0^2 \sigma_{2,3}}{RT} \right) \tag{8.114}$$

bzw. mit Gln. 8.109 und 8.112

$$\frac{x_1^{(\min)}}{x_1^{(2)}} = \exp\left(\frac{N_{\mathrm{Av}}\pi R_0^2 (\sigma_{1,3} - \sigma_{1,2} - \sigma_{2,3})^2}{RT\sigma_{1,2}} \right) \; . \tag{8.115}$$

Bei entsprechenden Werten der $\sigma_{i,j}$ kann es damit zu einer deutlichen Anreicherung der Partikel in der Phasengrenze kommen, die i. d. R. bei bereits sehr kleinen Partikeln eine eindeutige Bevorzugung der Phasengrenze bedingt oder nicht – entsprechend der Bedingung Gl. 8.113. Diese sehr eindeutige Anreicherung in einer Phase oder der Phasengrenze von bereits sehr kleinen Partikeln liegt daran, dass im Exponenten des Boltzmannfaktors der Partikelradius quadratisch eingeht. Diese Effekte können sogar soweit gehen, dass die Partikel vorhandene Phasengrenzen so belegen, dass die Koaleszenz z. B. von Tropfen beeinträchtigt wird, und es zur Bildung stabiler Dispersionen kommt. Dieser Mechanismus der Phasengrenzstabilisierung durch Partikel ist eine der Ursachen für die Entstehung von Mulm, wie diese in der Technik häufig unerwünschten stabilen Dispersionen genannt werden.

Diese Überlegungen, die für Partikel gelten, lassen sich auch auf molekulares Geschehen übertragen, für große Moleküle wie z. B. Proteinmoleküle ist dies direkt offensichtlich. Für kleinere Moleküle, die nicht mehr groß sind gegenüber der Dicke des Grenzflächenbereichs, ist der einfache Ansatz über die Grenzflächenspannung nicht mehr sinnvoll. Eine Beschreibung kann mit den bereits angesprochenen aufwändigeren Modellen für den Übergangsbereich zwischen Phasen erfolgen [46, 60, 203]. Häufig werden allerdings pauschale Ansätze bevorzugt, auf die im Folgenden eingegangen werden soll.

Halten sich Moleküle einer Komponente bevorzugt im Phasengrenzbereich auf, so spricht man von Adsorption. Adsorption kann an Grenzen zwischen beliebigen Phasen auftreten. So ist wie bereits beschrieben z. B. die Anreicherung von Tensiden – grenzflächenaktiven Substanzen – an Dampf-Flüssigkeits- oder Flüssig-Flüssig-Grenzflächen eine Adsorption. Diese Adsorption wird durch die chemische Struktur von Tensiden hervorgerufen, die einen hydrophilen polaren oder ionischen Molekülteil aufweisen und einen hydrophoben unpolaren Rest. Dies ist in Abb. 8.16 für zwei Beispielmoleküle gezeigt. Hält sich ein Tensidmolekül an der Phasengrenze genau so auf, dass jeder Molekülteil mit der von ihm bevorzugten Phase in Kontakt ist, wird die Energie minimiert. Dies reduziert entsprechend die Grenzflächenspannung, die ja die Grenzflächenenergie bezogen auf die Fläche darstellt (vgl. Gl. 8.19 und Abb. 8.25). Hinzu kommt bei ionischen Tensiden – deren Kopfgruppe in Ionen dissoziiert – dass die Elektrostatik der Phasengrenze wesentlich beeinflusst wird.

Oberhalb einer bestimmten Grenzkonzentration, der so genannten kritischen Mizellbildungskonzentration (CMC, critical micell concentration) führt die Tendenz der Tenside, Phasengrenzen zu stabilisieren, dazu, dass sogar neue Phasengrenze in Form von Mizellen gebildet wird. Eine Mizelle ist in Abb. 8.26 schematisch charakterisiert, wobei es neben solchen kugelförmigen Mizellen auch zu sehr komplexem Phasenverhalten kommen kann, bei dem auch flüssigkristalline Phasen auftreten, die in einer oder zwei Raumrichtungen geordnet sind und sich in den verbleibenden Richtungen fluid verhalten. Zur Charakterisierung dieses Verhaltens sei hier auf die entsprechende Spezialliteratur verwiesen [52, 98].

Adsorption kann genauso an Feststoffoberflächen in Kontakt mit Gas oder Flüssigkeit auftreten. Auch hier können Tenside einen Einfluss haben, aber auf Grund der häufig besonders ausgeprägten Struktur des Feststoffs tritt Adsorption auch für kleine Moleküle sehr deutlich auf. Da die Beschreibung der

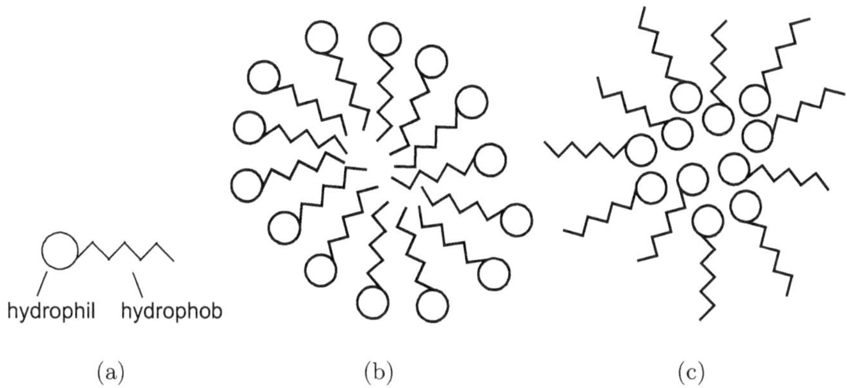

Abb. 8.26. Schematische Darstellung einer Mizelle aus Tensid-Molekülen. (a) Tensid-Molekül (b) Mizelle (c) inverse Mizelle

Adsorptionsgleichgewichte auch technisch z. B. bei der Adsorption als thermischem Trennverfahren oder der Chromatographie von Bedeutung ist, sollen hier einige ausgewählte Ansätze zur Modellierung vorgestellt werden.

In einem einfachen Ansatz kann die Belegung der Oberfläche proportional zum Partialdruck der betrachteten Komponente angesehen werden:

$$X_i = K_i \varphi_i \,, \tag{8.116}$$

wobei X_i die Beladung des Feststoffs z. B. in Stoffmenge i je Masse des Feststoffs darstellt. φ_i ist die relative Sättigung,

$$\varphi_i = \frac{p_i}{p_i^s} \,, \tag{8.117}$$

die im alltäglichen Gebrauch z. B. als relative Luftfeuchtigkeit üblicherweise verwendet wird. K_i ist der Verteilungskoeffizient, der für kleine relative Sättigung konzentrationsunabhängig angenommen werden kann und dann einer Henry-Konstante entspricht.

Da die Wechselwirkungen zwischen den adsorbierten Molekülen und der Feststoffoberfläche sehr spezifisch und ausgeprägt sein können, kann die Adsorption auch als eine Reaktion aufgefasst werden. Hierzu sei die schematische Darstellung in Abb. 8.27 betrachtet. Als Reaktionsgleichung im Gleichgewicht gilt in Vorgriff auf Kapitel 9

$$A + F \underset{k_2}{\overset{k_1}{\rightleftharpoons}} AF \,, \tag{8.118}$$

wobei k_1 und k_2 die Reaktionsgeschwindigkeitskonstanten sind. Die zu adsorbierenden Moleküle A reagieren mit freien Oberflächenplätzen F, die auch aktives Zentrum oder Adsorptionszentrum genannt werden. Resultat ist die adsorbierte Komponente AF.

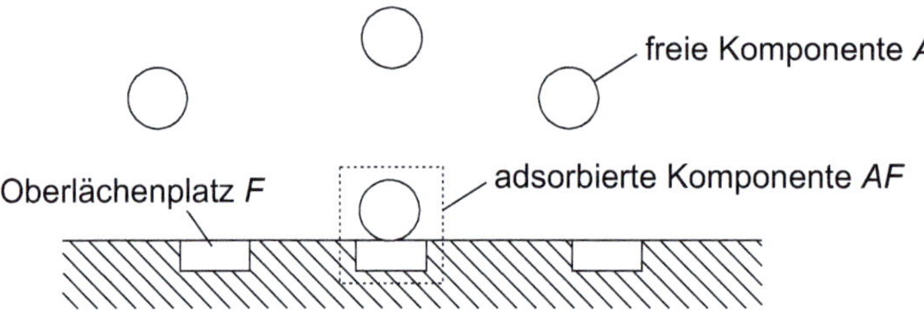

Abb. 8.27. Modellvorstellung zur Herleitung des Langmuir-Ansatzes

Die Geschwindigkeit der Hinreaktion wird nun proportional sowohl zu der Partialdichte der zu adsorbierende Komponente A und damit deren relativer Sättigung φ_A als auch zur Beladung des Feststoffs mit freien Oberflächenplätzen X_F sein: $k_1\varphi_A X_F$. Die Rückreaktion ist einfach proportional zur Beladung X_{AF} der adsorbierten Spezies. Die Netto Reaktionsgeschwindigkeit r_{Ad} bezüglich der Umsetzung gemäß Gl. 8.118 ist dann die Differenz der beiden Teilreaktionen:

$$r_{\mathrm{Ad}} = k_1\varphi_A X_F - k_2 X_{AF} \; . \tag{8.119}$$

Im Gleichgewicht muss nun

$$r_{\mathrm{Ad}} = 0 \tag{8.120}$$

gelten. Gleichzeitig wird entsprechend Abb. 8.27 angenommen, dass die Zahl der Oberflächenplätze insgesamt begrenzt ist auf eine Gesamtbeladung X_F^0:

$$X_F^0 = X_F + X_{AF} \; . \tag{8.121}$$

Damit ergibt sich

$$0 = k_1\varphi_A X_F^0 - k_1\varphi_A X_{AF} - k_2 X_{AF} \tag{8.122}$$

bzw.

$$X_{AF} = X_F^0 \frac{\dfrac{k_1}{k_2}\varphi_A}{1 + \dfrac{k_1}{k_2}\varphi_A} \; . \tag{8.123}$$

Der Quotient k_1/k_2 wird üblicherweise zur Adsorptionskonstante K_A zusammengefasst, die die Stärke der Bindung an der Oberfläche charakterisiert, was sich entsprechend im Verhältnis der Reaktionsgeschwindigkeitskonstanten widerspiegelt. Damit lässt sich allgemein für eine adsorbierende Komponente i schreiben

$$X_i = X^0 \frac{K_{A,i}\varphi_i}{1 + K_{A,i}\varphi_i} \; . \tag{8.124}$$

Diese Beziehung beschreibt eine so genannte Langmuir-Isotherme, bei der $K_{A,i}$ sowohl von der Temperatur als auch von den Eigenschaften der Feststofoberfläche abhängt. Die Temperaturabhängigkeit wird dabei üblicherweise mit einem Exponentialansatz beschrieben,

$$K_{A,i} = A_i \exp\left(-\frac{B_i}{RT}\right) \, . \tag{8.125}$$

Diese Form wird in Kapitel 9 als Temperaturabhängigkeit für chemische Reaktionen thermodynamisch begründet, die dem Langmuir-Ansatz je zugrunde liegen. Wie viele Oberflächenplätze der Feststoff bezogen z. B. auf seine Masse aufweist, wird allgemein mit X^0 charakterisiert.

In Abb. 8.28 ist eine Langmuir-Isotherme beispielhaft dargestellt. Man erkennt bei hoher relativer Sättigung ein asymptotisches Verhalten, bei dem sich die Beladung X_i der Maximalbeladung X^0 annähert. Dies wird auch an Gl. 8.124 deutlich, da im Nenner dann die 1 vernachlässigbar wird und der Quotient sich weg kürzt. Ist φ_i dagegen ausreichend klein, kann im Nenner $K_{A,i}\varphi_i$ vernachlässigt werden und es folgt ein linearer Zusammenhang mit der Steigung $X^0 K_{A,i}$ entsprechend dem Henry'schen Grenzgesetz.

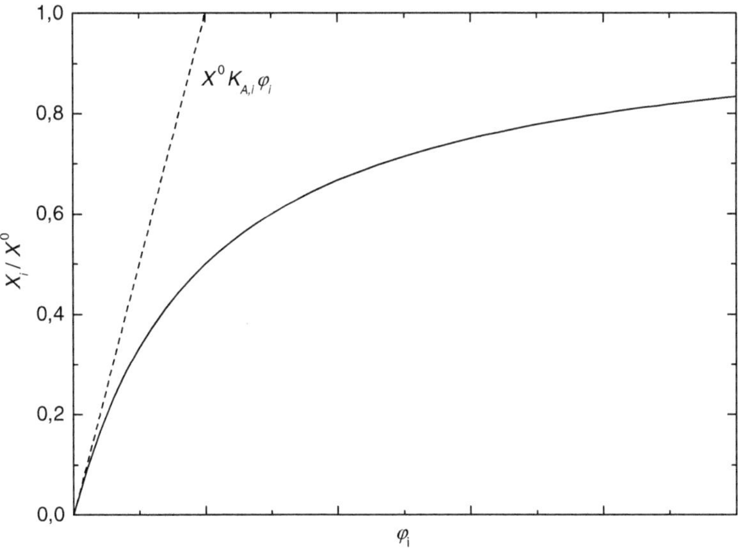

Abb. 8.28. Typischer Verlauf einer Langmuir-Isotherme

Bei Vorliegen mehrerer Komponenten, die alle an den gleichen Oberflächenplätzen adsorbieren, kann die Konkurrenz um diese wie folgt modelliert werden:

$$X_i = X^0 \frac{K_{A,i}\varphi_i}{1 + \sum\limits_{j=1}^{N} K_{A,j}\varphi_j} \; . \tag{8.126}$$

Die Temperatur- und Druckabhängigkeit der Adsorption ist in Abb. 8.29 dargestellt. Da die Adsorption eine Bindung auf der Feststoffoberfläche darstellt, deren Bindungsenthalpie etwa um den Faktor 1,5 bis 2 über ΔH_V liegt, wirkt erhöhte Temperatur der Adsorption entgegen. Bei erhöhtem Druck, d. h. entsprechend Gl. 8.117 auch erhöhter relativer Sättigung, wird Adsorption gefördert.

Um die Krümmung der Isothermen für kleine Beladungen beschreiben zu können, kann alternativ die Henry-Gerade empirisch erweitert werden:

$$X_i = C\varphi_i^b \; . \tag{8.127}$$

Dies ist die Freundlich-Isotherme, b und C sind Konstanten, die Feststoff und adsorbierende Komponenten charakterisieren.

Schließlich soll ein Ansatz von Brunauer, Emmett und Teller angegeben werden, der nach den Initialen der Autoren als BET-Isotherme bezeichnet wird [29]. Bei diesem Ansatz wird ähnlich wie bei der Langmuir-Isotherme von einer maximalen Zahl von Oberflächenplätzen ausgegangen, es sind aber mehrere adsorbierte Moleküllagen möglich:

$$X_i = X^0 \frac{K_i\varphi_i}{1-\varphi_i} \frac{1-(n+1)\varphi_i^n + n\varphi_i^{n+1}}{1+(K_i-1)\varphi_i - K_i\varphi_i^{n+1}} \; , \tag{8.128}$$

wobei n die Zahl adsorbierter Moleküllagen charakterisiert.

In Vielstoffgemischen können die Komponenten auf der Feststoffoberfläche in Konkurrenz um die Oberflächenplätze treten, so dass komplexeres Verhalten resultiert, das dann z. B. grafisch dargestellt werden kann. Dazu ist in Abb. 8.30 die Adsorption eines Stickstoff-Sauerstoff-Gemisches mit unterschiedlichen Gaszusammensetzungen an Aktivkohle gezeigt. Es wird deutlich, dass sowohl die gesamte adsorbierte Menge als auch der Stoffmengenanteil x_i auf der Oberfläche,

$$x_i = \frac{X_i}{\sum\limits_{j=1}^{N} X_j} \tag{8.129}$$

von der Gaszusammensetzung abhängt. Abbildung 8.31 zeigt schließlich, dass das Gleichgewicht zwischen Gasphase und Feststoff auch wie ein Dampf-Flüssigkeits-Gleichgewicht im yx-Diagramm aufgetragen werden kann.

8.7 Zusammenfassung

Das Verhalten von Phasengrenzen, die zunächst als Grenzfläche ohne Dicke gedacht sind, kann mit Hilfe der Grenzflächenspannung beschrieben werden,

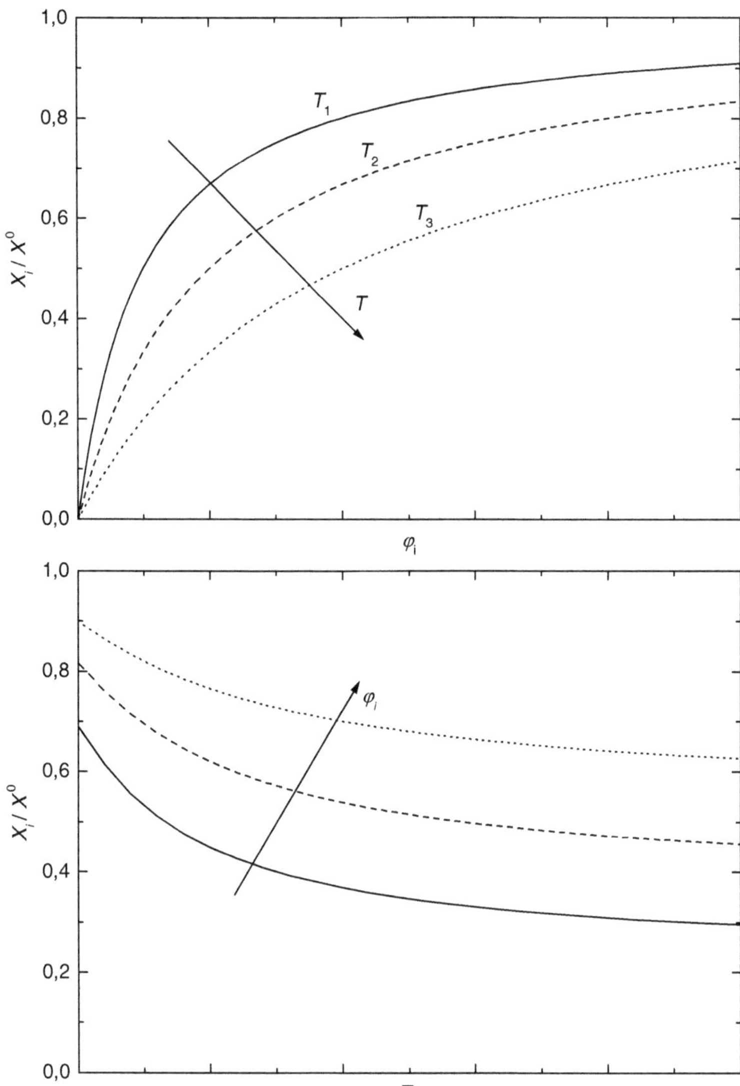

Abb. 8.29. Schematische Darstellung der Druck- und Temperaturabhängigkeit der Adsorption

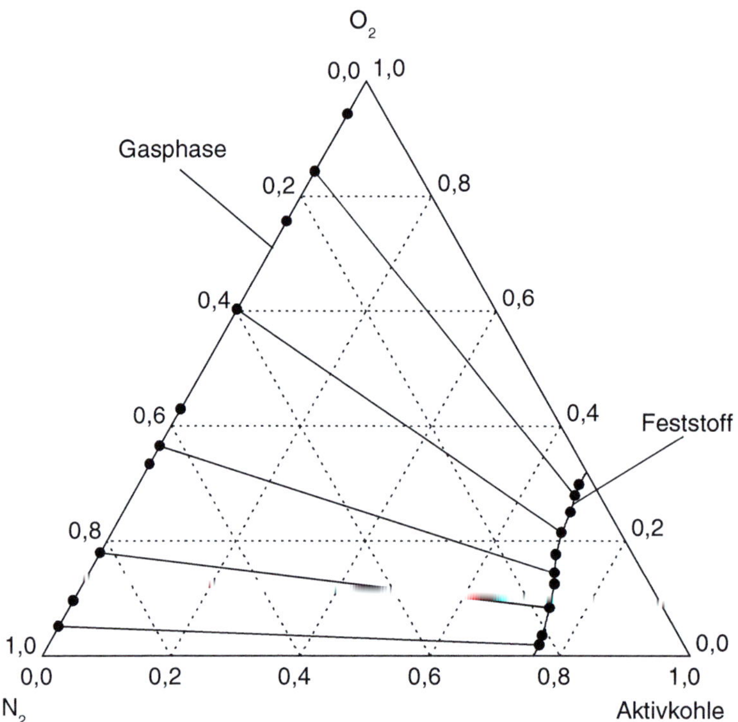

Abb. 8.30. Adsorption eines Gemisches aus N_2 und O_2 an Aktivkohle

die eine flächenbezogene Grenzflächenenergie darstellt. Die Grenzflächenspannung hat Einfluss auf das thermodynamische Verhalten gekrümmter Oberflächen, z. B. bei kleinen Tropfen und Blasen, und bestimmt die Benetzbarkeit von Feststoffoberflächen. Genauere Betrachtung zeigt, dass die Phasengrenze ein um wenige nm ausgedehnter Raum ist.

Elektrolyte an Phasengrenzen führen zu einer elektrostatischen Doppelschicht, die eine Potentialdifferenz induziert. Diese beeinflusst ihrerseits das Verteilungsverhalten ladungstragender Spezies, beeinflusst aber auch die Kräfte zwischen sich annähernden Grenzflächen.

An Phasengrenzen kann Adsorption auftreten, dies wird sowohl für Tenside an Grenzflächen zwischen fluiden Phasen als auch für Feststoffoberflächen in Kontakt mit Gas oder Flüssigkeit diskutiert. Zur Modellierung der Adsorption werden verschiedene Modelle vorgestellt, z. B. die Langmuir-Isotherme.

8.8 Aufgaben

Übung 8.1. Ein Flüssigkeitstropfen, der nicht mit Wasser mischbar ist, wird bei 20°C auf eine außreichend große Wasseroberfläche aufgebracht. Wie groß

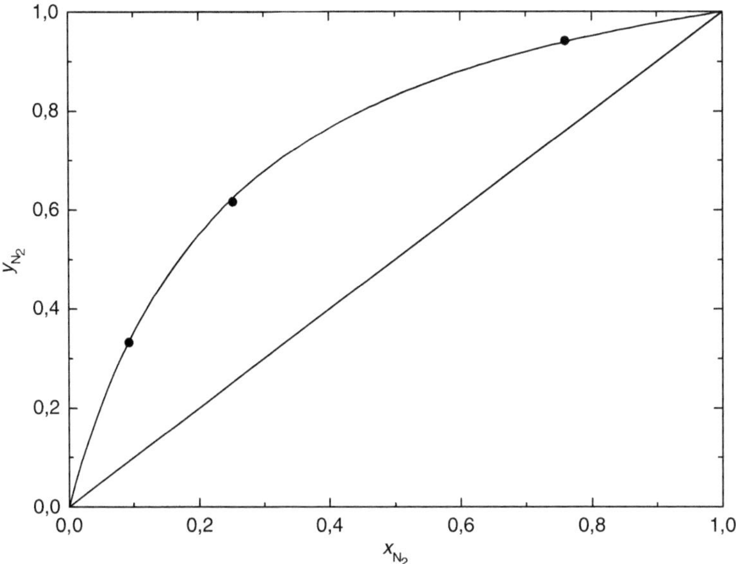

Abb. 8.31. Adsorption des Systems $N_2 + CH_4$ an der Aktivkohle Norit R1 Extra bei 298 K und 5 bar [53]

sind die Benetzungswinkel zwischen dem 'schwimmenden' Tropfen (2) und dem Wasser (1), wenn die Gasphase Luft (3) ist und der Tropfen aus

a) Kohlenstoffdisulfid bzw. aus
b) Hexan

besteht?
Hinweise:

- Für Ober- und Grenzflächenspannungen s. Tab. 8.1:

Übung 8.2. Die wässrige Phase eines Butanol-Wasser-Gemisches soll dispergiert werden. Wie klein müssen die Wassertropfen mindestens sein, damit bei dem salzhaltigen Gemisch eine stabile Emulsion entstehen kann?
Hinweise:

- Dichten:

$$\rho_w = 987 \, \frac{kg}{m^3} \; ; \quad \rho_o = 846 \, \frac{kg}{m^3}$$

- Debye-Länge für die vorliegende Salzlösung:

$$\frac{1}{\kappa} = 9,5058 \, nm$$

- relative Dielektrizitätszahl:

$$\varepsilon_r = 16,5$$

- elektrostatisches Potential:

$$\psi_0 = 100\,\text{mV}$$

- Hamaker-Konstante:

$$A_{1,2,3} = 0,5 \cdot 10^{-20}\,\text{J}$$

9

Chemische Reaktionen

In den vergangenen Kapiteln wurde stets davon ausgegangen, dass die Komponenten ihre spezifische Identität behalten, chemische Reaktionen wurden ausgeschlossen. In der Chemischen Industrie ist das Ziel aber nun gerade die chemische Umsetzung von Ausgangsstoffen wie Erdöl, -gas, Kohle, Luft, Wasser, Mineralien und Rohstoffen aus der Biosphäre zu einer Vielfalt von Chemikalien und Erzeugnissen, mit denen wir unser Leben gestalten. Beispiele der Fülle chemischer Produkte sind Kunststoffe, Lösungsmittel, Lacke, Zusatzstoffe zu Lebensmitteln und Medikamente. Um diese Produkte zu erhalten, müssen chemische Reaktionen stattfinden.

Um solche Reaktionen in technischem Maßstab beschreiben zu können, sind zwei Aspekte von besonderer Bedeutung: Das chemische Gleichgewicht als der Zustand, dem ein reagierendes System letztendlich zustrebt und die Reaktionskinetik, die bestimmt, wie schnell das Gleichgewicht erreicht wird. Die Reaktionskinetik hängt nun von einer Fülle von Parametern ab und kann insbesondere durch die Zugabe von Katalysatoren dramatisch beeinflusst werden, so dass sie sich auch heute noch der rein theoretischen Beschreibung entzieht. Lediglich für sehr einfache Reaktionen können erste Ansätze formuliert werden. Für alle darüber hinaus gehenden Modellierungen ist man auf das Experiment und in der Regel empirische Ansätze zur Beschreibung angewiesen. Daher soll hier nur auf die Kinetik von Reaktionen eingegangen werden, die theoretisch einfach fassbar sind.

Dagegen kann das chemische Gleichgewicht thermodynamisch vollständig beschrieben werden. Entsprechend soll dies im Folgenden zunächst dargestellt werden. Als weiteres thermodynamisches Charakteristikum ist zudem der Energieumsatz einer Reaktion zugänglich, der für die technische Auslegung von Reaktoren ganz entscheidend ist. Entsprechend ist der Reaktionsenthalpie ein eigener Abschnitt gewidmet.

9.1 Das chemische Gleichgewicht

Bevor das chemische Gleichgewicht quantitativ gefasst werden kann, müssen zunächst quantitative Größen eingeführt werden, die den Ablauf einer Reaktion beschreiben. Eine Gleichgewichtsreaktion wird zunächst in der folgenden Form aufgeschrieben:

$$H_2 + \frac{1}{2}O_2 \rightleftharpoons H_2O \ . \tag{9.1}$$

Auf der linken Seite des Gleichgewichtspfeils stehen dabei üblicherweise die Edukte, rechts die Produkte. Diese Festlegung ist aber prinzipiell willkürlich, da durch Veränderung der Reaktionsbedingungen und die Wahl der Ausgangszusammensetzung eines Systems die Reaktionsrichtung bei einer Gleichgewichtsreaktion auch umgekehrt werden kann.

Reaktionsgleichung 9.1 gibt an, dass eine Bilanzierung der Reaktion folgendes ergibt:

$$-1\,\text{mol}\,H_2 - \frac{1}{2}\,\text{mol}\,O_2 \rightarrow 1\,\text{mol}\,H_2O \ , \tag{9.2}$$

wobei negative Stoffmengen einen Verbrauch darstellen, positive die Bildung einer Komponente. Allgemeiner lässt sich formulieren

$$\nu_{H_2}\,\text{mol}\,H_2 + \nu_{O_2}\,\text{mol}\,O_2 \rightarrow \nu_{H_2O}\,\text{mol}\,H_2O \ , \tag{9.3}$$

wobei ν_i der stöchiometrische Koeffizient der Komponente i ist. Für die Edukte sind die ν_i negativ, für die Produkte positiv.

An dieser Stelle sollte bereits hervorgehoben werden, dass die stöchiometrischen Koeffizienten in ihrer Relation zwar auf Grund der Atombilanzen festliegen, im Absolutwert aber frei sind, da statt Gl. 9.1 z. B. auch geschrieben werden kann

$$2H_2 + O_2 \rightleftharpoons 2H_2O \ , \tag{9.4}$$

was zu einer Verdoppelung der ν_i gegenüber denen von Gl. 9.1 führt. Die beschriebene Reaktion ist aber prinzipiell die gleiche. Dies zeigt, dass es für eine solche Beschreibung einer Reaktion zunächst wesentlich ist, die Reaktionsgleichung eindeutig zu formulieren.

Die im Folgenden hergeleiteten Beziehungen lassen sich stets für eine konkret angeschriebene Reaktionsgleichung auswerten. Die Multiplikation aller stöchiometrischen Koeffizienten mit einem konstanten Faktor – wie z. B. beim Übergang von Gl. 9.1 zu Gl. 9.4 – führt dabei immer zu identischen Resultaten.

Die in Gl. 9.1 angegebene Gleichung ist nun keine algebraische und daher für eine quantitative Beschreibung der Reaktion ungeeignet. Um Modellansätze zu ermöglichen, führt man den Reaktionsfortschritt ε ein, der den Umsatz an Stoffmenge einer Komponente bezogen auf ihren stöchiometrischen Koeffizienten angibt. Für das Beispiel in Gl. 9.1:

$$\frac{\Delta n_{\mathrm{H}_2}}{\nu_{\mathrm{H}_2}} = \frac{\Delta n_{\mathrm{O}_2}}{\nu_{\mathrm{O}_2}} = \frac{\Delta n_{\mathrm{H}_2\mathrm{O}}}{\nu_{\mathrm{H}_2\mathrm{O}}} = \varepsilon \; . \tag{9.5}$$

Der Reaktionsfortschritt ist also für alle an einer Reaktion beteiligten Komponenten identisch. Wie man an Gl. 9.5 sofort erkennt, hat ε die Einheit einer Stoffmenge.

Wie kann ε nun gedeutet werden? Wird ein System mit einer Stoffmenge n_i^0 aller Komponenten vorgegeben, so lässt sich die Stoffmenge jeder Komponente zu einem späteren Zeitpunkt alleine durch die Angabe eines einzigen Wertes – ε – eindeutig bestimmen:

$$n_i = n_i^0 + \nu_i \varepsilon \; . \tag{9.6}$$

Laufen mehrere Reaktionen parallel ab, so muss neben den Ausgangszusammensetzungen ein Reaktionsfortschritt für jede Reaktion angegeben werden, um den Systemzustand eindeutig zu charakterisieren. Angemerkt sei hier, dass sich die Stoffmengenanteile in dem System auf komplexere Art verändern, allerdings ebenfalls mit ε eindeutig festliegen:

$$x_i = \frac{n_i^0 + \nu_i \varepsilon}{n^0 + \nu \varepsilon} \tag{9.7}$$

mit

$$n^0 = \sum_{i=1}^{N} n_i^0 \tag{9.8}$$

und

$$\nu = \sum_{i=1}^{N} \nu_i \; . \tag{9.9}$$

Da sich im allgemeinen Fall die Gesamtstoffmenge

$$n = \sum_{i=1}^{N} n_i \tag{9.10}$$

mit ε ändert, verändert sich x_i nichtlinear mit ε. Bereits hier erkennt man, dass inerte Komponenten – solche, die nicht an der Reaktion teilnehmen – zwanglos mit berücksichtigt werden können, wenn ihr ν_i zu null gesetzt wird.

Zwei häufig verwendete Begriffe sollen hier noch eingeführt werden. Werden die Edukte mit Stoffmengen proportional zu ihren ν_i vorgegeben, spricht man von einer stöchiometrischen Mischung. Einen Reaktionsfortschritt von $\varepsilon = 1\,\mathrm{mol}$ bezeichnet man als Formelumsatz.

Nach Einführung des Reaktionsfortschritts kann die Bedingung für chemisches Gleichgewicht leicht angegeben werden. Ausgangspunkt ist das totale Differential der freien Enthalpie als Fundamentalgleichung (vgl. Gl. 3.28 sowie Gln. 3.16 bis 3.18):

$$\mathrm{d}(nG) = -nS\mathrm{d}T + nV\mathrm{d}p + \sum_{i=1}^{N} \mu_i \mathrm{d}n_i \; . \tag{9.11}$$

In einem System mit vorgegebenem p und T, d. h. $\mathrm{d}T = 0$ und $\mathrm{d}p = 0$, bleibt nur der letzte Term der rechten Seite übrig:

$$\mathrm{d}(nG) = \sum_{i=1}^{N} \mu_i \mathrm{d}n_i \ . \tag{9.12}$$

Wird $\mathrm{d}n_i$ zudem mit Hilfe des Reaktionsfortschritts ausgedrückt,

$$\mathrm{d}n_i = \nu_i \mathrm{d}\varepsilon \ , \tag{9.13}$$

so folgt, da ε nicht von i abhängt,

$$\mathrm{d}(nG) = \left(\sum_{i=1}^{N} \nu_i \mu_i \right) \mathrm{d}\varepsilon \tag{9.14}$$

bzw.

$$\frac{\mathrm{d}(nG)}{\mathrm{d}\varepsilon} = \sum_{i=1}^{N} \nu_i \mu_i \ . \tag{9.15}$$

Da im Gleichgewicht bei vorgegebenem T und p die freie Enthalpie minimal sein muss, folgt sofort als Gleichgewichtsbedingung

$$\sum_{i=1}^{N} \nu_i \mu_i = 0 \ . \tag{9.16}$$

Diese Beziehung gilt allgemein und hängt z. B. auch nicht vom Aggregatzustand des Systems ab.

Für ein einphasiges System mit nur einer ablaufenden Gleichgewichtsreaktion folgt als Gleichgewichtsbedingung aus Gl. 3.59 unter Berücksichtigung von Gl. 3.13 für das totale Differential $\mathrm{d}(nU)$

$$T\mathrm{d}(nS) = \mathrm{d}(nU) - p\mathrm{d}(nV) - \left(\sum_{i=1}^{N} \nu_i \mu_i \right) \mathrm{d}\varepsilon = 0 \ , \tag{9.17}$$

wobei $\mathrm{d}n_i$ mit Gl. 9.13 ersetzt wurde. Der letzte Term von Gl. 9.17 stellt die Triebkraft für das Erreichen des chemischen Gleichgewichts dar. Diese Triebkraft kann nun als so genannte Affinität Y zusammengefasst werden:

$$Y = - \sum_{i=1}^{N} \nu_i \mu_i \tag{9.18}$$

Im chemischen Gleichgewicht ist

$$Y = 0 \ . \tag{9.19}$$

9.2 Gibbs'sche Phasenregel

Da Gl. 9.16 bzw. 9.19 eine weitere Bedingung bei der thermodynamischen Beschreibung eines Systems darstellen, muss die Gibbs'sche Phasenregel (vgl. Gl. 3.76) entsprechend für reagierende Systeme erweitert werden, die sich ja als Differenz zwischen der Zahl der Variablen und der Zahl der Gleichgewichtsbedingungen ergab. Da bei r voneinander unabhängigen Reaktionsgleichungen auch r Gleichgewichtsbedingungen mit berücksichtigt werden müssen, ergibt sich für die Freiheitsgrade analog

$$F = N + 2 - \pi - r \, . \tag{9.20}$$

Das Augenmerk soll hier nun auf die Wahl *unabhängiger* Reaktionsgleichungen gelenkt werden. Wird z. B. für die Verbrennung von Kohlenstoff folgendes angegeben:

$$C + O_2 \rightleftharpoons CO_2 \tag{9.21}$$

$$C + \frac{1}{2}O_2 \rightleftharpoons CO \, , \tag{9.22}$$

so mag man die Idee haben, dass das in Gl. 9.22 gebildete CO auch selber mit Sauerstoff oxidiert werden kann:

$$CO + \frac{1}{2}O_2 \rightleftharpoons CO_2 \, . \tag{9.23}$$

Dabei ist sofort klar, dass Gl. 9.23 formal durch Subtraktion von Gl. 9.21 und 9.22 erhalten werden kann, sie ist also linear abhängig. Was für diese wenigen Reaktionsgleichungen mit wenigen Komponenten noch recht überschaubar ist, wird für komplexere Systeme von Reaktionsgleichungen, die leicht einige zig Gleichungen umfassen können, schnell unüberschaubar, da häufig Neben- und Folgereaktionen mit zu berücksichtigen sind. Folgendes Vorgehen hilft, die unabhängigen Reaktionsgleichungen aufzustellen:

a) Anschreiben der Bildung aller Komponenten aus den Elementen.
b) Kombination dieser Gleichungen so, dass alle Elemente eliminiert werden, die nicht im System als Elemente auftreten.

Da dieses Vorgehen für das angegebene Beispiel der Kohlenstoffverbrennung trivial ist, soll es für die Hydrierung von Butadien vorgestellt werden. Technischer Hintergrund hierbei ist die Hydrierung von dem Ausgangsprodukt Butadien zu Buten, wobei die Durchhydrierung zu Butan vermieden werden soll. An der Reaktion beteiligt sind neben Wasserstoff also

$$\overset{|}{C}=\overset{|}{C}-\overset{|}{C}=\overset{|}{C} \qquad \text{1,3-Butadien} \qquad C_4H_6\,,$$

$$\overset{|}{C}=\overset{|}{C}-\overset{|}{C}-\overset{|}{C}- \qquad \text{1-Buten} \qquad C_4H_8\,,$$

$$-\overset{|}{C}-\overset{|}{C}-\overset{|}{C}-\overset{|}{C}- \qquad \text{n-Butan} \qquad C_4H_{10}\,,$$

wobei hier – wie allgemein üblich – die Wasserstoffatome am Ende der Bindungen nicht mit eingetragen sind. Die Schritte zur Ermittlung der unabhängigen Reaktionsgleichungen sind dann wie folgt:

a) Anschreiben der Bildung aus den Elementen:

$$4C + 3H_2 \rightleftharpoons C_4H_6 \tag{9.24}$$
$$4C + 4H_2 \rightleftharpoons C_4H_8 \tag{9.25}$$
$$4C + 5H_2 \rightleftharpoons C_4H_{10}\,. \tag{9.26}$$

b) Elimination nicht vorkommender Elemente.
Da Kohlenstoff in dem betrachteten System nicht auftritt, kann dieser mit Gl. 9.24 eliminiert werden. Mit

$$4C \rightleftharpoons C_4H_6 - 3H_2 \tag{9.27}$$

folgt

$$C_4H_6 + H_2 \rightleftharpoons C_4H_8 \tag{9.28}$$
$$C_4H_6 + 2H_2 \rightleftharpoons C_4H_{10} \tag{9.29}$$

als die beiden unabhängigen Reaktionsgleichungen.

Natürlich kann statt Gl. 9.24 zur Elimination des Kohlenstoffs auch eine der beiden anderen gewählt werden. Das erhaltene Gleichgewichtssystem hat dann zwar jeweils eine andere Form, die Aussagen z. B. zur Gleichgewichtslage im System bleiben davon aber unberührt. Entsprechend können die erhaltenen Gleichungen aber auch anschließend noch linear so kombiniert werden, dass ggf. chemisch sinnvollere Gleichungen erhalten werden. Dabei ist aber darauf zu achten, dass keine neuen Abhängigkeiten eingebaut werden. Ein System unabhängiger Reaktionsgleichungen ist hier nicht nur zur korrekten Auswertung der Gibbs'schen Phasenregel nötig, sondern auch für eine eindeutige lösbare Formulierung der Gleichgewichtsbedingungen.

9.3 Chemisches Gleichgewicht realer Komponenten

Um die Anwendung von Gl. 9.16 mit Hilfe der in den Kapiteln 4 und 5 vorgestellten Modellansätze zu erleichtern, kann mit der Definition der Fugazität (Gl. 4.48) formuliert werden

$$0 = \sum_{i=1}^{N} \nu_i \mu_i^0 + RT \sum_{i=1}^{N} \nu_i \ln \frac{f_i}{f_i^0} \; . \tag{9.30}$$

Die erste Summe in dieser Gleichung wird nun, da sie nur von der Temperatur abhängt, als freie oder Gibbs'sche Standardreaktionsenthalpie $\Delta_{\mathrm{R}} G^0$ zusammengefasst:

$$\Delta_{\mathrm{R}} G^0 = \sum_{i=1}^{N} \nu_i \mu_i^0 \; . \tag{9.31}$$

Sie gibt die Änderung der freien Enthalpie nG eines Systems unter Standardbedingungen genau bei Formelumsatz an.

9.3.1 Auswertung mit Zustandsgleichungen

Wird Gl. 9.30 mit Zustandsgleichungen ausgewertet, so ist als Bezugszustand wieder jede Komponente als ideales Gas im Reinstoffzustand bei T und p^0 gewählt. Es lässt sich mit Gl. 4.44 μ_i^0 konkret ausdrücken:

$$\begin{aligned}
\Delta_{\mathrm{R}} G^0 = \sum_{i=1}^{N} \nu_i \Bigg[& \int_{T^0}^{T} C_{p,j}^{\mathrm{iG}} \, \mathrm{d}T' - T \int_{T^0}^{T} \frac{C_{p,j}^{\mathrm{iG}}}{T'} \, \mathrm{d}T' + \\
& + \Delta_{\mathrm{f}} H_j^{\mathrm{iG}}(T^0) - T \Delta_{\mathrm{f}} S_j^{\mathrm{iG}}(T^0, p^0) + \\
& + \sum_{k=1}^{M_i} \nu_{i,k} \left(H_k^*(T^0) - T S_k^*(T^0, p^0) \right) \Bigg] \; .
\end{aligned} \tag{9.32}$$

Hierbei stellt sich insbesondere die Frage, wie der letzte Summen-Term ausgewertet werden kann. Um dies zu zeigen, soll er für die Elementenenthalpie einer Beispielreaktion angeschrieben werden. Die betrachtete Reaktion sei wieder

$$\mathrm{C_4H_8} + \mathrm{H_2} \rightleftharpoons \mathrm{C_4H_{10}} \; . \tag{9.33}$$

Die stöchiometrischen Koeffizienten sind

$$\nu_{\mathrm{C_4H_8}} = -1$$
$$\nu_{\mathrm{H_2}} = -1$$
$$\nu_{\mathrm{C_4H_{10}}} = +1 \; .$$

Zudem müssen zur Auswertung die Bildungsreaktionen aus den Elementen betrachtet werden:

$$4\mathrm{C} + 4\mathrm{H_2} \rightleftharpoons \mathrm{C_4H_8} \qquad 4\mathrm{C} + 5\mathrm{H_2} \rightleftharpoons \mathrm{C_4H_{10}} \qquad \mathrm{H_2} \rightleftharpoons \mathrm{H_2}$$
$$\nu_{\mathrm{H_2,C_4H_8}} = -4 \qquad \nu_{\mathrm{H_2,C_4H_{10}}} = -5 \qquad \nu_{\mathrm{H_2,H_2}} = -1$$
$$\nu_{\mathrm{C,C_4H_8}} = -4 \qquad \nu_{\mathrm{C,C_4H_{10}}} = -4 \; .$$

Damit wird

$$\sum_{i=1}^{N} \nu_i \sum_{k=1}^{M_i} \nu_{i,k} H_k^*(T^0) = (-1)(-4)H_{\mathrm{H_2}}^* + (-1)(-4)H_{\mathrm{C}}^* +$$
$$+ (-1)H_{\mathrm{H_2}}^* + \tag{9.34}$$
$$+ (+1)(-5)H_{\mathrm{H_2}}^* + (+1)(-4)H_{\mathrm{C}}^*$$

bzw.

$$\sum_{i=1}^{N} \nu_i \sum_{k=1}^{M_i} \nu_{i,k} H_k^*(T^0) = 0 \, . \tag{9.35}$$

Man erkennt, dass die Terme in Gl. 9.32, die die Elemente charakterisieren, genau dann wegfallen, wenn in der Reaktionsgleichung die Elementebilanz erfüllt ist. Da dies eine korrekte Reaktionsgleichung ausmacht, folgt allgemein

$$\Delta_{\mathrm{R}} G^0 = \sum_{i=1}^{N} \nu_i \left[\int_{T^0}^{T} C_{p,j}^{\mathrm{iG}} \mathrm{d}T' - T \int_{T^0}^{T} \frac{C_{p,j}^{\mathrm{iG}}}{T'} \mathrm{d}T' + \right.$$
$$\left. + \Delta_{\mathrm{f}} H_j^{\mathrm{iG}}(T^0) - T \Delta_{\mathrm{f}} S_j^{\mathrm{iG}}(T^0, p^0) \right] \tag{9.36}$$

Es wird deutlich, dass $\Delta_{\mathrm{R}} G^0$ nur von T und p^0 abhängt und sich auf ideale Gase bezieht:

$$\Delta_{\mathrm{R}} G^0 = \Delta_{\mathrm{R}} G^{\mathrm{iG}}(T, p^0) \, . \tag{9.37}$$

Damit ist die freie Standardreaktionsenthalpie mit Hilfe entsprechender Datensammlungen für Idealgas-C_p-Funktionen und Standardbildungsgrößen [12, 167, 168, 180] auswertbar.

Mit Hilfe von $\Delta_{\mathrm{R}} G^0$ kann Gl. 9.30 nun formuliert werden als

$$\prod_{i=1}^{N} \left(\frac{f_i}{f_i^0} \right)^{\nu_i} = \exp -\frac{\Delta_{\mathrm{R}} G^0}{RT} \, . \tag{9.38}$$

Wird berücksichtigt, dass bei der üblichen Wahl des Bezugszustandes für das Rechnen mit Zustandsgleichungen

$$f_i^0 = p^0 \tag{9.39}$$

gilt (vgl. Gl. 4.51), so folgt als Endergebnis

$$\prod_{i=1}^{N} \left(\frac{f_i}{p^0} \right)^{\nu_i} = \exp -\frac{\Delta_{\mathrm{R}} G^0}{RT} = K_f(T) \, , \tag{9.40}$$

wobei K_f als Gleichgewichtskonstante bezeichnet wird, die aber von der Temperatur abhängt. K_f ist aber insbesondere unabhängig von Druck und Zusammensetzung des Systems und kann daher für eine Gleichgewichtsberechnung bei vorgegebener Temperatur in der Tat als Konstante behandelt werden.

Berücksichtigt man, dass mit Gl. 4.49

$$f_i = \varphi_i x_i p = \varphi_i p_i \,, \tag{9.41}$$

so lässt sich mit

$$K_x = \prod_{i=1}^{N} x_i^{\nu_i} \,, \tag{9.42}$$

$$K_\varphi = \prod_{i=1}^{N} \varphi_i^{\nu_i} \tag{9.43}$$

und

$$K_p = \prod_{i=1}^{N} \left(\frac{p_i}{p^0}\right)^{\nu_i} \tag{9.44}$$

das Gleichgewicht auch wie folgt formulieren:

$$K_f = K_\varphi K_p \tag{9.45}$$

bzw.

$$K_f = K_\varphi K_x p^\nu \tag{9.46}$$

mit

$$\nu = \sum_{i=1}^{N} \nu_i \,. \tag{9.47}$$

Diese Schreibweisen sind insbesondere dann vorteilhaft, wenn bei entsprechenden Bedingungen $\varphi_i = 1$ angenommen wird, z. B. für Gasphasenreaktionen bei ausreichend hoher Temperatur und nicht zu hohem Druck.

9.3.2 Auswertung mit G^{E}-Modellen

Alternativ kann die Gleichgewichtsbedingung mit G^{E}-Modellen ausgewertet werden. Aus Gl. 9.30 folgt mit Gln. 5.40 und 9.36

$$0 = \Delta_{\mathrm{R}} G^0 + RT \sum_{i=1}^{N} \nu_i \ln \left[\frac{a_i(T, p^{\mathrm{s}}, x_i)\, F_{\mathrm{P},i},\, \varphi_i^0(T, p_i^{\mathrm{s}}(T))\, p_i^{\mathrm{s}}(T)}{p^0} \right] \tag{9.48}$$

bzw.

$$\prod_{i=1}^{N} \left(\frac{a_i F_{\mathrm{P},i}\, \varphi_i^0\, p_i^{\mathrm{s}}}{p^0} \right)^{\nu_i} = \exp -\frac{\Delta_{\mathrm{R}} G^0}{RT} \,. \tag{9.49}$$

Da hier φ_i^0 und p_i^{s} ebenfalls nur von der Temperatur abhängen, und $F_{p,i}$ bei den Bedingungen, bei denen G^{E}-Modelle verwendet werden, nur sehr schwach druckabhängig ist, lässt sich schreiben

$$\prod_{i=1}^{N} a_i^{\nu_i} = K_a = \left[\prod_{i=1}^{N} \left(\frac{p^0}{F_{\mathrm{P},i}\, \varphi_i^0\, p_i^{\mathrm{s}}} \right)^{\nu_i} \right] \exp -\frac{\Delta_{\mathrm{R}} G^0}{RT} \,. \tag{9.50}$$

Wie beim Rechnen mit G^{E}-Modellen üblich, wird häufig $\varphi_i^0 F_{p,i}$ zu eins gesetzt, so dass auch Gl. 9.50 sehr einfach auswertbar wird. Diese Vereinfachung ist aber im Einzelfall zu prüfen, ggf. muss mit der vollständigen Information gerechnet werden.

Auch hier lässt sich das Gleichgewicht mit Einführung von

$$K_\gamma = \prod_{i=1}^{N} \gamma_i^{\nu_i} \tag{9.51}$$

wieder umformulieren:

$$K_a = K_\gamma K_x \ . \tag{9.52}$$

Mit Annahme idealer Mischungen, $\gamma_i = 1$, folgt hieraus sofort das Massenwirkungsgesetz. Ist die Mischung nicht ideal, so lässt sich das Massenwirkungsgesetz dennoch zumindest für verdünnte Lösungen anschreiben, wobei dann γ_i^∞, das eigentlich bei unendlicher Verdünnung definiert ist, als konstant angenommen wird.

Hier soll nun auch geprüft werden, wie sich die Wahl der stöchiometrischen Koeffizienten auf die Gleichgewichtsbedingung auswirkt. Da die Relation zwischen den ν_i durch die Elemente- oder Atombilanz festgelegt ist, sollen zwei Fälle entsprechend Gln. 9.1 und 9.4 betrachtet werden, wobei die Reaktionsgleichung einmal in ν_i und alternativ in $\alpha \nu_i$ formuliert ist, wobei α ein konstanter Faktor sein soll, der ansonsten beliebig ist. Für das Gleichgewicht bezogen auf die $\alpha \nu_i$ folgt dann

$$\prod_{i=1}^{N} \left(\frac{f_i}{f_i^0} \right)^{\alpha \nu_i} = \exp \frac{\sum\limits_{i=1}^{N} \alpha \nu_i \mu_i^0}{RT} \tag{9.53}$$

bzw.

$$\alpha \sum_{i=1}^{N} \nu_i \ln \frac{f_i}{f_i^0} = - \frac{\alpha \sum\limits_{i=1}^{N} \nu_i \mu_i^0}{RT} \ . \tag{9.54}$$

Es wird deutlich, dass dies identisch zu

$$\sum_{i=1}^{N} \nu_i \ln \frac{f_i}{f_i^0} = - \frac{\sum\limits_{i=1}^{N} \nu_i \mu_i^0}{RT} \tag{9.55}$$

ist, der Gleichgewichtsbedingung für die Reaktion angeschrieben mit ν_i. Die Aussage zum Gleichgewicht wird also durch den konstanten Faktor nicht verändert. Allerdings ist wesentlich, die Reaktionsgleichung auf die man sich bezieht, konkret anzugeben, da das α auf der rechten Seite von Gl. 9.53 bei der Bestimmung von $\Delta_{\mathrm{R}} G^0$ direkt als Faktor eingeht.

9.4 Chemisches Gleichgewicht idealer Gase

Häufig werden Reaktionen im gasförmigen Zustand und wegen der höheren Reaktionsgeschwindigkeit auch bei hohen Temperaturen durchgeführt, so dass davon ausgegangen werden kann, dass sich die Reaktionspartner als ideale Gase verhalten. Da für diesen Fall

$$f_i = x_i p \tag{9.56}$$

gilt, vereinfacht sich die Gleichgewichtsbedingung zu

$$K_f(T) = \prod_{i=1}^{N} \left(\frac{p_i}{p^0} \right)^{\nu_i} . \tag{9.57}$$

Am Beispiel der Knallgasreaktion (Gl. 9.1) kann verdeutlicht werden, wie das Gleichgewicht dann einfach formuliert werden kann:

$$\frac{\dfrac{p_{\mathrm{H_2O}}}{p^0}}{\left(\dfrac{p_{\mathrm{H_2}}}{p^0} \right) \left(\dfrac{p_{\mathrm{O_2}}}{p^0} \right)^{\frac{1}{2}}} = K_f(T) . \tag{9.58}$$

Mit Gl. 9.56 folgt

$$\frac{x_{\mathrm{H_2O}}}{x_{\mathrm{H_2}} \left(x_{\mathrm{O_2}} \right)^{\frac{1}{2}}} \left(\frac{p^0}{p} \right)^{\frac{1}{2}} = K_f(T) . \tag{9.59}$$

Wird die Bilanzierung der Komponenten entsprechend Gl. 9.6 bzw. 9.7 berücksichtigt, kann Gl. 9.59 bei bekanntem K_f und vorgegebenem n_i^0 einfach nach ε aufgelöst werden.

9.5 Druck- und Temperaturabhängigkeit des Gleichgewichtes, Energieumsatz

Gleichzeitig erkennt man an Gl. 9.59, dass bei steigendem Druck $x_{\mathrm{H_2O}}$ steigen sowie $x_{\mathrm{H_2}}$ und $x_{\mathrm{O_2}}$ abnehmen müssen, um die Gleichgewichtsbedingung zu erfüllen. Mit Gln. 9.46 und 9.47 wird deutlich, dass dies direkt aus der Teilchenbilanz für die Reaktionsgleichung folgt. Allgemein – und nicht nur für ideale Gase – lässt sich daher formulieren, dass bei Reaktionen, bei denen die Teilchenzahl nicht gleich bleibt, bei höherem Druck das Gleichgewicht auf die Seite der Reaktionsgleichung verschoben wird, auf der die geringere Teilchenzahl steht. Bei niedrigerem Druck wird im Gleichgewicht die Seite mit mehr Teilchen bevorzugt. Das System hat also die Tendenz, einem steigenden Druck durch Verringerung der Teilchenzahl entgegen zu wirken. Dies ist das Prinzip des kleinsten Zwanges oder das Le Chatelier-Braun'sche Prinzip, das häufig auch nur Le Chatelier'sches Prinzip genannt wird.

Entsprechend stellt sich die Frage nach der Temperaturabhängigkeit des chemischen Gleichgewichtes. Diese wird – neben der Temperaturabhängigkeit der f_i – im Wesentlichen durch die Temperaturfunktion $K_f(T)$ bestimmt. Mit der Definition von K_f (vgl. Gl. 9.40)

$$\ln K_f(T) = -\frac{\Delta_R G^0}{RT} \tag{9.60}$$

erhält man

$$\frac{\mathrm{d}\ln K_f}{\mathrm{d}T} = -\frac{\mathrm{d}\dfrac{\Delta_R G^0}{RT}}{\mathrm{d}T} \; . \tag{9.61}$$

Mit Gl. 3.44 lässt sich dies umformen, da $\Delta_R G^0$ additiv aus den einzelnen Beiträgen zusammengesetzt ist:

$$\frac{\mathrm{d}\ln K_f}{\mathrm{d}T} = \frac{\Delta_R H^0}{RT^2} \; . \tag{9.62}$$

Die Standardreaktionsenthalpie bezieht sich ebenfalls auf reine ideale Gase bei der Temperatur T:

$$\Delta_R H^0 = \sum_{i=1}^{N} \nu_i H_i^0 \tag{9.63}$$

$$= \sum_{i=1}^{N} \nu_i \left(\int_{T^0}^{T} C_{p,j}^{\mathrm{iG}} \mathrm{d}T' + \Delta_f H_i^{\mathrm{iG}}(T^0) \right) \; . \tag{9.64}$$

Gl. 9.62 ist das van't Hoff'sche Gesetz. Um dieses Ergebnis diskutieren zu können, sei zunächst der Energieumsatz einer chemischen Reaktion betrachtet. Die Bedingungen zur Bilanzierung sind dazu in Abb. 9.1 dargestellt. Insbesondere ist die Wärmeenergie nQ, die dem System zugeführt wird, positiv definiert. Die zuzuführende Wärme ergibt sich dann aus der Bilanz:

$$(nH)^0 = (nH) + nQ \; . \tag{9.65}$$

Da die Enthalpie des Systems auf Grund der Mischungsenthalpie im Allgemeinen von der sich während der Reaktion verändernden Zusammensetzung des Systems abhängt, lässt sich diese Beziehung ohne Einschränkung nicht weiter vereinfachen. Nimmt man jedoch an, dass die Mischung keine Mischungsenthalpie aufweist, so folgt

$$nQ = \sum_{i=1}^{N} \left(n_i - n_i^0 \right) H_i \; , \tag{9.66}$$

wobei H_i die Reinstoffenthalpie ist, und mit Gl. 9.6:

$$\Delta_R H^0 = \sum_{i=1}^{N} \nu_i \varepsilon H_i \; . \tag{9.67}$$

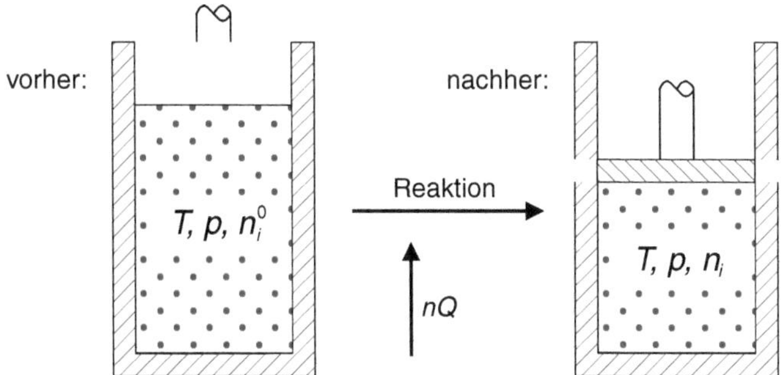

Abb. 9.1. Energieumsatz bei einer chemischen Reaktion

Wird entsprechend Gl. 9.64 allgemein $\Delta_\mathrm{R} H$ als Reaktionsenthalpie definiert,

$$\Delta_\mathrm{R} H = \sum_{i=1}^{N} \nu_i H_i \ , \tag{9.68}$$

so ergibt sich

$$nQ = \varepsilon \Delta_\mathrm{R} H \ . \tag{9.69}$$

Die Wärmemenge ist also – wie zu erwarten – proportional zum Reaktionsfortschritt. Insbesondere gilt für eine Reaktion zwischen idealen Gasen

$$nQ = \varepsilon \Delta_\mathrm{R} H^0 \ . \tag{9.70}$$

Mit dieser Beziehung kann nun die Temperaturabhängigkeit von K_f (Gl. 9.62) diskutiert werden. Verläuft die Reaktion endotherm, d. h. ist Q und damit auch $\Delta_\mathrm{R} H^0$ positiv, so nimmt K_f mit steigender Temperatur zu. Dadurch verschiebt sich bei höheren Temperaturen das Gleichgewicht mehr auf die Produktseite der Reaktionsgleichung. Ist die Reaktion dagegen exotherm, wird also bei der Reaktion Wärme abgegeben, so ist $\Delta_\mathrm{R} H^0$ negativ und das Gleichgewicht der Reaktion tendiert bei tiefen Temperaturen zur Produktseite. Auch diese Temperaturabhängigkeit verhält sich also entsprechend dem Le Chatelier-Braun'schen Prinzip. Wird das Realverhalten der Komponenten mit berücksichtigt, so beeinflusst dies zwar den Betrag der Reaktionswärme, ändert aber nicht die prinzipiellen Zusammenhänge.

9.6 Gesetz der konstanten Energiesummen

Wie man sieht, müssen zur thermodynamischen Beschreibung von Reaktionen die Bildungs- und Reaktionsenthalpien bekannt sein. Dabei ist es manchmal schwierig, diese zu ermitteln. Möchte man z. B. die Reaktionsenthalpie der unvollständigen Verbrennung von Kohlenstoff

$$\mathrm{C} + \frac{1}{2}\mathrm{O}_2 \rightleftharpoons \mathrm{CO} \tag{9.71}$$

experimentell bestimmen, scheitert dies daran, dass bei der Umsetzung des Kohlenstoffs ein großer Teil zu CO_2 durchoxidieren wird, was zwangsläufig zu drastischen Fehlern führt.

Um dieses Problem zu umgehen, kann man auf das Gesetz der konstanten Energiesummen zurückgreifen, das auch als Satz von Hess bezeichnet wird:

> Der Energieumsatz einer chemischen Reaktion ist unabhängig von dem Weg der Reaktion, sondern hängt ausschließlich von Anfangs- und Endzustand ab.

Dies bedeutet, dass eine Reaktionsenthalpie unberührt davon ist, ob ggf. Zwischenreaktionen ablaufen. Für das obige Beispiel bedeutet dies, dass die vollständige Verbrennung von Kohlenstoff und CO gemessen werden kann, die Partialoxidation ergibt sich dann als Differenz:

$$
\begin{aligned}
C + O_2 &\rightleftharpoons CO_2 & -393,5\,\mathrm{kJ/mol} \\[1em]
CO + \frac{1}{2}O_2 &\rightleftharpoons CO_2 & -283,0\,\mathrm{kJ/mol} \\[1em]
\Rightarrow \quad C + \frac{1}{2}O_2 &\rightleftharpoons CO & -110,5\,\mathrm{kJ/mol}
\end{aligned}
\tag{9.72}
$$

9.7 Heterogene Reaktionen

Unter heterogenen Reaktionen versteht man solche, an denen Reaktionspartner unterschiedlichen Aggregatzustandes beteiligt sind. Im Gegensatz dazu befinden sich die reagierenden Komponenten bei homogenen Reaktionen alle im gleichen Aggregatzustand.

Bei heterogenen Reaktionen lässt sich häufig insbesondere dann, wenn ein Feststoff beteiligt ist, die Gleichgewichtsbedingung vereinfachen, da einerseits der Feststoff keinen Dampfdruck aufweist und er andererseits häufig ein Reinstoff ist. Dann kann die Gleichgewichtsbedingung aufgeteilt werden:

$$
0 = \sum_{i=1}^{N_{\mathrm{fluid}}} \nu_i \mu_i + \sum_{i=1}^{N_{\mathrm{fest}}} \nu_i \mu_i \, .
\tag{9.73}
$$

Da für einen reinen Feststoff dann auch meistens der thermodynamische Bezugszustand als Feststoff gewählt ist und der Druckeinfluss vernachlässigt werden kann, folgt

$$
0 = RT \ln \prod_{i=1}^{N_{\mathrm{fluid}}} \left(\frac{f_i}{f_i^0} \right)^{\nu_i} + \sum_{i=1}^{N_{\mathrm{fluid}}} \nu_i \mu_i^0 + \sum_{i=1}^{N_{\mathrm{fest}}} \nu_i \mu_i^0
\tag{9.74}
$$

bzw.

$$\ln K'_f = \frac{\sum\limits_{i=1}^{N} \nu_i \mu_i^0}{RT} \tag{9.75}$$

$$= \frac{\Delta_{\mathrm{R}} G^0}{RT}\,, \tag{9.76}$$

wobei in K'_f nun nur die Komponenten der fluiden Phase zu berücksichtigen sind.

Hierbei soll nochmals betont werden, dass der Bezugszustand des Feststoffs als reiner Feststoff angenommen wurde.

Ist der Feststoff ein Gemisch, müssen die entsprechenden Aktivitätskoeffizienten explizit berücksichtigt werden. Analog kann die Gleichgewichtsbedingung aufgespalten werden, wenn neben gasförmigen Reaktionspartnern flüssige Komponenten ohne Dampfdruck an der Reaktion beteiligt sind.

9.8 Simultane Reaktionen

Als Abschluss der Darstellung zum Reaktionsgleichgewicht sollen simultan ablaufende Reaktionen betrachtet werden. Laufen in einem System mehrere Reaktionen gleichzeitig ab, so müssen alle Reaktionsgleichgewichtsbedingungen ggf. zusätzlich zu den Phasengleichgewichtsbedingungen gelöst werden. Dies ist i. d. R. aufwändig, zumindest dann, wenn das Realverhalten der Komponenten korrekt berücksichtigt werden soll. Es folgt dann ein System gekoppelter nichtlinearer Gleichungen. Alternativ besteht die Möglichkeit, die freie Enthalpie oder Energie entsprechend der Gln. 4.42 bzw. 5.39 mit allen Termen zu formulieren und das Minimum dieser Funktion zu suchen. Das Ergebnis dieser Minimierung muss offensichtlich identisch zu dem durch Lösung des Gleichungssystems erhaltenen sein.

Um die Komplexität selbst scheinbar einfacher Reaktionen zu verdeutlichen, sei eine Wasserstoffflamme an Luft bei stöchiometrischer Mischung betrachtet. Folgende Reaktionen sind zu beschreiben, wobei CO_2 und Argon als Inhaltsstoffe der Luft mit berücksichtigt sind:

$$H_2 + \frac{1}{2}O_2 \rightleftharpoons H_2O$$

$$\frac{1}{2}H_2 \rightleftharpoons H$$

$$\frac{1}{2}O_2 \rightleftharpoons O$$

$$O + H \rightleftharpoons OH$$

$$\frac{1}{2}N_2 + \frac{1}{2}O_2 \rightleftharpoons NO$$

$$NO + \frac{1}{2}O_2 \rightleftharpoons NO_2$$

$$\frac{1}{2}N_2 \rightleftharpoons N$$

$$CO_2 \rightleftharpoons CO + \frac{1}{2}O_2 \ .$$

Es müssen bei den auftretenden hohen Temperaturen also auch Radikale bei der Reaktion mit modelliert werden. Argon wird als inerte Komponente betrachtet. Das Ergebnis einer auf den Idealgaseigenschaften beruhenden Berechnung ist in Abb. 9.2 gezeigt. Bei niedrigen Temperaturen dominieren Stickstoff und Wasser, mit steigenden Temperaturen nehmen zunächst Moleküle und Radikale aus zwei Atomen zu, um oberhalb etwa 3500 K zunehmend zu zerfallen. Bei solch hohen Temperaturen werden dann die einatomigen Radikale H, O und N immer stabiler.

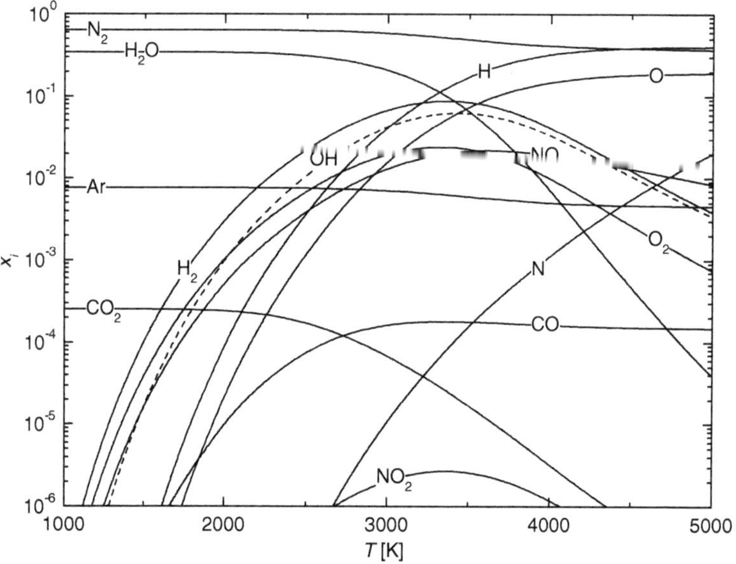

Abb. 9.2. Simultane Gleichgewichte bei der Verbrennung von Wasserstoff an Luft bei 1 bar [141]

9.9 Kinetik chemischer Reaktionen

Abschließend sollen hier einige Vorstellungen zur Reaktionskinetik behandelt werden. Zwar erlaubt die Thermodynamik keine exakten Aussagen zur Geschwindigkeit, mit der Reaktionen ablaufen, aber mit den entwickelten molekularen Vorstellungen sind Aussagen über die Form reaktionskinetischer Ansätze möglich.

Zur Definition der Reaktionsgeschwindigkeit r_i sei folgende Beispielreaktion betrachtet:

$$A + B \rightarrow C \; . \tag{9.77}$$

Die Geschwindigkeit, mit der A umgewandelt ist, lässt sich mit

$$r_A = \frac{\mathrm{d}c_A}{\mathrm{d}t} \tag{9.78}$$

beschreiben, analog gilt für B und C

$$r_B = \frac{\mathrm{d}c_B}{\mathrm{d}t} \tag{9.79}$$

und

$$r_C = \frac{\mathrm{d}c_C}{\mathrm{d}t} \; . \tag{9.80}$$

Dabei ist c_i wieder die Stoffmengenkonzentration. Da die Konzentrationen von A und B im Verlaufe der Reaktionen abnehmen, sind r_A und r_B negative Werte, r_C ist dagegen positiv, es beschreibt die Bildung von C.

Die r_i einer Reaktion sind nun über die stöchiometrischen Koeffizienten gekoppelt, mit deren Hilfe nach Gl. 9.5 auch eine einzige Reaktionsgeschwindigkeit r definiert werden kann:

$$\frac{r_i}{\nu_i} = r \; . \tag{9.81}$$

Entsprechend Gl. 9.5 kann dann auch geschrieben werden

$$r = \frac{1}{nV}\frac{\mathrm{d}\varepsilon}{\mathrm{d}t} \; . \tag{9.82}$$

Die eine Reaktion insgesamt charakterisierende Reaktionsgeschwindigkeit r ist also direkt mit dem Reaktionsfortschritt gekoppelt.

r hängt nun von einer Vielzahl von Parametern ab:

$$r = r\left(c_A, c_B, c_C, T, p, \ldots\right) \; . \tag{9.83}$$

Allgemein lässt sich der Zusammenhang nur experimentell etablieren, da die Reaktionsgeschwindigkeit auch z. B. von Spurenkomponenten oder der Anwesenheit von Katalysatoren entscheidend beeinflusst wird. Häufig werden zur Modellierung Ansätze der Form

$$r = k \prod_{i=1}^{N} c_i^{\alpha_i} \tag{9.84}$$

formuliert, wobei k die Geschwindigkeits-'konstante' darstellt, die z. B. von der Temperatur und ggf. auch vom Druck abhängt, und α_i bezeichnet die Reaktionsordnung bzgl. der Komponente i.

Die Temperaturabhängigkeit der Geschwindigkeitskonstante beschreibt man mit einem Arrhenius-Ansatz:

$$k = k_0 \exp\left(\frac{-E_A}{RT}\right) \tag{9.85}$$

wobei E_A die Aktivierungsenergie ist. Das der Arrhenius-Gleichung zu Grunde liegende molekulare Bild ist in Abb. 9.3 angedeutet. Dargestellt ist die Energie der Moleküle als Funktion einer geeignet gewählten Reaktionskoordinate, von der angenommen wird, dass sie sich über die Reaktion zwischen den Molekülen hinweg kontinuierlich verändert. Vom Ausgangszustand der Edukte aus muss zunächst eine Energiebarriere E_A überwunden werden, damit die Reaktion zu den Produkten stattfindet. Die Wahrscheinlichkeit für das Auftreten des Übergangszustandes, der auch Intermediat oder Stoßkomplex genannt wird, ist proportional zum Boltzmann-Faktor mit E_A, dem Exponentialterm in Gl. 9.85. Dieser gibt damit an, welcher Anteil der Molekülstöße genügend Energie aufbringt, um E_A zu überwinden. k_0 ist entsprechend ein Maß für die Zahl der Molekülstöße in der Mischung, der so genannte Frequenzfaktor.

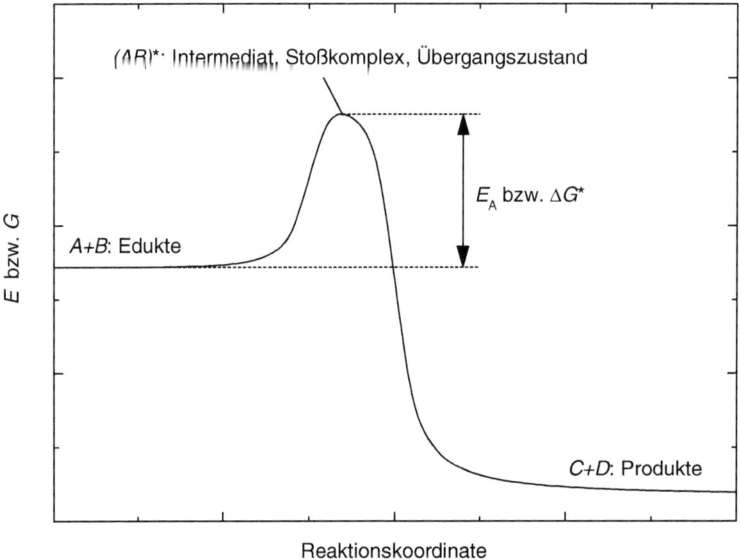

Abb. 9.3. Vorstellung zum Arrhenius-Ansatz

Es sei hier angemerkt, dass der Ansatz für die Reaktionsgeschwindigkeit in Gl. 9.84 über Potenzen von Konzentrationen eigentlich nur für gasförmige Komponenten oder in verdünnter Lösung sinnvoll ist, da dann die Nichtidealitäten des Gemisches entfallen bzw. in der Konstanten zusammengefasst werden können. Allgemeiner formuliert man die Triebkraft der Reaktion und damit die Reaktionsgeschwindigkeit mit Hilfe der chemischen Potentiale oder der Aktivitäten der Komponenten bzw. der chemischen Affinität Y.

Weiter gehende Aussagen sind nur über so genannte Elementarreaktionen möglich, bei denen davon ausgegangen wird, dass sich die Moleküle, die miteinander reagieren, zunächst treffen müssen. Die Wahrscheinlichkeit hierfür ist – insbesondere bei der Betrachtung der Komponenten als ideale Gase – proportional zu ihrer Konzentration in der Mischung. Die Wahrscheinlichkeit dafür, dass bei einem Zusammentreffen der beteiligten Moleküle die Reaktion stattfindet, dass also genügend Energie zur Verfügung steht, um üblicherweise vorhandene Energiebarrieren zu überwinden, wird dann in einem Vorfaktor zusammengefasst, der Geschwindigkeitskonstanten k entsprechend Gl. 9.84.

Als einfache Reaktion soll zunächst die Umwandlung von Cyclopropan zu Propen betrachtet werden:

$$\begin{array}{c} \mathrm{CH_2} \\ \diagup \quad \diagdown \\ \mathrm{CH_2-CH_2} \end{array} \rightleftharpoons \mathrm{CH_3CH=CH_2} \tag{9.86}$$

oder allgemein

$$A \rightarrow \text{Produkte} . \tag{9.87}$$

Die Reaktionsgeschwindigkeit ist für diesen Fall offensichtlich einfach proportional zu der Stoffmenge von A, n_A, im Systemvolumen nV:

$$r_A = -kc_A . \tag{9.88}$$

Die Rückreaktion sei hier noch ausgeschlossen. k charakterisiert dabei – wie beschrieben – die Wahrscheinlichkeit, dass genügend Energie z. B. durch Stöße mit anderen Molekülen zur Verfügung steht, um die Umsetzung ablaufen zu lassen. Die Reaktionsgeschwindigkeitskonstante berücksichtigt in weitergehenden Modellierungen dazu die Größe der Moleküle. Entsprechend der kinetischen Gastheorie, mit der Transportprozesse in verdünnten Gasen beschrieben werden können, bestimmt die Molekülgeometrie den so genannten Stoß- oder Wirkungsquerschnitt, der angibt, in welchem Abstand ein anderes Molekül vorbeifliegen muss, damit es überhaupt zu einem Stoß kommt. Das negative Vorzeichen gibt bei positivem Wert für k an, dass entsprechend der Definition in Gl. 9.78 r_A negativ sein muss, da bei der Reaktion A abgebaut wird.

Gl. 9.88 stellt nun eine Differentialgleichung für c_A dar:

$$\frac{\mathrm{d}c_A}{\mathrm{d}t} = -kc_A . \tag{9.89}$$

Wird von einem Startwert $c_A(t=0) = c_A^0$ ausgegangen, so ist die Lösung

$$c_A = c_A^0 \exp\left(-kt\right) , \tag{9.90}$$

die Konzentration von A nimmt exponentiell mit der Zeit t ab.

Sind zwei Edukte an der Reaktion beteiligt,

$$A + B \rightarrow \text{Produkte} , \tag{9.91}$$

so lässt sich die Stoßwahrscheinlichkeit bezogen auf jede Komponente wieder proportional zu den jeweiligen c_i angeben:

$$r_{A,B} = -kc_A c_B \ . \tag{9.92}$$

Allgemein lässt sich nun formulieren, dass für eine Reaktion

$$\sum_{i=1}^{N} \nu_i A_1 \rightarrow \text{Produkte} \tag{9.93}$$

bei Vorliegen einer Elementarreaktion die Reaktionsgeschwindigkeit mit

$$r = -r_{A_i} = k \prod_{i=1}^{N} c_i^{\nu_i} \tag{9.94}$$

angegeben werden kann.

Von Interesse sind nun häufig auch Reaktionen, bei denen eine Folgereaktion stattfindet:

$$A \xrightarrow{k_a} B \xrightarrow{k_b} C \ , \tag{9.95}$$

wobei die k_i die Geschwindigkeitskonstanten der einzelnen Schritte angeben. Für die Reaktionsgeschwindigkeiten folgt dann

$$\frac{dc_A}{dt} = -k_a c_A \tag{9.96}$$

wie bei Gl. 9.89. B wird nun genau mit dieser Rate gebildet und reagiert dann zu C weiter:

$$\frac{dc_B}{dt} = k_a c_A - k_b c_B \ . \tag{9.97}$$

Für Komponente C folgt dann:

$$\frac{dc_C}{dt} = +k_b c_B \ . \tag{9.98}$$

Dieses System von Differentialgleichungen kann schrittweise gelöst werden. Aus Gl. 9.96 ergibt sich wieder, wenn nur A mit c_A^0 vorgelegt war

$$c_A = c_A^0 \exp\left(-k_a t\right) \ . \tag{9.99}$$

Mit dieser Randbedingung für Gl. 9.97 folgt

$$c_B = c_A^0 \frac{k_a}{k_b - k_a} \left[\exp(-k_a t) - \exp(-k_b t)\right] \tag{9.100}$$

und auf Grund der Bilanz

$$c_A^0 = c_A + c_B + c_C \tag{9.101}$$

ergibt sich schließlich

$$c_C = c_A^0 \left[1 + \frac{k_a \exp(-k_b t) - k_b \exp(-k_a t)}{k_b - k_a}\right] \ . \tag{9.102}$$

Diese Verläufe sind in Abb. 9.4 für etwa gleich große k_a und k_b aufgetragen. Es wird deutlich, dass B nur als Zwischenprodukt erhalten wird. Ist – wie häufig – B die Zielkomponente, muss die Folgereaktion unterdrückt werden. Zudem erkennt man, dass zu lange Reaktionszeiten zum zunehmenden Abbau von B führen. Das Verhältnis c_B/c_C ist für kleine t am höchsten. Technisch bedeutet dies, dass man eine hohe B-Ausbeute z. B. mit kurzen Verweilzeiten in einem Reaktor, anschließender Abtrennung von B aus dem Strom und Rückführung des nicht umgesetzten A erzielen kann.

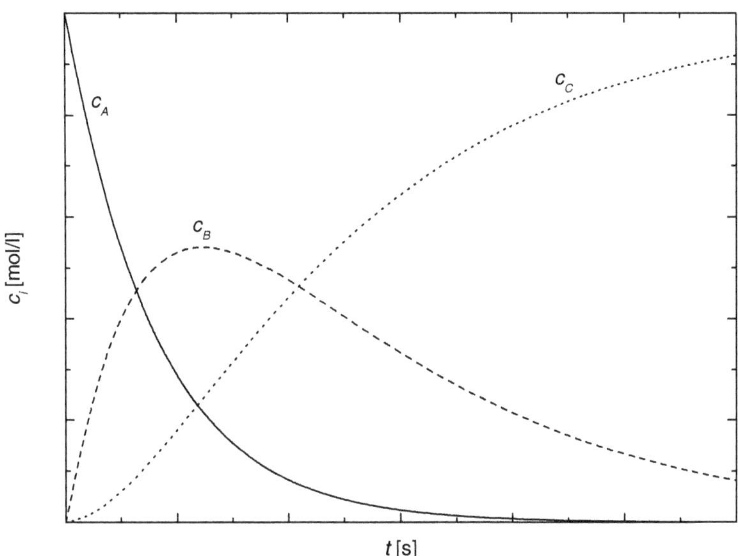

Abb. 9.4. Folgereaktionen

Als ein weiterer Fall sei eine Kombination aus Hin- und Rückreaktion betrachtet:

$$A \underset{k_b}{\overset{k_a}{\rightleftharpoons}} B \tag{9.103}$$

Analog zur Folgereaktion lässt sich formulieren:

$$\frac{dc_A}{dt} = -k_a c_A + k_b c_B \; . \tag{9.104}$$

Hier stellt sich die Frage nach dem Gleichgewicht, dass sich schließlich einstellen wird. Im Gleichgewicht gilt

$$\frac{dc_A}{dt} = 0 \tag{9.105}$$

bzw. mit Gl. 9.104

$$\frac{c_B}{c_A} = \frac{k_a}{k_b} = K_c \, , \tag{9.106}$$

wobei K_c die Gleichgewichtskonstante bezüglich der Konzentrationen ist. Dieses Ergebnis erlaubt eine kinetische Deutung des Gleichgewichtes: Im Gleichgewicht finden Hin- und Rückreaktion mit ausgeglichenen Geschwindigkeiten statt.

Ein Ansatz, der versucht, die Reaktionsgeschwindigkeit quantitativ mit Hilfe thermodynamischer Konzepte zu beschreiben, ist die Theorie des aktiven Komplexes (activated-complex theory oder transition-state theory). Diese Theorie beschreibt den in Abb. 9.3 vorgestellten Vorgang wie folgt:

$$\underbrace{A + B}_{\text{Edukte}} \;\rightleftharpoons\; \underbrace{(AB)^*}_{\substack{\text{atkivierter}\\\text{Komplex}}} \;\rightarrow\; \underbrace{C + D}_{\text{Produkte}} \, . \tag{9.107}$$

Es wird also angenommen, dass der aktivierte Stoßkomplex als eigene Spezies aufgefasst werden kann, der zunächst im Gleichgewicht mit den Edukten steht. Entsprechend wird dies mit Hilfe einer Gleichgewichtskonstanten K^* beschrieben:

$$K_a^* = \frac{a_{(AB)^*}}{a_A a_B} = \frac{c_{(AB)^*}}{c_A c_B} \frac{\gamma_{(AB)^*}}{\gamma_A \gamma_B} \, , \tag{9.108}$$

wobei hier die Aktivitätskoeffizienten bezogen auf die Stoffmengenkonzentrationen ausgedrückt sind. Die Gleichgewichtskonstante kann dann analog zu Gl. 9.50 als

$$K_a^* = \exp -\frac{\Delta G^*}{RT} \tag{9.109}$$

ausgedrückt werden (vgl. Abb. 9.3).

Die Wahrscheinlichkeit, dass $(AB)^*$ zu den Produkten weiter reagiert, wird als konstant angenommen. Damit ist die Bildungsgeschwindigkeit der Produkte proportional zur Konzentration von $(AB)^*$, so dass entsprechend Gl.9.88 folgt:

$$r \sim c_{(AB)^*} = c_A c_B \frac{\gamma_A \gamma_B}{\gamma_{(AB)^*}} K_a^* \, . \tag{9.110}$$

Nimmt man nun an, dass der Quotient der Aktivitätskoeffizienten konstant ist, so ergibt sich mit Gl. 9.109

$$r = k_0 c_A c_B \exp \left(-\frac{\Delta G^*}{RT} \right) \, . \tag{9.111}$$

Man erkennt also, dass die zuvor empirisch eingeführten Ansätze von der Struktur her sinnvoll waren, sowohl die Proportionalität zu den Eduktkonzentrationen als auch der Arrhenius-Ansatz decken sich mit Gl. 9.111. Diese Theorie des aktivierten Komplexes kann heute zudem mit Methoden der Quantenchemie und der statistischen Thermodynamik auch zur quantitativen Vorhersage von Reaktionskinetiken verwendet werden [9, 18, 186].

9.10 Zusammenfassung

In diesem letzten Kapitel werden die Grundlagen zur Beschreibung chemischer Reaktionen gelegt. Nach kurzer Definition relevanter Größen, insbesondere des Reaktionsfortschritts, wird die thermodynamische Gleichgewichtsbedingung abgeleitet. Diese zusätzliche Bedingung zur Charakterisierung eines Systems bedingt eine entsprechende Modifikation der Gibbs'schen Phasenregel. Es wird dann gezeigt, wie linear unabhängige Reaktionsgleichungen bei mehreren gekoppelten Reaktionen aufgestellt werden können. Es folgt eine Diskussion der Wärmeeffekte bei Reaktion sowie der Druck- und Temperaturabhängigkeit der Gleichgewichtslage. Abschließend wird neben ersten empirischen Ansätzen auch die Theorie des aktivierten Komplexes zur Modellierung der Reaktionskinetik vorgestellt.

9.11 Aufgaben

Übung 9.1. Ammoniak wird nach dem Haber-Bosch-Verfahren aus den Elementen Stickstoff und Wasserstoff synthetisiert:

$$N_2 + 3H_2 \rightleftharpoons 2NH_3 \, .$$

Als Reaktionseinsatz wird eine Mischung aus N_2 und H_2 im stöchiometrischem Verhältnis gewählt. Der Prozess wird bei einer Temperatur von 800°C zunächst bei 200 bar und dann bei 300 bar durchgeführt.

a) Wie berechnet sich K_p wenn die Temperaturabhängigkeit der Standardreaktionsenthalpie berücksichtigt wird.

b) Wie groß sind im Gleichgewicht die NH_3-Stoffmengeanteile für 200 bar und 300 bar und warum führt eine Druckänderung zu einer Änderung des Ammoniakstoffmengenanteils?

c) Der NH_3-Anteil soll auf einen Stoffmengenanteil von 0,5 erhöht werden. Welche Prozesstemperatur ist hierfür bei 300 bar erforderlich?

d) Ist die Reaktion exotherm oder endotherm?

Hinweise:

- Es wird eine ideale Gasphase angenommen
- Standardzustand:

$$p^0 = 1 \, \text{bar}$$
$$T^0 = 298,15 \, \text{K}$$

- Für die Enthalpie im Standardzustand gilt:

$$\Delta_f H^0_{NH_3} = -45,773 \, \frac{\text{kJ}}{\text{mol}}$$
$$\Delta_f G^0_{NH_3} = -16,15 \, \frac{\text{kJ}}{\text{mol}}$$

- Für die Temperaturabhängigkeit der Wärmekapazität gilt:

$$C_p^{\text{iG}} = a + bT \tag{9.112}$$

mit

	a $\left[\dfrac{\text{kJ}}{\text{mol}\,\text{K}}\right]$	b $\left[\dfrac{\text{kJ}}{\text{mol}\,\text{K}^2}\right]$
N_2	$31,1$	$-13,66 \cdot 10^{-3}$
H_2	$27,1$	$9,3 \cdot 10^{-3}$
NH_3	$27,3$	$23,8 \cdot 10^{-3}$

Übung 9.2. Schwefelsäure wird hauptsächlich durch ein so genanntes Kontaktverfahren hergestellt, bei dem Schwefeldioxid mit Sauerstoff und Wasser umgesetzt wird. In einem ersten Prozessschritt wird dabei Schwefeldioxid mit Sauerstoff entsprechend

$$2SO_2 + O_2 \rightleftharpoons 2SO_3$$

zu Schwefeltrioxid oxidiert.

In einem Behälter sollen hierfür $2\,\text{kmol}\,SO_2$ und $1\,\text{kmol}\,O_2$ bei $526,85\,^\circ\text{C}$ eingesetzt werden. Für die Gleichgewichtskonstante dieser Reaktion gilt:

$$\ln K_p = 23885 \frac{\text{K}}{T} + 1,222 \ln\left(\frac{T}{\text{K}}\right) - 31,776$$

a) Welches Volumen und welchen Druck muss der Behälter aufnehmen können, wenn 96% des Schwefeldioxids umgesetzt werden?
b) Wie groß ist die Reaktionsenthalpie?
c) Verläuft die Reaktion exotherm oder endotherm?

<u>Hinweise:</u>

- Das Realgasverhalten des Reaktionsgemisches, das näherungsweise als reines SO_3 behandelt werden kann, soll mit der Virialzustandsgleichung in Verbindung mit dem erweiterten Korrespondenzprinzip abgeschätzt werden.
- $p^0 = 1\,\text{bar}$

A

Konzentrationsmaße zur Beschreibung der Gemisch-Zusammensetzung

Das in der Gemisch-Thermodynamik gebräuchlichste Konzentrationsmaß ist der Stoffmengenanteil x_i der Komponente i, der eigentlich fälschlicherweise auch als Molanteil oder Molenbruch bezeichnet wird. x_i ist definiert als

$$x_i = \frac{n_i}{n} \, , \tag{A.1}$$

wobei n_i die Stoffmenge der Komponente i ist,

$$n_i = \frac{N_i}{N_{\mathrm{Av}}} \tag{A.2}$$

mit der Avogadrozahl

$$N_{\mathrm{Av}} = 6,0221367 \cdot 10^{23} \, \frac{1}{\mathrm{mol}} \, , \tag{A.3}$$

und n die Stoffmenge des Gesamtsystems

$$n = \sum_{i=1}^{N} n_i \, . \tag{A.4}$$

Hier ist n_i die Zahl der Mole der Komponente i im System und N die Zahl der Komponenten des Systems. Aus den Gln. A.1 und A.4 ergibt sich

$$\sum_{i=1}^{N} x_i = 1 \, . \tag{A.5}$$

Für unterschiedliche Phasen werden üblicherweise unterschiedliche Symbole für den Stoffmengenanteil verwendet: x_i für die Flüssigkeit, y_i für den Dampf und z_i für ein ggf. heterogenes Gesamtsystem.

Ein weiteres Konzentrationsmaß ist der Massenanteil w_i der Komponente i, auch als Massenbruch oder veraltet als Gewichtsanteil bezeichnet. w_i ist definiert als

$$w_i = \frac{m_i}{m} \, , \tag{A.6}$$

mit

$$m_i = n_i M_i \ , \tag{A.7}$$

wobei M_i die molare Masse der Komponente i ist und m_i ihre Masse im System. m ist die Gesamtmasse des Systems mit

$$m = \sum_{i=1}^{N} m_i \ . \tag{A.8}$$

Der Massenanteil wird zum Beispiel bei Polymeren zweckmäßigerweise verwendet, da deren molare Masse in der Regel nicht genau bekannt ist, im Experiment die zu untersuchenden Proben aber gravimetrisch, d. h. nach den Massen der Komponenten angesetzt werden.

Folgende Konzentrationsmaße sind in der Verfahrenstechnik und in der Chemie darüberhinaus gebräuchlich:

- Die Beladung X_i,

$$X_i = \frac{n_i}{n_1} \ , \tag{A.9}$$

  wobei mit 1 die Bezugskomponente indiziert ist,
- die Stoffmengenkonzentration, die oft auch einfach als Konzentration oder als Molarität bezeichnet wird,

$$c_i = [i] = \frac{n_i}{nV} \ , \tag{A.10}$$

- die Massenkonzentration,

$$\varrho_i = \frac{m_i}{nV} \ , \tag{A.11}$$

- und die Molalität,

$$m_i = \frac{n_i}{m_1} \ , \tag{A.12}$$

  bei der 1 das Lösungsmittel indiziert.

Das Symbol ϱ bzw. ϱ_i wird dabei aber häufig auch als molare Dichte bzw. molare Partialdichte verwendet, so dass hier stets auf den Kontext geachtet werden muss. Es ist zudem offensichtlich, dass hier das Symbol m_i doppeldeutig verwendet wird, um die Konzentrationsmaße so zu formulieren, wie dies in der Literatur üblich ist.

B

Differentiale: Grundlagen und Rechenregeln

Es sei Z eine Funktion, die von X und Y abhängt:

$$Z = Z(X, Y) \,. \tag{B.1}$$

Um die prinzipielle Gleichwertigkeit der Größen X, Y und Z zu verdeutlichen, kann man äquivalent

$$f(X, Y, Z) = 0 \tag{B.2}$$

schreiben. Ein Beispiel für eine solche Funktion in der Thermodynamik ist $p(V, T)$ bzw. $V(p, T)$ oder $f(p, V, T) = 0$, die thermische Zustandsgleichung für einen Reinstoff.

Als $\left(\dfrac{\partial Z}{\partial X} \right)_Y$ wird in der Thermodynamik ein partielles Differential geschrieben, hier die Richtungsableitung der Größe Z bei Variation von X für konstant gehaltenes Y, d. h. in Richtung der X-Achse. Die festgehaltenen Größen werden in der Thermodynamik in der Regel explizit angegeben, da unterschiedliche Kombinationen von Variablen möglich sind. So kann beispielsweise die molare innere Energie eines Systems U als Funktion von p und T oder von V und T ausgedrückt werden: $U(p, T)$ oder $U(V, T)$, wobei natürlich $p = p(V, T)$, was allerdings keine eindeutige Beziehung darstellt (vgl. Abb. 2.2). $\partial U / \partial T$ kann also bei konstantem p oder aber bei konstantem V ermittelt werden, was zu unterschiedlichen Ergebnissen führt. Die partiellen Differentiale von Z hängen ihrerseits wiederum von X und Y ab.

Es gilt

$$\left(\frac{\partial Z}{\partial X} \right)_Y = \left[\left(\frac{\partial X}{\partial Z} \right)_Y \right]^{-1} \,. \tag{B.3}$$

Das totale Differential von Z ist dann

$$\mathrm{d}Z = \left(\frac{\partial Z}{\partial X} \right)_Y \mathrm{d}X + \left(\frac{\partial Z}{\partial Y} \right)_X \mathrm{d}Y \,. \tag{B.4}$$

dZ kann aufgefasst werden als die Änderung von Z, wenn X und Y um die voneinander unabhängigen infinitesimalen Beträge dX und dY variiert werden (s. Abb. B.1).

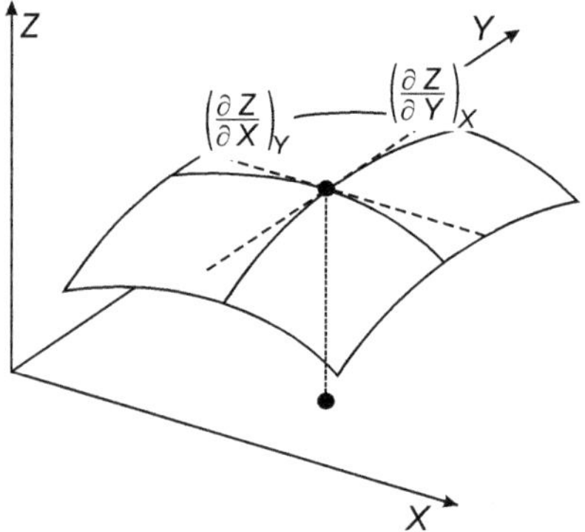

Abb. B.1. Zur Verdeutlichung des totalen Differentials

Mit

$$U(X,Y) = \left(\frac{\partial Z}{\partial X}\right)_Y \tag{B.5}$$

und

$$V(X,Y) = \left(\frac{\partial Z}{\partial Y}\right)_X \tag{B.6}$$

wird Gl. B.4 zu

$$dZ = U(X,Y)dX + V(X,Y)dY \ . \tag{B.7}$$

Da die Reihenfolge der Differentiation vertauscht werden kann, gilt

$$\left(\frac{\partial \left(\frac{\partial Z}{\partial X}\right)_Y}{\partial Y}\right)_X = \left(\frac{\partial \left(\frac{\partial Z}{\partial Y}\right)_X}{\partial X}\right)_Y \tag{B.8}$$

und damit

$$\left(\frac{\partial U}{\partial Y}\right)_X = \left(\frac{\partial V}{\partial X}\right)_Y \ . \tag{B.9}$$

Diese Beziehung wird in der Thermodynamik genutzt, um Differentiale von Variablen, die ihrerseits durch Differentiation einer gemeinsamen Größe erhalten werden können, miteinander zu verknüpfen (z. B. die Maxwell'schen Gleichungen 3.38 bis 3.41).

Für die Umkehrfunktion von $Z = Z(X,Y)$,

$$X = X(Z, Y) \,, \tag{B.10}$$

ist das totale Differential

$$\mathrm{d}X = \left(\frac{\partial X}{\partial Z}\right)_Y \mathrm{d}Z + \left(\frac{\partial X}{\partial Y}\right)_Z \mathrm{d}Y \,. \tag{B.11}$$

Wird andererseits Gl. B.4 mit $\left(\dfrac{\partial X}{\partial Z}\right)_Y$ erweitert und umgestellt, so erhält man

$$\mathrm{d}X = \left(\frac{\partial X}{\partial Z}\right)_Y \mathrm{d}Z - \left(\frac{\partial Z}{\partial Y}\right)_X \left(\frac{\partial X}{\partial Z}\right)_Y \mathrm{d}Y \,. \tag{B.12}$$

Koeffizientenvergleich mit Gl. B.11 liefert das Ergebnis

$$\left(\frac{\partial X}{\partial Y}\right)_Z \left(\frac{\partial Y}{\partial Z}\right)_X \left(\frac{\partial Z}{\partial X}\right)_Y = -1 \,, \tag{B.13}$$

das verschiedene Richtungsableitungen der Funktion Z und ihrer Umkehrfunktionen miteinander verknüpft.

Oftmals ist es allerdings zweckmäßig, die partiellen Differentiale einer Funktion in unterschiedlichen Richtungen oder als Funktion unterschiedlicher Variablen ineinander zu überführen. Um die hierzu notwendigen Beziehungen herzuleiten, sei eine weitere Funktion

$$W = W(X, Y) \tag{B.14}$$

eingeführt. Gleichzeitig lässt sich dies mit Gl. B.1 auch schreiben als

$$W = W(X, Z) \,. \tag{B.15}$$

Das totale Differential von W ist damit

$$\mathrm{d}W = \left(\frac{\partial W}{\partial X}\right)_Z \mathrm{d}X + \left(\frac{\partial W}{\partial Z}\right)_X \mathrm{d}Z \,. \tag{B.16}$$

Mit Gl. B.4 folgt

$$\mathrm{d}W = \left(\frac{\partial W}{\partial X}\right)_Z \mathrm{d}X + \left(\frac{\partial W}{\partial Z}\right)_X \left(\frac{\partial Z}{\partial X}\right)_Y \mathrm{d}X +$$
$$+ \left(\frac{\partial W}{\partial Z}\right)_X \left(\frac{\partial Z}{\partial Y}\right)_X \mathrm{d}Y \,. \tag{B.17}$$

Gleichzeitig ist aber

$$\mathrm{d}W = \left(\frac{\partial W}{\partial X}\right)_Y \mathrm{d}X + \left(\frac{\partial W}{\partial Y}\right)_X \mathrm{d}Y \,. \tag{B.18}$$

Gleichsetzen mit Gl. B.17 führt schließlich zu

$$0 = \left[\left(\frac{\partial W}{\partial X}\right)_Z + \left(\frac{\partial W}{\partial Z}\right)_X \left(\frac{\partial Z}{\partial X}\right)_Y - \left(\frac{\partial W}{\partial X}\right)_Y\right] \mathrm{d}X +$$
$$+ \left[\left(\frac{\partial W}{\partial Z}\right)_X \left(\frac{\partial Z}{\partial Y}\right)_X - \left(\frac{\partial W}{\partial Y}\right)_X\right] \mathrm{d}Y \,. \tag{B.19}$$

Da dX und dY wie oben ausgeführt unabhängig voneinander sind, muss jeder der Terme in eckigen Klammern in Gl. B.19 für sich alleine gleich null sein:

$$\left(\frac{\partial W}{\partial X}\right)_Y = \left(\frac{\partial W}{\partial X}\right)_Z + \left(\frac{\partial W}{\partial Z}\right)_X \left(\frac{\partial Z}{\partial X}\right)_Y \tag{B.20}$$

und

$$\left(\frac{\partial W}{\partial Y}\right)_X = \left(\frac{\partial W}{\partial Z}\right)_X \left(\frac{\partial Z}{\partial Y}\right)_X . \tag{B.21}$$

Dies sind die gesuchten Beziehungen, die die partiellen Differentiale einer Funktion in unterschiedlichen Richtungen miteinander verknüpfen.

C

Der Euler'sche Satz über homogene Funktionen

Ist $f(T, p, n_i)$ eine Funktion, die vom Grad h homogen in n_i ist, gilt:

$$f(T, p, \lambda n_i) = \lambda^h f(T, P, n_i) \, . \tag{C.1}$$

Für die totalen Differentiale der beiden Seiten von Gl. C.1 folgt damit

$$\mathrm{d}f(T, p, \lambda n_i) = f(T, P, n_i)\mathrm{d}\lambda^h + \lambda^h \mathrm{d}f(T, P, n_i) \, , \tag{C.2}$$

oder ausformuliert

$$\begin{aligned}
&\left(\frac{\partial f(T, p, \lambda n_i)}{\partial T}\right)_{p,\lambda n_i} \mathrm{d}T + \left(\frac{\partial f(T, p, \lambda n_i)}{\partial p}\right)_{T,\lambda n_i} \mathrm{d}p + \\
&+ \sum_{i=1}^{N} \left(\frac{\partial f(T, p, \lambda n_i)}{\partial \lambda n_i}\right)_{T,p,n_{j\neq i}} \mathrm{d}\lambda n_i = \\
&f(T, p, n_i)\mathrm{d}\lambda^h + \lambda^h \left(\frac{\partial f(T, p, n_i)}{\partial T}\right)_{p,n_i} \mathrm{d}T + \\
&+ \lambda^h \left(\frac{\partial f(T, p, n_i)}{\partial p}\right)_{T,n_i} \mathrm{d}p + \lambda^h \sum_{i=1}^{N} \left(\frac{\partial f(T, p, n_i)}{\partial n_i}\right)_{T,p,n_{j\neq i}} \mathrm{d}n_i \, .
\end{aligned} \tag{C.3}$$

Mit

$$\mathrm{d}(\lambda n_i) = \lambda \mathrm{d}n_i + n_i \mathrm{d}\lambda \tag{C.4}$$

lässt sich der letzte Term der linken Seite von C.3 umformen zu

$$\begin{aligned}
\sum_{i=1}^{N} \left(\frac{\partial f(T, p, \lambda n_i)}{\partial \lambda n_i}\right)_{T,p,n_{j\neq i}} \mathrm{d}\lambda n_i &= \lambda \sum_{i=1}^{N} \left(\frac{\partial f(T, p, \lambda n_i)}{\partial \lambda n_i}\right)_{T,p,n_{j\neq i}} \mathrm{d}n_i + \\
&+ \sum_{i=1}^{N} n_i \left(\frac{\partial f(T, p, \lambda n_i)}{\partial \lambda n_i}\right)_{T,p,n_{j\neq i}} \mathrm{d}\lambda \, .
\end{aligned} \tag{C.5}$$

Außerdem gilt

$$\mathrm{d}\lambda^h = h\lambda^{h-1}\mathrm{d}\lambda \, . \tag{C.6}$$

Werden die Gln. C.5 und C.6 in Gl. C.3 eingesetzt, erhält man

$$
\begin{aligned}
0 =\ & \left[\left(\frac{\partial f(T,p,\lambda n_i)}{\partial T} \right)_{p,\lambda n_i} - \lambda^h \left(\frac{\partial f(T,p,n_i)}{\partial T} \right)_{p,n_i} \right] \mathrm{d}T + \\[2mm]
& + \left[\left(\frac{\partial f(T,p,\lambda n_i)}{\partial p} \right)_{T,\lambda n_i} - \lambda^h \left(\frac{\partial f(T,p,n_i)}{\partial p} \right)_{T,n_i} \right] \mathrm{d}p + \\[2mm]
& + \left[\lambda \sum_{i=1}^{N} \left(\frac{\partial f(T,p,\lambda n_i)}{\partial \lambda n_i} \right)_{T,p,n_{j\neq i}} - \lambda^h \sum_{i=1}^{N} \left(\frac{\partial f(T,p,n_i)}{\partial n_i} \right)_{T,p,n_{j\neq i}} \right] \mathrm{d}n_i + \\[2mm]
& + \left[\sum_{i=1}^{N} n_i \left(\frac{\partial f(T,p,\lambda n_i)}{\partial \lambda n_i} \right)_{T,p,n_{j\neq i}} - h\lambda^{h-1} f(T,p,n_i) \right] \mathrm{d}\lambda .
\end{aligned}
\tag{C.7}
$$

Da die infinitesimalen Änderungen $\mathrm{d}T$, $\mathrm{d}p$, $\mathrm{d}n_i$ und $\mathrm{d}\lambda$ unabhängig voneinander sind, müssen in Gl. C.7 alle Terme in eckigen Klammern individuell gleich null sein. Damit gilt auch

$$
h\lambda^{h-1} f(T,p,n_i) = \sum_{i=1}^{N} n_i \left(\frac{\partial f(T,p,\lambda n_i)}{\partial \lambda n_i} \right)_{T,p,n_{j\neq i}} .
\tag{C.8}
$$

Daraus erfolgt mit Gl. C.1 für den speziellen Fall von $\lambda = 1$

$$
h f(T,p,n_i) = \sum_{i=1}^{N} n_i \left(\frac{\partial f(T,p,n_i)}{\partial n_i} \right)_{T,p,n_{j\neq i}} .
\tag{C.9}
$$

Für eine extensive Zustandsgröße, die homogen vom Grad 1 in n_i ist, gilt also

$$
nZ = \sum_{i=1}^{N} n_i \left(\frac{\partial nZ}{\partial n_i} \right)_{T,p,n_{j\neq i}} ,
\tag{C.10}
$$

was identisch mit Gl. 5.6 ist.

D

Zusammenhang zwischen $\bar{Z}_i$ und Z basierend auf den Stoffmengenanteilen

Für eine extensive Zustandsgröße

$$nZ = f(T, p, n_i) \tag{D.1}$$

ist das totale Differential

$$\mathrm{d}f = \left(\frac{\partial f}{\partial T}\right)_{p,n_i} \mathrm{d}T + \left(\frac{\partial f}{\partial p}\right)_{T,n_i} \mathrm{d}p + \sum_{i=1}^{N} \left(\frac{\partial f}{\partial n_i}\right)_{T,p,n_{j\neq i}} \mathrm{d}n_i . \tag{D.2}$$

Für eine isotherme und isobare Zustandsänderung gilt damit

$$\mathrm{d}(nZ) = \sum_{i=1}^{N} \bar{Z}_i \mathrm{d}n_i \qquad \text{für} \quad T, p = \text{konst.} , \tag{D.3}$$

bzw.

$$\mathrm{d}Z = \sum_{i=1}^{N} \bar{Z}_i \mathrm{d}x_i \qquad \text{für} \quad T, p = \text{konst.} . \tag{D.4}$$

Bei Gl. D.4 ist zu beachten, dass nicht alle $\mathrm{d}x_i$ unabhängig voneinander sind. Wegen

$$\sum_{i=1}^{N} x_i = 1 \tag{D.5}$$

muss die Nebenbedingung

$$\sum_{i=1}^{N} \mathrm{d}x_i = 0 \tag{D.6}$$

stets erfüllt sein. Wird nun der Term mit dem Index j separat betrachtet, folgt

$$\mathrm{d}Z = \bar{Z}_j \mathrm{d}x_j + \sum_{\substack{i=1 \\ i\neq j}}^{N} \bar{Z}_i \mathrm{d}x_i \qquad \text{für} \quad T, p = \text{konst.} \tag{D.7}$$

Wird die Summe in Gl. D.6 analog aufgespalten,

$$\mathrm{d}x_j = -\sum_{\substack{i=1 \\ i \neq j}}^{N} \mathrm{d}x_i \, , \tag{D.8}$$

und dies in Gl. D.7 eingesetzt, ergibt sich

$$\mathrm{d}Z = \sum_{\substack{i=1 \\ i \neq j}}^{N} (\bar{Z}_i - \bar{Z}_j)\mathrm{d}x_i \qquad \text{für} \quad T, p = \text{konst.} \tag{D.9}$$

Werden nun zusätzlich zu T und p alle x_k für $k \neq i$ und $k \neq j$ konstant gehalten, gilt

$$\mathrm{d}Z = (\bar{Z}_i - \bar{Z}_j)\mathrm{d}x_i \qquad \text{für} \quad T, p, n_{k \neq i,j} = \text{konst.} \, , \tag{D.10}$$

was gleichbedeutend ist mit

$$\left(\frac{\partial Z}{\partial x_i} \right)_{T,p,x_{k \neq i,j}} = \bar{Z}_i - \bar{Z}_j \, . \tag{D.11}$$

Auch in den Gln. 5.9 und D.3 lässt sich der j-te Term der Summe abspalten:

$$Z = x_j \bar{Z}_j + \sum_{\substack{i=1 \\ i \neq j}}^{N} x_i \bar{Z}_i \qquad \text{für} \quad T, p = \text{konst.} \tag{D.12}$$

und

$$x_j = 1 - \sum_{\substack{i=1 \\ i \neq j}}^{N} x_i \, . \tag{D.13}$$

Aus diesen Gleichungen erhält man

$$Z = \sum_{\substack{i=1 \\ i \neq j}}^{N} x_i \bar{Z}_i + \bar{Z}_j - \sum_{\substack{i=1 \\ i \neq j}}^{N} x_i \bar{Z}_j \tag{D.14}$$

oder

$$Z = \bar{Z}_j + \sum_{\substack{i=1 \\ i \neq j}}^{N} (\bar{Z}_i - \bar{Z}_j)x_i \, . \tag{D.15}$$

Einsetzen von Gl. D.11 liefert schließlich

$$\bar{Z}_j = Z - \sum_{\substack{i=1 \\ i \neq j}}^{N} x_i \left(\frac{\partial Z}{\partial x_i} \right)_{T,p,x_{k \neq i,j}} \, , \tag{D.16}$$

den gesuchten Zusammenhang. Gl. D.16 erlaubt, aus der Abhängigkeit intensiver (molarer) Größen von dem Stoffmengenanteil ohne einen Umweg über extensive Größe (Gl. 5.8) die partiellen molaren Größen zu ermitteln.

Lösungen zu den Übungen

Lösungen zu Kapitel 2

Lösung zu Übung 2.1

Die Voraussetzung zur jeweiligen Gültigkeit lautet: $\varrho < \varrho_{\mathrm{Grenz}}$

a) **Idealgasgleichung:** Aus (s. Gl. 2.41)

$$\left| Z_{\mathrm{vdW}} - Z^{\mathrm{iG}} \right| < \varepsilon \tag{E.1}$$

folgt:

$$V_{\mathrm{r}} > -\frac{8T_{\mathrm{r}}(1-\varepsilon) - 27}{48\varepsilon T_{\mathrm{r}}} + \sqrt{\left(\frac{8T_{\mathrm{r}}(1-\varepsilon) - 27}{48\varepsilon T_{\mathrm{r}}} \right)^2 - \frac{3}{8\varepsilon T_{\mathrm{r}}}} \ . \tag{E.2}$$

Für $T = 293,15\,\mathrm{K}$ und $\varepsilon = 0,01$ muss somit $V_{\mathrm{r}} > 14,3$ sein. Daraus ergibt sich, dass für den vorliegenden Fall

$$p^{\mathrm{iG}} = \frac{RT}{V_{\mathrm{r}}V_{\mathrm{c}}} < 18,98\,\mathrm{bar} \ . \tag{E.3}$$

Virialzustandsgleichung:
Aus der Pitzer-Curl-Korrelation (Gl. 2.40) folgt

$$B_2 = -7,486 \cdot 10^{-6}\,\frac{\mathrm{m}^3}{\mathrm{mol}}$$

und mit Tab. 2.6 ergibt sich

$$p^{\mathrm{Virial}} = RT \left(\varrho_{\mathrm{R}}\varrho_c + B_2(\varrho_{\mathrm{R}}\varrho_c)^2 \right) < 75,51\,\mathrm{bar} \ . \tag{E.4}$$

b) **Idealgasgleichung:**
Mit

$$T = \frac{pV_{\mathrm{r}}V_{\mathrm{c}}}{R} \tag{E.5}$$

und Gleichung E.2 lässt sich iterativ z. B. durch Regula falsi errechnen, dass für den vorliegenden Fall $T^{\mathrm{iG}} > 107,6\,\mathrm{K}$.

Virialzustandsgleichung:
Da B_2 abhängig von der Temperatur ist, lässt sich hier der gesuchte Temperaturbereich ebenfalls iterativ z. B. durch das Newton'sche Verfahren bestimmen.
Mit

$$T_{\mathrm{r},n} = T_{\mathrm{r},n-1} + \frac{p - p(T_{\mathrm{r},n-1})}{p'(T_{\mathrm{r},n-1})} \tag{E.6}$$

und

$$p(T_{\mathrm{r}}) = \varrho R T_{\mathrm{r}} T_{\mathrm{c}} + \\ + \frac{(\varrho R T_{\mathrm{c}})^2}{p_{\mathrm{c}}} \left(0,1445 T_{\mathrm{r}} - 0,33 - \frac{0,1385}{T_{\mathrm{r}}} - \frac{0,0121}{T_{\mathrm{r}}^2} \right) \tag{E.7}$$

folgt $T_{\mathrm{r}} > 0,5584$. Für den vorliegenden Fall ergibt sich somit $T^{\mathrm{Virial}} > 70,47\,\mathrm{K}$.
Bemerkung:
Der Siedepunkt von Stickstoff mit $1,013\,\mathrm{bar}$ liegt bei $77,4\,\mathrm{K}$! Die Virialzustandsgleichung kann bei $1,013\,\mathrm{bar}$ also für alle Temperaturen verwendet werden, bei denen der Stickstoff gasförmig ist!

Lösung zu Übung 2.2

Aus der Abschätzung in Übung 2.1 folgt

$$\text{Luft} \approx \text{ideales Gas} .$$

Mit

$$RT = pV = \text{konst.} , \tag{E.8}$$

$$n = \frac{(nV)}{V} \tag{E.9}$$

$$\Rightarrow \quad p_{\max} = p_{\mathrm{U}} \frac{(nV)_{\max}}{(nV)_{\min}} = 10\,\mathrm{bar} . \tag{E.10}$$

Bemerkung: Der erreichbare Druck ist nur von der Pumpengeometrie (und vom Umgebungsdruck) abhängig, nicht vom Schlauchvolumen!

Lösung zu Übung 2.3

a) Van-der-Waals-Zustandsgleichung mit Parameter aus Gln. 2.28 und 2.29 oder aus Tab. 2.4:

$$p = \frac{RT}{V-b} - \frac{a}{V^2}, \tag{E.11}$$

$$a = 0,22982\,\frac{J^2}{mol^2Pa},$$

$$b = 4,3016 \cdot 10^{-5}\,\frac{m^3}{mol}.$$

V lässt sich analytisch lösen (kubische Zustandsgleichung), alternativ dazu aber auch iterativ:

$$V = \sqrt{\frac{RTV^2}{p(V-b)} - \frac{a}{p}} \tag{E.12}$$

$$V_{\mathrm{Start}} = \frac{RT}{p} \quad \text{(ideales Gas)} \tag{E.13}$$

$$V_1 = 2,4321 \cdot 10^{-2}\,\frac{m^3}{mol}$$

mit:

$$n = \frac{(nV)_1}{V_1} \tag{E.14}$$

$$\Rightarrow \quad V_2 = \frac{(nV)_2}{n} = 1,2161 \cdot 10^{-4}\,\frac{m^3}{mol}$$

$$p_{\mathrm{vdW}}(20°C) = 154,7\,\mathrm{bar}$$

b)

$$p_{\mathrm{vdW}}(50°C) = 186,5\,\mathrm{bar}$$

$$\approx 20\%\,\text{Drucksteigerung}$$

c)

$$p = \frac{RT}{V} \tag{E.15}$$

$$\Rightarrow \quad p^{\mathrm{iG}}(20°C) = 200,4\,\mathrm{bar}$$

$$\approx 30\%\,\text{Abweichung zu vdW!}$$

$$\Rightarrow \quad p^{\mathrm{iG}}(50°C) = 220,9\,\mathrm{bar}$$

Bemerkung: Mit der Idealgas-Zustandsgleichung berechnet sich nur eine 10%ige Drucksteigerung, das Druckniveau ist aber insgesamt höher!

Lösungen zu Kapitel 3

Lösung zu Übung 3.1

Mit Gln. 3.54 und 3.56:

$$C_p - C_V = \left(\frac{\partial H}{\partial T}\right)_p - \left(\frac{\partial U}{\partial T}\right)_V \tag{E.16}$$

$$H = U + pV \ . \tag{E.17}$$

Mit Gln. B.20 und 3.40:

$$\left(\frac{\partial U}{\partial T}\right)_p = \left(\frac{\partial U}{\partial T}\right)_V + \left(\frac{\partial U}{\partial V}\right)_T \left(\frac{\partial V}{\partial T}\right)_p \ , \tag{E.18}$$

$$\left(\frac{\partial U}{\partial V}\right)_T = \left(\frac{\partial U}{\partial V}\right)_S + \left(\frac{\partial U}{\partial S}\right)_V \left(\frac{\partial S}{\partial V}\right)_T \ , \tag{E.19}$$

$$\left(\frac{\partial S}{\partial V}\right)_T = \left(\frac{\partial p}{\partial T}\right)_V \ . \tag{E.20}$$

Mit Gl. B.13:

$$\left(\frac{\partial p}{\partial T}\right)_V = -\left(\frac{\partial V}{\partial T}\right)_p \left(\frac{\partial p}{\partial V}\right)_T \tag{E.21}$$

$$\Rightarrow \quad C_p - C_V = -T \underbrace{\left(\frac{\partial V}{\partial T}\right)_p^2}_{(\alpha V)^2} \underbrace{\left(\frac{\partial p}{\partial V}\right)_T}_{-\dfrac{1}{\chi V}} \ . \tag{E.22}$$

Für ein ideales Gas:

$$V = \frac{RT}{p} \tag{E.23}$$

$$\Rightarrow \quad \alpha = \frac{R}{Vp} \tag{E.24}$$

$$\Rightarrow \quad \chi = \frac{RT}{Vp^2} \tag{E.25}$$

$$\Rightarrow \quad C_p - C_V = R \ . \tag{E.26}$$

$$\square$$

Lösung zu Übung 3.2

Gibbsche Phasenregel:

$$F = N + 2 - \pi \tag{E.27}$$

a) $N = 1$, $\pi = 2$ $\quad \Rightarrow \quad F = 1$
b) $N = 1$, $\pi = 3$ $\quad \Rightarrow \quad F = 0$
c) Die Gibbs'sche Phasenregel und der Tripelpunkt charakterisieren Systeme im Gleichgewicht! Das angesprochene System befindet sich nicht im Gleichgewicht, da wegen der abschmelzenden Würfel z. B. lokale Temperaturunterschiede bestehen.
d) $N = 3$, $\pi = 1$ $\quad \Rightarrow \quad F = 4$
e) $N = 3$, $\pi = 2$ $\quad \Rightarrow \quad F = 3$

Lösung zu Übung 3.3

a) Das Druckventil öffnet sich sofort! Da das Innenvolumen des Schnell-kochtopfs vorgegeben ist, würde die Zustandsänderung bei Erhitzen ohne Ventil auf einer Isochoren verlaufen, was zu einem Druckanstieg führen würde. Bis zum Verdampfen des letzten Flüssigkeitstropfens verläuft der Prozess isotherm, da er auf Grund des Ventils auch isobar abläuft und im Dampf-Flüssigkeits-Gleichgewicht für einen Reinstoff Isobare und Iso-therme zusammenfallen. Die Temperatur steigt, wenn im Topf nur noch Dampf vorhanden ist.

b) Aus der Clausius-Clapeyron'sche Gleichung (Gl. 3.97)

$$\Delta H_{\mathrm{V}} = RT^2 \frac{\mathrm{d}\ln\frac{p^{\mathrm{s}}}{p^0}}{\mathrm{d}T} \tag{E.28}$$

folgt mit der Antoine-Gleichung

$$\frac{\mathrm{d}\ln\frac{p^{\mathrm{s}}}{p^0}}{\mathrm{d}T} = \frac{B}{\left(C + \dfrac{T}{\mathrm{K}}\right)^2} \cdot \frac{1}{\mathrm{K}} \tag{E.29}$$

und mit $T = 391,76\,\mathrm{K}$

$$Q_{\mathrm{V}} = n^{\mathrm{L}}\Delta H_{\mathrm{V}} = 566,38\,\mathrm{kJ}\ .$$

c) Aus der Clapeyron'sche Gleichung (Gl. 3.92):

$$\Delta H_{\mathrm{V}} = T\Delta V_{\mathrm{V}}\frac{\mathrm{d}p^{\mathrm{s}}}{\mathrm{d}T} \tag{E.30}$$

mit der Antoine-Gleichung

$$\frac{\mathrm{d}p^{\mathrm{s}}}{\mathrm{d}T} = \exp\left(A - \frac{B}{C + \dfrac{T}{\mathrm{K}}}\right)\frac{B}{\left(C + \dfrac{T}{\mathrm{K}}\right)^2} \cdot \frac{\mathrm{kPa}}{\mathrm{K}} \tag{E.31}$$

und mit

$$V = \frac{M}{\varrho}, \tag{E.32}$$

$$\Delta V_{\mathrm{V}} = V^{\mathrm{V}} - V^{\mathrm{L}} \tag{E.33}$$

$$\Rightarrow \quad Q_{\mathrm{V}}^{*} = 545,50\,\mathrm{kJ}\ .$$

Lösungen zu Kapitel 4

Lösung zu Übung 4.1

a)

$$m = \frac{(nV)}{V} M \tag{E.34}$$

Aus der Virial-Zustandsgleichung (Gl. 2.9):

$$V^2 - \frac{RTV}{p} - \frac{RT}{p} B_2 = 0 \tag{E.35}$$

$$\Rightarrow \quad V = \frac{RT}{2p} + \sqrt{\left(\frac{RT}{2p}\right)^2 + \frac{RT}{p} B_2} \; . \tag{E.36}$$

Aus dem erweitertem Korrespondenzprinzip nach Gl. 2.40:

$$B_2 = -0,01725 \, \frac{\text{m3}}{\text{kmol}}$$

$$\Rightarrow \quad V = 0,1439 \, \frac{\text{m}^3}{\text{kmol}}$$

$$\Rightarrow \quad m = 11,2 \, \text{kg} \; .$$

Die Abweichung von 100 g ist sehr gering.

b)

$$p_{\text{Flasche}} > p_{\text{c}} \quad \Rightarrow \quad \text{homogen} \; .$$

c) Wie a) nur mit $\omega = 0$:

$$\Rightarrow \quad m_{\omega=0} = 11,3 \, \text{kg} \; .$$

d) Aus der generalisierten Dampfdruckkurve nach Gl. 4.93

$$T_{\text{r}} = \frac{1}{1 - \dfrac{3 \log\left(p_{\text{r}}^{\text{s}}\right)}{7(1+\omega)}} \tag{E.37}$$

mit

$$p_{\text{r}}^{\text{s}} = \frac{p}{p_c} = 0,0199 \tag{E.38}$$

$$\Rightarrow \quad T = 91,04 \, \text{K} \; . \tag{E.39}$$

Dies stimmt recht gut mit dem Literaturwert von $90,2\,^\circ\text{C}$ überein [121].

Lösung zu Übung 4.2

a) Redlich-Kwong-Zustandsgleichung (Gl. 4.113):

$$p = \frac{RT}{V-b} - \frac{a}{T^{0,5}\,V\,(V+b)} \; . \tag{E.40}$$

Konzentrationsumrechnung in Stoffmengenanteile:

$$y_1 = \frac{n_1}{n_1+n_2} = \frac{\dfrac{w_1}{M_1}}{\dfrac{w_1}{M_1}+\dfrac{w_2}{M_2}} = 0,36 \tag{E.41}$$

$$y_2 = 1 - y_1 = 0,64 \; .$$

Parameterbestimmung mit Gln. 4.114 und 4.115:
Mit Gl. 4.114:

$$a_1 = 18,284 \, \frac{\mathrm{N\,m^4\,K^{0,5}}}{\mathrm{mol^2}}$$

$$a_2 = 28,989 \, \frac{\mathrm{N\,m^4\,K^{0,5}}}{\mathrm{mol^2}} \; .$$

Mit Gln. 4.129 und 4.130:

$$a = \sum_{i=1}^{N}\sum_{j=1}^{N} y_i y_j \sqrt{a_i a_j} \tag{E.42}$$

$$a = y_1^2 \cdot a_1 + 2y_1 y_2 \sqrt{a_1 a_2} + y_2^2 a_2 = 24,852 \, \frac{\mathrm{N\,m^4\,K^{0,5}}}{\mathrm{mol^2}} \tag{E.43}$$

und mit Gl. 4.115:

$$b_1 = 0,0627 \, \frac{\mathrm{m^3}}{\mathrm{kmol}} \tag{E.44}$$

$$b_2 = 0,0806 \, \frac{\mathrm{m^3}}{\mathrm{kmol}} \; . \tag{E.45}$$

Mit Gl. 4.131:

$$b = \sum_{i=1}^{N} y_i b_i \tag{E.46}$$

$$b = y_1 b_1 + y_2 b_2 = 0,0742 \, \frac{\mathrm{m^3}}{\mathrm{kmol}} \; . \tag{E.47}$$

Mit:

$$V^{\mathrm{V}} = \frac{1}{\varrho^{\mathrm{V}}} \tag{E.48}$$

$$\Rightarrow \quad p = 3,89 \, \mathrm{bar} \; .$$

b)

$$V = \frac{nV}{n_1 + n_2} \,, \tag{E.49}$$

$$V = \frac{nV}{\left(\dfrac{w_1}{M_1} + \dfrac{w_2}{M_2}\right) m} \,, \tag{E.50}$$

$$V = 0,141 \, \frac{\mathrm{m}^3}{\mathrm{kmol}} \,.$$

V_{c} der Mischung läßt sich mit Gl. 4.109 und den $V_{\mathrm{c},i}$ der Tabelle 2.2 abschätzen:

$$V_{\mathrm{c,M}} = 0,236 \, \frac{\mathrm{m}^3}{\mathrm{kmol}}$$

Da $V < V_{\mathrm{c},M}$, ist die entstehende homogene Phase flüssig.

c) Die Zustandsänderung in pV-Diagramm sieht wie in Abb. E.1 gezeigt aus.

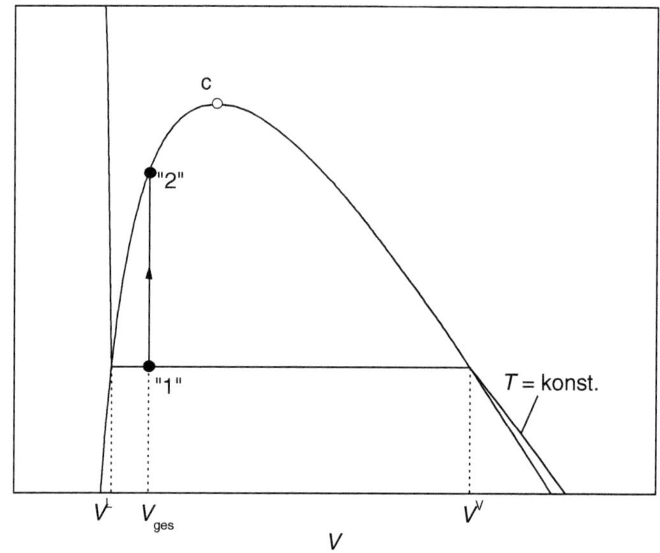

Abb. E.1. Skizze zu Übung 4.2

Lösung zu Übung 4.3

Allgemein:

$$m = nM = \frac{(nV)}{V}(x_1 M_1 + x_2 M_2) \,, \tag{E.51}$$

$$(nQ) = mH_{\mathrm{u}} \,. \tag{E.52}$$

a) Van-der-Waals-Zustandsgleichung nach Gl. 2.21

$$V^3 - \left(b + \frac{RT}{p}\right) V^2 + \frac{a}{p}V - \frac{ab}{p} = 0 \tag{E.53}$$

mit:

$$a_1 = 0,2298158 \, \frac{\text{Nm}^4}{\text{mol}^2} \, , \tag{E.54}$$

$$a_2 = 0,5573424 \, \frac{\text{Nm}^4}{\text{mol}^2} \, , \tag{E.55}$$

$$b_1 = 4,3016 \cdot 10^{-5} \, \frac{\text{m}^3}{\text{mol}} \, , \tag{E.56}$$

$$b_2 = 6,5038 \cdot 10^{-5} \, \frac{\text{m}^3}{\text{mol}} \, . \tag{E.57}$$

Analytische Lösung unter Verwendung von Gln. 4.73 und 4.74:

$$V_{\text{vdW}} = 2,4244 \cdot 10^{-4} \, \frac{\text{m}^3}{\text{mol}} \tag{E.58}$$

$$\Rightarrow \quad (nQ_{\text{VdW}}) = 0,748 \, \text{kWh} \, . \tag{E.59}$$

b) Aus der Soave-Redlich-Kwong-Zustandsgleichung nach Gl. 4.117

$$V^3 - \frac{RT}{p}V^2 - \left(b^2 + \frac{RTb}{p} - \frac{a}{p}\right) V - \frac{ab}{p} = 0 \tag{E.60}$$

mit:

$$a_1 = 0,1804316 \, \frac{\text{Nm}^4}{\text{mol}^2} \, ,$$

$$a_2 = 0,5793519 \, \frac{\text{Nm}^4}{\text{mol}^2} \, ,$$

$$b_1 = 2,9815 \cdot 10^{-5} \, \frac{\text{m}^3}{\text{mol}} \, ,$$

$$b_2 = 4,508 \cdot 10^{-5} \, \frac{\text{m}^3}{\text{mol}} \, .$$

Analytische Lösung unter Verwendung von Gln. 4.73 und 4.74:

$$V_{\text{SRK}} = 2,557 \cdot 10^{-4} \, \frac{\text{m}^3}{\text{mol}}$$

$$\Rightarrow \quad (nQ_{\text{SRK}}) = 0,710 \, \text{kWh}$$

c) Aus der Peng-Robinson-Zustandsgleichung nach Gl. 4.122

$$V^3 + \left(b - \frac{RT}{p}\right) V^2 + \left(\frac{a}{p} - 3b^2 - \frac{2RTb}{p}\right) V +$$

$$\left(b^3 + \frac{RTb^2}{p} - \frac{ab}{p}\right) = 0 \tag{E.61}$$

mit:

$$a_1 = 0,2043185 \,\frac{\mathrm{Nm}^4}{\mathrm{mol}^2} \ ,$$

$$a_2 = 0,6169746 \,\frac{\mathrm{Nm}^4}{\mathrm{mol}^2} \ ,$$

$$b_1 = 2,6772 \cdot 10^{-5} \,\frac{\mathrm{m}^3}{\mathrm{mol}} \ ,$$

$$b_2 = 4,0478 \cdot 10^{-5} \,\frac{\mathrm{m}^3}{\mathrm{mol}} \ .$$

Analytische Lösung unter Verwendung von Gln. 4.73 und 4.74:

$$V_{\mathrm{RR}} = 2,4547 \cdot 10^{-4} \,\frac{\mathrm{m}^3}{\mathrm{mol}}$$

$$\Rightarrow \quad (nQ_{\mathrm{PR}}) = 0,739 \,\mathrm{kWh} \ .$$

Lösungen zu Kapitel 5

Lösung zu Übung 5.1

a) Molares Volumen des Gemisches:

$$V = x_1 \bar{V}_1 + x_2 \bar{V}_2 = 2,4025 \cdot 10^{-5} \,\frac{\mathrm{m}^3}{\mathrm{mol}} \tag{E.62}$$

mit

$$n = \frac{(nV)}{V} = 499,48 \,\mathrm{mol} \ ,$$

$$\Rightarrow \quad n_1 = 149,84 \,\mathrm{mol} \ ,$$

$$n_2 = 349,64 \,\mathrm{mol}$$

und

$$(nV)_1 = n_1 \frac{M_1}{\varrho_1} = 6,1 \cdot 10^{-3} \,\mathrm{m}^3 \ ,$$

$$(nV)_2 = 6,3 \cdot 10^{-3} \,\mathrm{m}^3 \ .$$

$\Rightarrow$ Es müssen also $5,7\,\mathrm{l}$ Wasser abgelassen und durch $6,1\,\mathrm{l}$ Methanol ersetzt werden!

b) Molares Volumen des idealen Gemisches:

$$V_i = \frac{M_i}{\varrho_i} \ , \tag{E.63}$$

$$V^{\mathrm{iM}} = x_1 V_1 + x_2 V_2 = 2,4866 \cdot 10^{-5} \,\frac{\mathrm{m}^3}{\mathrm{mol}} \tag{E.64}$$

mit

$$n = \frac{(nV)}{V^{\mathrm{iM}}} = 482,59\,\mathrm{mol}\ ,$$

$$\Rightarrow \quad n_1 = 144,78\,\mathrm{mol}\ ,$$

$$n_2 = 337,81\,\mathrm{mol}$$

und

$$(nV)_1 = n_1 \frac{M_1}{\varrho_1} = 5,9 \cdot 10^{-3}\,\mathrm{m}^3\ ,$$

$$(nV)_2 = 6,1 \cdot 10^{-3}\,\mathrm{m}^3\ .$$

$\Rightarrow$ Es müssten also bei einer idealen Mischung $5,9\,\mathrm{l}$ Wasser abgelassen und durch $5,9\,\mathrm{l}$ Methanol ersetzt werden!

c) Entsprechend Gl. 5.77 gilt für das Dampf-Flüssigkeits-Gleichgewicht:

$$\gamma_1 x_1 p_1^{\mathrm{s}} + \gamma_2 x_2 p_2^{\mathrm{s}} = p^{\mathrm{s}}\ . \tag{E.65}$$

Für

$$x_1 = 0,3$$

folgt mit dem UNIQUAC-Modell (s. Anhang F):

$$\gamma_1 = 1,373\ ,$$

$$\gamma_2 = 1,068$$

$$\Rightarrow \quad p^{\mathrm{s}} = 1,5\,\mathrm{bar}\ .$$

Lösung zu Übung 5.2

$$\dot{n}Q = \dot{n}H^{\mathrm{M}} = \dot{n}H^{\mathrm{E}}\ , \tag{E.66}$$

$$\dot{n}_1 = \frac{(n\dot{V})_1}{V_1} = 20,045\,\frac{\mathrm{kmol}}{\mathrm{h}}\ ,$$

$$\dot{n}_2 = 16,546\,\frac{\mathrm{kmol}}{\mathrm{h}}\ ,$$

$$\Rightarrow \quad x_1 = 0,5478$$

$$\Rightarrow \quad x_2 = 0,4522\ .$$

Aus der Gibbs-Helmholz-Gleichung (Gl. 3.45):

$$H^{\mathrm{E}} = -T^2 \left(\frac{\partial \left(\dfrac{G^{\mathrm{E}}}{T} \right)}{\partial T} \right)_{p,x_k}\ . \tag{E.67}$$

Mit dem Wilson-Modell (Gln. 5.127, 5.128 und 5.129):

$$\left(\frac{\partial\left(\dfrac{G^{\mathrm{E}}}{T}\right)}{\partial T}\right)_{p,x_k} = -R\left(\frac{x_1 x_2 \dfrac{V_2^L}{V_1^L}\left(\dfrac{\lambda_{1,2}-\lambda_{1,1}}{RT}\right)\exp\left(-\dfrac{\lambda_{1,2}-\lambda_{1,1}}{RT}\right)}{x_1 + x_2 \dfrac{V_2^L}{V_1^L}\exp\left(-\dfrac{\lambda_{1,2}-\lambda_{1,1}}{RT}\right)}\right.$$

$$\left.+\frac{x_1 x_2 \dfrac{V_1^L}{V_2^L}\left(\dfrac{\lambda_{2,1}-\lambda_{2,2}}{RT}\right)\exp\left(-\dfrac{\lambda_{2,1}-\lambda_{2,2}}{RT}\right)}{x_2 + x_1 \dfrac{V_1^L}{V_2^L}\exp\left(-\dfrac{\lambda_{2,1}-\lambda_{2,2}}{RT}\right)}\right) \tag{E.68}$$

$\Rightarrow$ Es müssen $nQ = 3,929\,\mathrm{kW}$ zugeführt werden!

Lösung zu Übung 5.3

a) Aus dem Dampf-Flüssigkeits-Gleichgewicht folgt

$$\frac{\gamma_1 \varphi_1^0 x_1 p_1^{\mathrm{s}}}{\varphi_1} + \frac{\gamma_2 \varphi_2^0 (1-x_1) p_2^{\mathrm{s}}}{\varphi_2} = p^{\mathrm{s}}\;. \tag{E.69}$$

Mit dem Von Laar-Ansatz; für $x_1 \to 0$ geht $\gamma_1 \to \gamma_1^\infty$

$$\Rightarrow \quad \ln\gamma_1^\infty = A = 0,48858\;.$$

Analog für B:

$$\ln\gamma_2^\infty = B = 1,0043\;.$$

Iterative Lösung ergibt für x_1:

$$x_1 = \frac{p^s - \dfrac{\varphi_2^0}{\varphi_2}(1-x_1)p_2^{\mathrm{s}}\exp\dfrac{B}{\left(1+\dfrac{(1-x_1)B}{x_1 A}\right)^2}}{\dfrac{\varphi_1^0}{\varphi_1}p_1^{\mathrm{s}}\exp\dfrac{A}{\left(1+\dfrac{x_1 A}{(1-x_1)B}\right)^2}} \tag{E.70}$$

$$\Rightarrow \quad x_1 = 0,216$$
$$\Rightarrow \quad x_2 = 0,784\;.$$

b) Aus dem Dampf-Flüssigkeits-Gleichgewicht:

$$y_1 = x_1 \frac{\varphi_1^0}{\varphi_1}\frac{p_1^{\mathrm{s}}}{p^{\mathrm{s}}}\exp\frac{A}{\left(1+\dfrac{x_1 A}{(1-x_1)B}\right)^2} \tag{E.71}$$

$$= 0,417\;,$$
$$y_2 = 0,583\;.$$

Bemerkung: Für die Übung kann $\varphi_i^0 \approx \varphi_i$ angenommen werden. Üblicherweise muss dies jedoch insbesondere wegen der Dimerisation von Essigsäure im Dampf sorgfältig überprüft werden (vgl. Abschnitt 7.2.6)!

Lösungen zu Kapitel 6

Lösung zu Übung 6.1

Für $T = $ konst., $V^{\mathrm{E}} \approx 0$ kann die Gibbs-Duhem-Beziehung mit Gl. 6.25 angewendet werden:

$$x_1 \frac{\partial \ln \gamma_1}{\partial x_1} + x_2 \frac{\partial \ln \gamma_2}{\partial x_1} = 0 \; . \tag{E.72}$$

Dies kann auch näherungsweise in Differenzen umgesetzt werden:

$$\bar{x}_1 \frac{\Delta \ln \gamma_1}{\Delta x_1} + \bar{x}_2 \frac{\Delta \ln \gamma_2}{\Delta x_1} = 0 \; . \tag{E.73}$$

Mit φ_i^0, φ_i und $F_{\mathrm{P},i}$ zu eins gesetzt (niedriger Druck) ist

$$\gamma_i = \frac{y_i p^{\mathrm{s}}}{x_i p_i^{\mathrm{s}}} \; . \tag{E.74}$$

Daraus folgt, dass mit

$$\bar{x}_1 = 0,509 \; ,$$
$$\bar{x}_2 = 0,491 \; ,$$
$$\Delta x_1 = 0,0518 \; ,$$
$$\ln \gamma_1 (x_1 = 0,4831) = 0,103955 \; ,$$
$$\ln \gamma_2 (x_1 = 0,4831) = 0,156713 \; ,$$
$$\ln \gamma_1 (x_1 = 0,5349) = 0,069927 \; ,$$
$$\ln \gamma_2 (x_1 = 0,5349) = 0,199375 \; ,$$
$$\Rightarrow \quad \Delta \ln \gamma_1 = -0,034028$$
$$\Rightarrow \quad \Delta \ln \gamma_2 = 0,042662 \; .$$

Die einzelnen Terme in Gleichung E.73 ergeben somit:

$$\bar{x}_1 \frac{\Delta \ln \gamma_1}{\Delta x_1} = -0,33437 \; ,$$
$$\bar{x}_2 \frac{\Delta \ln \gamma_2}{\Delta x_1} = 0,40438 \; .$$

Die Summe ergibt $0,07001$. Die relative Abweichung zu den Einzelwerten ist so groß, dass damit gerechnet werden muss, dass die Daten nicht konsistent sind!

Lösungen zu Kapitel 7

Lösung zu Übung 7.1

Bedingung für eine Mischungslücke: $G^{\mathrm{M}}(x_1)$-Verlauf muss 2 Wendepunkte in $x_1 \in [0;1]$ haben!

$$\rightarrow \quad \frac{\partial^2 G^{\mathrm{M}}}{\partial x_1^2} \overset{!}{=} 0 \qquad \text{für 2 verschiedene } x_1 \tag{E.75}$$

mit

$$G^{\mathrm{M}} = G^{\text{ideales Mischen}} + G^{\mathrm{E}} \tag{E.76}$$

und dem Porter-Ansatz folgt

$$G^{\mathrm{M}} = RT\left(x_1 \ln(x_1) + (1 - x_1)\ln(1 - x_1)\right) + RT A x_1(1 - x_1) \tag{E.77}$$

$$\Rightarrow \quad \frac{\partial^2 G^{\mathrm{M}}}{\partial x_1^2} = RT\left(\frac{1}{x_1} + \frac{1}{1 - x_1} - 2A\right) \overset{!}{=} 0 \tag{E.78}$$

bzw.

$$\Rightarrow \quad x_1 = \frac{1}{2} \pm \sqrt{\frac{1}{4} - \frac{1}{2A}} \,. \tag{E.79}$$

Eine physikalisch sinnvolle Lösung ergibt sich nur, wenn für die Diskriminate D gilt

$$D > 0 \quad \rightarrow \quad |A| > 2 \qquad \text{(zwei reelle Lösungen)} \tag{E.80}$$

$$D < \frac{1}{4} \quad \Rightarrow \quad A > 0 \qquad x_1 \in [0;1] \tag{E.81}$$

$$\Rightarrow \quad \text{Mischungslücke falls } A > 2!$$

Lösung zu Übung 7.2

a) Gleichgewicht der austretenden Ströme:

$$\gamma_i x_i p_i^{\mathrm{s}} = y_i p^{\mathrm{s}} \tag{E.82}$$

$$\Rightarrow \quad \gamma_1 x_1 p_1^{\mathrm{s}} + \gamma_2 x_2 p_2^{\mathrm{s}} = p^{\mathrm{s}} \,. \tag{E.83}$$

Mit dem Porter-Ansatz (Gln. 5.115 und F-84):

$$\ln \gamma_1 = A x_2{}^2 \,, \tag{E.84}$$

$$\ln \gamma_2 = A x_1{}^2 \,. \tag{E.85}$$

Am azeotropen Punkt gilt

$$x_i = y_i \tag{E.86}$$

$$\Rightarrow \quad \gamma_1^{\mathrm{az}} = \frac{p^{\mathrm{s}}}{p_1^{\mathrm{s}}} \,, \tag{E.87}$$

$$\gamma_2^{\mathrm{az}} = \frac{p^{\mathrm{s}}}{p_2^{\mathrm{s}}} \,. \tag{E.88}$$

Mit dem Porter-Ansatz:

$$\frac{\ln \gamma_1^{\mathrm{az}}}{\ln \gamma_2^{\mathrm{az}}} = \frac{A\,(1 - x_1^{\mathrm{az}})^2}{A\,(x_1^{\mathrm{az}})^2} = 1,888 \tag{E.89}$$

$$\Rightarrow \quad x_1^{\mathrm{az}} = 0,421$$

$$\Rightarrow \quad A = \frac{\ln \gamma_2^{\mathrm{az}}}{x_1^{\mathrm{az}\,2}} = -1,053$$

$$\Rightarrow \quad p = 0,644\,\mathrm{bar}\ .$$

b) Bilanzen:

$$\dot{F} = \dot{L} + \dot{D}\ , \tag{E.90}$$

$$\dot{F}z_1 = \dot{L}x_1 + \dot{D}y_1 \tag{E.91}$$

$$\Rightarrow \quad \frac{\dot{D}}{\dot{L}} = \frac{z_1 - x_1}{y_1 - z_1} \tag{E.92}$$

mit:

$$y_1 = \frac{\gamma_1 x_1 p_1^{\mathrm{s}}}{p^{\mathrm{s}}} = 0,8077$$

$$\Rightarrow \quad \frac{\dot{D}}{\dot{L}} = 0,866\ .$$

Lösung zu Übung 7.3

Ausgehend vom idealen Gas erhält man mit Gl. 5.9 für die Dampfseite folgende Gleichung:

$$H^{\mathrm{V}}(y_1) = y_1 H_1^{\mathrm{V}}(T_{\mathrm{M}}^{\mathrm{s}}) + (1 - y_1)H_2^{\mathrm{V}}(T_{\mathrm{M}}^{\mathrm{s}})\ . \tag{E.93}$$

Die Temperatur $T_{\mathrm{M}}^{\mathrm{s}}$ bei konstantem Druck ändert sich mit der Gemischzusammensetzung und muss jeweils über das Dampf-Flüssigkeits-Gleichgewicht iterativ berechnet werden, wobei der Poynting-Faktor vernachlässigbar ist:

$$\gamma_1 x_1 p_1^{\mathrm{s}} + \gamma_2 x_2 p_2^{\mathrm{s}} = p^{\mathrm{s}}\ . \tag{E.94}$$

Mit Gl. 5.39 lässt sich die freie Enthalpie des Reinstoffdampfes wie folgt bestimmen:

$$G_i^{\mathrm{V}} = \mu_i^{\mathrm{V}} =$$

$$RT \ln \frac{p_i^{\mathrm{s}}}{p^0} + \int_{T^0}^{T} C_{p,i}^{\mathrm{iG}}\mathrm{d}T' - T \int_{T^0}^{T} \frac{C_{p,i}^{\mathrm{iG}}}{T'}\mathrm{d}T' + \Delta_{\mathrm{f}}H^0 - T\Delta_{\mathrm{f}}S^0\ . \tag{E.95}$$

Daraus ergibt sich mit der Gibbs-Helmholtz-Gleichung (Gl. 3.44) und der Tabelle 4.1

$$H_i^{\mathrm{V}}(T) = -T^2\left(\frac{RB_i^{(\mathrm{A})}}{\left(C_i^{(\mathrm{A})} + \dfrac{T}{\mathrm{K}}\right)^2 \mathrm{K}} - \left(\frac{A_i}{T} + \frac{B_i}{2\mathrm{K}} + \frac{C_i T}{3\mathrm{K}^2} + \frac{D_i T^2}{4\mathrm{K}^3} - \right.\right.$$

$$-\frac{AT^0 + \dfrac{BT^{0\,2}}{2\mathrm{K}} + \dfrac{CT^{0\,3}}{3\mathrm{K}^2} + \dfrac{DT^{0\,4}}{4\mathrm{K}^3}}{T^2}\left(\frac{\mathrm{J}}{\mathrm{mol\,K}}\right) - \frac{\Delta_\mathrm{f} H_i^0}{T^2}\Bigg) \ . \qquad (\mathrm{E}.96)$$

Für die Reinstoffe errechnen sich mit Hilfe der Antoine-Gleichung folgende Werte:

$$H_1^\mathrm{V}(T_1^\mathrm{s}) = -236,8\,\frac{\mathrm{kJ}}{\mathrm{mol}}\ , \qquad\qquad H_2^\mathrm{V}(T_2^\mathrm{s}) = -280,7\,\frac{\mathrm{kJ}}{\mathrm{mol}}\ .$$

Um die Flüssigkeitsseite im Hxy-Diagramm zu berechnen, kann entsprechend Abbildung 5.5 vorgegangen werden. Vom 'reinen realen Dampf bei T, p_i^s' zur 'reinen realen Flüssigkeit bei T, p_i^s' muss die Verdampfungsenthalpie berücksichtigt werden. Sie lässt sich für die Reinstoffe mit der Clausius-Clapeyronschen Gleichung (Gl. 3.97) bestimmen:

$$\Delta H_{\mathrm{V},i} = RT_1^{\mathrm{s}\,2}\,\frac{B_i^{(\mathrm{A})}}{\left(C_i^{(\mathrm{A})} + \dfrac{T_i^\mathrm{s}}{\mathrm{K}}\right)^2 \mathrm{K}}\ , \qquad\qquad (\mathrm{E}.97)$$

$$\Delta H_{\mathrm{V},1} = 37,295\,\frac{\mathrm{kJ}}{\mathrm{mol}}\ , \qquad\qquad \Delta H_{\mathrm{V},2} = 41,333\,\frac{\mathrm{kJ}}{\mathrm{mol}}\ .$$

Der Schritt von der 'reinen realen Flüssigkeit bei T, p_i^s' zur 'reinen realen Flüssigkeit bei T, p' liefert in guter Näherung keine Enthalpieänderung, da der Term

$$\int\limits_{p_i^\mathrm{s}}^{p} V_i\,\mathrm{d}p' \qquad\qquad (\mathrm{E}.98)$$

dem Poynting-Faktor entspricht und, wie auf Seite 130 gezeigt, hier entsprechend gegenüber ΔH_V vernachlässigt werden kann.

Der Schritt von der 'reinen realen Flüssigkeit bei T, p' zur 'idealen Mischung realer Flüssigkeiten bei T, p' trägt ebenfalls zu keiner Enthalpieänderung bei. Übrig bleibt somit nur noch der Schritt zur 'realen flüssigen Mischung bei T, p', der durch die Exzessenthalpie berücksichtigt wird und hier über das UNIQUAC-Modell (Gl. 5.137) und der Gibbs-Helmholz-Gleichung (Gl. 3.45) berechnet werden kann:

$$H^\mathrm{E}(x_1) = \frac{q_1 x_1 \psi_2 A_{2,1} \exp\left(-\dfrac{A_{2,1}}{RT}\right)}{\psi_1 + \psi_2 \exp\left(-\dfrac{A_{2,1}}{RT}\right)} +$$

$$+ \frac{q_2(1-x_1)\psi_1 A_{1,2} \exp\left(-\dfrac{A_{1,2}}{RT}\right)}{\psi_2 + \psi_1 \exp\left(-\dfrac{A_{1,2}}{RT}\right)}\ . \qquad\qquad (\mathrm{E}.99)$$

Werden die verschiedenen Schritte zusammengesetzt lässt sich $H^{\mathrm{L}}(x_1)$ wie folgt berechnen:

$$H^{\mathrm{L}}(x_1) = x_1\left(H_1^{\mathrm{V}} - \Delta H_{\mathrm{V},1}\right) + (1 - x_1)\left(H_2^{\mathrm{V}} - \Delta H_{\mathrm{V},2}\right) + H^{\mathrm{E}}(x_1) \quad \text{(E.100)}$$

Die Enthalpieverläufe $H^{\mathrm{V}}(x_1)$ und $H^{\mathrm{L}}(x_1)$ lassen sich schließlich in dem in Abb. E.2 gezeigten Diagramm darstellen:

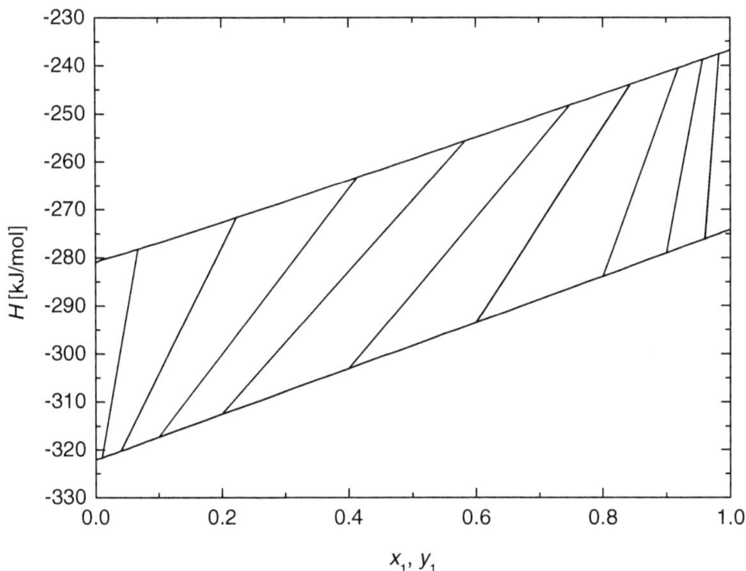

Abb. E.2. Hxy-Diagramm von Methanol (1) + Wasser (2) bei $p = 1\,\mathrm{bar}$

Lösungen zu Kapitel 8

Lösung zu Übung 8.1

Wird aus den σ_i wie in Abb. E.3 gezeigt ein Dreieck gebildet, so lässt sich der Kosinussatz anwenden, wie hier z. B. für den Winkel α_3':

$$\cos(\alpha_3') = \frac{\sigma_{2,3}^2 - \sigma_{1,3}^2 - \sigma_{1,2}^2}{2\sigma_{1,3}\sigma_{1,2}} \quad \text{(E.101)}$$

Die gesuchten Winkel lassen sich dann einfach umrechnen:

$$\alpha_i = 180° - \alpha_i' \quad \text{(E.102)}$$

daraus folgt:

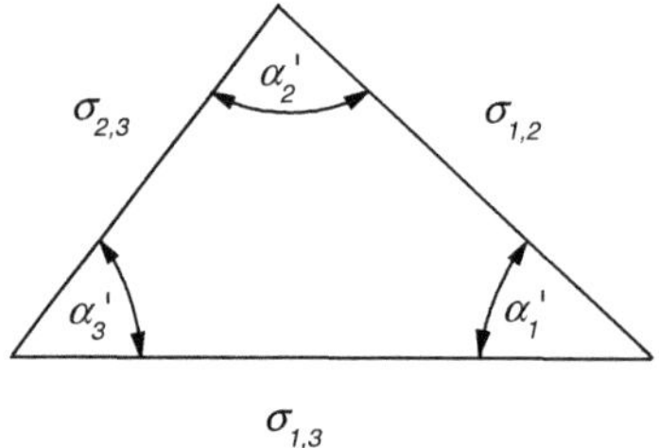

Abb. E.3. Dreieck aus Grenzflächenspannungen

a) Winkel für Kohlenstoffdisulfidtropfen:

$$\alpha_1 = 159,63°$$
$$\alpha_2 = 51,56°$$
$$\alpha_3 = 148,81°$$

b) Für den Hexantropfen stellt man fest, dass sich aus den σ_i kein Dreieck bilden lässt. Wird dies genauer betrachtet, so zeigt sich, dass die Oberflächenspannung von Wasser so groß ist, dass der Hexantropfen auseinander läuft und sogenanntes 'Spreiten' auftritt. Hexan bildet also an der Wasser-Luft-Grenze keine definierten Tropfen, sondern einen dünnen Film!

Lösung zu Übung 8.2

Das Kräftegleichgewicht am Tropfen ergibt

$$F_\mathrm{K} = F_\mathrm{G} - F_\mathrm{A} \tag{E.103}$$

mit der Gravitationskraft F_G und der Auftriebskraft F_A

$$F_\mathrm{G} - F_\mathrm{A} = \frac{4}{3}\pi R_0^3 (\varrho_\mathrm{w} - \varrho_\mathrm{o})g \; . \tag{E.104}$$

Der größtmögliche Tropfen lässt sich bestimmen, wenn F_K sein Maximum erreicht. Daraus folgt

$$\frac{\partial F_\mathrm{K}(a)}{\partial a} \overset{!}{=} 0 \tag{E.105}$$

und man erhält eine rekursive Lösung für a:

$$a = \frac{1}{-\kappa} \cdot \ln\left(\frac{\pi A_{1,2,3}}{12\varepsilon_0\varepsilon_\mathrm{r}\psi_0^2\kappa^2 a^3}\right) \quad \Rightarrow \quad a = 5,19\,\mathrm{nm} \; . \tag{E.106}$$

Daraus und mit Gl. E.103 lässt sich dann der maximal erlaubte Tropfendurchmesser für die stabile Emulsion bestimmen zu

$$R_0 = 0,222\,\mathrm{mm} \; . \tag{E.107}$$

Hier wurde angenommen, dass die Gravitationskraft nur für einen Tropfen ausgewertet werden muss. In der Realität kann dies nur eine grobe Näherung sein.

Lösungen zu Kapitel 9

Lösung zu Übung 9.1

a) Aus der Standardreaktionsenthalpie (Enthalpie der Elemente zu null gesetzt)

$$\Rightarrow \quad \Delta_{\mathrm{R}} H^0(T^0) = \nu_{\mathrm{NH}_3} \Delta_{\mathrm{f}} H^0_{\mathrm{NH}_3} = -45{,}773 \,\frac{\mathrm{kJ}}{\mathrm{mol}} \,. \tag{E.108}$$

Entsprechend für die freie Standardreaktionsenthalpie mit Gln. 9.32 und 9.40:

$$\Rightarrow \quad \Delta_{\mathrm{R}} G^0(T^0) = \sum_{i=1}^{3} \nu_i \Delta_{\mathrm{f}} G^0_i = -16{,}15 \,\frac{\mathrm{kJ}}{\mathrm{mol}} \tag{E.109}$$

$$\Rightarrow \quad K_f(T^0) = \exp\left(-\frac{\Delta_{\mathrm{R}} G^0}{RT^0}\right) = 675{,}33 \tag{E.110}$$

und mit Gleichung 9.61

$$\Rightarrow \quad \ln K_f(T) = K_f(T^0) +$$

$$+\frac{1}{R}\left[\left(-\Delta_{\mathrm{R}} H^0(T^0) + \Delta a T^0 + \frac{\Delta b}{2}(T^0)^2\right)\left(\frac{1}{T} - \frac{1}{T^0}\right) + \tag{E.111}\right.$$

$$\left. +\Delta a \ln \frac{T}{T^0} + \frac{\Delta b}{2}(T - T^0)\right] \,.$$

Mit

$$\Delta a = \sum_{i=1}^{3} \nu_i a_i \,, \tag{E.112}$$

$$\Delta b = \sum_{i=1}^{3} \nu_i b_i \,, \tag{E.113}$$

$$\Rightarrow \quad K_f(1073{,}15\,\mathrm{K}) = 2{,}745 \cdot 10^{-4} \,.$$

Wegen Idealität des Gases:

$$K_\varphi = 1$$

$$\Rightarrow \quad K_p = K_f \,.$$

b) Mit stöchiometrischer Bilanz

$$y_{\mathrm{H}_2} = 3 y_{\mathrm{N}_2} \,, \tag{E.114}$$

$$\sum_{i=1}^{N} y_i = 1 \,, \tag{E.115}$$

$$y_{\mathrm{N}_2} = 1 - y_{\mathrm{NH}_3} - y_{\mathrm{H}_2} \tag{E.116}$$

$$\Rightarrow \quad y_{\mathrm{N}_2} = \frac{1}{4}(1 - y_{\mathrm{NH}_3}) \tag{E.117}$$

$$\Rightarrow \quad y_{\mathrm{H}_2} = \frac{3}{4}(1 - y_{\mathrm{NH}_3}) \tag{E.118}$$

und

$$K_y = \prod_{i=1}^{3} y_i^{\nu_i} = \frac{y_{\mathrm{NH_3}}^2}{y_{\mathrm{N_2}} y_{\mathrm{H_2}}^3} \tag{E.119}$$

$$\Rightarrow \quad y_{\mathrm{NH_3}}^2 + \left(-2 \pm \sqrt{\frac{256}{27 K_y}} \right) y_{\mathrm{NH_3}} + 1 = 0 \,. \tag{E.120}$$

Mit Gleichgewichtskonstante K_p aus a) und

$$K_p = \prod_{i=1}^{N} \left(\frac{p_i}{p^0} \right)^{\nu_i} \tag{E.121}$$

$$= \prod_{i=1}^{N} y_i^{\nu_i} \prod_{i=1}^{N} \left(\frac{p}{p^0} \right)^{\nu_i} \tag{E.122}$$

$$= K_y \left(\frac{p}{p^0} \right)^{\nu} \tag{E.123}$$

$$\Rightarrow \quad K_y = K_p \left(\frac{p}{p^0} \right)^{-\nu} , \tag{E.124}$$

$$-\nu = -\sum_{i=1}^{3} \nu_i = -(2 - 3 - 1) = 2$$

$$\Rightarrow \quad K_y(200\,\mathrm{bar}) = 10{,}980$$

$$\Rightarrow \quad K_y(300\,\mathrm{bar}) = 24{,}705 \,.$$

Schließlich ergibt sich

$$\Rightarrow \quad y_{\mathrm{NH_3}}(200\,\mathrm{bar}) = 0{,}3945$$

$$\Rightarrow \quad y_{\mathrm{NH_3}}(300\,\mathrm{bar}) = 0{,}4639 \,.$$

Eine Druckerhöhung begünstigt die Teilreaktion zur kleineren Stoffmenge: Le Chatelier'sches Prinzip $\Rightarrow$ hier Verschiebung zur Produktseite!

c) Aus $y_{\mathrm{NH_3}}$ Vorgabe:

$$\Rightarrow \quad K_y = 75{,}852$$

$$\Rightarrow \quad K_p = 8{,}428 \cdot 10^{-4} \,,$$

aus Iteration:

$$\Rightarrow \quad T \approx 916\,\mathrm{K} \,.$$

d) Abschätzung über van't Hoff (Gl. 9.62):
$\Rightarrow \quad \Delta H_{\mathrm{R}}^0 < 0 \Rightarrow$ exotherme Reaktion!
oder mit Le Chatelier:

- Temperaturerhöhung bevorzugt endotherme Reaktion!
- Temperaturerniedrigung bevorzugt exotherme Reaktion!

Hier wird für eine höhere Ausbeute die Temperatur erniedrigt $\Rightarrow$ exotherme Reaktion!

Lösung zu Übung 9.2

a) Temperaturabhängigkeit der Gleichgewichtskonstante:

$$\Rightarrow \quad K_p(800\,\mathrm{K}) = 517,4\ .$$

Chemischem Gleichgewicht mit Gl. E.124:

$$K_p = K_y \left(\frac{p}{p^0}\right)^\nu \ .\tag{E.125}$$

Mit Stoffbilanzen:

$$n_{\mathrm{O_2}} = (1 - 0,96)n^0_{\mathrm{O_2}} = 0,04\,\mathrm{kmol}\ ,$$

$$\Delta n_{\mathrm{O_2}} = n_{\mathrm{O_2}} - n^0_{\mathrm{O_2}} = -0,96\,\mathrm{kmol}\ ,$$

$$\varepsilon = \frac{\Delta n_{\mathrm{O_2}}}{\nu_{\mathrm{O_2}}} = \frac{\Delta n_{\mathrm{SO_2}}}{\nu_{\mathrm{SO_2}}} = \frac{\Delta n_{\mathrm{SO_3}}}{\nu_{\mathrm{SO_3}}} = 0,96\,\mathrm{kmol}\ ,$$

$$n_{\mathrm{SO_2}} = \nu_{\mathrm{SO_2}}\varepsilon + n^0_{\mathrm{SO_2}} = 0,08\,\mathrm{kmol}\ ,$$

$$n_{\mathrm{SO_3}} = \nu_{\mathrm{SO_3}}\varepsilon + n^0_{\mathrm{SO_3}} = 1,92\,\mathrm{kmol}$$

$$\Rightarrow \quad y_{\mathrm{SO_2}} = \frac{n_{\mathrm{SO_2}}}{n_{\mathrm{ges}}} = 0,0392$$

$$\Rightarrow \quad y_{\mathrm{O_2}} = 0,0196$$

$$\Rightarrow \quad y_{\mathrm{SO_3}} = 0,9412$$

und

$$\sum_{i=1}^{N} \nu_i = 2 - 2 - 1 = -1\ ,$$

$$K_y = \prod_{i=1}^{N} y_i^{\nu_i} = \frac{y_{\mathrm{SO_3}}^2}{y_{\mathrm{SO_2}}^2 y_{\mathrm{O_2}}}\tag{E.126}$$

$$\Rightarrow \quad p = \frac{y_{\mathrm{SO_3}}^2}{y_{\mathrm{SO_2}}^2 y_{\mathrm{O_2}}} \cdot \frac{p^0}{K_{p/p^0}} = 56,8\,\mathrm{bar}\ .\tag{E.127}$$

Aus Korrespondenzprinzip nach Gl. 2.40

$$\Rightarrow \quad B_2 = -0,0327\,\mathrm{m^3/kmol}\ ,$$

mit Virialzustandsgleichung

$$V = 1,1373\,\mathrm{m^3/kmol}\tag{E.128}$$

$$\Rightarrow \quad nV = 2,32\,\mathrm{m^3}\ .\tag{E.129}$$

b) Van't Hoff (Gl. 9.62):

$$\Delta H_{\mathrm{R}}^0 = RT^2 \frac{\mathrm{d}\ln K_p}{\mathrm{d}T} = RT^2 \left(-\frac{23885\,\mathrm{K}}{T^2} + \frac{1,222}{T}\right)\tag{E.130}$$

$$= -190452\,\frac{\mathrm{J}}{\mathrm{mol}}$$

$$\Rightarrow \quad \Delta H_{\mathrm{R}} = \varepsilon \Delta H_{\mathrm{R}}^0 = -182,83\,\mathrm{MJ}\ .$$

c) $\Delta H_{\mathrm{R}} < 0 \Rightarrow$ exotherme Reaktion!

F

Zusammenstellung der wichtigsten Formeln

F.1 Grundlagen

F.1.1 Definitionen

$$\text{Masse} \quad : \quad m = \sum_{i=1}^{N} m_i$$

$$\text{Stoffmenge} \quad : \quad n = \sum_{i=1}^{N} n_i$$

$$\text{Molare Masse} \quad : M_i = \frac{m_i}{n_i}$$

$$\text{Massenanteil} \quad : w_i = \frac{m_i}{\sum\limits_{j=1}^{N} m_j}$$

$$\text{Stoffmengenanteil} \quad : x_i = \frac{n_i}{\sum\limits_{j=1}^{N} n_j}$$

$$\text{Massenkonzentration (Dichte)} : \rho_i = \frac{m_i}{nV}$$

$$\text{Stoffmengenkonzentration} \quad : c_i = \frac{n_i}{nV}$$

$$\text{molare Beladung} \quad : X_i = \frac{n_i}{n_j}$$

F.1.2 Kalorische Zustandsgrößen

$$\text{molare innere Energie} : U = TS - pV + \sum_{i=1}^{N} \mu_i x_i$$

$$\text{molare Enthalpie} \quad : H = U + pV$$

$$\text{molare freie Energie} \quad : A = U - TS$$

$$\text{molare freie Enthalpie} : G = H - TS$$

F.1.3 Fundamentalgleichungen

$$U = U(S, V, x_i)$$
$$H = H(S, p, x_i)$$
$$A = A(T, V, x_i)$$
$$G = G(T, p, x_i)$$

F.1.4 Totales Differential der Fundamentalgleichungen

$$\mathrm{d}U = T\mathrm{d}S - p\mathrm{d}V + \sum_{i=1}^{N} \mu_k \mathrm{d}x_i$$

$$\mathrm{d}H = T\mathrm{d}S + V\mathrm{d}p + \sum_{i=1}^{N} \mu_k \mathrm{d}x_i$$

$$\mathrm{d}A = -S\mathrm{d}T - p\mathrm{d}V + \sum_{i=1}^{N} \mu_k \mathrm{d}x_i$$

$$\mathrm{d}G = -S\mathrm{d}T + V\mathrm{d}p + \sum_{i=1}^{N} \mu_k \mathrm{d}x_i$$

$$T = \left(\frac{\partial U}{\partial S}\right)_{V, x_i} = \left(\frac{\partial H}{\partial S}\right)_{p, x_i}$$

$$-p = \left(\frac{\partial U}{\partial V}\right)_{S, x_i} = \left(\frac{\partial A}{\partial V}\right)_{T, x_i}$$

$$V = \left(\frac{\partial H}{\partial p}\right)_{S, x_i} = \left(\frac{\partial G}{\partial p}\right)_{T, x_i}$$

$$-S = \left(\frac{\partial A}{\partial T}\right)_{V, x_i} = \left(\frac{\partial G}{\partial T}\right)_{p, x_i}$$

F.1.5 Chemisches Potential

$$\mu_i = \left(\frac{\partial nU}{\partial n_i}\right)_{nS, nV, n_{j \neq i}} = \left(\frac{\partial nH}{\partial n_i}\right)_{nS, p, n_{j \neq i}}$$
$$= \left(\frac{\partial nA}{\partial n_i}\right)_{T, nV, n_{j \neq i}} = \left(\frac{\partial nG}{\partial n_i}\right)_{T, p, n_{j \neq i}}$$

F.1.6 Gibbs-Duhem-Gleichung

$$S\mathrm{d}T - V\mathrm{d}p + \sum_{i=1}^{N} x_i \mathrm{d}\mu_i = 0$$

F.1.7 Maxwell'sche Beziehungen

$$\left(\frac{\partial S}{\partial V}\right)_{T,\,x_i} = \left(\frac{\partial p}{\partial T}\right)_{V,\,x_i}$$

$$\left(\frac{\partial S}{\partial p}\right)_{T,\,x_i} = -\left(\frac{\partial V}{\partial T}\right)_{p,\,x_i}$$

$$\left(\frac{\partial T}{\partial V}\right)_{S,\,x_i} = -\left(\frac{\partial p}{\partial S}\right)_{V,\,x_i}$$

$$\left(\frac{\partial V}{\partial S}\right)_{p,\,x_i} = \left(\frac{\partial T}{\partial p}\right)_{S,\,x_i}$$

F.1.8 Gibbs-Helmholtz-Gleichungen

$$H = G - T\left(\frac{\partial G}{\partial T}\right)_{p,\,x_i}$$

$$U = A - T\left(\frac{\partial A}{\partial T}\right)_{V,\,x_i}$$

$$H = \left(\frac{\partial \dfrac{G}{T}}{\partial \dfrac{1}{T}}\right)_{p,\,x_i}$$

$$U = \left(\frac{\partial \dfrac{A}{T}}{\partial \dfrac{1}{T}}\right)_{V,\,x_i}$$

$$-\frac{H}{T^2} = \left(\frac{\partial\,(G/T)}{\partial T}\right)_{p,\,x_i}$$

$$-\frac{U}{T^2} = \left(\frac{\partial\,(A/T)}{\partial T}\right)_{V,\,x_i}$$

F.2 Realanteile

F.2.1 Definition

$$Z^{\mathrm{R}} = (Z - Z^{\mathrm{iG}})_{T,\,p}$$

iG: ideales Gas

F.2.2 Realanteile als Funktion des Druckes

$$V^{\mathrm{R}} = \frac{RT}{p}(Z-1)$$

$$H^{\mathrm{R}} = \int\limits_{0}^{p} \left[V - T \left(\frac{\partial V}{\partial T} \right)_{p} \right] \mathrm{d}p$$

$$S^{\mathrm{R}} = \int\limits_{0}^{p} \left[-\left(\frac{\partial V}{\partial T} \right)_{p} + \frac{R}{p} \right] \mathrm{d}p$$

$$G^{\mathrm{R}} = \int\limits_{0}^{p} \left[V - \frac{RT}{p} \right] \mathrm{d}p$$

F.2.3 Realanteile als Funktion des molaren Volumens

$$H^{\mathrm{R}} = pV - RT - \int\limits_{\infty}^{V} \left[p - T \left(\frac{\partial p}{\partial T} \right)_{V} \right] \mathrm{d}V$$

$$S^{\mathrm{R}} = R \ln Z + \int\limits_{\infty}^{V} \left[\left(\frac{\partial p}{\partial T} \right)_{V} - \frac{R}{V} \right] \mathrm{d}V$$

$$G^{\mathrm{R}} = RT(Z - 1 - \ln Z) + \int\limits_{\infty}^{V} \left[\frac{RT}{V} - p \right] \mathrm{d}V$$

F.3 Partiell molare Größen

F.3.1 Definition

$$\bar{Z}_i = \left(\frac{\partial nZ}{\partial n_i} \right)_{T,\, p,\, n_{j \neq i}}$$

F.3.2 Beziehung zu extensiven und intensiven Größen

$$nZ = \sum_{i=1}^{N} n_i \bar{Z}_i$$

$$Z = \sum_{i=1}^{N} x_i \bar{Z}_i$$

bei Zweistoffgemischen gilt:

$$\bar{Z}_1 = Z + x_2 \left(\frac{\partial Z}{\partial x_1} \right)_{T,p}$$

$$\bar{Z}_2 = Z - x_1 \left(\frac{\partial Z}{\partial x_1} \right)_{T,p}$$

F.4 Mischungsgrößen

F.4.1 Definition

$$Z^{\mathrm{M}} = \left(Z - \sum_{i=1}^{N} x_i Z_i \right)_{T,p,x_i}$$

F.4.2 Mischungsgrößen einiger thermodynamischer Variablen

$$V_i^{\mathrm{M}} = RT \left(\frac{\partial \ln \gamma_i}{\partial p} \right)_{T,x_j}$$

$$V^{\mathrm{M}} = RT \sum_{i=1}^{N} x_i \left(\frac{\partial \ln \gamma_i}{\partial p} \right)_{T,x_j}$$

$$H_i^{\mathrm{M}} = R \left(\frac{\partial \ln \gamma_i}{\partial (1/T)} \right)_{p,x_j}$$

$$H^{\mathrm{M}} = R \sum_{i=1}^{N} x_i \left(\frac{\partial \ln \gamma_i}{\partial (1/T)} \right)_{p,x_j}$$

$$S_i^{\mathrm{M}} = -R \ln x_i - R \ln \gamma_i - RT \left(\frac{\partial \ln \gamma_i}{\partial T} \right)_{p,x_j}$$

$$S^{\mathrm{M}} = -R \sum_{i=1}^{N} x_i \ln x_i - R \sum_{i=1}^{N} x_i \ln \gamma_i - RT \sum_{i=1}^{N} x_i \left(\frac{\partial \ln \gamma_i}{\partial T} \right)_{p,x_j}$$

$$\mu_i^{\mathrm{M}} = RT \ln x_i + RT \ln \gamma_i$$

$$G^{\mathrm{M}} = RT \sum_{i=1}^{N} \left(x_i \ln x_i + x_i \ln \gamma_i \right)$$

F.5 Exzessgrößen

F.5.1 Definition

$$\bar{Z}^{\mathrm{E}} = \left(Z - Z^{\mathrm{iM}} \right)_{T,p,x_i}$$

iM: ideale Mischung

F.5.2 Exzessgrößen einiger thermodynamischer Variablen

$$V^{\mathrm{E}} = V^{\mathrm{M}}$$

$$H^{\mathrm{E}} = H^{\mathrm{M}}$$

$$S_i^{\mathrm{E}} = -R\ln\gamma_i - RT\left(\frac{\partial\ln\gamma_i}{\partial T}\right)_{p,\,x_j}$$

$$S^{\mathrm{E}} = -R\sum_{i=1}^{N} x_i\ln\gamma_i - RT\sum_{i=1}^{N} x_i\left(\frac{\partial\ln\gamma_i}{\partial T}\right)_{p,\,x_j}$$

$$\mu_i^{\mathrm{E}} = RT\ln\gamma_i$$

$$G^{\mathrm{E}} = RT\sum_{i=1}^{N} x_i\ln\gamma_i$$

F.5.3 Gibbs-Duhem-Beziehung

$$S^{\mathrm{E}}\mathrm{d}T - V^{\mathrm{E}}\mathrm{d}p + RT\sum_{i=1}^{N} x_i\mathrm{d}\ln\gamma_i = 0$$

F.6 Zustandsgleichungen

F.6.1 Realgasfaktor

$$Z = \frac{pV}{RT}$$

F.6.2 Idealgas-Gleichung

$$Z^{\mathrm{iG}} = 1$$

$$pV = RT$$

F.6.3 Virialentwicklung

$$Z = 1 + \frac{B_2}{V} + \frac{B_3}{V^2} + \frac{B_4}{V^3} + \cdots$$

$$Z = 1 + B_2'p + B_3'p^3 + B_4'p^3 + \cdots$$

$$B_2' = \frac{B_2}{RT}; \quad B_3' = \frac{B_3 - B_2^2}{(RT)^2}; \quad B_4' = \frac{B_4 - 3B_2B_3 + 2B_2^3}{(RT)^3}$$

Mischungsregeln für Virialkoeffizienten

$$B_2 = \sum_{i=1}^{N} \sum_{j=1}^{N} y_i y_j B_{2,i,j}$$

$$B_3 = \sum_{i=1}^{N} \sum_{j=1}^{N} \sum_{k=1}^{N} y_i y_j y_k B_{2,i,j,k}$$

für Zweistoffgemische:

$$B_2 = y_1^2 B_{2,61} + 2 y_1 y_2 B_{2,12} + y_2^2 B_{2,24}$$

$$B_3 = y_1^3 B_{3,111} + 3 y_1^2 y_2 B_{3,112} + 3 y_1 y_2^2 B_{3,122} + y_2^3 B_{3,222}$$

Bestimmung des 2. Virialkoeffizienten nach Tsonopoulos mit dem erweiterten Korrespondenzprinzip für unpolare Komponenten

$$\frac{p_{c,i,j} B_{2,i,j}}{R T_{c,i,j}} = B_2^{(0)}\left(T_{r,i,j}\right) + \omega_{i,j} \cdot B_2^{(1)}\left(T_{r,i,j}\right)$$

$$B_2^{(0)}\left(T_{r,i,j}\right) = 0,1445 - \frac{0,330}{T_{r,i,j}} - \frac{0,1385}{T_{r,i,j}^2} - \frac{0,0121}{T_{r,i,j}^3} - \frac{0,000607}{T_{r,i,j}^8}$$

$$B_2^{(1)}\left(T_{r,i,j}\right) = 0,0637 + \frac{0,331}{T_{r,i,j}^2} - \frac{0,423}{T_{r,i,j}^3} - \frac{0,008}{T_{r,i,j}^8}$$

$$T_{r,i,j} = \frac{T}{T_{c,i,j}}$$

Kombinationsregeln für kritische Größen

$$T_{c,i,j} = \left(T_{c,i} \cdot T_{c,j}\right)^{\frac{1}{2}}$$

$$V_{c,i,j} = \left[\frac{V_{c,i}^{1/3} + V_{c,j}^{1/3}}{2}\right]^3$$

$$Z_{c,i,j} = \frac{Z_{c,i} + Z_{c,j}}{2}$$

$$\omega_{i,j} = \frac{\omega_i + \omega_j}{2}$$

$$\text{mit} \quad \omega_i = -1 - \log_{10}\left(\frac{p_i^s}{p_{c,i}}\right)_{T/T_{c,i}=0,7}$$

$$p_{c,i,j} = \frac{Z_{c,i,j} R T_{c,i,j}}{V_{c,i,j}}$$

F.6.4 Kubische Zustandsgleichungen

Van-der-Waals-Gleichung

$$\left(p + \frac{a}{V^2}\right)(V - b) = RT$$

$$p = \frac{RT}{V - b} - \frac{a}{V^2}$$

$$Z = \frac{V}{V - b} - \frac{a}{RTV}$$

$$a = \frac{27}{64}\frac{R^2 T_c^2}{p_c}$$

$$b = \frac{1}{8}\frac{RT_c}{p_c}$$

Redlich-Kwong-Gleichung

$$p = \frac{RT}{V - b} - \frac{a}{T^{\frac{1}{2}} V (V + b)}$$

$$Z = \frac{V}{V - b} - \frac{a}{RT^{\frac{3}{2}} (V + b)}$$

$$a = 0,42748\frac{R^2 T_c^{2,5}}{p_c}$$

$$b = 0,08664\frac{RT_c}{p_c}$$

Soave-Redlich-Kwong-Gleichung

$$p = \frac{RT}{V - b} - \frac{a(T)}{V(V + b)}$$

$$Z = \frac{V}{V - b} - \frac{a(T)}{RT(V + b)}$$

$$a(T) = a_c\alpha(T)$$

$$\alpha(T) = \left[1 + m(1 - \sqrt{T_r})\right]^2$$

$$m = 0,480 + 1,574\omega - 0,176\omega^2$$

$$a_c = \frac{1}{9(2^{1/3} - 1)}\frac{R^2 T_c^2}{p_c}$$

$$b = 0,08664\frac{RT_c}{p_c}$$

Peng-Robinson-Gleichung

$$p = \frac{RT}{V-b} - \frac{a(T)}{V^2 + 2bV - b^2}$$

$$Z = \frac{V}{V-b} - \frac{Va(T)}{RT(V^2 + 2bV - b^2)}$$

$$a(T) = a_c\alpha(T)$$

$$\alpha(T) = \left[1 + m(1 - \sqrt{T_r})\right]^2$$

$$m = 0,37464 + 1,54226\omega - 0,26992\omega^2$$

$$a_c = 0,45724\frac{R^2 T_c^2}{p_c}$$

$$b = 0,077796\frac{RT_c}{p_c}$$

Mischungsregeln für kubische Zustandsgleichungen

$$a = \sum_{i=1}^{N}\sum_{j=1}^{N} y_i y_j \sqrt{a_{i,j}}$$

$$a_{i,i} = a_i, \qquad a_{i,j} = \sqrt{a_i a_j}(1 - k_{i,j})$$

$$b = \sum_{i=1}^{N} y_i b_i$$

F.7 Fugazität

F.7.1 Chemisches Potential für reine Stoffe

$$\mu^{iG}(T,p) = \mu^{iG}(T,p^0) + RT\ln\frac{p}{p^0}$$

$$\mu(T,p) = \mu^{iG}(T,p) + RT\ln\varphi$$

F.7.2 Fugazitätskoeffizienten für reine Stoffe

$$\varphi = \frac{f}{p}$$

$$\ln\varphi = \frac{1}{RT}\int_0^p \left(V - \frac{RT}{p}\right)\mathrm{d}p$$

$$\ln \varphi = \int\limits_{0}^{p} (Z - 1)\frac{\mathrm{d}p}{p}$$

$$\ln \varphi = (Z - 1) - \ln Z - \int\limits_{\infty}^{V} (Z - 1)\frac{\mathrm{d}V}{V}$$

Fugazitätskoeffizienten nach der Virial-Zustandsgleichung

Aus Leidenform unter Vernachlässigung der $B_i, i \geq 4$:

$$\ln \varphi = \frac{2B_2}{V} + \frac{3B_3}{2V^2} - \ln Z$$

Aus Berlinform unter Vernachlässigung der $B_i', i \geq 4$:

$$\ln \varphi = \frac{B_2 p}{RT} + \frac{B_3 - B_2^2}{2}\left(\frac{p}{RT}\right)^2$$

Fugazitätskoeffizienten nach der Van-der-Waals Zustandsgleichung

$$\ln \varphi = \frac{b}{V - b} - \ln\left[Z\left(1 - \frac{b}{V}\right)\right] - \frac{2a}{RTV}$$

Fugazitätskoeffizienten nach der Redlich-Kwong-Zustandsgleichung

$$\ln \varphi = Z - 1 - \ln\left[Z\left(1 - \frac{b}{V}\right)\right] - \frac{a}{bRT^{1,5}} \ln\left(1 + \frac{b}{V}\right)$$

**Fugazitätskoeffizienten nach der
Soave-Redlich-Kwong-Zustandsgleichung**

$$\ln \varphi = Z - 1 - \ln\left[Z\left(1 - \frac{b}{V}\right)\right] - \frac{a}{bRT} \ln\left(1 + \frac{b}{V}\right)$$

Fugazitätskoeffizienten nach der Peng-Robinson-Zustandsgleichung

$$\ln \varphi = Z - 1 - \ln\left[Z\left(1 - \frac{b}{V}\right)\right] -$$

$$- \frac{\sqrt{2}a}{4bRT} \ln\left(1 + \frac{b}{V}\right)\left(\frac{1 + \frac{b}{V}\left(1 + \sqrt{2}\right)}{1 + \frac{b}{V}\left(1 - \sqrt{2}\right)}\right)$$

F.7.3 Fugazitätskoeffizienten für Gemische

Definition

$$\varphi_i = \frac{f_i}{y_i p}$$

Chemisches Potential

$$\mu_i(T, p, y_j) = \mu^{\mathrm{iG}}(T, p) + RT \ln y_i + RT \ln \varphi_i$$

$$\ln \varphi_i = \left(\frac{\partial n \ln \varphi}{\partial n_i} \right)_{T, p, n_{j \neq i}}$$

$$\ln \varphi_i = \frac{1}{RT} \int_0^p \left[\left(\frac{\partial nV}{\partial n_i} \right)_{T, p, n_{j \neq i}} - \frac{RT}{p} \right] \mathrm{d}p$$

$$\ln \varphi_i = \frac{1}{RT} \int_{nV}^{\infty} \left[\left(\frac{\partial p}{\partial n_i} \right)_{T, V, n_{j \neq i}} - \frac{RT}{nV} \right] \mathrm{d}nV - \ln Z$$

Für eine ideale Mischung realer Komponenten gilt die **Lewis'sche Fugazitätsregel**:

$$f_i = y_i f_i^0$$

$$\varphi_i = \varphi_i^0$$

Fugazitätskoeffizienten nach der Virial-Zustandsgleichung in Leidenform unter Vernachlässigung der $B_i, i \geq 4$:

$$\ln \varphi_i = \frac{2}{V} \sum_{j=1}^N y_j B_{2,i,j} + \frac{3}{2} \frac{1}{V^2} \sum_{j=1}^N \sum_{k=1}^N y_j y_k B_{3,i,j,k} - \ln Z$$

für ein Zweistoffgemisch:

$$\ln \varphi_1 = \frac{2}{V} \left(y_1 B_{2,11} + y_2 B_{2,12} \right) +$$

$$+ \frac{3}{2} \frac{1}{V^2} \left(y_1^2 B_{3,111} + 2 y_1 y_2 B_{3,112} + y_2^2 B_{3,122} \right) - \ln Z$$

Fugazitätskoeffizienten nach der van der Waals-Zustandsgleichung

$$\ln \varphi_i = \frac{b_i}{V - b} - \ln \left[Z \left(1 - \frac{b}{V} \right) \right] - \frac{2\sqrt{a a_i}}{RTV}$$

Fugazitätskoeffizienten nach der Redlich-Kwong-Zustandsgleichung

$$\ln\varphi_i = \frac{b_i}{b}(Z-1) - \ln\left[Z\left(1-\frac{b}{V}\right)\right] +$$

$$+ \frac{1}{bRT^{1,5}}\left[\frac{ab_i}{b} - 2\sqrt{aa_i}\right]\ln\left(1+\frac{b}{V}\right)$$

Fugazitätskoeffizienten nach der Soave-Redlich-Kwong-Zustandsgleichung

$$\ln\varphi_i = \frac{b_i}{b}(Z-1) - \ln\left[Z\left(1-\frac{b}{V}\right)\right] +$$

$$+ \frac{1}{bRT}\left[\frac{ab_i}{b} - 2\sqrt{aa_i}\right]\ln\left(1+\frac{b}{V}\right)$$

Fugazitätskoeffizienten nach der Peng-Robinson-Zustandsgleichung

$$\ln\varphi_i = \frac{b_i}{b}(Z-1) - \ln\left[Z\left(1-\frac{b}{V}\right)\right] +$$

$$+ \frac{1}{bRT}\left[\frac{\sqrt{2}ab_i}{4b} - \sqrt{\frac{aa_i}{2}}\right]\ln\left(\frac{1+\frac{b}{V}\left(1+\sqrt{2}\right)}{1+\frac{b}{V}\left(1-\sqrt{2}\right)}\right)$$

F.8 Aktivität

F.8.1 Definition

$$a_i = \frac{f_i}{f_i^0}$$

F.8.2 Aktivitätskoeffizient

$$\gamma_i = \frac{a_i}{x_i}$$

F.8.3 Chemisches Potential

$$\mu_i^{\mathrm{iM}}(T,p,x_j) = \mu_{0i}(T,p) + RT\ln x_i$$

$$\mu_i(T,p,x_j) = \mu_i^{\mathrm{iM}}(T,p,x_j) + RT\ln\gamma_i$$

Mit der Konvention: $\gamma_i = 1$ für $x_i = 1$.

F.8.4 G^{E}-Modelle

$$\ln \gamma_i = \left(\frac{\partial \left(n \frac{G^{\mathrm{E}}}{RT} \right)}{\partial n_i} \right)_{T,\, p,\, n_{j \neq i}}$$

Porter-Ansatz (nur für Zweistoffgemische)

$$G^{\mathrm{E}} = A x_1 x_2$$

$$\ln \gamma_1 = \frac{A}{RT} x_2^2$$

$$\ln \gamma_2 = \frac{A}{RT} x_1^2$$

Van Laar-Ansatz (nur für Zweistoffgemische)

$$\frac{G^{\mathrm{E}}}{RT} = \frac{x_1 x_2}{\frac{x_1}{B} + \frac{x_2}{A}}$$

$$\ln \gamma_1 = \frac{A}{\left[1 + \left(\frac{x_1}{x_2} \right) \left(\frac{A}{B} \right) \right]^2}$$

$$\ln \gamma_2 = \frac{B}{\left[1 + \left(\frac{x_2}{x_1} \right) \left(\frac{B}{A} \right) \right]^2}$$

$$A = \ln \gamma_1 \left(1 + \frac{x_2 \ln \gamma_2}{x_1 \ln \gamma_1} \right)^2$$

$$B = \ln \gamma_2 \left(1 + \frac{x_1 \ln \gamma_1}{x_2 \ln \gamma_2} \right)^2$$

Margules-Ansatz (nur für Zweistoffgemische)

$$\frac{G^{\mathrm{E}}}{RT} = x_1 x_2 \left(A x_2 + B x_1 \right)$$

$$\ln \gamma_1 = x_2^2 \left[A + 2 x_1 \left(B - A \right) \right]$$

$$\ln \gamma_2 = x_1^2 \left[B + 2 x_2 \left(A - B \right) \right]$$

$$A = \frac{x_2 - x_1}{x_2^2} \ln \gamma_1 + \frac{2 \ln \gamma_2}{x_1}$$

$$B = \frac{x_1 - x_2}{x_1^2} \ln \gamma_2 + \frac{2 \ln \gamma_1}{x_2}$$

Redlich-Kister-Ansatz (nur für Zweistoffgemische)

$$G^{\mathrm{E}} = x_1 x_2 \left(A + B(2x_1 - 1) + C(2x_1 - 1)^2 + \ldots \right)$$

$$\ln \gamma_1 = \frac{1}{RT} \left((A + 3B + 5C)x_2^2 - 4(B + 4C)x_2^3 + 12Cx_2^4 \right)$$

$$\ln \gamma_2 = \frac{1}{RT} \left((A - 3B + 5C)x_1^2 + 4(B - 4C)x_1^3 + 12Cx_1^4 \right)$$

Scatchard-Hildebrand-Ansatz

$$G^{\mathrm{E}} = \sum_{i=1}^{N} x_i V_i \left(\delta_i - \bar{\delta} \right)^2$$

für Zweistoffgemische:

$$\ln \gamma_1 = \frac{V_1 \varphi_2^2 \left(\delta_1 - \delta_2 \right)^2}{RT}$$

$$\ln \gamma_2 = \frac{V_2 \varphi_1^2 \left(\delta_2 - \delta_1 \right)^2}{RT}$$

Wilson-Ansatz

$$\frac{G^{\mathrm{E}}}{RT} = -\sum_{i=1}^{N} x_i \ln \left[\sum_{j=1}^{N} \Lambda_{i,j} x_j \right]$$

$$\Lambda_{i,j} = \frac{V_j^{\mathrm{L}}}{V_i^{\mathrm{L}}} \exp \left(-\frac{\lambda_{i,j} - \lambda_{i,i}}{RT} \right)$$

$$\Lambda_{j,i} = \frac{V_i^{\mathrm{L}}}{V_j^{\mathrm{L}}} \exp \left(-\frac{\lambda_{j,i} - \lambda_{j,j}}{RT} \right)$$

$$\ln \gamma_i = 1 - \ln \left[\sum_{j=1}^{N} x_j \Lambda_{i,j} \right] - \sum_{k=1}^{N} \frac{x_k \Lambda_{k,i}}{\sum\limits_{j=1}^{N} x_j \Lambda_{k,j}}$$

für Zweistoffgemische:

$$\ln \gamma_1 = -\ln \left(x_1 + \Lambda_{1,2} x_2 \right) + x_2 \left(\frac{\Lambda_{1,2}}{x_1 + \Lambda_{1,2} x_2} - \frac{\Lambda_{2,1}}{x_2 + \Lambda_{2,1} x_1} \right)$$

$$\ln \gamma_2 = -\ln \left(x_2 + \Lambda_{2,1} x_1 \right) - x_1 \left(\frac{\Lambda_{1,2}}{x_1 + \Lambda_{1,2} x_2} - \frac{\Lambda_{2,1}}{x_2 + \Lambda_{2,1} x_1} \right)$$

NRTL-Ansatz

$$\frac{G^{\mathrm{E}}}{RT} = \sum_{i=1}^{N} x_i \frac{\sum_{j=1}^{N} \tau_{j,i} G_{j,i} x_j}{\sum_{k=1}^{N} G_{k,i} x_k}$$

$$\tau_{j,i} = \frac{g_{j,i} - g_{i,i}}{RT}$$

$$G_{j,i} = \exp\left(-\alpha_{j,i} \tau_{j,i}\right)$$

$$g_{j,i} = g_{i,j}$$

$$\alpha_{j,i} = \alpha_{i,j}$$

$$\ln \gamma_i = \frac{\sum_{j=1}^{N} \tau_{j,i} G_{j,i} x_j}{\sum_{k=1}^{N} G_{k,i} x_k} + \sum_{j=1}^{N} \frac{x_j G_{i,j}}{\sum_{k=1}^{N} G_{k,j} x_k} \left(\tau_{i,j} - \frac{\sum_{l=1}^{N} x_l \tau_{l,j} G_{l,j}}{\sum_{k=1}^{N} G_{k,j} x_k} \right)$$

für Zweistoffgemische:

$$\ln \gamma_1 = x_2^2 \left[\tau_{21} \left(\frac{G_{21}}{x_1 + x_2 G_{21}} \right)^2 + \frac{\tau_{12} G_{12}}{(x_2 + x_1 G_{12})^2} \right]$$

$$\ln \gamma_2 = x_1^2 \left[\tau_{12} \left(\frac{G_{12}}{x_2 + x_1 G_{12}} \right)^2 + \frac{\tau_{21} G_{21}}{(x_1 + x_2 G_{21})^2} \right]$$

UNIQUAC-Ansatz

$$G^{\mathrm{E}} = G^{\mathrm{E}}_{\mathrm{comb}} + G^{\mathrm{E}}_{\mathrm{res}}$$

$$\frac{G^{\mathrm{E}}_{\mathrm{comb}}}{RT} = \sum_{i=1}^{N} x_i \ln \frac{\varphi_i}{x_i} + \frac{z}{2} \sum_{i=1}^{N} q_i x_i \ln \frac{\psi_i}{\varphi_i}$$

$$\frac{G^{\mathrm{E}}_{\mathrm{res}}}{RT} = - \sum_{i=1}^{N} q_i x_i \ln \left(\sum_{j=1}^{N} \psi_j \tau_{j,i} \right)$$

$$\psi_i = \frac{q_i x_i}{\sum_{j=1}^{N} q_j x_j}$$

$$\varphi_i = \frac{r_i x_i}{\sum_{j=1}^{N} r_j x_j}$$

$$\tau_{j,i} = \exp\left(-\frac{u_{j,i} - u_{i,i}}{RT}\right)$$

$$z = 10$$

$$\ln \gamma_i = \ln \gamma_{i,\text{comb}} + \ln \gamma_{i,\text{res}}$$

$$\ln \gamma_{i,\text{comb}} = \ln \frac{\varphi_i}{x_i} + \frac{z}{2} q_i \ln \frac{\psi_i}{\varphi_i} + l_i - \frac{\varphi_i}{x_i} \sum_{i=1}^{N} x_i l_i$$

$$\ln \gamma_{i,\text{res}} = q_i \left(1 - \ln\left[\sum_{j=1}^{N} \psi_j \tau_{j,i}\right] - \sum_{j=1}^{N} \frac{\psi_j \tau_{i,j}}{\sum_{l=1}^{N} \psi_l \tau_{l,j}}\right)$$

$$l_i = \frac{z}{2}(r_i - q_i) - (r_i - 1)$$

für Zweistoffgemische:

$$\frac{G^E_{\text{comb}}}{RT} = x_1 \ln \frac{\varphi_1}{x_1} + x_2 \ln \frac{\varphi_2}{x_2} + \frac{z}{2}\left(q_1 x_1 \ln \frac{\psi_1}{\varphi_1} + q_2 x_2 \ln \frac{\psi_2}{\varphi_2}\right)$$

$$\frac{G^E_{\text{res}}}{RT} = -q_1 x_1 \ln[\psi_1 + \psi_2 \tau_{21}] - q_2 x_2 \ln[\psi_2 + \psi_1 \tau_{12}]$$

$$\psi_1 = \frac{x_1 q_1}{x_1 q_1 + x_2 q_2}$$

$$\varphi_1 = \frac{x_1 r_1}{x_1 r_1 + x_2 r_2}$$

$$\ln \gamma_1 = \ln \frac{\varphi_1}{x_1} + \frac{z}{2} q_1 \ln \frac{\psi_1}{\varphi_1} + \Phi_2\left(l_1 - \frac{r_1}{r_2} l_2\right) -$$

$$- q_1 \ln(\psi_1 + \psi_2 \tau_{21}) + \psi_2 q_1 \left(\frac{\tau_{21}}{\psi_1 + \psi_2 \tau_{21}} - \frac{\tau_{12}}{\psi_2 + \psi_1 \tau_{12}}\right)$$

$$l_1 = \left(\frac{z}{2}\right)(r_1 - q_1) - (r_1 - 1)$$

$$l_2 = \left(\frac{z}{2}\right)(r_2 - q_2) - (r_2 - 1)$$

Für γ_2 müssen die Indizes 1 und 2 vertauscht werden.

F.9 Elektrolyte

F.9.1 Elektroneutralität in einer Phase

$$\sum_{i=1}^{N} c_i z_i = 0$$

F.9.2 Ionengemittelte Größen

$$\mu_{\pm} = \frac{\nu_K}{\nu_K + \nu_A}\mu_K + \frac{\nu_A}{\nu_K + \nu_A}\mu_A$$

$$a_{\pm} = \left(a_K^{\nu_K} a_A^{\nu_A}\right)^{\left(\frac{1}{\nu_K + \nu_A}\right)}$$

$$\gamma_{\pm} = \left(\gamma_K^{\nu_K} \gamma_A^{\nu_A}\right)^{\left(\frac{1}{\nu_K + \nu_A}\right)}$$

F.9.3 Debye-Hückel-Grenzgesetz

$$A_{\text{el}}^{\text{E}} = -\frac{RTV}{4\pi N_{\text{Av}}}\frac{\kappa^3}{3}$$

$$\kappa^2 = \frac{2\,F^2 I}{\varepsilon_0 \varepsilon_r RT}$$

$1/\kappa$: Debye-Länge

$$I = \frac{1}{2}\sum_{i=1}^{N} z_i^2 c_i$$

I: Ionenstärke

$$\ln\gamma_{\pm} = z_A z_K \frac{F^2 \kappa}{8\pi\varepsilon_0\varepsilon_r N_{\text{Av}} RT}$$

$$e_0 = 1,60210 \cdot 10^{-19}\,\text{C}$$

$$F = e_0 N_{\text{Av}} = 96487,0\,\frac{\text{C}}{\text{mol}}$$

$$\varepsilon_0 = 8,8541853 \cdot 10^{-12}\,\frac{\text{F}}{\text{m}}$$

F.10 Phasengleichgewichte

F.10.1 Enthalpie- und Entropieänderung

$$\Delta S_{\alpha-\beta} = \frac{\Delta H_{\alpha-\beta}}{T^{\alpha-\beta}}$$

F.10.2 Gibbs'sche Phasenregel

$$F = N + 2 - \pi - r$$

F : Anzahl der Freiheitsgrade

N : Anzahl der Komponenten

π : Anzahl der Phasen

r : Anzahl der unabhängigen Reaktionen

F.10.3 Clausius-Clapeyronsche Gleichung

$$\frac{\mathrm{d}p^{\alpha-\beta}}{\mathrm{d}T} = \frac{S^\beta - S^\alpha}{V^\beta - V^\alpha} = \frac{H^\beta - H^\alpha}{T(V^\beta - V^\alpha)}$$

Für den Fall : $V^{\mathrm{L}} << V^{\mathrm{V}}$, $\Delta V_{\mathrm{V}} = V^{\mathrm{V}} = \frac{RT}{p^{\mathrm{s}}}$ folgt:

$$\frac{\mathrm{d}\ln\left(p^{\mathrm{s}}/p^0\right)}{\mathrm{d}T} = \frac{\Delta H_{\mathrm{V}}}{RT^2}$$

mit Standarddruck p^0

Dampfdruckgleichung nach Antoine

$$\ln\frac{p_i^{\mathrm{s}}}{[\mathrm{bar}]} = A - \frac{B}{T + C}$$

A, B, C: stoffspezifische Konstanten

F 10.4 Dampf-Flüssigkeits-Gleichgewicht

$$f_i^{\mathrm{L}} = f_i^{\mathrm{V}}$$

$$\gamma_i(T, p^{\mathrm{s}}, x_i)\, F_{\mathrm{P},i}\, \varphi_i^0(T, p_i^{\mathrm{s}}(T))\, x_i\, p_i^{\mathrm{s}}(T) = \varphi_i(T, p^{\mathrm{s}}, y_i)\, y_i\, p^{\mathrm{s}}$$

mit

$$F_{\mathrm{P},i} = \exp\left[\int_{p_i^{\mathrm{s}}(T)}^{p^{\mathrm{s}}} \frac{V_i(T, p)}{RT}\mathrm{d}p\right]$$

Für inkompressible Flüssigkeiten:

$$F_{\mathrm{P},i} = \exp\frac{V_i(T)\left(p^{\mathrm{s}} - p_i^{\mathrm{s}}(T)\right)}{RT}$$

Für $F_{\mathrm{P},i} = 1$ und zusätzlich $\varphi_i = \varphi_i^0$ oder $\varphi_i = \varphi_i^0 = 1$:

$$\gamma_i x_i p_i^{\mathrm{s}} = y_i p^{\mathrm{s}}$$

$$K_i = \frac{y_i}{x_i} = \frac{\gamma_i p_i^{\mathrm{s}}}{p^{\mathrm{s}}}$$

$$\alpha_{i,j} = \frac{\gamma_i p_i^{\mathrm{s}}}{\gamma_j p_i^{\mathrm{s}}}$$

Für ideale Dampf- und Flüssigkeitsphase gilt das **Raoult'sche Gesetz**:

$$x_i p_i^{\mathrm{s}} = y_i p^{\mathrm{s}}$$

$$K_i = \frac{p_i^{\mathrm{s}}}{p^{\mathrm{s}}}$$

$$\alpha_{i,j} = \frac{p_i^{\mathrm{s}}}{p_j^{\mathrm{s}}}$$

für Zweistoffgemische:

$$y_1 = \frac{\alpha_{1,2}x_1}{\alpha_{1,2}x_1 + 1 - x_1}$$

F.10.5 Flüssig-Flüssig-Gleichgewicht

$$f_i^{L'} = f_i^{L''}$$

$$\gamma_i' x_i' = \gamma_i'' x_i''$$

F.10.6 Phasengrenzen

Einfluss auf kalorische Größen:

$$dU = T\,dS - p\,dV + \sigma dA_G + \sum_{i=1}^{N} \mu_i\,dx_i$$

$$U = TS - pV + \sigma A_G + \sum_{i=1}^{N} \mu_i x_i$$

$$H = TS + \sigma A_G + \sum_{i=1}^{N} \mu_i x_i$$

$$A = -pV + \sigma A_G + \sum_{i=1}^{N} \mu_i x_i$$

$$G = \sigma A_G + \sum_{i=1}^{N} \mu_i x_i$$

Gibbs-Duhem-Gleichung

$$0 = SdT - Vdp + A_G d\sigma + \sum_{i=1}^{N} x_i d\mu_i$$

Young-Laplace-Gleichung

$$\Delta p = 2H\sigma$$

$$H = \frac{1}{2}\left(\frac{1}{R_1} + \frac{1}{R_2}\right)$$

Für Tropfen, Blasen, kugelförmige Partikel, Kapillare:

$$\Delta p = 2H\sigma$$

$$H = \frac{1}{R_G}$$

Benetzung

$$\frac{\sigma_{2,3}}{\sin\alpha_1} = \frac{\sigma_{1,3}}{\sin\alpha_2} = \frac{\sigma_{1,2}}{\sin\alpha_3}$$

$$\alpha_1 + \alpha_2 + \alpha_3 = 360°$$

$$\cos\theta = \frac{\sigma_{1,3} - \sigma_{1,2}}{\sigma_{2,3}}$$

Kelvin-Gleichung

Für einen Reinstofftropfen

$$p_\sigma^s = p^s \exp\frac{2V^L\sigma}{RTR_G}$$

Für eine Blase in Reinstoff

$$p_\sigma^s = p^s \exp\left(-\frac{2V^L\sigma}{RTR_G}\right)$$

Elektrostatik der Phasengrenze

$$\tilde{\mu}_i = \mu_i + z_i F\psi$$

$\tilde{\mu}_i$: elektrochemisches Potential

Verteilungsverhalten geladener Spezies

$$\ln K_i = \ln K_i^0 - \frac{Fz_i}{RT}\Delta\psi$$

$$\Delta\psi = \frac{RT}{(z_A - z_K)F} \ln\frac{K_A^0}{K_K^0}$$

DLVO-Theorie

Zwischen parallelen, halbunendlichen Phasengrenzen

$$U_{PG}'' = \varepsilon_0\varepsilon_r\kappa\psi_0^2\left(1 - \tanh\frac{\kappa a}{2}\right) - \frac{\pi A_{1,2,3}}{12a^2}$$

$$F_{PG}'' = \frac{\varepsilon_0\varepsilon_r}{2}\left(\frac{\kappa\psi_0}{\cosh\dfrac{\kappa a}{2}}\right)^2 - \frac{\pi A_{1,2,3}}{6a^3}$$

Zwischen kugelförmigen Phasengrenzen

$$U_K(a) = -2\pi R_0\varepsilon_0\varepsilon_r\psi_0^2\exp(-\kappa a) - \frac{\pi^2 A_{1,2,3}R_0}{12a}$$

$$F_K(a) = 2\pi R_0\varepsilon_0\varepsilon_r\psi_0^2\kappa\exp(-\kappa a) - \frac{\pi^2 A_{1,2,3}R_0}{12a^2}$$

F.10.7 Adsorptionsgleichgewicht

Langmuir-Isotherme:

$$\psi_{\mathrm{AF}} = \psi_{\mathrm{F}}^0 \frac{k_1 p_{\mathrm{A}}}{k_2 + k_1 p_{\mathrm{A}}}$$

ψ : Oberflächenanteil

BET-Isotherme (Brunauer, Emmett, Teller):

$$X_i = X_{i,\max} \frac{K_i \varphi_i}{1 - \varphi_i} \frac{1 - (n+1)\varphi_i^n + n\varphi_i^{n+1}}{1 + (K_i - 1)\varphi_i - K_i \varphi_i^{n+1}}$$

K_i : Adsorptionskonstante
φ_i : relative Sättigung
n : Anzahl der Moleküllagen

Freundlich-Isotherme:

$$\varphi_i = C X_i^b$$

C, b : Systemspezifische Konstanten

F.11 Chemische Reaktionen

F.11.1 Reaktionsgleichung allgemein

$$\sum_i \nu_i A_i = 0$$

A_i : an der Reaktion beteiligte Stoffe
ν_i : stöchiometrische Koeffizienten sind negativ für Edukte und positiv
für Produkte

F.11.2 Reaktionsfortschritt

$$\varepsilon = \frac{\Delta n_i}{\nu_i} \neq f(i)$$

F.11.3 Bedingung für chemisches Gleichgewicht

$$\sum_i \nu_i \mu_i = 0$$

$$K_f(T) = \prod_{i=1}^{N} \left(\frac{f_i}{p^0}\right)^{\nu_i} = \exp -\frac{\Delta_{\mathrm{R}}G^0}{RT}$$

$$\Delta_{\mathrm{R}}G^0 = \sum_{i=1}^{N} \nu_i \left[\int_{T^0}^{T} C_{p,j}^{\mathrm{iG}} \mathrm{d}T' - T \int_{T^0}^{T} \frac{C_{p,j}^{\mathrm{iG}}}{T'} \mathrm{d}T' + \right.$$

$$\left. + \Delta_{\mathrm{f}}H_j^{\mathrm{iG}}(T^0) - T\Delta_{\mathrm{f}}S_j^{\mathrm{iG}}(T^0, p^0) \right]$$

F.11.4 Homogene Gleichgewichte idealer Gase

Freie Reaktionsenthalpie beim Standarddruck ($p^0 = 1\,\mathrm{bar}$)

$$\Delta_{\mathrm{R}}G^0 = \sum_i \nu_i \mu_i^0 = -RT \ln K_p$$

Gleichgewichtskonstante

$$K_p = \prod_i \left(\frac{p_i}{p^0}\right)^{\nu_i}$$

$$K_y = \prod_i y_i^{\nu_i}$$

$$K_y = K_p \left(\frac{p}{p^0}\right)^{-\sum_{i=1}^{N} \nu_i}$$

Temperaturabhängigkeit der Gleichgewichtskonstante

$$\frac{\mathrm{d}\ln K_p}{\mathrm{d}T} = \frac{\Delta_{\mathrm{R}}H^0}{RT^2}$$

F.11.5 Reaktionskinetik

Reaktionsgeschwindigkeit für eine Komponente:

$$r_i = \frac{\mathrm{d}n_i}{\mathrm{d}t}$$

Reaktionsgeschwindigkeit einer Reaktion:

$$r = \frac{r_i}{\nu_i} = \frac{1}{nV}\frac{\mathrm{d}\varepsilon}{\mathrm{d}t}$$

$$r = k \prod_{i=1}^{N} c_i^{\alpha_i}$$

k : Reaktionsgeschwindikeitskonstante
α_i : Reaktionsordnung

Temperaturabhängigkeit der Reaktionsgeschwindigkeit

$$k = k_0 \exp\left(-\frac{E_\mathrm{A}}{RT}\right)$$

E_A : Aktivierungsenergie

Elementarreaktionen (ideale Gase)

1 Edukt:

$$A \to P$$

$$r_A = -kc_A$$

2 Edukte:

$$A + B \to P$$

$$r_A = -kc_A c_B$$

Folgereaktion:

$$A \xrightarrow{k_\mathrm{a}} B \xrightarrow{k_\mathrm{b}} C$$

$$r_A = \frac{\mathrm{d}c_A}{\mathrm{d}t} = -k_\mathrm{a} c_A$$

$$r_B = \frac{\mathrm{d}c_B}{\mathrm{d}t} = k_\mathrm{a} c_A - k_\mathrm{b} c_B$$

$$r_C = \frac{\mathrm{d}c_C}{\mathrm{d}t} = -k_\mathrm{b} c_B$$

Gleichgewichtsreaktion:

$$A \underset{k'}{\overset{k}{\rightleftharpoons}} B$$

$$r_A = -kc_A + k'c_B$$

Transition State Theory

$$A + B \rightleftharpoons (AB)^* \rightarrow C + D$$

$$r_{CD} = k_0 c_A c_B \exp\left(-\frac{\Delta G^*}{RT}\right)$$

Literaturverzeichnis

[1] M.M. Abbott. Cubic Equations of State. *AIChE J.*, 19(3):596–601, 1973.

[2] D.S. Abrams and J.M. Prausnitz. Statistical Thermodynamics of liquid mixtures: A new expression for the excess Gibbs energy of partly or completely miscible systems. *AIChE J.*, 21(1):116–128, 1975.

[3] P.-A. Albertsson. *Partition of Cell Particles and Macromolecules.* J. Wiley and Sons, New York, 2. edition, 1971.

[4] B.J. Alder and T.E. Wainwright. Studies in Molecular Dynamics. X. Corrections to the Augmented van der Waals Theory for the Square Well Fluid. *J. Chem. Phys.*, 33(5):1439, 1960.

[5] A.L. Allred and E.G. Rochow. A Scale of Electronegativity Based on Electrostatic Force. *J. Inorg. Nucl. Chem.*, 5:264–268, 1958.

[6] T. Andrews. On the Continuity of Gaseous and Liquid States of Matter. *The Bakerian Lecture*, 18:575–590, 1869.

[7] S. Angus, B. Armstrong, and K.M. de Reuck, editors. *International Thermodynamic Tables of the Fluid State — 5 Methane.* Pergamon Press, Oxford, 1978.

[8] P.W. Atkins. *Physical Chemistry.* Oxford University Press, Oxford, 1990.

[9] P.W. Atkins. *Chemie.* VHC, Weinheim, 1996.

[10] A. Avogadro. Essai d'une maniere de determiner les masses relatives des molecules elementaires des corps, et les proportions selon lesquelles elles entrent dans ces combinaisons. *J. Phys.*, 73:58, 1811.

[11] H. D. Baehr. *Thermodynamik.* Springer Verlag, Berlin, 6. edition, 1988.

[12] I. Barin and O. Knacke. *Thermochemical Properties of Inorganic Substances.* Springer-Verlag, Berlin, 1973.

[13] J. A. Barker. Determination of activity coefficients from total pressure measurements. *Aust. J. Chem.*, 6:207–210, 1953.

[14] J.A. Barker and D. Henderson. Monte Carlo Values for the Radial Distribution Function of a System of Fluid Hard Spheres. *Molec. Phys.*, 21(1):187, 1971.

[15] M. Benedict, G.B. Webb, and L.C. Rubin. An Empirical Equation for Thermodynamic Properties of Light Hydrocarbons and Their Mixtures. I. Methane, Ethane, Propane and n-Butane. *J. Chem. Phys.*, 8(4):334–345, 1940.

[16] M. Benedict, G.B. Webb, and L.C. Rubin. An Empirical Equation for Thermodynamic Properties of Light Hydrocarbons and Their Mixtures. II. Mixtures of Methane, Ethane, Propane and n-Butane. *J. Chem. Phys.*, 10:747–758, 1942.

[17] S. Beret and J.M. Prausnitz. Perturbed Hard-Chain Theory: An Equation of State for Fluids Containing Small or Large Molecules. *AIChE J.*, 21(6):1123–1132, 1975.

[18] R.S. Berry, S.A. Rice, and J. Ross. *Physical Chemistry*. John Wiley & Sons Inc., New York, 1980.

[19] K. Beusch. *Elektrolyteinfluß auf die Stabilität von Dispersionen*. Studienarbeit, Lehrstuhl fü Thermische Verfahrenstechnik, RWTH Aachen, 1998.

[20] H.-J. Bittrich. Zur Systematik thermodynamischer Mischungsfunktionen. *Wiss. Z. TH Leuna-Merseburg*, 26(3):400–410, 1984.

[21] A. Bondi. *Physical Properties of Molecular Crystals, Liquids und Glasses*. John Wiley & Sons Inc., New York, 1968.

[22] T. Boublik, V. Fried, and E. Hala. *The Vapour Pressures of Pure Substances*. Elsevier Scientific Publishing Co., Amsterdam, 1973.

[23] R. Boyle. *New Experiments Physico-Mechanical*. T. Robinson Publishing, Oxford, 2. edition, 1662.

[24] P. W. Bridgman. The Breakdown of Atoms at High Pressures. *Phys. Rev.*, 29:188–191, 1927.

[25] P. W. Bridgman. *The Physics of High Pressure*. Dover Publication, New York, 1970.

[26] L.J. Briggs. Limiting Negative Pressure of Water. *J. Appl. Phys.*, 21:721–722, 1950.

[27] L.J. Briggs. The Limiting Negative Pressure of Acetic Acid, Benzene, Aniline, Carbon Tetrachloride, and Chloroform. *J. Chem. Phys.*, 19(7):970–972, 1951.

[28] I. N. Bronstein and K. A. Semendjajew. *Taschenbuch der Mathematik*. Harri Deutsch, Thun (Schweiz), 19. edition, 1980.

[29] S. Brunauer, P.H. Emmett, and E. Teller. Adsorption of Gases in Multimolecular Layers. *JACS*, 60(2):309–319, 1938.

[30] Physikalisch-Technische Bundesanstalt. *Die SI-Basiseinheiten – Definition, Entwicklung, Realisierung*. PTB Pressestelle, Braunschweig, 1994.

[31] Cagniard de la Tour. Exposé de quelques résultats obtenus par l'action combinée de la chaleur et de la compression sur certains liquids. *Annales de chimie, 2eme série*, 21:127–132, 1822.

[32] Cagniard de la Tour. Nouvelle Note de M. Cagniard de Latour, sur les Effets qu'on obtient par l'application simultanée de la chaleur et de la

compression à certains liquids. *Annales de chimie, 2eme série*, 22:410–415, 1822.

[33] Cagniard de la Tour. Supplément au Mémoire de M. Cagniard de la Tour. *Annales de chimie, 2eme série*, 21:178–182, 1822.

[34] N.F. Carnahan and K.E. Starling. Equation of State for Nonattracting Rigid Spheres. *J. Chem. Phys.*, 51(2):635–636, 1969.

[35] T.-H. Cha and J.M. Prausnitz. Thermodynamic Method for Simultaneous Representation of Ternary Vapor-Liquid and Liquid-Liquid Equilibria. *Ind. Eng. Chem. Process Des. Dev.*, 24:551–555, 1985.

[36] K.C. Chao and R.L. Robinson, editors. *Equations of State in Engineering and Research*, volume 182 of *ACS Symp. Ser.*, Washington, D.C., 1979. American Chemical Society.

[37] K.C. Chao and R.L. Robinson, editors. *Equations of State – Theories and Applications*, ACS Symp. Ser., Washington, D.C., 1986. American Chemical Society.

[38] W.G. Chapman, K.E. Gubbins, G. Jackson, and M. Radosz. SAFT: Equation-of-State Solution Model for Associating Fluids. *Fluid Phase Equilib.*, 52:31–38, 1989.

[39] W.G. Chapman, K.E. Gubbins, G. Jackson, and M. Radosz. New Reference Equation of State for Associating Liquids. *Ind. Eng. Chem. Res.*, 29:1709–1721, 1990.

[40] S.S. Chen and A. Kreglewski. Applications of the Augmented van der Waals Theory of Fluids. I. Pure Fluids. *Ber. Bunsenges. Phys. Chem.*, 81(10):1048–1052, 1977.

[41] M. Connemann. *Untersuchungen zur Thermodynamik wäßriger zweiphasiger Polymersysteme und Bestimmung von Proteinverteilungskoeffizienten in diesen Extraktionssystemen.* Dissertation, TU Darmstadt, 1992.

[42] M. Connemann, J. Gaube, J. Karrer, A. Pfennig, and U. Reuter. Measurement and Representation of Ternary Vapour-Liquid-Equilibria. *Fluid Phase Equilib.*, 60:99–118, 1990.

[43] M. Connemann, J. Gaube, S. Müller, and A. Pfennig. Phase Equilibria in the System Poly(ethylene glycol) + Dextran + Water. *J. Chem. Eng. Data*, 36:446–448, 1991.

[44] R.L. Cotterman, R. Bender, and J.M. Prausnitz. Phase Equilibria for Mixtures Containing Very Many Components. Development and Application of Continuous Thermodynamics for Chemical Process Design. *Ind. Eng. Chem. Process Des. Dev.*, 24:194–203, 1985.

[45] R.L. Cotterman and J.M. Prausnitz. Flash Calculations for Continuous or Semicontinuous Mixtures Using an Equation of State. *Ind. Eng. Chem. Process Des. Dev.*, 24:434–443, 1985.

[46] H.T. Davis. *Statistical Mechanics of Phases, Interfaces, and Thin Films.* VHC Publishers, Inc., New York, 1996.

[47] P. Debye and E. Hückel. Zur Theorie der Elektrolyte. *Phys. Z.*, 24(9):185–206, 1923.

[48] B.V. Derjaguiun and L. Landau. *Acta Physicochim. USSR*, 14:633–662, 1941.

[49] H.H. Dixon. Note on the Tensile Strength of Water. *Dublin Soc. Sci. Proc.*, 12(7):60–65, 1909.

[50] R. Dohrn. *Berechnung von Phasengleichgewichten.* Vieweg-Verlag, Braunschweig, 1. edition, 1994.

[51] J.J. Donoghue, R.E. Vollrath, and E. Gerjuoy. The Tensile Strength of Benzene. *J. Chem. Phys.*, 19(1):55–61, 1951.

[52] H.-D. Dörfler. *Grenzflächen und kolloid-disperse Systeme.* Springer Verlag, Heidelberg, 2002.

[53] F. Dreisbach, R. Staudt, and J.U. Keller. High Pressure Adsorption Data for Methane, Nitrogen, Carbon Dioxide and Their Binary and Ternary Mixtures on Activated Carbon. *Adsorption*, 5:215–227, 1999.

[54] J. H. Dymond and E. B. Smith. *The Virial Coefficients of Pure Gases and Mixtures.* Clarendon Press, Oxford, 1980.

[55] T.J. Edwards, G. Maurer, J. Newman, and J.M. Prausnitz. Vapor-Liquid Equilibria in Multicomponent Aqueous Solutions of Volatile Weak Electrolytes. *AIChE J.*, 24(6):966–976, 1978.

[56] T.J. Edwards, J. Newman, and J.M. Prausnitz. Thermodynamics of Aqueous Solutions Containing Volatile Weak Electrolytes. *AIChE J.*, 21(2):248–259, 1975.

[57] K. Egner, J. Gaube, and A. Pfennig. GEQUAC, an excess Gibbs energy model for simultaneous description of associating and non-associating liquid mixtures. *Ber. Bunsenges. Phys. Chem.*, 101(2):209–218, 1997.

[58] K. Egner, J. Gaube, and A. Pfennig. GEQUAC, an excess Gibbs energy model describing associting and nonassociating liquid mixtures by a new model concept for functional groups. *Fluid Phase Equilib.*, 158–160:381–389, 1999.

[59] G. Ehlker and A. Pfennig. Development of GEQUAC as a new group contribution method for strongly non-ideal mixtures. *Fluid Phase Equilib.*, 203(1–2):53–69, 2002.

[60] S. Enders. *Phasen- und Grenzflächenverhalten von komplexen fluiden Systemen.* Habilitationsschrift, Universität Leipzig, 2000.

[61] P.T. Eubank, H. Kruggel-Emden, G. Santana-Rodriguez, and X. Wang. Determination of the Accuracy of Truncated Leiden and Berlin Virial Expansions for Pure Gases. *Fluid Phase Equilib.*, 207:35–52, 2003.

[62] V. Flemr. A note on excess gibbs energy equations based on local composition concept. *Coll. Czech. Chem. Commun.*, 41:3347–3349, 1976.

[63] P.J. Flory. Thermodynamics of High Polymer Solutions. *J. Chem. Phys.*, 9:660, 1941.

[64] P.J. Flory. Thermodynamics of High Polymer Solutions. *J. Chem. Phys.*, 10:51–61, 1942.

[65] P.J. Flory. *Principles of Polymer Chemistry.* Cornell University Press, Ithaca, 1953.

[66] H.S. Frank and W.-Y. Wen. III. Ion-Solvent Interaction. Structural Aspects of Ion-Solvent Interaction in Aqueous Solutions. A Suggested Picture of Water Stucture. *Discuss. Farad. Soc.*, 24:133, 1975.

[67] A. Fredenslund, J. Gmehling, and P. Rasmussen. *Vapor-Liquid Equilibria Using UNIFAC – a Group Contribution Method.* Elsevier, Amsterdam, 1977.

[68] A. Fredenslund, R.L. Jones, and J.M. Prausnitz. Group-Contribution estimation of activity coefficients in nonideal liquid mixtures. *AIChE J.*, 21(6):1086–1099, 1975.

[69] A. Fredenslund and P. Rasmussen. From UNIFAC to SUPERFAC – and Back? *Fluid Phase Equilib.*, 24:115–150, 1985.

[70] M. Funke, R. Kleinrahm, and W. Wagner. Measurements and Correlation of the (p, ϱ, T) Relation of Sulphur Hexafluoride (SF_6). II. Saturated-liquid and Saturated-vapour Densities and Vapour Pressures Along the Entire Coexistence Curve. *J. Chem. Thermodynamics*, 34:735–754, 2001.

[71] Internationale Union für Reine und Angewandte Chemie (IUPAC), editor. *Handbuch der Symbole und der Terminologie physikochemischer Größen und Einheiten.* VCH-Verlag, Weinheim, 1977. Ins Deutsche übersetzt von Dr. J.D. Marcoll.

[72] J. Gaube, L. Krenzer, and R. Olf, G. Wendel. Vapour-Liquid Equilibria Measurements for Some Binary Mixtures Showing Partial Miscibility. *Fluid Phase Equilib.*, 35:279–289, 1987.

[73] J. L. Gay-Lussac. Recherches sur la dilatation des gaz et des vapeurs. *Ann. Chim. Phys.*, 46:137–175, 1802.

[74] J. Gmehling. Present status of group-contribution methods for the synthesis and design of chemical processes. *Fluid Phase Equilib.*, 144(1–2):37–47, 1998.

[75] J. Gmehling, J. Li, and M. Schiller. A modified UNIFAC model. 2. Present parameter matrix and results for different Thermodynamic Properties. *Ind. Eng. Chem. Res.*, 32(1):178–193, 1993.

[76] J. Gmehling, J. Lohmann, A. Jakob, J. Li, and R. Joh. A modified UNIFAC model. 3. Revision and extension. *Ind. Eng. Chem. Res.*, 37(12):4876–4882, 1998.

[77] J. Gmehling, U. Onken, and W. Arlt. *Chemistry Data Series – Vapour-Liquid Equilibrium, Data Collection.* DECHEMA, 1979.

[78] U. Grigull, J. Straub, and P. Schiebener, editors. *Steam Tables in SI-Units, Wasserdampftafeln.* Springer, Berlin, 2. edition, 1984.

[79] J. Gross and G. Sadowski. Perturbed-Chain SAFT: An Equation of State Based on a Perturbation Theory for Chain Molecules. *Ind. Eng. Chem. Res.*, 40:1244–1260, 2001.

[80] E.A. Guggenheim. Statistical thermodynamics of mixtures with non-zero energies of mixing. *Proc. Roy. Soc. London, Ser. A*, 183:213–227, 1944.

[81] E.A. Guggenheim. Statistical thermodynamics of mixtures with zero energies of mixing. *Proc. Roy. Soc. London, Ser. A*, 183:203–212, 1944.

[82] E.A. Guggenheim. *Mixtures*. Clarendon Press, Oxford, 1952.

[83] M.T. Hack. *Simultane Modellierung thermodynamischer Eigenschaften wäßriger Systeme mit weiten Mischungslücken*. Dissertation, RWTH Aachen, 1998.

[84] H.C. Hamaker. The London-van der Waals Attraction Between Spherical Particles. *Physica*, 4(10):1058–1072, 1937.

[85] S. Hammer. *Dampfdruckmessungen an stark nichtidealen Mehrkomponentensystemen mit einer neuen volumenvariablen Gleichgewichtszelle*. Dissertation, TU Darmstadt, 1996.

[86] J. G. Hayden and J. P. O'Connell. A Generalized Method for Predicting Second Virial Coefficients. *Ind. Eng. Chem. Proc. Des. Dev.*, 14:209–216, 1975.

[87] E.F.G. Herington. A thermodynamic test for the internal consistency of experimental data on volatility Ratios. *Nature*, 160:610–611, 1947.

[88] E.F.G. Herington. Tests for the consistency of experimental isobaric vapour-liquid equilibrium data. *J. Inst. Petrol.*, 160:457–471, 1951.

[89] P.C. Hiemenz. *Principles of Colloids and Surface Chemistry*. Marcel Dekker Inc., New York, 1977.

[90] J.H. Hildebrand. Solubility. XII. Regular Solutions. *J. Am. Chem. Soc.*, 51:66–80, 1929.

[91] U. Hille. *Messung und Modellierung von Exzeßenthalpien binärer wäßriger Mischungen mit polaren organischen Komponenten*. Fortschritt-Berichte VDI: Reihe 3 ; 231. VDI-Verlag, Düsseldorf, 1991.

[92] K.-H. Homann, editor. *IUPAC: Größen, Einheiten und Symbole in der Physikalischen Chemie*. VCH Verlagsgesellschaft, 1996.

[93] S.H. Huang and M. Radosz. Equation of State for Small, Large, Polydisperse, and Associating Molecules. *Ind. Eng. Chem. Res.*, 29:2284–2294, 1990.

[94] S.H. Huang and M. Radosz. Equation of State for Small, Large, Polydisperse, and Associating Molecules: Extension to Fluid Mixtures. *Ind. Eng. Chem. Res.*, 30:1994–2005, 1991.

[95] M.L. Huggins. Solutions of Long Chain Compounds. *J. Chem. Phys.*, 9:440, 1941.

[96] M.L. Huggins. Some Properties of Solutions of Long-Chain Compounds. *J. Phys. Chem.*, 46:151–158, 1942.

[97] P.L. Huyskens and M.C. Haulait-Pirson. A New Expression for the Combinatorial Entropy of Mixing in Liquid Mixtures. *J. Mol. Liquids*, 31:135–151, 1985.

[98] J.N. Israelachvili. *Intermolecular and Surface Forces*. Academic Press, London, 2. edition, 1992.

[99] H. Kamerlingh Onnes. Expression of the equation of state of gases and liquids by means of series. *Comm. Phys. Lab. Univ. Leiden*, 71:3–25, 1901.

[100] L.M. Karrer. *Bestimmung von Dampf-Flüssigkeit-Flüssigkeit-Gleich-gewichten partiell mischbarer Mehrkomponentensysteme.* Fortschritt-Berichte VDI: Reihe 3; 205. VDI-Verlag, Düsseldorf, 1990.

[101] E. Kauer, H.-J. Bittrich, and K. Krug. Eine Systematik der Mischungen von Nichtelekrolyten. *Wiss. Z. TH Leuna-Merseburg*, 8(2–3):139–143, 1966.

[102] E. Kauer, K. Krug, and H.-J. Bittrich. Das destillative Verhalten flüs-siger Mischungen. I. Eine Systematik der Mischungen von Nichtelektro-lyten. *Chem. Techn.*, 20(7):406–410, 1968.

[103] H.V. Kehiaian, J.-P.E. Grolier, and G.C. Benson. Thermodynamics of organic mixtures. A generalized quasichemical theroy in terms of group surface interactions. *J. Chim. Phys.*, 75(11-12):1031–1048, 1978.

[104] H. Kehlen and M.T. Rätzsch. Liquid-Liquid Phase Separation in Poly-mer Systems and Polymer Compatibility by Continuous Thermodyna-mics. *Z. phys. Chemie*, 264:1153–1167, 1983.

[105] B.T. Keil. *Untersuchungen zum Verteilungsverhalten von Biomolekülen in zweiphasigen wäßrigen Polymer-Polymer Systemen.* Dissertation, TU Darmstadt, 1996.

[106] S. Kim and D. Henderson. Exact Values of Two Cluster Integrals in the Fifth Virial Coefficient for Hard Spheres. *Phys. Lett.*, 27A(6):378–379, 1968.

[107] S.B. Kiselev, J.F. Ely, H. Adidharma, and M. Radosz. A Crossover Equation of State for Associating Fluids. *Fluid Phase Equilib.*, 183–184:53–64, 2001.

[108] A. Klamt and F. Eckert. COSMO-RS: A novel and efficient method for the a priori prediction of thermophysical data of liquids. *Fluid Phase Equilib.*, 172(1):43–72, 2000.

[109] A. Klamt and G. Schüürmann. COSMO: A new approach to dielectric screening in solvents with explicit expressions for the screening energy and its gradient. *J. Chem. Soc. Perkin Trans.*, 2:799–805, 1993.

[110] H.-E. Koenen and J. Gaube. Temperature Dependence of Excess Ther-modynamic Properties of Binary Mixtures of Organic Compounds. *Ber. Bunsenges. Phys. Chem.*, 86:31–36, 1982.

[111] O. Kratky, H. Leopold, and H. Stabinger. Dichtemessungen an Flüs-sigkeiten und Gasen auf $10^{-6}\,g/cm^3$ bei $0,6\,cm^3$ Präparatvolumen. *Z. angew. Phys.*, 27(4):273–277, 1969.

[112] N. Kurzeja and W. Wagner. $p\varrho T$ reference data for the critical region of Sulfurhexafluoride (SF_6) – Results from Direct $p\varrho T$-Measurements with a Multi-Cell Appartus. *Submitted to Int. J. Thermophys.*, 2003.

[113] B.L. Larsen, P. Rasmussen, and A. Fredenslund. A modified UNIFAC group-contribution model for prediction of phase equilibria and heats of mixing. *Ind. Eng. Chem. Res.*, 26(11):2274–2286, 1987.

[114] B.I. Lee and M.G. Kesler. A Generalized Thermodynamic Correlation Based on Three-Parameter Corresponding States. *AIChE J.*, 21(3):510–527, 1975.

[115] J.E. Lennard-Jones and A.F. Devonshire. Critical Phenomena in Gases – I. *Proc. Roy. Soc. London, Ser. A*, 163:53–70, 1937.

[116] J.E. Lennard-Jones and A.F. Devonshire. Critical Phenomena in Gases – II. Vapour Pressures and Boiling Points. *Proc. Roy. Soc. London, Ser. A*, 165:1–10, 1938.

[117] J.E. Lennard-Jones and A.F. Devonshire. Critical Phenomena in Gases – III. A Theory of Melting and the Structure of Liquids. *Proc. Roy. Soc. London, Ser. A*, 169:317–338, 1938.

[118] J.M.H. Levelt Sengers. Critical Exponents at the Turn of the Century. *Physica*, 82:319–351, 1976.

[119] J.M.H. Levelt Sengers. Universality of Thermophysical Properties Near Critical Points. In *Proceedings of the Seventh Symposium on Thermophysical Properties*, pages 766–773, Gaithersburg, 1977. The American Society of Mechanical Engineers.

[120] J.M.H. Levelt Sengers, W.L. Greer, and J.V. Sengers. Scaled Equation of State Parameters for Gases in the Critical Region. *J. Phys. Chem. Ref. Data*, 5(1):1–51, 1976.

[121] G.N. Lewis. Das Gesetz physiko-chemischer Vorgänge. *Z. physik. Chem.*, 38:205–226, 1901.

[122] D.R. Lide, editor. *CRC Handbook of Chemistry and Physics*. CRC Press, Boca Raton, 80. edition, 1999–2000.

[123] A. Liu, F. Kohler, L. Karrer, J. Gaube, and P. Spellucci. A model for the excess properties of 1-alkanol + alkene mixtures containing chemical and physical terms. *Pure Appl. Chem.*, 61(8):1441–1452, 1989.

[124] F. London. The General Theory of Molecular Forces. *Trans. Faraday Soc.*, 33:8–26, 1937.

[125] W.A.P. Luck. Spectroscopic Studies Concerning the Structure and the Thermodynamic Behaviour of H_2O, CH_3OH and C_2H_5OH. In *The Structure and Properties of Liquids*, Discuss. Faraday Soc., No. 43, page 115. The Faraday Society of London, 1967.

[126] C. Lüdecke and D. Lüdecke. *Thermodynamik*. Springer-Verlag, Berlin, 2000.

[127] S. Malanowski. Experimental Techniques in Vapour-Liquid Equilibrium (VLE), Low Pressure. In *Phase Equilibria and Fluid Properties in the Chemical Industry*, pages 663–674, Berlin, 1980. EFCE & American Institute of Chemical Engineers.

[128] S. Malanowski. Experimental Methods for Vapour-Liquid Equilibria. Part I. Circulation Methods. *Fluid Phase Equilib.*, 8:197–219, 1982.

[129] S. Malanowski. Experimental Methods for Vapour-Liquid Equilibria. Part II. Dew- and Bubble-Point Method. *Fluid Phase Equilib.*, 9:311–317, 1982.

[130] G.A. Mansoori, N.F. Carnahan, K.E. Starling, and T.W. Leland. Equilibrium Thermodynamic Properties of the Mixture of Hard Spheres. *J. Chem. Phys.*, 54(4):1523, 1971.

[131] M. Margules. Über die Zusammensetzung der gesättigten Dämpfe von Mischungen. In *Sitzungsberichte der Mathematisch-Naturwissenschaftlichen Classe der Kaiserlichen Akademie der Wissenschaften*, page 1243, Wien, 1895.

[132] E. Mariotte. De la nature de l'air. Paris, 1676.

[133] J.J. Martin. Cubic Equations of State – Which? *Ind. Eng. Chem. Fundam.*, 18(2):81–97, 1979.

[134] G. Maurer. Electrolyte Solutions. *Fluid Phase Equilib.*, 13:269–296, 1983.

[135] G. Maurer and J.M. Prausnitz. On the derivation and extension of the UNIQUAC equation. *Fluid Phase Equilib.*, 2:91–99, 1978.

[136] H. Mauser and G. Kortüm. Zur Systematik der Mischphasen. *Z. Naturforschg.*, 10a:317–322, 1955.

[137] C. McDermott and N. Ashton. Note on the definition of local composition. *Fluid Phase Equilib.*, 1(1):33–35, 1977.

[138] D.A. McQuarrie. *Statistical Mechanics*. Harper & Row, New York.

[139] T. Misek, R. Berger, and J. Schröter, editors. *Standard Test Systems for Liquid Extraction*. 46. EFCE Publications, Rubgy, 2. edition, 1985.

[140] M. Modell and R.C. Reid. *Thermodynamics and Its Applications*. Prentice Hall, Englewood Cliffs, 2. edition, 1983.

[141] C. Möhlmann. *Entwicklung eines Brenngasprogrammes zur Beschreibung der Stoffsysteme Wasserstoff-Sauerstoff und Wasserstoff-Luft*. Studienarbeit, Lehrstuhl für Thermische Verfahrenstechnik,RWTH Aachen, 1990.

[142] R.S. Mulliken. A New Electroaffinity Scale; Together with Data on Valence States and on Valence Ionization Potentials and Electron Affinities. *J. Chem. Phys.*, 2:782–793, 1934.

[143] R.S. Mulliken. Electronic Structures of Molecules. XI. Electroaffinity, Molecular Orbitals and Dipole Moments. *J. Chem. Phys.*, 3:573–585, 1935.

[144] J.N. Murrell and A.D. Jenkins. *Properties of Liquids and Solutions*. John Wiley & Sons Inc., New York, 2. edition, 1994.

[145] H.C. van Ness, S.M. Byer, and R.E. Gibbs. Vapor-liquid equilibrium: Part I. An appraisal of data reduction methods. *AIChE J.*, 19(2):238–244, 1973.

[146] G. Olf, A. Schnitzler, and J. Gaube. Virial Coefficients of Binary Mixtures Composed of Polar Substances. *Fluid Phase Equilib.*, 49:49–65, 1989.

[147] L. Pauling. *Die Natur der chemischen Bindung*. Verlag Chemie, GmbH, Weinheim, 1962.

[148] D.-Y. Peng and D.B. Robinson. Two and Three Phase Equilibrium Calculations for Systems Containing Water. *Can. J. Chem. Eng.*, 54:595–599, 1976.

[149] A. Pfennig. Thermodynamic modelling of polymer solutions with a modified Staverman equation. *Macromol. Theory Simul.*, 3:389–407, 1994.

[150] A. Pfennig and A. Schwerin. Influence of Electrolytes on Liquid-Liquid Extraction. *Ind. Eng. Chem. Res.*, 37:3180–3188, 1998.

[151] A. Pfennig, A. Schwerin, and J. Gaube. Consistent View of Electrolytes in Aqueous Two-Phase Systems. *J . Chromatogr. B*, 711:45–52, 1998.

[152] K. S. Pitzer and R. F. Curl. The Volumetric and Thermodynamic Properties of Fluids. III. Empirical Equation for the Second Virial Coefficient. *J. Am. Chem. Soc.*, 79:2369–2370, 1957.

[153] K. S. Pitzer, D.Z. Lippmann, R.F. Curl, C.M. Huggins, and D.E. Petersen. The Volumetric and Thermodynamic Properties of Fluids. II. Compressibility Factor, Vapor Pressure and Entropy of Vaporization. *J. Am. Chem. Soc.*, 77:3433, 1955.

[154] K.S. Pitzer. Thermodynamics of Electrolytes. I. Theoretical Basis and General Equations. *J. Phys. Chem.*, 77(2):268–277, 1973.

[155] K.S. Pitzer and J.J. Kim. Thermodynamics of Electrolytes. IV. Activity and Osmotic Coefficients for Mixed Electrolytes. *J. Am. Chem. Soc.*, 18(96):5701–5707, 1974.

[156] K.S. Pitzer and G. Mayorga. Thermodynamics of Electrolytes. II. Activity and Osmotic Coefficients for Electrolytes with One or Both Ions Univalent. *J. Phys. Chem.*, 77(19):2300–2308, 1973.

[157] Porter. On the Vapour-Pressures of Mixtures. *Trans. Faraday. Soc.*, 16:336, 1921.

[158] C. Price. *Die räumliche Struktur organischer Moleküle.* Verlag Chemie, GmbH, Weinheim, 1973.

[159] C. Priesner. *H. Staudinger, H. Mark und K.H. Meyer – Thesen zur Größe und Struktur der Makromoleküle.* Verlag Chemie, Weinheim, 1980.

[160] G. Raabe. *Dampf-Flüssig-Phasengleichgewichte bei tiefen Temperaturen.* Dissertation, TU Braunschweig, 2002.

[161] J.R. Rarey. *Experimentelle und theoretische Untersuchung zur Beschreibung von flüssigen Nichtelekrolytsystemen.* Dissertation, Universität Dortmund, 1991.

[162] M.T. Rätzsch and H. Kehlen. Continuous Thermodynamics of Complex Mixtures. *Fluid Phase Equilib.*, 14:225–234, 1983.

[163] O. Redlich and A.T. Kister. Algebraic representation of thermodynamic properties and the classification of solutions. *Ind. Eng. Chem.*, 40(2):345–348, 1948.

[164] O. Redlich and J.N.S. Kwong. On the Thermodynamics of Solutions. V. An Equation of State. Fugacities of Gaseous Solutions. *Chem. Rev.*, 44:233–244, 1949.

[165] F.H. Ree and W.G. Hoover. Fifth and Sixth Virial Coefficients for Hard Spheres and Hard Disks. *J. Chem. Phys.*, 40(4):939–950, 1964.

[166] F.H. Ree and W.G. Hoover. Seventh Virial Coefficients for Hard Spheres and Hard Disks. *J. Chem. Phys.*, 46(11):4181–4196, 1967.

[167] R. C. Reid, J. M. Prausnitz, and B. E. Poling. *The Properties of Gases and Liquids*. McGraw-Hill Book Company, New York, 4. edition, 1987.

[168] R. C. Reid, J. M. Prausnitz, and T. Sherwood. *The Properties of Gases and Liquids*. McGraw-Hill Book Company, New York, 3. edition, 1977.

[169] H. Renon. Electrolyte Solutions. *Fluid Phase Equilib.*, 30:181–195, 1986.

[170] H. Renon and J.M. Prausnitz. Local Compositions in Thermodynamic Excess Functions for Liquid Mixtures. *AIChE J.*, 14(1):135–144, 1968.

[171] L.S. Rowlinson and F.L. Swinton. *Liquids and Liquid Mixtures*. Butterworth Scientific, London, 3. edition, 1982.

[172] E. Schmidt, K. Stephan, and F. Mayinger. *Thechnische Thermodynamik – Grundlagen und Anwendungen*. Springer Verlag, Berlin, 1975. Band I und II.

[173] B. Schramm and W. Müller. Measurements of the Second Virial Coefficients of Gases and Gas Mixtures at Room Temperature Using an Expansion Apparatus. *Int. Chem. Eng.*, 24(1):29–33, 1984.

[174] A. Schwerin. *Phasenpotentiale und andere thermodynamische Salzeffekte in flüssigen Zweiphasensystemen*. Dissertation, TU Darmstadt, 1998.

[175] K. H. Simmrock, R. Janowsky, and A. Ohnsorge. Critical Data of Pure Substances. In D. Behrens and R Eckermann, editors, *Chemistry Data Series,*, volume 2. DECHEMA, Frankfurt/Main, 1986.

[176] G. Soave. Equilibrium Constants from a Modified Redlich-Kwong Equation of State. *Chem. Eng. Sci.*, 27:1197–1203, 1972.

[177] J. Spiske. *Messung und Korrelation von Virialkoeffizienten reiner Stoffe und binärer Mischungen*. Dissertation, TU Darmstadt, 1988.

[178] H. Stabinger, K.-D. Sommer, and H. Fehlauer. Eigenschaften moderner Biegeschwinger-Dichtesensoren. In *ITG-Fachbericht 126: Sensoren – Technologie und Anwendungen*, Berlin, 1994. VDE Verlag. Vorträge der ITG-Fachtagung vom 14.–16. März 1994, Bad Nauheim.

[179] A.J. Staverman. The entropy of high polymer solutions. *Rec. Trav. Chim. Pays-Bas*, 69:163–174, 1950.

[180] D.R. Stull and H. Prophet. *JANAF Thermochemical Tables*. U.S. Government Printing Office, Washington, D.C., 2. edition, 1971.

[181] M. Stumpf. *Thermodynamische Untersuchungen zu wäßrigen PEG-Dextran-Zweiphasensystemen und Bestimmung des Salzeinflusses auf das Systemverhalten*. Dissertation, TU Darmstadt, 1993.

[182] R. Taylor and R. Krishna. *Multicomponent Mass Transfer*. John Wiley & Sons, Inc., New York, 1993.

[183] E.R. Thomas, B.A. Newman, G.L. Nicolaides, and C.A. Eckert. Limiting Activity Coefficients from Differential Ebulliometry. *J. Chem. Eng. Data*, 27:233–240, 1982.

[184] W. Thomson. On an Absolute Thermometric Scale. *Cambridge and Dublin Mathematical Journal*, 1848.

[185] R.J. Topliss. *Techniques to Facilitate the Use of Equations of State for Complex Fluid-Phase Equilibria*. Dissertation, University of California, Berkeley, 1985.

[186] D.G. Truhlar, B.C. Garrett, and S.J. Klippenstein. Current Status of Transition-State Theory. *J. Phys. Chem.*, 100:12771–12800, 1996.

[187] C. Tsonopoulos. An Empirical Correlation of Second Virial Coefficients. *AIChE J.*, 20:263–272, 1974.

[188] C. Tsonopoulos. Second Virial Coefficients of Polar Haloalkanes. *AIChE J.*, 21:827–829, 1975.

[189] C. Tsonopoulos. Second Virial Coefficients of Water Pollutants. *AIChE J.*, 24:1112–1115, 1978.

[190] J. D. van der Waals. *Over de continuiteit van den gas- en vloestoftoestand.* Dissertation, Univ. Leiden, 1873.

[191] P.H. van Konynenburg and R.L. Scott. Critical Lines and Phase Equilibria in Binary van der Waals Mixtures. *Ph. Trans. Roy. Soc. London, Ser. A*, 298:495–540, 1980.

[192] J.J. van Laar. *Sechs Vorträge über das Thermodynamische Potential und seine Anwendungen auf Chemische und Physikalische Gleichgewichtsprobleme.* Fr. Vieweg und Sohn, Braunschweig, 1906.

[193] E.J.W. Verwey and J.T.G. Overbeck. *Theory of Stability of Lyophobic Colloids.* Elsevier, Amsterdam, 1948.

[194] R.D. Vold and M.J. Vold. *Colloid and Interface Chemistry.* Addison Wesley Publishing, London, 1983.

[195] B. Vollmert. *Grundriß der Makromolekularen Chemie, Band III.* E. Vollmert Verlag, Karlruhe, 1988.

[196] W. Wagner, N. Kurzeja, and B. Pieperbeck. The Thermal Behaviour of Pure Fluid Substances in the Critical Region – Experiences from recent $p\varrho T$-Measurements on SF_6 with a Multi-Cell Apparatus. *Fluid Phase Equilib.*, 79:151–174, 1992.

[197] U. Weidlich and J. Gmehling. A modified UNIFAC model. 1. Prediction of VLE, h^E and γ^∞. *Ind. Eng. Chem. Res.*, 26(7):1372–1381, 1987.

[198] G.M. Wilson. Vapor-Liquid Equilibrium. XI. A New Expression for the Excess Free Energy of Mixing. *J. Am. Chem. Soc.*, 86:127–130, 1964.

[199] K.G. Wilson. Renormalization Group and Critical Phenomena. I. Renormalization Group and th Kadanoff Scaling Picture. *Phys. Rev.*, 4(9):3174–3183, 1971.

[200] K.G. Wilson. Renormalization Group and Critical Phenomena. II. Phase-Space Cell Analysis of Critical Behaviour. *Phys. Rev.*, 4(9):3184–3205, 1971.

[201] K.G. Wilson. Critical Phenomena in 3.99 Dimensions. *Physica*, 73:119–128, 1974.

[202] K.G. Wilson. The Renormalization Group: Critical Phenomena and the Kondo Problem. *Rev. Mod. Phys.*, 47(4):773–840, 1975.

[203] J. Winkelmann and T. Wadewitz. Density Functional Theory: Structure and Interfacial Properties of Binary Mixtures. *Ber. Bunsenges. Phys. Chem.*, 100:1825–1832, 1996.

[204] W.W Wood. Monte Carlo Studies of Simple Liquid Models. In H.N.V. Temperley, J.S. Rowlinson, and G.S. Rushbrooke, editors, *Physics of Simple Fluids*, Amsterdam, 1968. North-Holland Publishing.

[205] H.S. Wu and S.I. Sandler. Use of ab initio quantum mechanics calculations in group contribution methods. 2. Test of new groups in UNIFAC. *Ind. Eng. Chem. Res.*, 30(5):889–897, 1991.

[206] G. Xu, J.F. Brennecke, and M.A. Stadtherr. Reliable Computation of Phase Stability and Equilibrium from the SAFT Equation of State. *Ind. Eng. Chem. Res.*, 41:938–952, 2002.

Sachregister

abgewandte Hebelarme, 181
adiabat, 4
Adsorption, 282–290
  BET-Modell, 290
  Druckabhängigkeit, 290, 291
  Freundlich-Isotherme, 290
  Gemische, 290
  Gleichgewicht, 287–290
  Henry-Gleichung, 287
  Langmuir-Isotherme, 287–290
  Partikel, 283–286
  Temperaturabhängigkeit, 290, 291
Algorithmus
  G^{E}-Modell
    Dampfdruck, 151–152
  Zustandsgleichung
    Dichte, 104–109
    Gemischdampfdruck, 74
    Reinstoffdampfdruck, 72
allgemeine Gaskonstante, 11
Antoine-Gleichung, 43
Assoziation, 218–219
athermische Mischung, 144
Avogadrozahl, 11, 319
azentrischen Faktor, 83
Azeotrop, 188–192

Barker-Verfahren, 163
Batchkalorimeter, 172
Beladung, 320
Benetzung, 257–258
Bezugszustand
  freie Energie, 62–66

Druck, 55
  Freie Enthalpie, 122–126
  Temperatur, 54
  Zustandsgleichung, 67
Bindungsenthalpie, 205
Bindungslänge, 205
Binodale, 193, 199
Biomoleküle, 226
BWR-Gleichung, 81–82

Carnahan-Starling-Gleichung, 97–99
Chemische Reaktionen, 295–316
Chemisches Gleichgewicht, 296–307
  Affinität, 298
  Druckabhängigkeit, 305–307
  Energieumsatz, 305–307
  freie Standardreaktionsenthalpie,
    300–301
  Gibbs'sche Phasenregel, 299
  Gleichgewichtsbedingung, 298
  Gleichgewichtskonstante, 302–305
  heterogene Reaktionen, 308–309
  ideale Gase, 305
  konstante Energiesummen, 307–308
  mit G^{E}-Modellen, 303–304
  mit Zustandsgleichungen, 301–303
  Reaktionsfortschritt, 296–297
  reale Komponenten, 300–304
  Satz von Hess, 307–308
  simultane Reaktionen, 309–310
  Temperaturabhängigkeit, 305–307
  unabhängige Reaktionsgleichungen,
    299–300

chemisches Potential, 29
    mit G^E-Modell, 121–122
    mit Zustandsgleichungen, 62–66
Clapeyron'sche Gleichung, 40
Clausius-Clapeyron'sche Gleichung, 41
CMC, 286

Dampf-Flüssigkeits-Gleichgewicht
    Azeotrop, 188–192
    Darstellung, 179–192
    dynamich, 164–165
    Gemisch, 73–77
    Konode, 180
    Konsistenz, 167–170
    kritisches Verhalten, 184–187
    Messmethoden, 161–170
    mit G^E-Modellen, 126–133
    mit Zustandsgleichung, 66–77
        Gemische, 73–77
        Reinstoff, 66–77
    Reinstoff, 71–73
    Siedelinie, 180
    statisch, 162–164
    Taulinie, 180
    Vergleich der Messmethoden, 165–167
Dampfdruck, 39, 41
Debye-Hückel-Grenzgesetz, 241–247
Debye-Länge, 243, 245
Differentiale
    partielle, 321
    Rechenregeln, 321–324
Dispersionskräfte, 208–210
DLVO-Theorie
    ebene Phasengrenze, 278
    Tropfen,Blasen,Partikel, 280–282
Donnan-Potential, 268
Doppelschicht, 267–269
Doppeltangente, 49
Drei-Fluid-Theorie, 79
Dreiecksdiagramm, 198
Druck
    negativ, 49
dynamische Dampfdruckmessung, 164

Ein-Fluid-Theorie, 77
Eisbergmodell, 221
Elekroneutralität, 239–240
Elektrolyte, 239–247
    Debye-Hückel, 241–247

Elektroneutralität, 239–240
    ionengemittelte Größen, 240–241
Elektronegativität, 210–223
Elementarladung, 239
Energie
    freie, 30
    innere, 30
Enthalpie, 30
    freie, 30
Erstarrungslinie, 5
Euler'scher Satz, 325–326
extensive Größe, 4, 30
Exzessgröße, 119–121

Faraday-Konstante, 239
Fest-Flüssig-Gleichgewicht, 137
Flüssig-Flüssig-Gleichgewicht, 133
    analytisch, 170–171
    binär, 192–197
    Binodale, 193
    Darstellung, 192–200
    Dreiecksdiagramm, 198
    Heteroazeotrop, 194–197
    Konode, 193
    Messmethoden, 170, 172
    Spinodale, 193
    synthetisch, 171–172
    ternär, 198–200
Flash-Berechnung, 73
Formelumsatz, 297
Freiheitsgrad, 37
Fugazität, 66–71
    Fugazitätskoeffizient, 66–71
Fundamentalgleichung, 30–31, 33
    Freie Energie, 53–62
    Freie Enthalpie, 118–122

Gaskonstante, 4, 11
Gefrierpunktserniedrigung, 238
G^E-Modell, 113–155
    Dampf-Flüssigkeits-Gleichgewicht,
        126–133
    Fest-Flüssig-Gleichgewicht, 137–141
    Flüssig-Flüssig-Gleichgewicht,
        133–137
    Fundamentalgleichung, 122–124
    Modelle, 141–155
        GEQUAC, 150
        Margules, 143

NRTL, 146
Porter, 142
Redlich-Kister, 143
Scatchard-Hildebrand, 144
UNIQUAC, 147
van Laar, 144
weitere Ansätze, 150
Wilson, 145
Normierung
symmetrisch, 122–124
unsymmetrisch, 124–128
Vegleich mit Zustandsgleichung,
154–155
GEQUAC, 150
Gibbs'sche Phasenregel, 37
Gibbs-Duhem-Gleichung, 167–170
Gibbs-Helmholtz-Gleichungen, 33
Gleichgewicht, 34, 43–46
Dampf-Flüssigkeit
Zustandsgleichung, 68
Definition, 34
Doppeltangente, 49, 134–137
instabil, 46, 49
metastabil, 46, 49
stabil, 46, 47
Größe
intensiv, 30
Grenzflächenspannung, 251–263
Gruppenbeitragsmethoden, 149

Hamaker-Konstante, 277, 281
harte Kugeln, 97
Hauptsatz
erster, 27
zweiter, 34
Hebelarme, Gesetz der abgewandten,
181
Henry'sches-Gesetz, 127–128
Henry-Konstante, 127–128
Heteroazeotrop, 194–197
heterogen, 4
homogen, 4
Hour-Glas-Verhalten, 194

ideale Mischung, 57–60, 228, 229
Ideales Gas, 9–13, 53–60
instabil, 46
Ionen, 215–216, 239–247
Ionenstärke, 247

Isobare, 5
Isotherme, 5

Kapillareffekte, 254–256
Kettenassoziate, 219
Koaleszenz, 272
kolligative Eigenschaft, 238
Gefrierpunktserniedrigung, 238
osmotischer Druck, 235–236
Siedetemperaturerhöhung, 238
Kombinationsregeln, 77, 95
Konode, 76, 180, 193, 199
Konzentration, 320
Konzentrationsmaß, 319–320
Korrespondenzprinzip, 17
erweitertes, 82–89
Reinstoffdampfdruck, 85–86
Virialkoeffizient, 20–21, 84
kritischer Punkt, 6–9, 17–20, 176
kritisches Verhalten
Gemisch, 184–187

Löslichkeitsparameter, 144
Ladungsverschiebung, 211
LCST, 194
Le Chatelier-Braun'sches Prinzip, 305,
307
Lee-Kesler-Gleichung, 87
Lennard-Jones-Potential, 209–210
lokale Zusammensetzung, 145, 150
quasichemische Näherung, 150

Margules-Modell, 143
Massenanteil, 319
Maxwell-Gleichungen, 32
Maxwellkriterium, 39, 40
Messgenauigkeit, 161
metastabil, 46
Mischung
ideale, 57–60
reale, 60–61
Mischungsenthalpie
Batchkalorimeter, 172–173
Messmethoden, 172–175
Strömungskalorimeter, 174–175
Mischungsgröße, 119–121
Mischungslücke, 192–200
Mischungsregeln, 77, 95
Mizelle, 286
Molalität, 320

Molanteil, 319
molare Größe, 5
Molekül-Flexibilität, 206
molekulare Eigenschaften
    Wasser, 220
molekulare Wechselwirkung, 200
    Elektronegativität, 210–223
    Gemische, 223
    Ionen, 215–216
    Molekülgeometrie, 200–208
    polare Wechselwirkung, 210–213, 218
    Reinstoffe, 216–223
    Wasser, 223
    Wasserstoffbrücke, 214–215
    Wasserstoffbrücken, 218
molekulare Wechselwirkungen, 227
    Gemische, 227
    polare Wechselwirkung, 227
    Polymere, 227–238
        Flory-Huggins-Modell, 229 200
    Wasserstoffbrücken, 227
Molenbruch, 319
Mulm, 286

negativer Druck, 49
NRTL-Modell, 146

Oberflächenspannung, 251–263
osmotische Virialgleichung, 238
osmotischer Druck, 233–238
Ostwald-Reifung, 262

partielle molare Größen, 114–118
partielles Differential, 321
Patrialdruck, 57
Peng-Robinson-Gleichung, 91
Perturbed-Hard-Chain-Gleichung,
    99–100
Phase, 4
Phasengrenze, 4
    Adsorption, 282–290
    Benetzung, 257–258
    Derjaguin-Näherung, 278–280
    DLVO-Theorie, 278, 280–282
    Doppelschicht, 267–269
    Elektrostatik, 263–282
    elektrostatisches Potential, 263–271
    Grenzflächenspannung, 251–263
    Kapillarkräfte, 254–258
    Kelvin-Gleichung, 260–263
    Oberflächenspannung, 251–263
    räumliche Ausdehnung, 251, 286
    Tenside, 269, 286–287
    Thermodynamik, 259–263
    Van-der-Waals-Kraft, 276–278
    Wechselwirkung zwischen Phasen
        und Phasengrenzen, 272–282
    Young-Laplace-Gleichung, 254–256
Phasenregel
    Gibbs'sche , 37
Pitzer-Faktor, 83
Poisson-Gleichung, 239
Polymere, 227–238
    Flory-Huggins-Modell, 229–233
    kontinuierliche Thermodynamik,
        237–238
    osmotischer Druck
        osmotische Virialgleichung, 238
    Polydispersität, 236–238
Porter-Ansatz, 142
Potential
    chemisch, 37
    elektrochemisch, 265
    mechanisch, 37
    thermisch, 37
Poyntingfaktor, 130
Prinzip des kleinsten Zwanges, 305
pVT-Verhalten, 9
    Biegeschwinger, 176–177
    Darstellung, 5–9
    Messmethoden, 175–177
    Modellierung, 9–23
    Reinstoff, 3–24

Raoult'sches Gesetz, 132–133
Reaktionsfortschritt, 296–297
Reaktionskinetik, 310–316
    aktivierter Komplex, 316
    Aktivierungsenergie, 311–312
    Arrhenius-Ansatz, 311–312
    Elementarreaktion, 312–316
    Folgereaktion, 315
    Gleichgewichtsreaktion, 315–316
    Rückreaktion, 315–316
    Reaktionsgeschwindigkeit, 310–316
    Reaktionsordnung, 311
    Transition-state theory, 316
Realgasfaktor, 12

Redlich-Kister-Modell, 143
Redlich-Kwong-Gleichung, 90
reguläre Lösung, 144
Reinstoffdampfdruck
    Korrespondenzprinzip, 82–86
    Temperaturabhängigkeit, 40–43, 86,
        218
relative Sättigung, 287
retrograde Kondensation, 185
Richtungsableitung, 321

SAFT-Gleichung, 100–104
Scatchard-Hildebrand-Modell, 144
Schmelzlinie, 5
Siededruck, 73
Siedelinie, 5, 76, 180
Siedelinse, 180
Siedetemperatur, 73
Siedetemperaturerhöhung, 238
Soave-Redlich-Kwong-Gleichung, 90
Spinodale, 193
Spreiten, 258
stöchiometrische Mischung, 297
stabil, 46
Stabilität, 46, 48
    mechanisch, 48
    Stabilitätsbedingungen, 48
statische Dampfdruckmessung, 162
Stoffmengenanteil, 319
Strömungskalorimeter, 174
symmetrische Normierung, 122
System, 3
    Grenzen, 3, 4
    heterogen, 4
    homogen, 4

Tangentialazeotrop, 192
Taudruck, 73
Taulinie, 5, 76, 180
Tautemperatur, 73
Temperaturskala, 11, 12
Tenside, 269, 286
Tripelpunkt, 5

UCST, 194
unendliche Verdünnung, 116–128, 236
UNIQUAC-Modell, 147
unsymmetrische Normierung, 124–128

Van-der-Waals-Gleichung, 16, 20, 61

Fugazitätskoeffizient, 68–70
    Parameter, 17
Van-der-Waals-Wechselwirkungen,
        208–210, 272–278
Van-Laar-Modell, 144
Verdampfungsenthalpie, 41
Verteilungskoeffizient, 67
Virialgleichung, 13–17, 80
    Gemisch, 80
    Korrespondenzprinzip, 84
    osmotisch, 238
    Reinstoff, 13
Virialkoeffizient, 13
    Boyle-Temperatur, 14
    Temperaturabhängigkeit, 14, 20

Wärmekapazität
    konstanter Druck, 33
    konstantes Volumen, 33
Wasser, 220–223
Wasserstoffbrücke, 214–215, 223
Wilson-Modell, 145

yx-Diagramm, 182

Zustandsgleichung, 53–110
    BWR-Gleichung, 81–82
    freie Energie, 61
    Fundamentalgleichung, 61–62
    harte Kugeln, 97
        Carnahan-Starling, 97
    kubisch, 16, 89–96
    Lee-Kesler-Gleichung, 87–89
    Mischungsregel, 77–80, 95–96
        Drei-Fluid-Theorie, 79–80
        Ein-Fluid-Theorie, 77–78
        Zwei-Fluid-Theorie, 79
    nicht-kubisch, 81–82, 87–89, 96–109
    Peng-Robinson-Gleichung, 91
    Perturbed-Hard-Chain-Gleichung,
        99–100
    Redlich-Kwong-Gleichung, 90
    SAFT-Gleichung, 100–104
    Soave-Redlich-Kwong-Gleichung, 90
    thermische, 5, 11
    Van-der-Waals-Gleichung, 68
        Fugazität, 68–71
    Vegleich mit G^E-Modell, 154–155
    Virialgleichung, 80, 84

Zustandsgröße
  extensiv, 4
  intensiv, 4

Zwei-Fluid-Theorie, 79

Zweiphasengebiet, 5

Druck: Strauss GmbH, Mörlenbach
Verarbeitung: Schäffer, Grünstadt

MIX
Papier aus verantwortungsvollen Quellen
Paper from responsible sources
FSC® C105338

If you have any concerns about our products,
you can contact us on
ProductSafety@springernature.com

In case Publisher is established outside the EU,
the EU authorized representative is:
**Springer Nature Customer Service Center GmbH
Europaplatz 3, 69115 Heidelberg, Germany**

Printed by Libri Plureos GmbH
in Hamburg, Germany